全国中等职业学校机械类专业通用教材

全国技工院校机械类专业通用教材（中级技能层级）

车工工艺学

（第六版）

人力资源社会保障部教材办公室组织编写

中国劳动社会保障出版社

简介

本书主要内容包括：车削的基础知识、车轴类工件、套类工件的加工、车圆锥和特形面、车螺纹和蜗杆、车床工艺装备、车复杂工件、车床、典型工件的车削工艺分析等。

本书由王公安、孙喜兵任主编，袁桂萍、卞锦珍任副主编，徐小燕、徐启旺、王长松、吴清萍、王鹏程、王贡为、王一臻、黄韵祺参加编写，崔兆华任主审。

图书在版编目（CIP）数据

车工工艺学 / 人力资源社会保障部教材办公室组织编写. -- 6 版. -- 北京：中国劳动社会保障出版社，2020

全国中等职业学校机械类专业通用教材　全国技工院校机械类专业通用教材. 中级技能层级

ISBN 978-7-5167-4555-7

Ⅰ. ①车…　Ⅱ. ①人…　Ⅲ. ①车削－工艺学－中等专业学校－教材　Ⅳ. ①TG510.6

中国版本图书馆 CIP 数据核字（2020）第 195955 号

中国劳动社会保障出版社出版发行

（北京市惠新东街 1 号　邮政编码：100029）

*

北京市艺辉印刷有限公司印刷装订　新华书店经销

787 毫米 ×1092 毫米　16 开本　15.25 印张　359 千字

2020 年 12 月第 6 版　2020 年 12 月第 1 次印刷

定价：38.00 元

读者服务部电话：（010）64929211/84209101/64921644

营销中心电话：（010）64962347

出版社网址：http://www.class.com.cn

http://jg.class.com.cn

前言

为了更好地适应全国技工院校机械类专业的教学要求，全面提升教学质量，人力资源社会保障部教材办公室组织有关学校的一线教师和行业、企业专家，在充分调研企业生产和学校教学情况、广泛听取教师对教材使用反馈意见的基础上，对全国技工院校机械类专业通用教材中所包含的车工、钳工、机修钳工、铣工、焊工、冷作工、机床加工等工艺学、技能训练教材进行了修订。

本次教材修订工作的重点主要体现在以下几个方面：

第一，合理更新教材内容。

根据机械类专业毕业生所从事岗位的实际需要和教学实际情况的变化，合理确定学生应具备的能力与知识结构，对部分教材内容及其深度、难度做了适当调整；根据相关专业领域的最新发展，在教材中充实新知识、新技术、新设备、新材料等方面的内容，体现教材的先进性；采用最新国家技术标准，使教材更加科学和规范。

第二，紧密衔接国家职业技能标准要求。

教材编写以国家职业技能标准《车工（2018年版）》《钳工（2020年版）》《铣工（2018年版）》《焊工（2018年版）》等为依据，涵盖国家职业技能标准（中级）的知识和技能要求，并在与教材配套的习题册、技能训练图册中增加了针对相关职业技能鉴定考试的练习题。

第三，精心设计教材形式。

在教材内容的呈现形式上，尽可能使用图片、实物照片和表格等形式将知识点生动地展示出来，力求让学生更直观地理解和掌握所学内容。针对不同的知识点，设计了许多贴近实际的互动栏目，在激发学生学习兴趣和自主学习积极性的同时，使教材“易教易学，易懂易用”。在教材插图的制作中采用了立体造型技术，同时部分教材在印刷工艺上采用了四色印刷，增强了教材的表现力。

第四，引入“互联网+”技术，进一步做好教学服务工作。

在《车工工艺学（第六版）》《车工技能训练（第六版）》《钳工工艺学（第六版）》等教材中使用了增强现实（AR）技术。学生在移动终端上安装App，扫描教材中带有AR图标的页面，可以对呈现的立体模型进行缩放、旋转、剖切等操作，以及观察模型的运动和拆分动画，便于更直观、细致地探究机构的内部结构和工作原理，还可以浏览相关视频、图片、文本等拓展资料。在部分教材中使用了二维码技术，针对教材中的教学重点和难点制作了动画、视频、微课等多媒体资源，学生使用移动终端扫描二维码即可在线观看相应内容。

本套教材中的工艺学教材配有习题册，技能训练教材配有技能训练图册。另外，还配有方便教师上课使用的电子课件，电子课件和习题册答案可通过中国技工教育网（http://jg.class.com.cn）下载。

本次教材的修订工作得到了辽宁、江苏、浙江、山东、河南等省人力资源和社会保障厅及有关学校的大力支持，在此我们表示诚挚的谢意。

人力资源社会保障部教材办公室

2020年8月

目录

绪　论

一、车削在机械制造业中的地位

机器是由各种零件装配而成的，而零件的加工制造一般离不开金属切削加工，车削是最重要的金属切削加工方法之一。

车削，就是在车床上利用工件的旋转运动和刀具的直线运动（或曲线运动）来改变毛坯的形状和尺寸，将毛坯加工成符合图样要求的工件。

车削是机械制造业中最基本、最常用的加工方法。通常情况下，在机械制造企业中，车床占机床总数的30% ~ 50%。车削在机械制造业中占有举足轻重的地位。随着科技的进步，车削技术已经发展到数控车削，数控车床的数量已经占到数控机床总数的25% ~ 35%。

二、车削的基本内容

车削的加工范围很广，其基本内容包括：车外圆、车端面、切断和车槽、钻中心孔、钻孔、车孔、铰孔、车圆锥、车特形面、车螺纹、滚花和盘绕弹簧等，如图0–1所示。如果在车床上装上一些附件和夹具，还可进行镗削、磨削、研磨和抛光等。

三、车削的特点

与机械制造业中的钻削、铣削、刨削和磨削等加工方法相比较，车削具有以下特点：

1. 适应性强，应用广泛，适用于车削不同材料和不同精度要求的工件。

2. 所用刀具的结构相对简单，制造、刃磨和装夹都比较方便。

3. 车削一般是等截面连续地进行的，因此，切削力变化较小，车削过程相对平稳，生产率较高。

4. 车削可以加工出尺寸精度和表面质量较高的工件。

四、车工工艺学课程的内容

车工工艺学是根据技术上先进、经济上合理的原则，研究将毛坯车削成合格工件的加工方法和过程的一门学科，是广大车工、技术人员和科技工作者在长期的车削实践中长期积累、不断总结、逐步升华而成的专业理论知识。

本课程的任务是使学生获得中级车工应具备的专业理论知识，具体要求如下：

1. 了解常用车床的结构、性能和传动系统，掌握常用车床的调整方法，掌握与车削有关的计算方法。

2. 了解车工常用工具和量具的结构，熟练掌握其使用方法。掌握常用刀具的选用方法，能合理地选择切削用量和切削液。

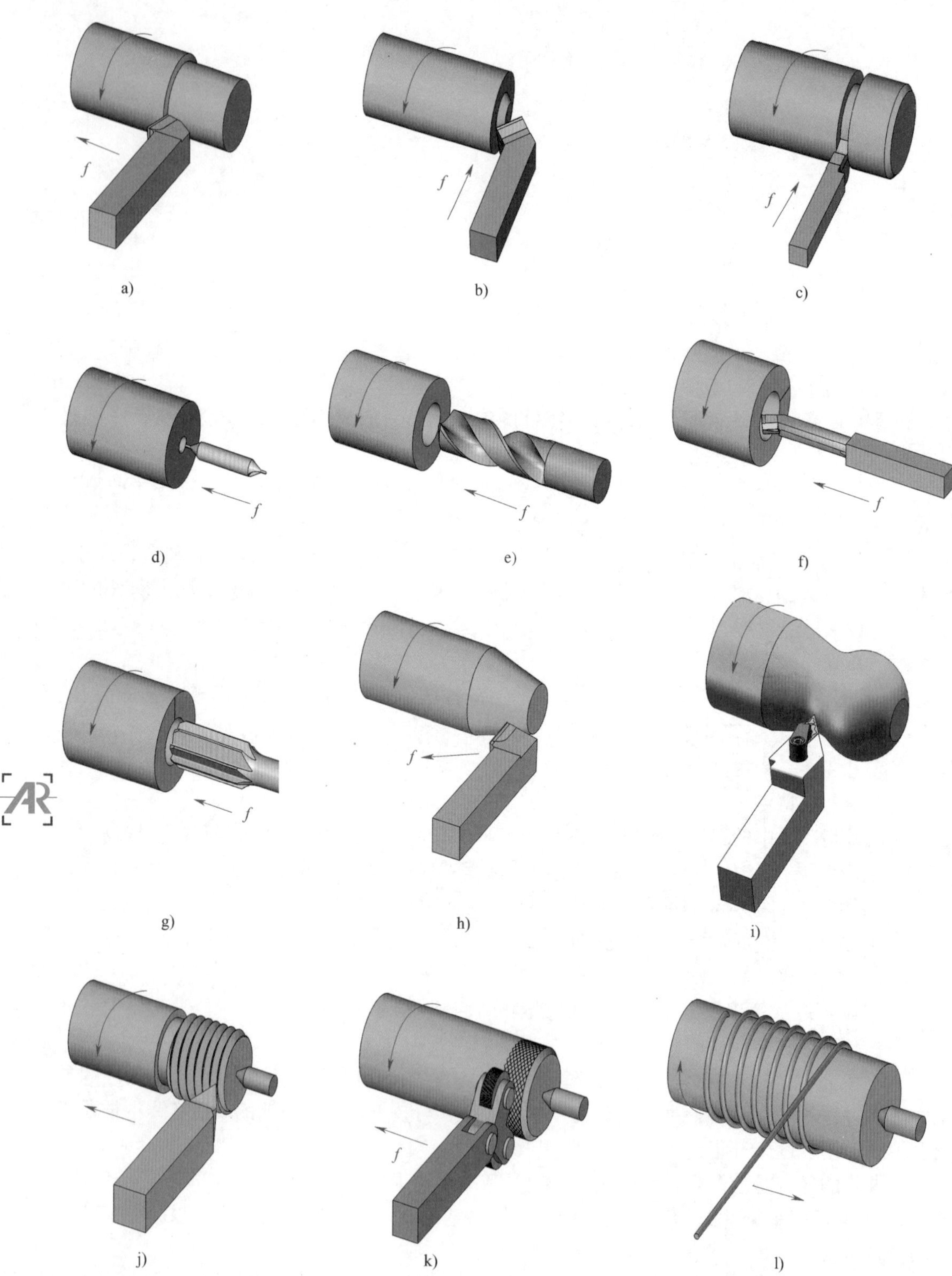

图 0–1　车削的基本内容

a）车外圆　b）车端面　c）切断和车槽　d）钻中心孔　e）钻孔　f）车孔
g）铰孔　h）车圆锥　i）车特形面　j）车螺纹　k）滚花　l）盘绕弹簧

3. 能合理地选择工件的定位基准和中等复杂工件的装夹方法，掌握常用车床夹具的结构原理。能独立制定中等复杂工件的车削工艺，并能根据实际情况采用先进工艺。

4. 能对工件进行质量分析，并提出预防质量问题的措施。掌握安全文明生产知识和车削加工通用工艺守则。

5. 了解本专业的新工艺、新技术以及提高产品质量和劳动生产率的方法。能查阅与车工专业有关的技术资料。

第一章

车削的基础知识

§1–1 车床与车削运动

一、车床

1. 卧式车床的主要结构

CA6140 型车床是最常用的国产卧式车床，其外形结构如图 1–1 所示。它的主要组成部分的名称和用途如下：

（1）床身　床身是车床的大型基础部件，其上的 V 形导轨和矩形导轨精度很高，主要用于支撑和连接车床的各部件，并保证各部件在工作时有准确的相对位置。

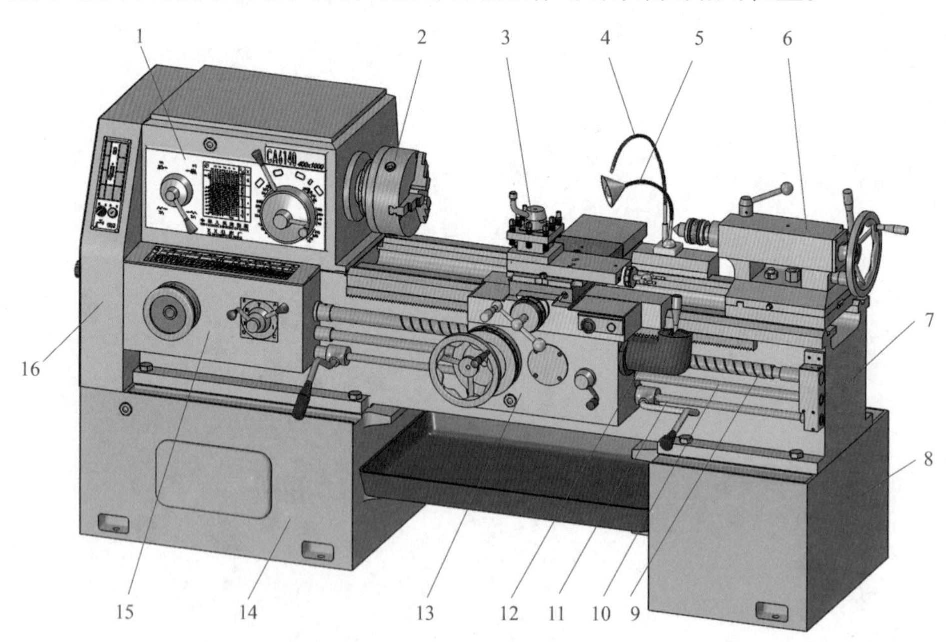

图 1–1　CA6140 型车床

1—主轴箱　2—卡盘　3—刀架部分　4—冷却管　5—照明灯　6—尾座　7—床身　8、14—床脚　9—丝杠　10—光杠　11—操纵杆　12—快移机构　13—溜板箱　15—进给箱　16—交换齿轮箱

（2）主轴箱　主轴箱支撑主轴并带动工件做旋转运动。主轴箱内装有齿轮、轴等零件，以组成变速传动机构。变换主轴箱外的手柄位置，可使主轴获得多种转速，并带动装夹在卡盘上的工件一起旋转。

（3）交换齿轮箱　交换齿轮箱又称挂轮箱，主要用于将主轴箱的运动传递给进给箱。更换箱内的齿轮，配合进给箱变速机构，可以车削各种导程的螺纹（或蜗杆）；并可以满足车削时对纵向和横向不同进给量的需求。

（4）进给箱　进给箱又称变速箱，是进给传动系统的变速机构。它把交换齿轮箱传递来的运动经过变速后传递给丝杠或光杠。

（5）溜板箱　溜板箱接受光杠（或丝杠）传递来的运动，操纵箱外手柄及按钮，通过快移机构驱动刀架部分以实现车刀的纵向或横向运动。

（6）刀架部分　刀架部分由床鞍、中滑板、小滑板和刀架等组成，用于装夹车刀并带动车刀做纵向、横向、斜向和曲线运动。沿工件轴向的运动为纵向运动，垂直于工件轴向的运动为横向运动。

（7）尾座　尾座安装在床身导轨上，沿此导轨纵向移动，以调整其工作位置。尾座主要用来安装后顶尖，以支顶较长的工件；也可装夹钻头或铰刀等进行孔的加工。

（8）床脚　前后两个床脚分别与床身前后两端下部连为一体，用来支撑床身及其上的各部件。可以通过调整垫块把床身调整到水平状态，并用地脚螺栓把整台车床固定在工作场地上。

（9）冷却装置　冷却装置主要通过冷却泵将切削液加压，然后通过冷却管经冷却嘴喷射到切削区域。

2. 卧式车床的传动路线

为把电动机的旋转运动转化为工件和车刀的运动，所通过的一系列复杂的传动机构称为车床的传动路线。现以 CA6140 型车床为例介绍卧式车床的传动路线。

如图 1–2 所示，电动机驱动 V 带轮，把运动输入主轴箱。通过变速机构变速，使主轴获得不同的转速，再经卡盘（或夹具）带动工件做旋转运动。

旋转运动由主轴箱输入交换齿轮箱，再通过进给箱变速后由丝杠或光杠驱动溜板箱和刀架部分，很方便地实现手动、机动、快速移动及车螺纹等运动。

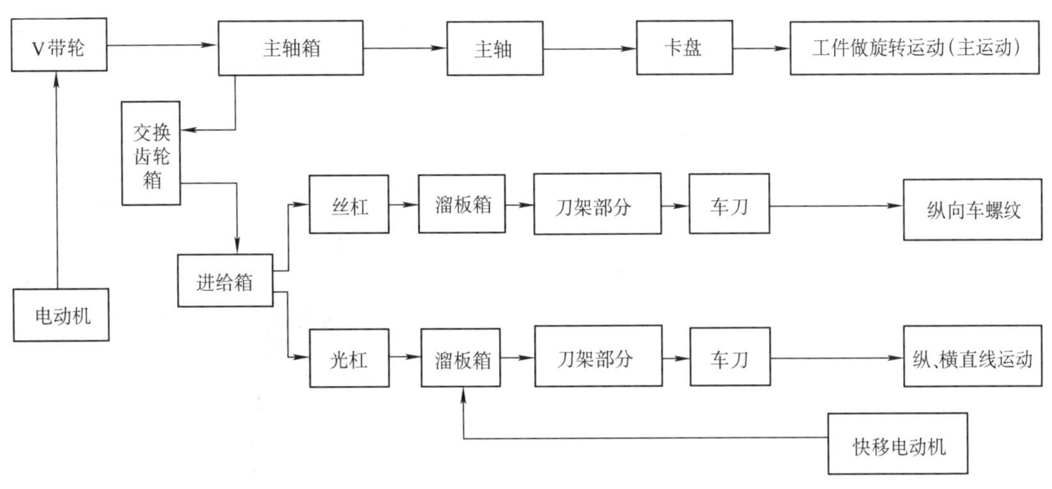

图 1–2　CA6140 型车床传动路线方框图

二、车削运动

车削时，为了切除多余的金属，必须使工件和车刀产生相对的车削运动。按其作用划分，车削运动可分为主运动和进给运动两种，如图 1–3 所示。

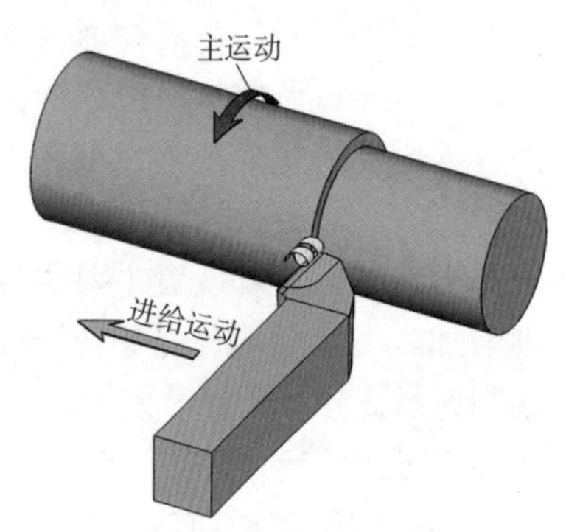

图 1–3　车削运动

（1）主运动　形成机床切削速度或消耗主要动力的切削运动。车削时工件的旋转运动是主运动。通常主运动的速度较高。

（2）进给运动　使工件的多余材料不断被去除的切削运动。如车外圆的纵向进给运动，车端面时的横向进给运动等。

在车削运动中，工件上会形成已加工表面、过渡表面和待加工表面，如图 1–4 所示。

已加工表面是工件上经车刀车削后产生的新表面。

过渡表面是工件上由切削刃正在形成的那部分表面。

待加工表面是工件上有待切除的表面。

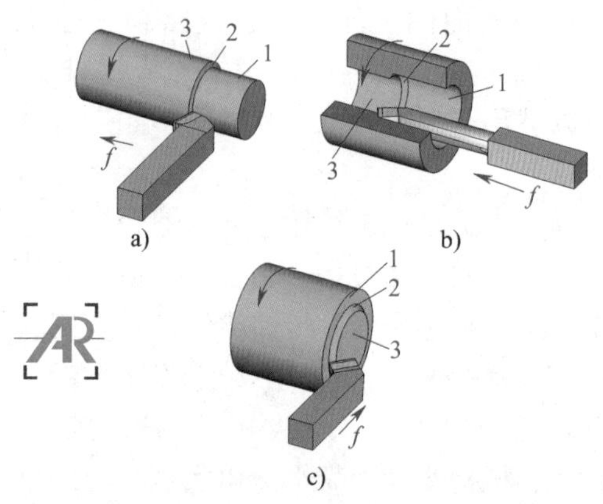

图 1–4　车削时工件上的三个表面

a）车外圆　b）车孔　c）车端面

1—已加工表面　2—过渡表面　3—待加工表面

§1–2　车床的润滑

对车床的所有摩擦部位进行润滑和保养是为了保证车床的正常运转，减少磨损和功率损失，延长使用寿命。

一、车床的润滑方式

CA6140 型卧式车床的不同部位采用了不同的润滑方式，常用的有以下几种。

1. 浇油润滑

浇油润滑常用于外露的滑动表面，如床身导轨面和滑板导轨面等，一般用油壶（图 1–5）进行浇注。

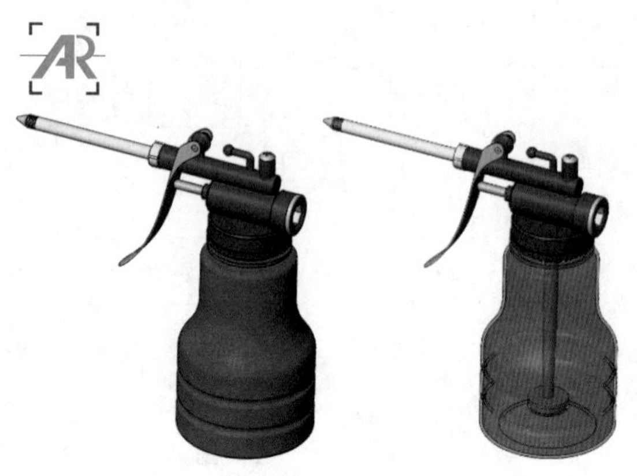

图 1–5　油壶

2. 溅油润滑

溅油润滑常用于密闭的箱体中，如车床主轴箱箱体中的传动齿轮将箱底的润滑油溅射到箱体上部的油槽中，然后经槽内油孔流到各润滑点进行润滑。

3. 油绳导油润滑

油绳导油润滑（图 1-6）利用毛线既易吸油又易渗油的特性，通过毛线把油引入润滑点，间断地滴油润滑，常用于进给箱和溜板箱的油池中。一般用油壶对毛线和油池进行浇注。

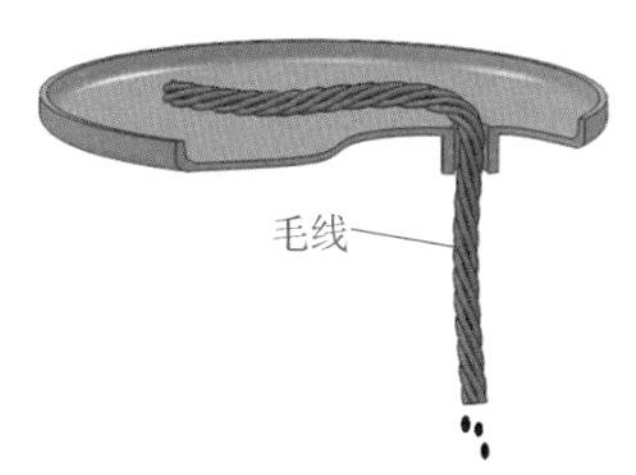

图 1-6 油绳导油润滑

4. 弹子油杯润滑

弹子油杯润滑（图 1-7）是指定期地用油壶端头油嘴压下油杯上的弹子，将油注入。油嘴撤去，弹子又恢复原位，封住注油口，以防尘屑入内。弹子油杯润滑常用于尾座和中、小滑板上的摇动手柄及丝杠、光杠、操纵杆各支架的轴承处。

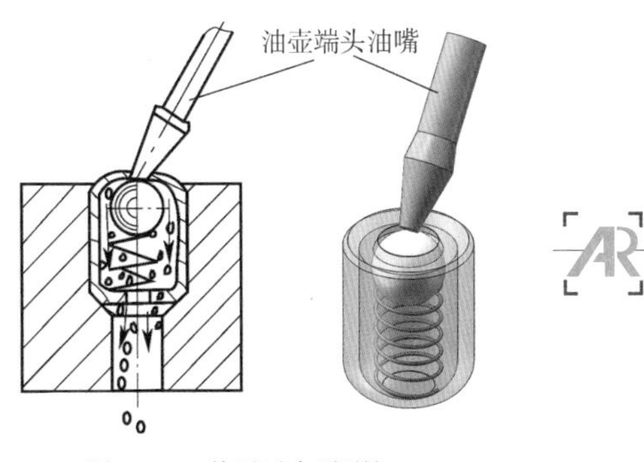

图 1-7 弹子油杯润滑

5. 油脂杯润滑

油脂杯润滑（图 1-8）是指先用黄油枪（图 1-9）在油脂杯中加满钙基润滑脂（黄油），需要润滑时，拧进油杯盖，则杯中的润滑脂就被挤压到润滑点（如轴承套）中去。油脂杯润滑常用于交换齿轮箱挂轮架的中间轴或不便于经常润滑处。

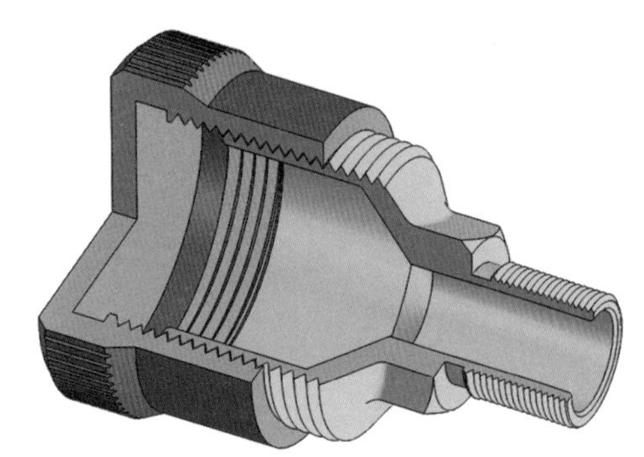

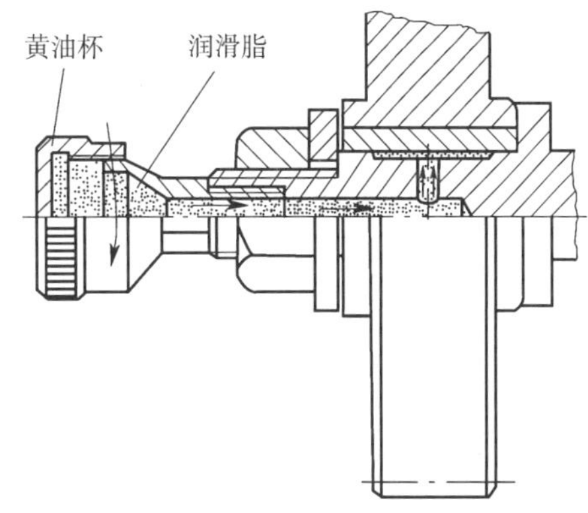

图 1-8 油脂杯润滑

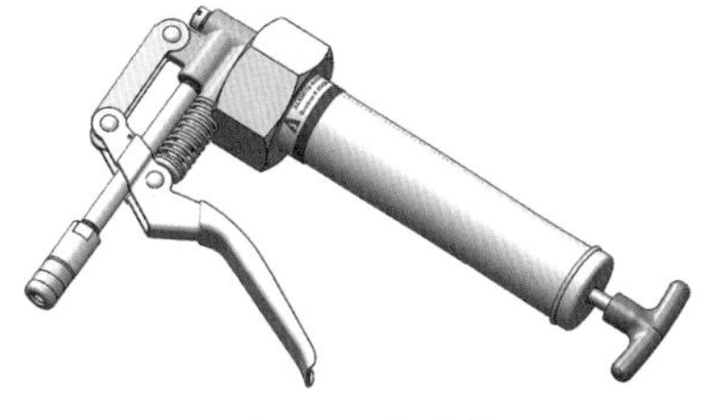

图 1-9 黄油枪

6. 油泵循环润滑

油泵循环润滑常用于转速高、需要大量润滑油连续强制润滑的场合，如主轴箱、进给箱内许多润滑点就是采用这种方式，如图 1-10 所示。

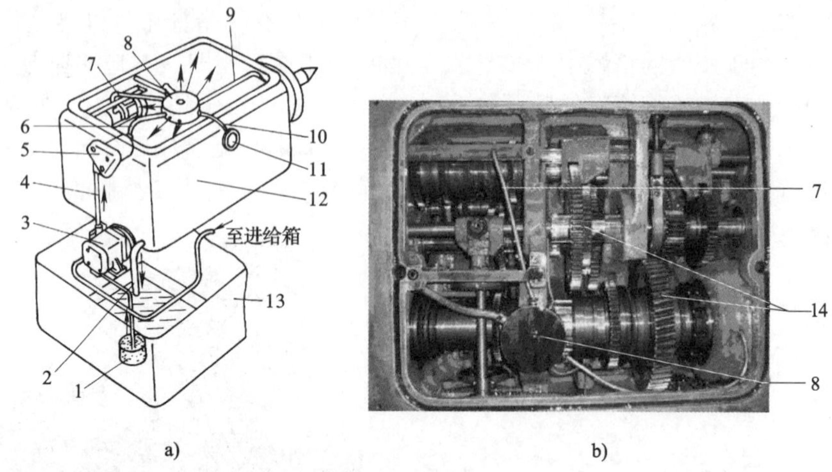

图 1–10　油泵润滑系统

a）油泵循环润滑系统　b）主轴箱油泵循环润滑

1—网式过滤器　2—回油管　3—油泵　4、6、7、9、10—油管

5—过滤器　8—分油器　11—油窗　12—主轴箱　13—床脚　14—齿轮

二、车床的润滑系统

识读 CA6140 型车床的润滑系统标牌（图 1–11），可以了解该车床润滑系统的润滑部位、润滑周期、润滑要求和润滑剂牌号。CA6140 型车床润滑系统的润滑要求见表 1–1。

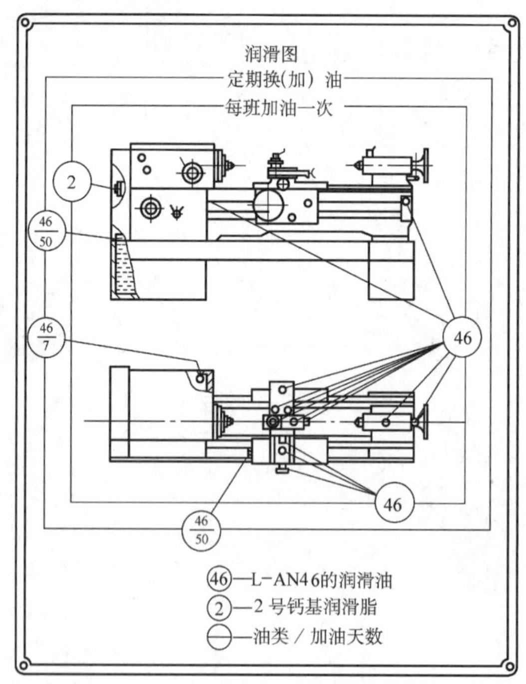

图 1–11　CA6140 型车床的润滑系统标牌

表 1-1　　　　　　　　　　　　**CA6140 型车床润滑系统的润滑要求**

周期	数字	意义	符号	含义	润滑部位	数量
每班	整数形式	“◯”中数字表示润滑油牌号，每班加油 1 次	②	用 2 号钙基润滑脂进行脂润滑，每班拧进油杯盖 1 次	交换齿轮箱中的中间齿轮轴	1 处
			(46)	使用牌号为 L-AN46 的润滑油（相当于旧牌号的 30 号机械油），每班加油 1 次	多处，如图 1-11 所示	14 处
经常性	分数形式	“(分子/分母)”中分子表示润滑油牌号，分母表示两班制工作时换（添）油间隔的天数（每班工作时间为 8 h）	(46/7)	分子“46”表示使用牌号为 L-AN46 的润滑油，分母“7”表示加油间隔为 7 天	主轴箱后面电气箱内的床身立轴套	1 处
			(46/50)	分子“46”表示使用牌号为 L-AN46 的润滑油，分母“50”表示换油间隔为 50 ~ 60 天	左床脚内的油箱和溜板箱	2 处

§1-3　车刀

一、常用车刀

1. 常用车刀的种类和用途

车削加工时，根据不同的车削要求，需选用不同种类的车刀。常用车刀的种类和用途见表 1-2。

表 1-2　　　　　　　　　　　　**常用车刀的种类和用途**

车刀种类	车刀外形图	用途	车削示意图
90° 车刀（偏刀）	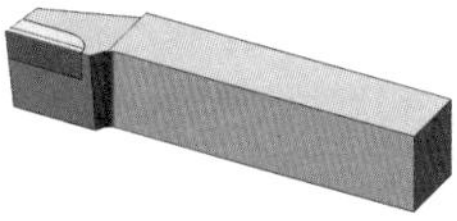	车削工件的外圆、台阶和端面	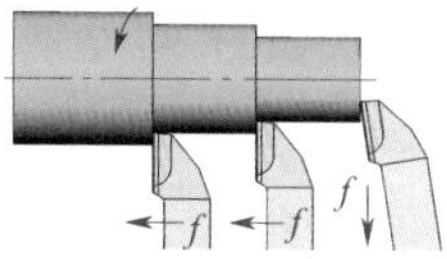
75° 车刀	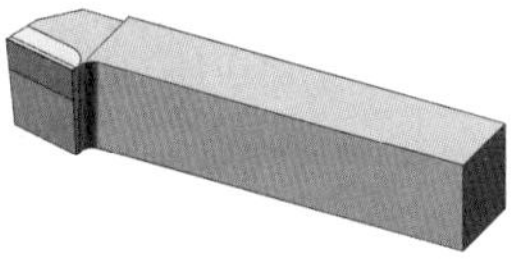	车削工件的外圆和端面	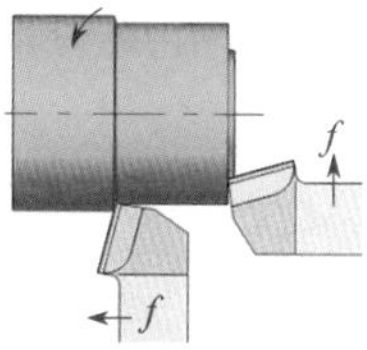
45° 车刀（弯头车刀）		车削工件的外圆、端面和进行 45° 倒角	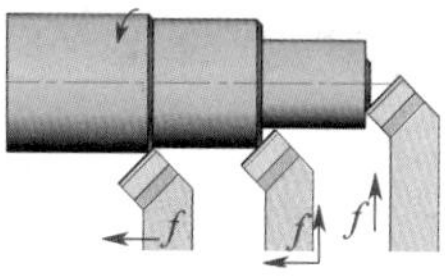

续表

车刀种类	车刀外形图	用途	车削示意图
切断刀	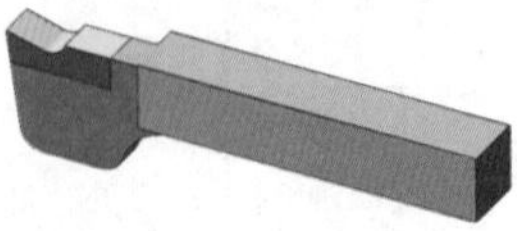	切断工件或在工件上车槽	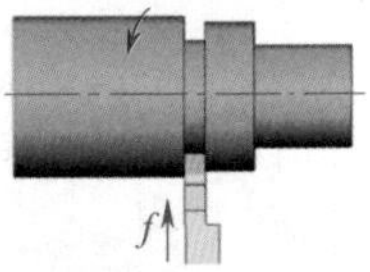
内孔车刀	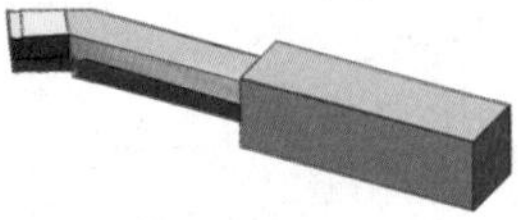	车削工件的内孔	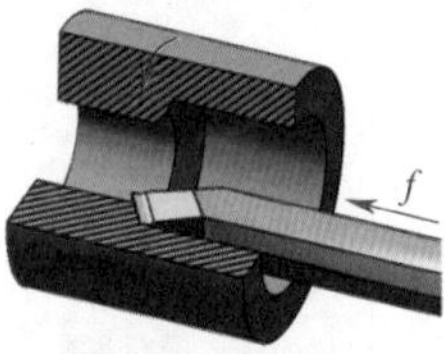
圆头车刀	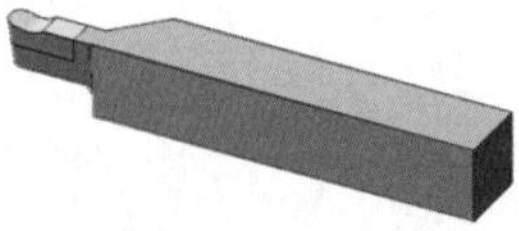	车削工件的圆弧面或特形面	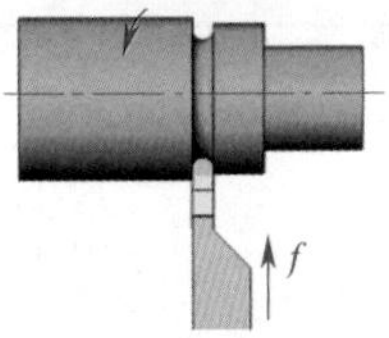
螺纹车刀	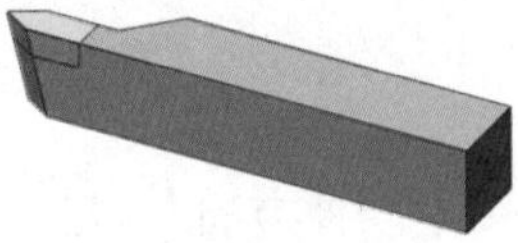	车削螺纹	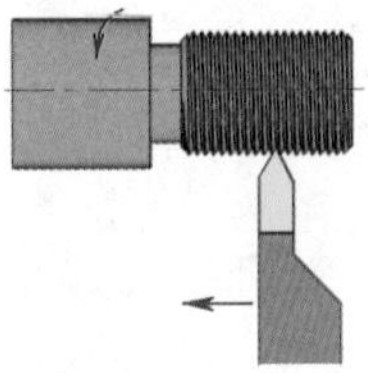

2. 硬质合金可转位车刀

硬质合金可转位车刀是近年来国内外大力发展并广泛应用的先进刀具之一。其结构和形状如图 1–12 所示，其中刀片用机械夹紧机构装夹在刀柄上。当刀片上的一个切削刃磨钝后，只需将刀片转过一个角度，即可用新的切削刃继续车削，从而大大缩短了换刀和磨刀的时间，并提高了刀柄的利用率。

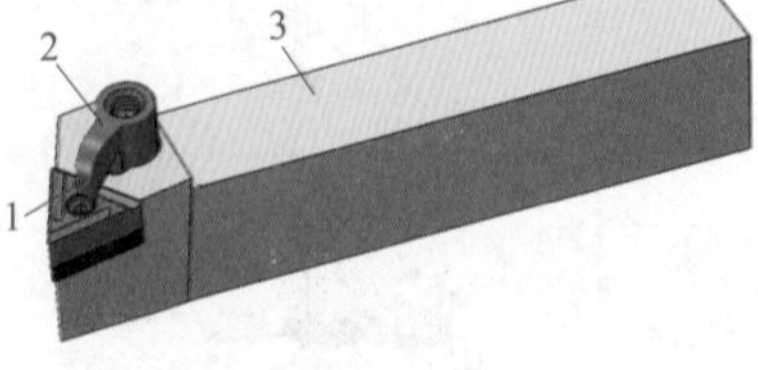

图 1–12　硬质合金可转位车刀

1—刀片　2—夹紧机构　3—刀柄

硬质合金可转位车刀的刀柄可以装夹各种不同形状和角度的刀片，分别用来车外圆、车端面、切断、车孔和车螺纹等。

二、车刀切削部分的几何要素

车刀由刀头（或刀片）和刀柄两部分组成。刀头担负切削工作，故又称切削部分；刀柄用来把车刀装夹在刀架上。

图 1–13 所示为车刀的结构，刀头由若干刀面和切削刃组成。

（1）前面 A_γ　刀具上切屑流过的表面称为前面，又称前刀面。

（2）后面 A_α　分为主后面和副后面。与工件上过渡表面相对的刀面称为主后面 A_α；与工件上已加工表面相对的刀面称为副后面 A_α'。后面又称后刀面，一般是指主后面。

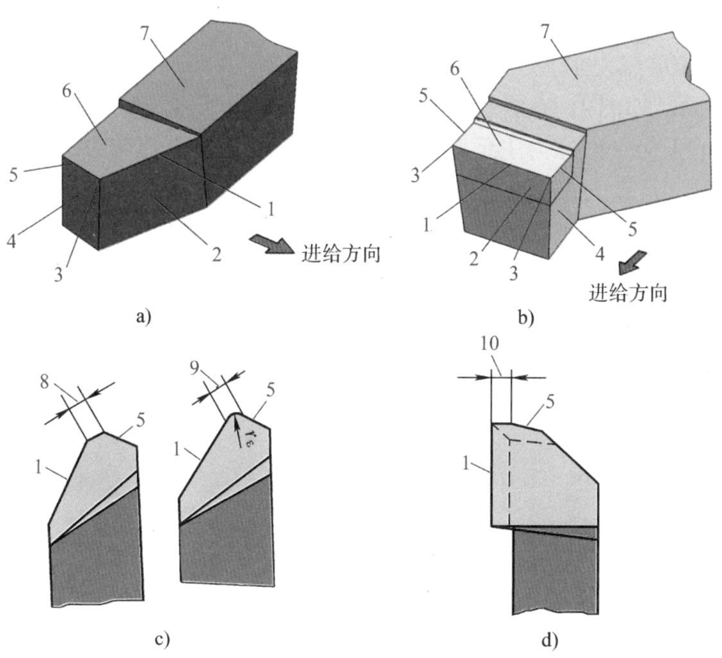

图 1-13　车刀的组成

1—主切削刃　2—主后面　3—刀尖　4—副后面　5—副切削刃　6—前面　7—刀柄　8—倒角刀尖　9—修圆刀尖　10—修光刃

（3）主切削刃 S　前面和主后面的交线称为主切削刃，它担负着主要的切削工作，在工件上加工出过渡表面。

（4）副切削刃 S'　前面和副后面的交线称为副切削刃，它配合主切削刃完成少量的切削工作。

（5）刀尖　主切削刃与副切削刃的连接处相当少的一部分切削刃称为刀尖。为了提高刀尖强度和延长车刀寿命，多将刀尖磨成具有曲线状切削刃的修圆刀尖以及具有直线切削刃的倒角刀尖（图 1-13c）。

（6）修光刃　副切削刃近刀尖处一小段平直的切削刃称为修光刃（图 1-13d），它在切削时起修光已加工表面的作用。装刀时必须使修光刃与进给方向平行，且修光刃长度必须大于进给量，才能起修光作用。

车刀刀头上述组成部分的几何要素并不相同。例如，75° 车刀由三个刀面、两条切削刃和一个刀尖组成；而 45° 车刀却有四个刀面（其中副后面两个）、三条切削刃（其中副切削刃两条）和两个刀尖。此外，切削刃可以是直线，也可以是曲线，如车特形面的成形刀就是曲线切削刃。

三、测量车刀角度的三个基准坐标平面

为了测量车刀的角度，需要假想三个基准坐标平面。

（1）基面 p_r　通过切削刃上选定点，垂直于该点主运动方向的平面称为基面，如图 1-14a 和图 1-15 所示。

对于车削，一般可认为基面是水平面。

（2）切削平面 p_s　切削平面是指通过切削刃上选定点，与切削刃相切并垂直于基面的平面。其中，选定点在主切削刃上的为主切削平面 p_s，选定点在副切削刃上的为副切削平面 p_s'，如图 1-14 所示。切削平面一般是指主切削平面。

对于车削，一般可认为切削平面是铅垂面。

（3）正交平面 p_o　正交平面是指通过切削刃上的选定点，并同时垂直于基面和切削

平面的平面。也可以认为，正交平面是指通过切削刃上的选定点，垂直于切削刃在基面上投影的平面，如图 1–16 所示。通过主切削刃上 p 点的正交平面称为主正交平面 p_o，通过副切削刃上 p' 点的正交平面称为副正交平面 p_o'。正交平面一般是指主正交平面。

对于车削，一般可认为正交平面是铅垂面。

四、车刀切削部分的几何角度

车刀切削部分共有 6 个独立的基本角度：主偏角 κ_r、副偏角 κ_r'、前角 γ_o、主后角 α_o、副后角 α_o' 和刃倾角 λ_s；还有 2 个派生角度：刀尖角 ε_r 和楔角 β_o，见表 1–3。

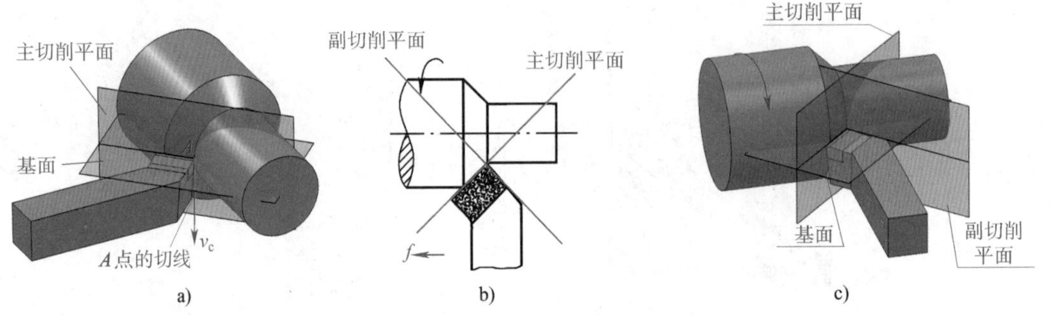

图 1–14　基面和切削平面

a）基面和主切削平面　b）主、副切削平面的位置　c）基面和主、副切削平面

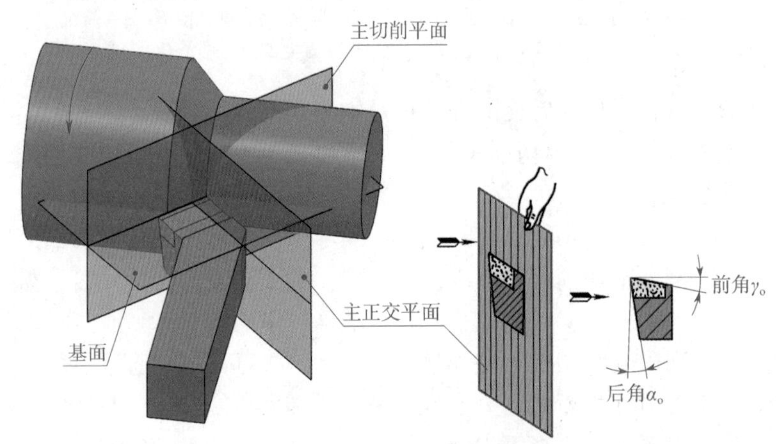

图 1–15　测量车刀角度的三个基准坐标平面

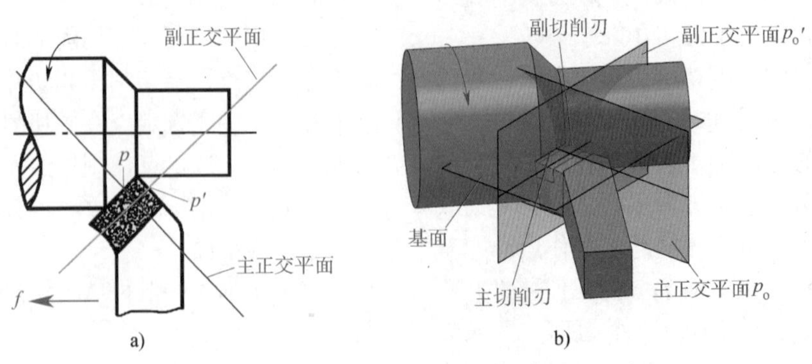

图 1–16　主正交平面和副正交平面

a）主、副正交平面的位置　b）基面和主、副正交平面

表 1–3　车刀切削部分的几何角度及其主要作用和初步选择一览表

所在基准坐标平面	图示	角度	定义	主要作用	初步选择
基面 p_r	1—主切削刃在基面上的投影 2—基面 3—副切削刃在基面上的投影 f—进给运动方向	主偏角 κ_r	主切削刃在基面上的投影与进给方向间的夹角 常用车刀的主偏角有 45°、60°、75° 和 90° 等几种	改变主切削刃的受力及导热能力，影响切屑的厚度	1. 选择主偏角应首先考虑工件的形状。如加工工件的台阶，必须取 $\kappa_r \geqslant 90°$；加工中间切入的工件表面时，κ_r 一般取 45° ~ 60，如图 1–17 所示 2. 工件的刚度高或工件的材料较硬，应取较小的主偏角；反之，应取较大的主偏角
		副偏角 κ_r'	副切削刃在基面上的投影与背离进给方向间的夹角	减少副切削刃与工件已加工表面间的摩擦。减小副偏角，可以减小工件的表面粗糙度值；但是副偏角不能太小，否则会使背向力增大	1. 副偏角 κ_r' 一般取 6° ~ 8° 2. 精车时，如果在副切削刃上刃磨修光刃，则取 $\kappa_r'=0°$ 3. 加工中间切入的工件表面时，副偏角 κ_r' 应取 45° ~ 60°，如图 1–17 所示
		刀尖角 ε_r	主、副切削刃在基面上投影间的夹角	影响刀尖强度和散热性能	$\varepsilon_r=180° - (\kappa_r+\kappa_r')$
主正交平面 p_o	进给方向	前角 γ_o	前面和基面间的夹角	影响刃口的锋利程度和强度，影响切削变形和切削力	前角的数值与工件材料、加工性质和刀具材料有关： 1. 车削塑性材料（如钢料）或工件材料较软时，可取较大的前角；车削脆性材料（如灰铸铁）或工件材料较硬时，可取较小的前角 2. 粗加工，尤其是车削有硬皮的铸件和锻件时，应取较小的前角；精加工时，应取较大的前角 3. 车刀材料的强度和韧性较差时（如硬质合金车刀），应取较小值；反之（如高速钢车刀），可取较大值 车刀前角 γ_o 一般取 –5° ~ 25°。车削中碳钢（如 45 钢）工件，用高速钢车刀时，γ_o 取 20° ~ 25°；用硬质合金车刀时，粗车 γ_o 取 10° ~ 15°，精车 γ_o 取 13° ~ 18°

续表

所在基准坐标平面	图示	角度	定义	主要作用	初步选择
主正交平面 p_o	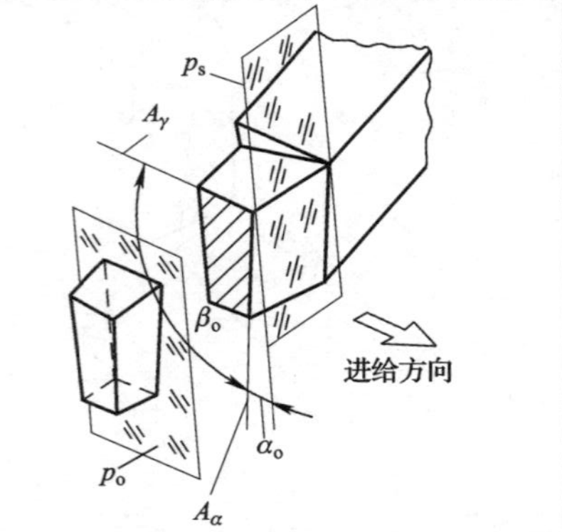	主后角 α_o	主后面和主切削平面间的夹角	减少车刀主后面和工件过渡表面间的摩擦	1. 粗加工时，应取较小的主后角；精加工时，应取较大的主后角 2. 工件材料较硬时，后角宜取较小值；工件材料较软时，后角宜取较大值 车刀后角 α_o 一般取 4° ~ 12°。车削中碳钢工件，用高速钢车刀时，粗车 α_o 取 6° ~ 8°，精车 α_o 取 8° ~ 12°；用硬质合金车刀时，粗车 α_o 取 5° ~ 7°，精车 α_o 取 6° ~ 9°
		楔角 β_o	前面和主后面间的夹角	影响刀头截面的大小，从而影响刀头的强度	楔角可用下式计算： $\beta_o=90°-(\gamma_o+\alpha_o)$
副正交平面 p_o'	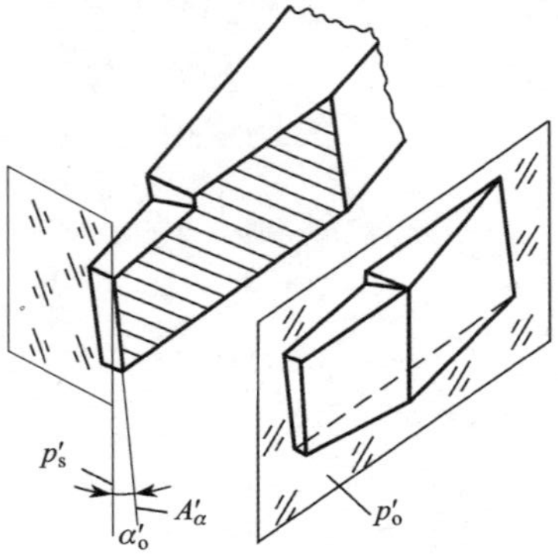	副后角 α_o'	副后面和副切削平面间的夹角	减少车刀副后面和工件已加工表面间的摩擦	1. 副后角 α_o' 一般磨成与主后角 α_o 大小相等 2. 在切断刀等特殊情况下，为了保证刀具的强度，副后角 α_o' 应取较小值：1° ~ 2°
主切削面 p_s	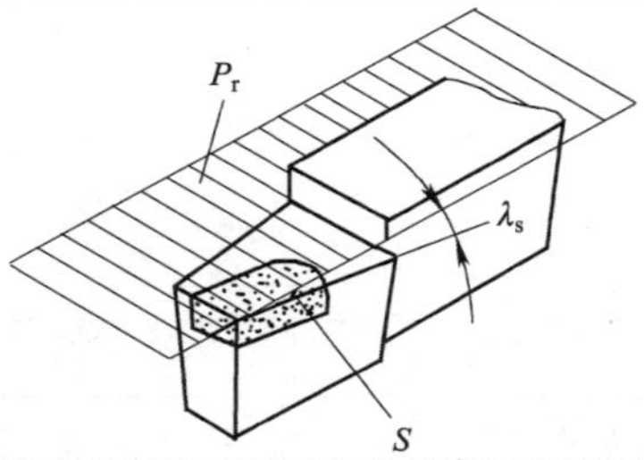	刃倾角 λ_s	主切削刃与基面间的夹角	控制排屑方向。当刃倾角为负值时，可增加刀头强度，并在车刀受冲击时保护刀尖	见表 1–5 中的适用场合

硬质合金外圆车刀切削部分几何角度的标注如图 1–18 所示。

在车刀切削部分的基本角度中，主偏角 κ_r 和副偏角 κ_r' 没有正负值规定，但前角 γ_o、主后角 α_o 和刃倾角 λ_s 有正负值规定。

车刀前角和主后角分别有正值、零度和负值 3 种，见表 1–4。

车刀刃倾角 λ_s 的正负值规定，以及其排出切屑情况、刀尖强度和冲击点先接触车刀的位置见表 1–5。

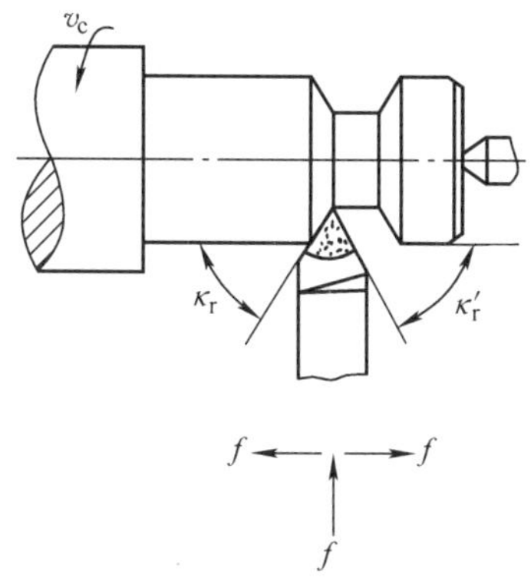

图 1–17　加工中间切入工件表面时的车刀主、副偏角

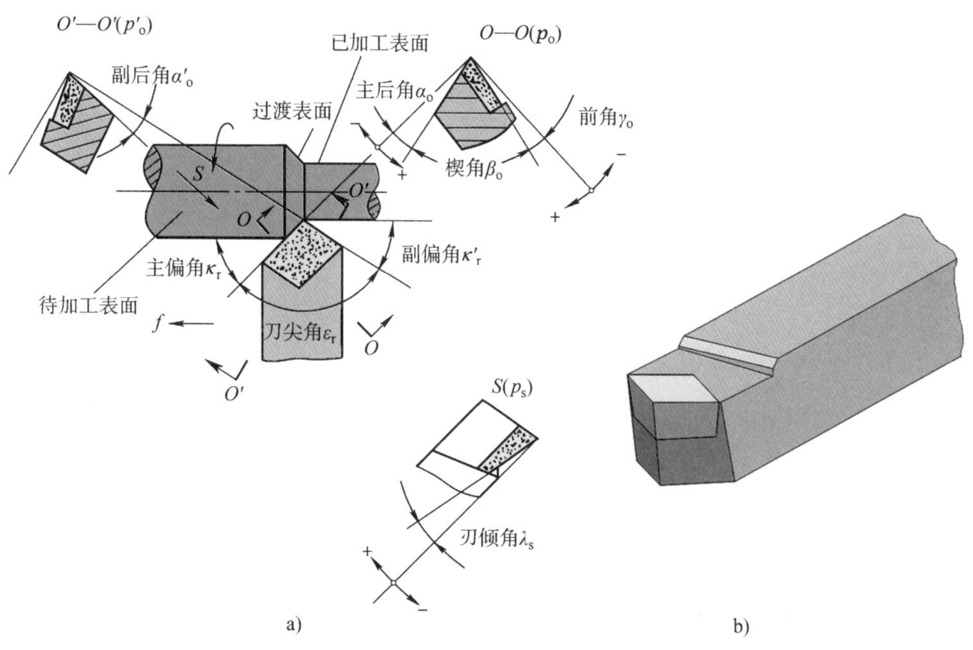

图 1–18　硬质合金外圆车刀切削部分几何角度的标注

a）车刀切削部分几何角度的标注　b）车刀外形图

表 1–4　　在正交平面 p_o 内车刀前角和主后角正负值规定

角度值		正值	零度	负值
前角 γ_o	图示	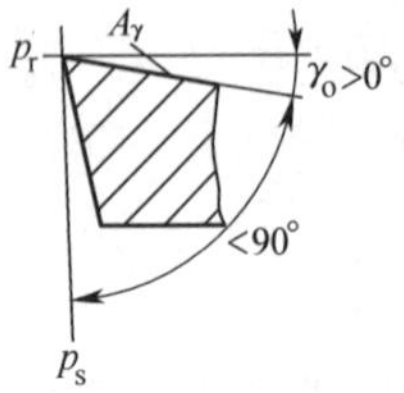 p_r, A_γ, $\gamma_o>0°$, $<90°$, p_s $\gamma_o>0°$	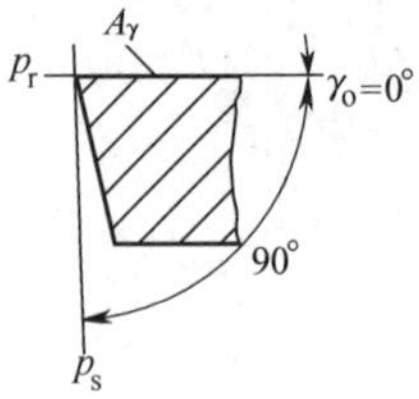 p_r, A_γ, $\gamma_o=0°$, $90°$, p_s $\gamma_o=0°$	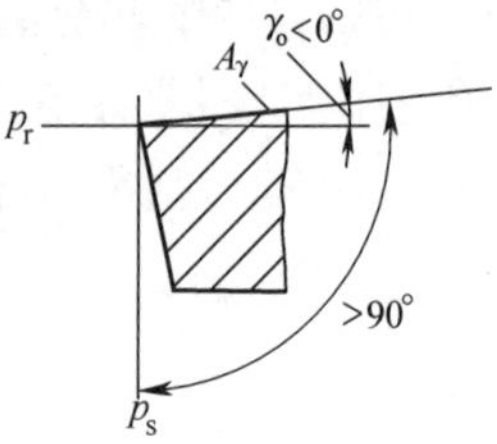 $\gamma_o<0°$, A_γ, p_r, $>90°$, p_s $\gamma_o<0°$
	正负值规定	前面 A_γ 与切削平面 p_s 间的夹角小于 90°时	前面 A_γ 与切削平面 p_s 间的夹角等于 90°时	前面 A_γ 与切削平面 p_s 间的夹角大于 90°时
主后角 α_o	图示	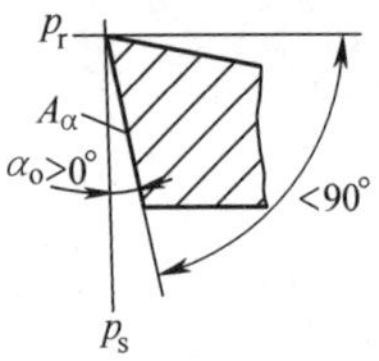 p_r, A_α, $\alpha_o>0°$, $<90°$, p_s $\alpha_o>0°$	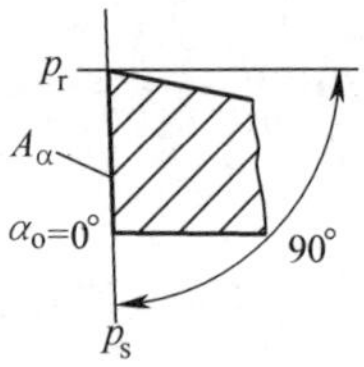 p_r, A_α, $\alpha_o=0°$, $90°$, p_s $\alpha_o=0°$	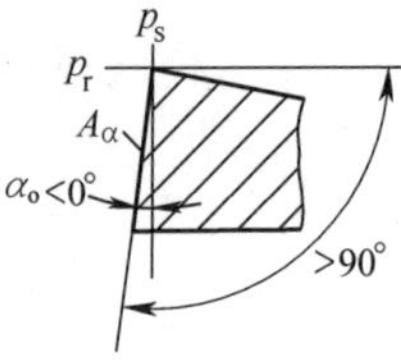 p_s, p_r, A_α, $\alpha_o<0°$, $>90°$ $\alpha_o<0°$
	正负值规定	后面 A_α 与基面 p_r 间的夹角小于 90°时	后面 A_α 与基面 p_r 间的夹角等于 90°时	后面 A_α 与基面 p_r 间的夹角大于 90°时

表 1–5　　车刀刃倾角正负值的规定及使用情况

角度值	$\lambda_s>0°$	$\lambda_s=0°$	$\lambda_s<0°$
正负值的规定	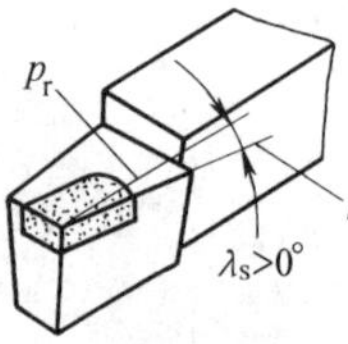 p_r, S, $\lambda_s>0°$	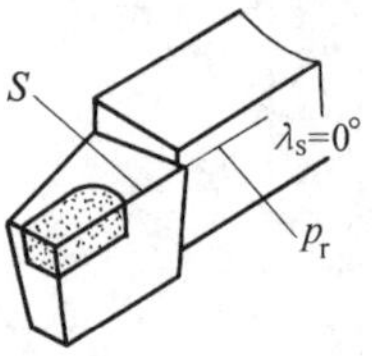 S, $\lambda_s=0°$, p_r	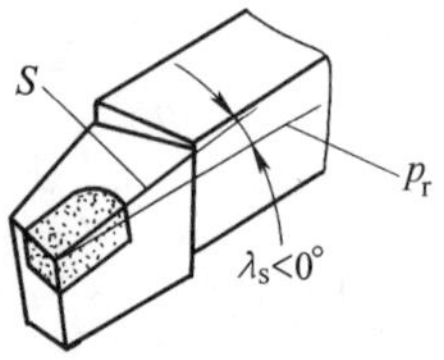 S, p_r, $\lambda_s<0°$
	刀尖位于主切削刃 S 的最高点	主切削刃 S 和基面 p_r 平行	刀尖位于主切削刃 S 的最低点
排出切屑情况	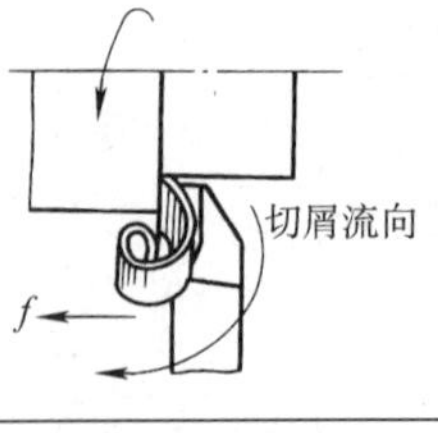 切屑流向, f	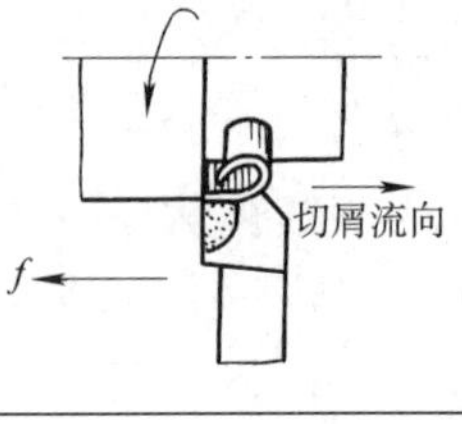 切屑流向, f	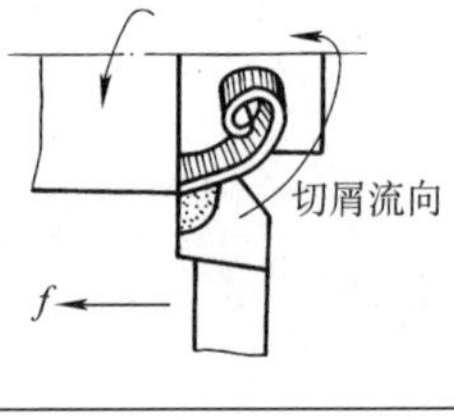 切屑流向, f
	车削时，切屑排向工件的待加工表面方向，切屑不易擦毛已加工表面，车出的工件表面粗糙度值小	车削时，切屑基本上沿垂直于主切削刃方向排出	车削时，切屑排向工件的已加工表面方向，容易划伤已加工表面

续表

刀尖强度和冲击点先接触车刀的位置	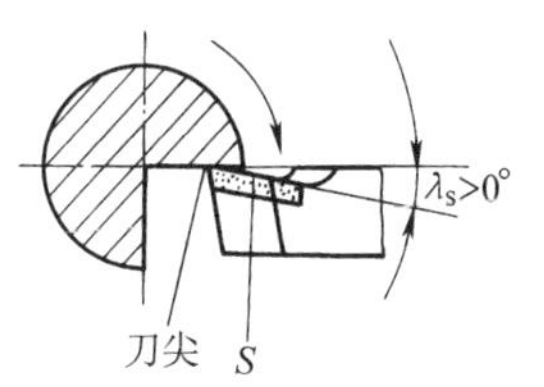 $\lambda_s>0°$ 刀尖 S	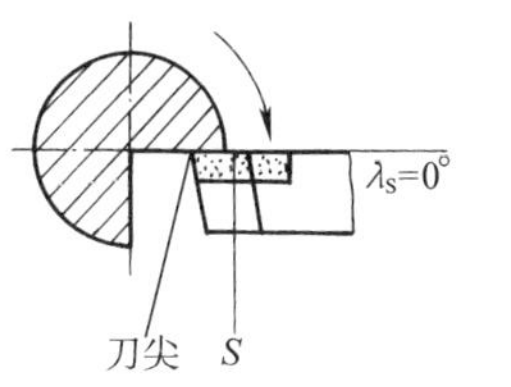 $\lambda_s=0°$ 刀尖 S	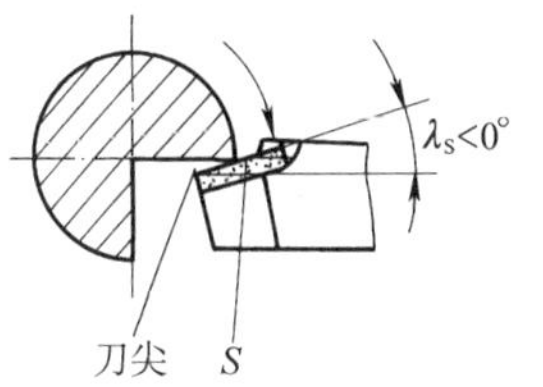 $\lambda_s<0°$ 刀尖 S
	刀尖强度较低，尤其是在车削不圆整的工件受冲击时，冲击点先接触刀尖，刀尖易损坏	刀尖强度一般，冲击点同时接触刀尖和切削刃	刀尖强度高，在车削有冲击的工件时，冲击点先接触远离刀尖的切削刃处，从而保护了刀尖
适用场合	精车时，应取正值，λ_s 为 0° ~ 8°	工件圆整、余量均匀的一般车削时，应取 λ_s=0°	断续车削时，为了提高刀头强度，取负值，λ_s 为 –15° ~ –5°

§1–4 刀具材料和切削用量

一、车刀切削部分应具备的基本性能

车刀切削部分在很高的温度下工作，经受连续强烈的摩擦，并承受很大的切削力和冲击，所以车刀切削部分的材料必须具备下列基本性能：

1. 较高的硬度和耐磨性。
2. 足够的强度和韧性。
3. 较高的耐热性和较好的导热性。
4. 良好的工艺性和经济性。

二、车刀切削部分的常用材料

目前，车刀切削部分的常用材料有高速钢和硬质合金两大类。

1. 高速钢

高速钢是含钨 W、钼 Mo、铬 Cr、钒 V 等合金元素较多的工具钢。高速钢刀具制造简单，刃磨方便，容易通过刃磨得到锋利的刃口，而且韧性较好，常用于承受冲击力较大的场合。高速钢特别适用于制造各种结构复杂的成形刀具和孔加工刀具，如成形车刀、螺纹刀具、钻头和铰刀等。高速钢的耐热性较差，因此不能用于高速切削。

高速钢的类别、常用牌号、性质及应用见表 1–6。

2. 硬质合金

硬质合金是用钨和钛的碳化物粉末加钴作为黏结剂，高压压制成形后再经高温烧结而成的粉末冶金制品。硬质合金的硬度、耐磨性和耐热性均高于高速钢，切削钢时，切削速度可达 220 m/min 左右。硬质合金的缺点是韧性较差，承受不了大的冲击力。硬质合金是目前应用最广泛的一种车刀材料。

切削用硬质合金按其切屑排出形式和加工对象的范围可分为三个主要类别，分别以字母 K、P、M 表示，见表 1–7。

表 1–6　　　　　　　　高速钢的类别、常用牌号、性质及应用

<table>
<tr><th>类别</th><th>常用牌号</th><th>性　质</th><th>应　用</th></tr>
<tr><td>钨系</td><td>W18Cr4V
（18–4–1）</td><td>性能稳定，刃磨及热处理工艺控制较方便</td><td>金属钨的价格较高，国外已很少采用。目前国内使用普遍，以后将逐渐减少</td></tr>
<tr><td rowspan="2">钨钼系</td><td>W6Mo5Cr4V2
（6–5–4–2）</td><td>最初是国外为解决缺钨而研制出以取代 W18Cr4V 的高速钢（以 1% 的钼取代 2% 的钨）。其高温塑性与韧性都超过 W18Cr4V，而其切削性能却大致相同</td><td>主要用于制造热轧工具，如麻花钻等</td></tr>
<tr><td>W9Mo3Cr4V
（9–3–4–1）</td><td>根据我国资源的实际情况而研制的刀具材料，其强度和韧性均比 W6Mo5Cr4V2 好，高温塑性和切削性能良好</td><td>使用将逐渐增多</td></tr>
</table>

表 1–7　　　　硬质合金的类别、成分用途、代号、性能（GB/T 18376.1—2008）以及与旧牌号的对照

<table>
<tr><th rowspan="2">类别</th><th rowspan="2">成分</th><th rowspan="2">用　途</th><th rowspan="2">被加工材料</th><th rowspan="2">常用代号</th><th colspan="2">性能</th><th rowspan="2">适用于的加工阶段</th><th rowspan="2">相当于旧牌号</th></tr>
<tr><th>耐磨性</th><th>韧性</th></tr>
<tr><td rowspan="3">K 类
（钨钴类）</td><td rowspan="3">WC+Co</td><td rowspan="3">适用于加工铸铁、有色金属等脆性材料或冲击性较大的场合。但在切削难加工材料或振动较大（如断续切削塑性金属）的特殊情况时也较合适</td><td rowspan="3">适用于加工短切屑的黑色金属、有色金属及非金属材料</td><td>K01</td><td rowspan="3">↑</td><td rowspan="3">↓</td><td>精加工</td><td>YG3</td></tr>
<tr><td>K20</td><td>半精加工</td><td>YG6</td></tr>
<tr><td>K30</td><td>粗加工</td><td>YG8</td></tr>
<tr><td rowspan="3">P 类
（钨钛钴类）</td><td rowspan="3">WC+TiC+Co</td><td rowspan="3">适用于加工钢或其他韧性较大的塑性金属，不宜用于加工脆性金属</td><td rowspan="3">适用于加工长切屑的黑色金属</td><td>P01</td><td rowspan="3">↑</td><td rowspan="3">↓</td><td>精加工</td><td>YT30</td></tr>
<tr><td>P10</td><td>半精加工</td><td>YT15</td></tr>
<tr><td>P30</td><td>粗加工</td><td>YT5</td></tr>
<tr><td rowspan="2">M 类
［钨钛钽（铌）钴类］</td><td rowspan="2">WC+TiC+TaC（NbC）+Co</td><td rowspan="2">既可加工铸铁、有色金属，又可加工碳素钢、合金钢，故又称通用合金。主要用于加工高温合金、高锰钢、不锈钢以及可锻铸铁、球墨铸铁、合金铸铁等难加工材料</td><td rowspan="2">适用于加工长切屑或短切屑的黑色金属和有色金属</td><td>M10</td><td rowspan="2">↑</td><td rowspan="2">↓</td><td>精加工、半精加工</td><td>YW1</td></tr>
<tr><td>M20</td><td>半精加工、粗加工</td><td>YW2</td></tr>
</table>

三、切削用量三要素

切削用量是表示主运动及进给运动大小的参数，是背吃刀量、进给量和切削速度三者的总称，故又把这三者称为切削用量三要素。

1. 背吃刀量 a_p

工件上已加工表面和待加工表面间的垂直距离称为背吃刀量，如图 1–19 中的尺寸 a_p。背吃刀量是每次进给时车刀切入工件的深度，故又称切削深度。车外圆时，背吃刀量可用下式计算：

$$a_p = \frac{d_w - d_m}{2} \quad (1\text{–}1)$$

式中 a_p——背吃刀量，mm；

d_w——工件待加工表面直径，mm；

d_m——工件已加工表面直径，mm。

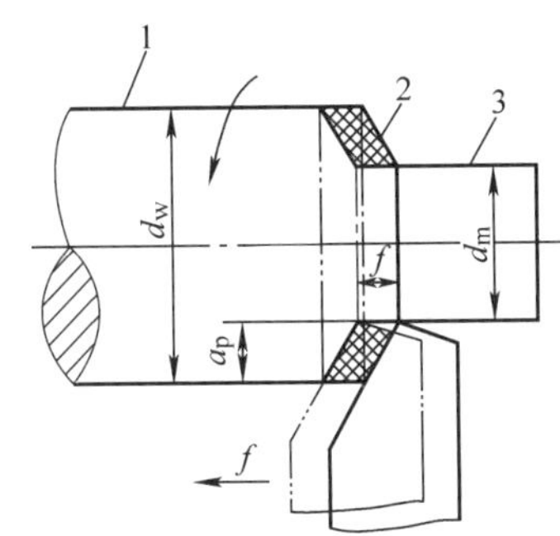

图 1–19　背吃刀量和进给量

1—待加工表面　2—过渡表面　3—已加工表面

例 1–1　已知工件待加工表面直径为 95 mm；现一次进给车至直径为 90 mm，求背吃刀量。

解：根据式（1–1）

$$a_p = \frac{d_w - d_m}{2} = \frac{95-90}{2}\text{ mm} = 2.5\text{ mm}$$

2. 进给量 f

工件每转一周，车刀沿进给方向移动的距离称为进给量，如图 1–19 中的尺寸 f，单位为 mm/r。

根据进给方向的不同，进给量又分为纵进给量和横进给量，如图 1–20 所示。纵进给量是指沿车床床身导轨方向的进给量，横进给量是指垂直于车床床身导轨方向的进给量。

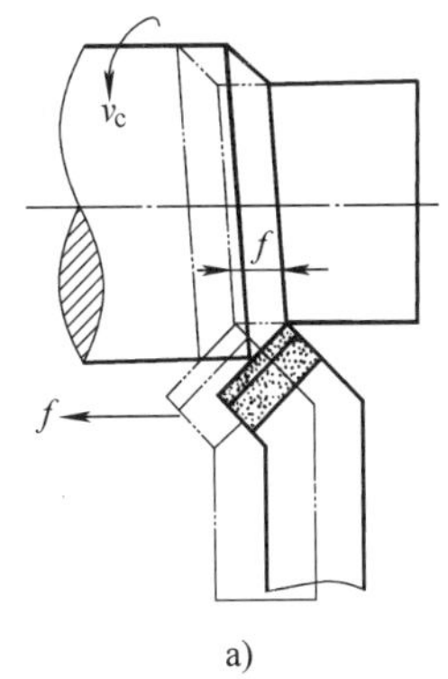

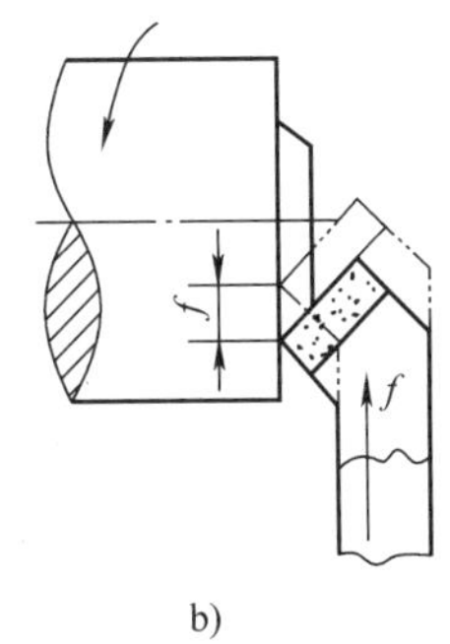

图 1–20　纵、横进给量

a）纵进给量　b）横进给量

3. 切削速度 v_c

车削时，刀具切削刃上选定点相对于工件主运动的瞬时速度称为切削速度。切削速度也可理解为车刀在 1 min 内车削工件表面的理论展开直线长度（假定切屑没有变形或收缩），如图 1–21 所示，单位为 m/min。

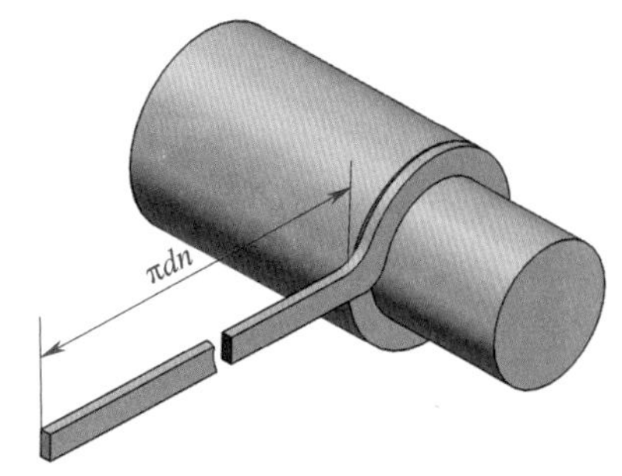

图 1–21　切削速度

切削速度可用下式计算：

$$v_c=\frac{\pi dn}{1\,000}\approx\frac{dn}{318} \qquad (1\text{–}2)$$

式中 v_c——切削速度，m/min；

d——工件（或刀具）的直径，mm，一般取最大直径；

n——车床主轴转速，r/min。

例 1–2 车削直径为 60 mm 的工件外圆，选定的车床主轴转速为 600 r/min，求切削速度。

解：根据式（1–2）

$$v_c=\frac{\pi dn}{1\,000}=\frac{3.14\times60\times600}{1\,000}\text{ m/min}$$

$$\approx113\text{ m/min}$$

在实际生产中，往往是已知工件直径，根据工件材料、刀具材料和加工要求等因素选定切削速度，再将切削速度换算成车床主轴转速，以便于调整车床，这时可把式（1–2）改写成：

$$n=\frac{1\,000v_c}{\pi d}\approx\frac{318v_c}{d} \qquad (1\text{–}3)$$

例 1–3 在 CA6140 型卧式车床上车削 ϕ260 mm 的带轮外圆，选择切削速度为 90 m/min，求车床主轴转速。

解：根据式（1–3）

$$n=\frac{1\,000v_c}{\pi d}=\frac{1\,000\times90}{3.14\times260}\text{ r/min}$$

$$\approx110\text{ r/min}$$

计算出车床主轴转速后，应选取与其接近的车床铭牌转速。故车削该工件时，应选取与 CA6140 型卧式车床铭牌上接近的转速，即选取 n=100 r/min 作为车床的实际转速。

四、切削用量的选择

1. 粗车时切削用量的选择

粗车时选择切削用量主要是考虑提高生产效率，同时兼顾刀具寿命。加大背吃刀量 a_p、进给量 f 和提高切削速度 v_c 都能提高生产效率。但是，它们都对刀具寿命产生不利影响，其中影响最小的是 a_p，其次是 f，最大的是 v_c。因此，粗车时选择切削用量，首先应选择一个尽可能大的背吃刀量 a_p，其次选择一个较大的进给量 f，最后根据已选定的 a_p 和 f，在工艺系统刚度、刀具寿命和机床功率许可的条件下选择一个合理的切削速度 v_c。

2. 半精车、精车时切削用量的选择

半精车、精车时选择切削用量应首先考虑保证加工质量，并注意兼顾生产效率和刀具寿命。

（1）背吃刀量　半精车、精车时的背吃刀量是根据加工精度和表面粗糙度要求，由粗车后留下的余量确定的。一般情况下，在数控车床上所留的精车余量比在卧式车床上的小。

半精车、精车时的背吃刀量：半精车时选取 a_p=0.5 ~ 2.0 mm；精车时选取 a_p=0.05 ~ 0.8 mm。在数控车床上进行精车时，选取 a_p=0.1 ~ 0.5 mm。

（2）进给量　半精车、精车的背吃刀量较小，产生的切削力不大，所以加大进给量对工艺系统强度和刚度的影响较小。半精车、精车时，进给量的选择主要受表面粗糙度的限制。表面粗糙度值小，进给量可选择小些。

（3）切削速度　为了提高工件的表面质量，用硬质合金车刀精车时，一般采用较高的切削速度（v_c>80 m/min）；用高速钢车刀精车时，一般选用较低的切削速度（v_c<5 m/min）。在数控车床上车削工件时，切削速度可选择高些。加工碳钢时，如果形成暗褐色或蓝色切屑，说明采用的切削速度适当；如果切屑为银白或黄色，说明切削速度未充分发挥；如果切屑变黑或有火花，表明切削温度过高，此时应降低切削速度。

§1-5 切削过程与控制

切削过程是指通过切削运动，刀具从工件表面上切下多余的金属层，从而形成切屑和已加工表面的过程。在各种切削过程中，一般都伴随有切屑的形成、切削力、切削热及刀具磨损等物理现象，它们对加工质量、生产效率和生产成本等都有直接影响。

一、切屑的形成及种类

在切削过程中，刀具推挤工件，首先使工件上的一层金属产生弹性变形，刀具继续进给时，在切削力的作用下，金属产生不能恢复原状的滑移（即塑性变形）。当塑性变形超过金属的强度极限时，金属就从工件上断裂下来成为切屑。随着切削继续进行，切屑不断地产生，逐步形成已加工表面。由于工件材料和切削条件不同，切削过程中材料变形程度也不同，因而产生了各种不同的切屑，其类型见表 1–8。其中比较理想的是短弧形切屑、短环形螺旋切屑和短锥形螺旋切屑。

在生产中最常见的是带状切屑，产生带状切屑时，切削过程比较平稳，因而工件表面较光滑，刀具磨损也较慢。但带状切屑过长时会妨碍工作，并容易发生人身事故，所以应采取断屑措施。

表 1–8 切屑形状的分类

切屑形状	长	短	缠乱
带状切屑	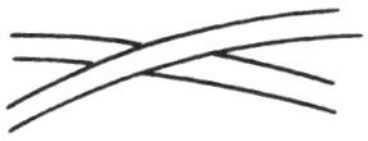		
管状切屑	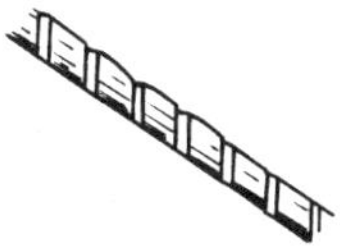	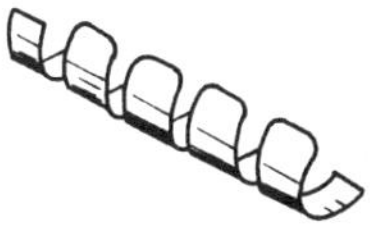	
盘旋状切屑	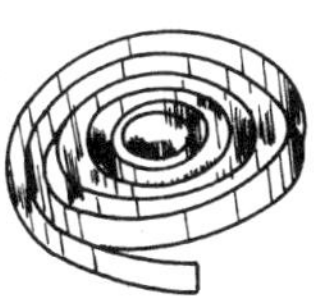 平	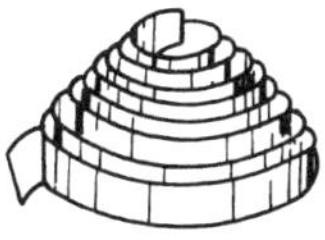 锥	
环形螺旋切屑			

续表

切屑形状	长	短	缠乱
锥形螺旋切屑			
弧形切屑			
单元切屑			
针形切屑			

影响断屑的主要因素如下：

（1）断屑槽的宽度　断屑槽的宽度 L_{Bn} 对断屑的影响很大。一般来讲，宽度减小，能使切屑卷曲半径 r_{ch} 减小，卷曲变形和弯曲应力增大，容易断屑。

（2）切削用量　生产实践和试验证明：切削用量中对断屑影响最大的是进给量，其次是背吃刀量和切削速度。

（3）刀具角度　刀具角度中以主偏角 κ_r 和刃倾角 λ_s 对断屑的影响最为明显。

二、切削力

切削加工时，工件材料抵抗刀具切削所产生的阻力称为切削力。切削力是在车刀车削工件的过程中产生的，大小相等、方向相反地作用在车刀和工件上的力。

1. 切削力的分解

为了测量方便，可以把切削力 F 分解为主切削力 F_c、背向力 F_p 和进给力 F_f 三个分力，如图 1–22 所示，其中 F_D 为 F 在水平面上的投影。

（1）主切削力 F_c　在主运动方向上的分力。

（2）背向力 F_p（切深抗力）　在垂直于进给运动方向上的分力。

（3）进给力 F_f（进给抗力）　在进给运动方向上的分力。

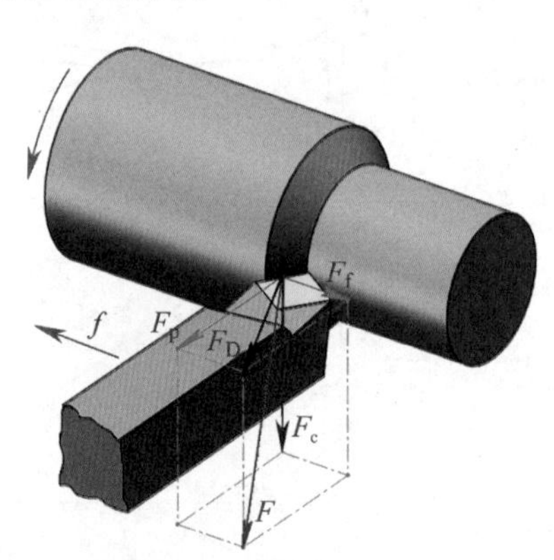

图 1–22　切削力的分解

2. 影响切削力的主要因素

切削力的大小跟工件材料、车刀角度和切削用量等因素有关。

（1）工件材料　工件材料的强度和硬度越高，车削时的切削力就越大。

（2）主偏角 κ_r　主偏角变化使切削分力 F_D 的作用方向改变，当 κ_r 增大时，F_p 减小，F_f 增大。

（3）前角 γ_o　增大车刀的前角，车削时的切削力就减小。

（4）背吃刀量 a_p 和进给量 f　一般车削时，当 f 不变，a_p 增大一倍时，切削力 F_c 也成倍地增大；而当 a_p 不变，f 增大一倍时，F_c 增大 70% ~ 80%。

§1–6　切削液

切削液又称冷却润滑液，是在切削过程中为改善切削效果而使用的液体。在车削过程中，在切屑、刀具与加工表面间存在着剧烈的摩擦，并产生很大的切削力和大量的切削热。合理地使用切削液，不仅可以减小表面粗糙度值，减小切削力，而且还会使切削温度降低，从而延长刀具寿命，提高劳动生产率和产品质量。

一、切削液的作用

1. 冷却作用

切削液能吸收并带走切削区域大量的热量，降低刀具和工件的温度，从而延长刀具的使用寿命，并能减小工件因热变形而产生的尺寸误差，同时也为提高生产效率创造了条件。

2. 润滑作用

切削液能渗透到工件与刀具之间，在切屑与刀具的微小间隙中形成一层很薄的吸附膜，因此，可减小刀具与切屑、刀具与工件间的摩擦，减少刀具的磨损，使排屑流畅，并提高工件的表面质量。对于精加工，润滑就显得更加重要。

3. 清洗作用

车削过程中产生的细小切屑很容易吸附在工件和刀具上，尤其是铰孔和钻深孔时，切屑更容易堵塞。如加注一定压力、足够流量的切削液，则可将切屑迅速冲走，使切削顺利进行。

二、切削液的种类及其使用

车削时常用的切削液有水溶性切削液和油溶性切削液两大类。切削液的种类、成分、性能、作用和用途见表 1–9。

表 1–9　　切削液的种类、成分、性能、作用和用途

<table>
<tr><th colspan="2">种类</th><th>成分</th><th>性能和作用</th><th>用途</th></tr>
<tr><td rowspan="4">水溶性切削液</td><td>水溶液</td><td>以软水为主，加入防锈剂、防霉剂，有的还加入油性添加剂、表面活性剂，以增强润滑性</td><td>主要起冷却作用</td><td>常用于粗加工中</td></tr>
<tr><td rowspan="3">乳化液</td><td>配制成 3% ~ 5% 的低浓度乳化液</td><td>主要起冷却作用，但润滑和防锈性能较差</td><td>用于粗加工、难加工的材料和细长工件的加工</td></tr>
<tr><td>配制成高浓度乳化液</td><td rowspan="2">提高其润滑和防锈性能</td><td>精加工用高浓度乳化液</td></tr>
<tr><td>加入一定的极压添压剂和防锈添加剂，配制成极压乳化液等</td><td>用高速钢刀具粗加工和对钢料精加工时用极压乳化液
在钻削、铰削和加工深孔等半封闭状态下，用黏度较低的极压乳化液</td></tr>
</table>

续表

种类			成分	性能和作用	用途
水溶性切削液	合成切削液		由水、各种表面活性剂和化学添加剂组成。国产 DX148 多效合成切削液有良好的使用效果	冷却、润滑、清洗和防锈性能良好，不含油，可节省能源，有利于环保	国内外推广使用的高性能切削液。国外的使用率达到60%，在我国企业中的使用也日益增多
油溶性切削液	切削油	矿物油	L-AN15、L-AN22、L-AN32 机械油	润滑作用较好	在一般的精车、螺纹精加工中使用很广泛
			轻柴油、煤油等	煤油的渗透作用和清洗作用较突出	在精加工铝合金、铸铁和高速钢铰刀铰孔中使用
		动植物油	食用油	能形成较牢固的润滑膜，其润滑效果比纯矿物油好，但易变质	应尽量少用或不用
		复合油	矿物油与动植物油的混合油	润滑作用、渗透作用和清洗作用均较好	应用范围广泛
	极压切削油		在矿物油中添加氯、硫、磷等极压添加剂和防锈添加剂配制而成。常用的有氯化切削油、硫化切削油	它在高温下不破坏润滑膜，具有良好的润滑效果，防锈性能也得到提高	用高速钢刀具对钢料精加工时使用 在钻削、铰削和加工深孔等半封闭状态下工作时，用黏度较低的极压切削油

三、使用切削液时的注意事项

1. 油状乳化油必须用水稀释成乳化液后才能使用。但乳化液会污染环境，应尽量选用环保型切削液。

2. 切削液必须浇注在切削区域（图 1–23）内，因为该区域是切削热源。

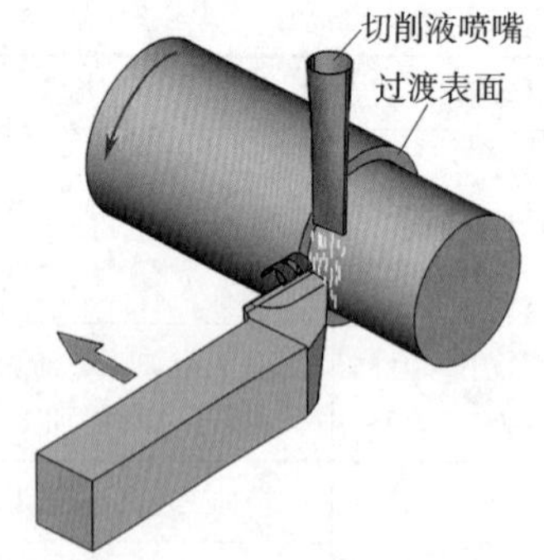

图 1–23　切削液浇注的区域

3. 用硬质合金车刀切削时，一般不加切削液。如果使用切削液，必须从开始就连续充分地浇注；否则，硬质合金刀片会因骤冷而产生裂纹。

4. 控制好切削液的流量。流量太小或断续使用，起不到应有的作用；流量太大，则会造成切削液的浪费。

5. 加注切削液可以采用浇注法和高压冷却法。浇注法（图 1–24a）是一种简便易行、应用广泛的方法，一般车床均有这种冷却系统。高压冷却法（图 1–24b）是以较高

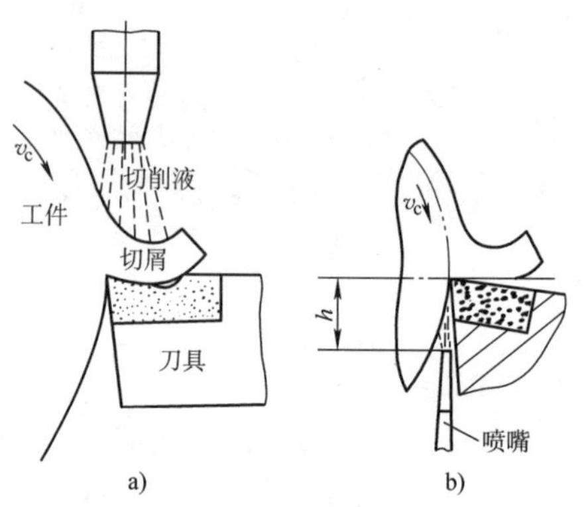

图 1–24　加注切削液的方法
a）浇注法　b）高压冷却法

的压力或较大的流量将切削液喷向切削区，这种方法一般用于半封闭加工或车削难加工材料。

6. 要具备环保意识。对于不能回收或再利用的切削液或润滑油等废液，必须送到当地指定的回收部门或排污地点按规定处理，严禁随地排放而造成污染。

思考与练习

1. 什么是车削？车削的基本工作内容有哪些？

2. 主轴箱有什么用途？溜板箱有什么用途？

3. 画出 CA6140 型卧式车床的传动系统框图。

4. 车削必须具备哪些运动？哪种运动消耗车床的主要动力？

5. 车床有哪几种润滑方式？分别适用于什么场合？

6. 常用的车刀有哪几种？能够用来车削工件外圆的车刀有哪几种？

7. 用简图说明车刀切削部分的几何要素。

8. 什么是基面、切削平面和正交平面？它们的相互关系是什么？

9. 用规定的刀具角度符号在图 1–25 中填写出该车刀的 6 个基本角度，并判断出测量车刀角度所在的基准坐标平面。

10. 车刀切削部分的 6 个主要角度各有什么作用？哪个角度能够控制切屑的排出方向？

11. 车刀主偏角和前角的大小如何选择？

12. 刀具切削部分材料必须具备哪些基本性能？

13. 常用的车刀材料有哪两类？简述硬质合金车刀的分类和适合加工的材料。

14. 断续粗车塑性金属时，选用的硬质合金代号是什么？

15. 什么是背吃刀量、进给量和切削速度？

16. 已知工件毛坯直径为 65 mm，一次进给车至直径为 60 mm，如果机床主轴转速为 560 r/min，求切削速度 v_c。

17. 在 CA6140 型车床上把直径为 60 mm 的轴一次进给车至直径为 52 mm。如果选用切削速度为 90 m/min，求背吃刀量 a_p 和车床主轴转速 n。

18. 粗车时，切削用量的选择原则是什么？

19. 车削时，比较理想的切屑形状有哪些？

20. 影响断屑的主要因素有哪些？

21. 切削力可以分解成哪几个分力？各分力有什么实用意义？

22. 在相同的切削条件下，欲降低切削力，采用大进给小吃刀或大吃刀小进给哪个较有效？为什么？

23. 切削液有什么作用？使用时应注意什么问题？

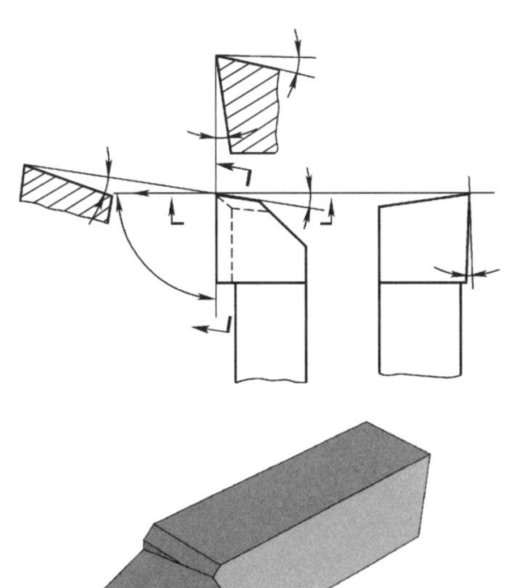

图 1–25　车刀

第二章

车轴类工件

轴是机器中最常用的零件之一，一般由外圆柱面、端面、台阶、倒角、过渡圆角、槽和中心孔等结构要素构成（图 2–1）。车削轴类工件时，除了保证图样上标注的尺寸和表面粗糙度要求外，一般还应达到一定的几何公差要求。

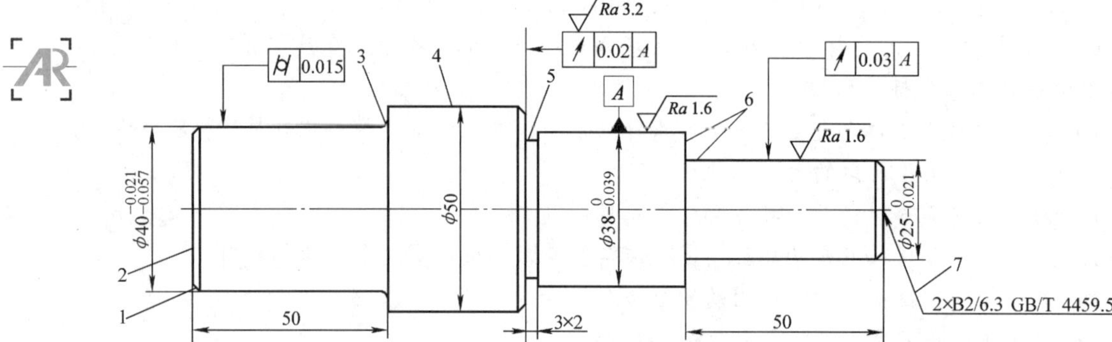

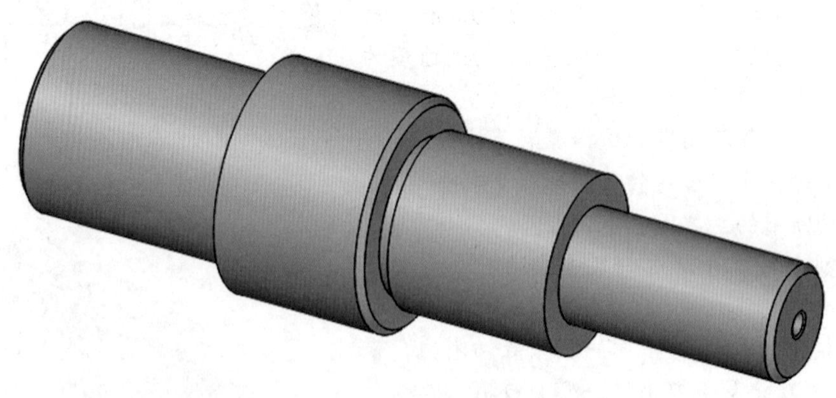

图 2–1 台阶轴

1—倒角 2—端面 3—过渡圆角 4—外圆柱面（外圆） 5—槽 6—台阶 7—中心孔

§2-1 车轴类工件用车刀

一、加工不同精度的车刀

车削轴类工件一般可分为粗车和精车两个阶段。粗车的作用是提高劳动生产率，尽快将毛坯上的余量车去；而精车的作用是使工件达到规定的技术要求。粗车和精车的目的不同，对所用车刀的要求也存在着较大差别。

1. 粗车刀

粗车刀必须适应粗车时吃刀深和进给快的特点，主要要求车刀有足够的强度，能一次进给车去较多的余量。选择粗车刀几何参数的一般原则如下：

（1）主偏角 κ_r 不宜太小，否则车削时容易引起振动。当工件外圆形状许可时，主偏角最好选择 75°左右。这样车刀不但能承受较大的切削力，而且有利于切削刃散热。

（2）为了提高刀头强度，前角 γ_o 和后角 α_o 应选小些。但必须注意，前角太小会增大切削力。

（3）粗车刀一般刃倾角 λ_s 取 –3° ~ 0°，以提高刀头强度。

（4）为了提高切削刃的强度，主切削刃上应磨有倒棱，倒棱宽度 $b_{\gamma1}$ 取 $(0.5 \sim 0.8)f$，倒棱前角 γ_{o1} 取 –10° ~ –5°，如图 2–2 所示。

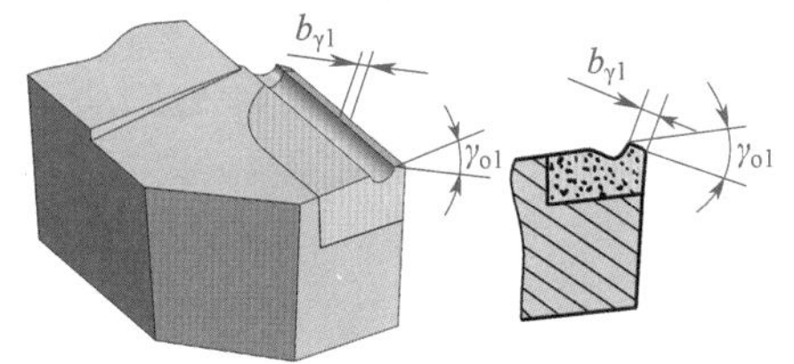

图 2–2　倒棱

（5）为了提高刀尖强度，改善散热条件，使车刀耐用，刀尖处应磨有修圆刀尖或倒角刀尖。采用倒角刀尖时，倒角刀尖偏角 $\kappa_{r\varepsilon}=1/2\kappa_r$，倒角刀尖长度 b_ε 取 0.5 ~ 2 mm，如图 2–3 所示。

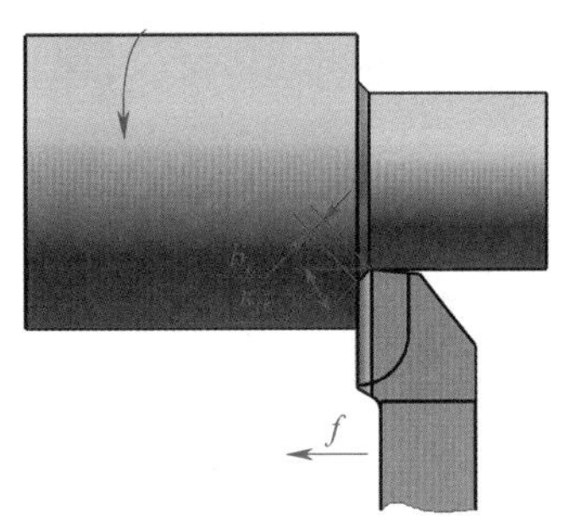

图 2–3　倒角刀尖

（6）粗车塑性金属（如中碳钢）时，为使切屑能自行折断，应在车刀前面上磨有断屑槽。常用的断屑槽有直线形和圆弧形两种。断屑槽的尺寸主要取决于背吃刀量和进给量。

2. 精车刀

工件精车后需要达到图样要求的尺寸精度和较小的表面粗糙度值，并且车去的余量较少，因此要求车刀锋利，切削刃平直光洁，必要时还可磨出修光刃。精车时必须使切屑排向工件的待加工表面。

选择精车刀几何参数的一般原则如下：

（1）为减小工件表面粗糙度值，应取较小的副偏角 κ_r' 或在副切削刃上磨出修光刃。一般修光刃长度 $b_\varepsilon'=(1.2 \sim 1.5)f$，如图 2–4 所示。

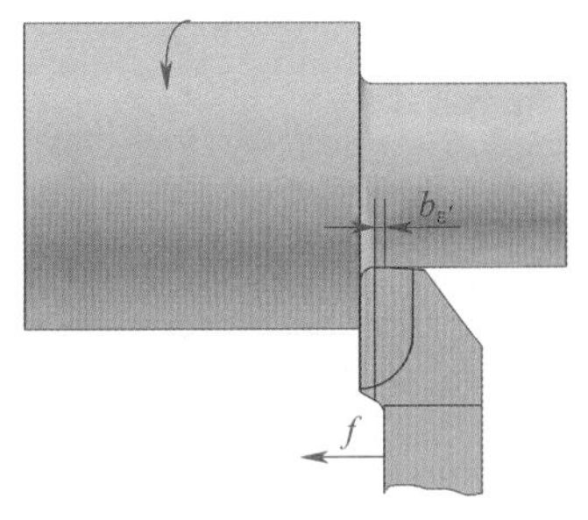

图 2–4　修光刃

（2）前角 γ_o 一般应大些，以使车刀锋利，车削轻快。

（3）后角 α_o 也应大些，以减小车刀和工件之间的摩擦。精车时对车刀强度的要求相对不高，允许取较大的后角。

（4）为了使切屑排向工件的待加工表面，应选用正值的刃倾角，λ_s 取 3° ~ 8°。

（5）精车塑性金属时，为保证排屑顺利，前面应磨出相应宽度的断屑槽。

二、加工不同结构要素的车刀

常用的车外圆、端面和台阶用车刀的主偏角有 45°、75°和 90°几种。

1. 45°车刀及其应用

（1）45°车刀　45°车刀按进给方向的分类和判别方法见表 2–1。

表 2–1　车刀按进给方向的分类和判别方法

车刀	别称	右车刀	左车刀
45°车刀	弯头车刀	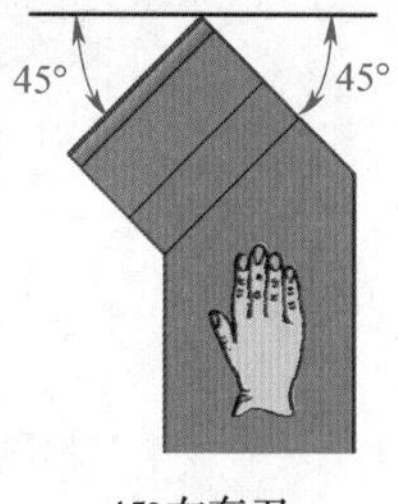 45°　45° 45°右车刀	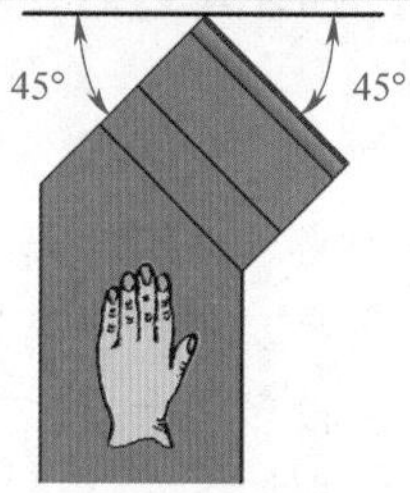 45°　45° 45°左车刀
75°车刀	—	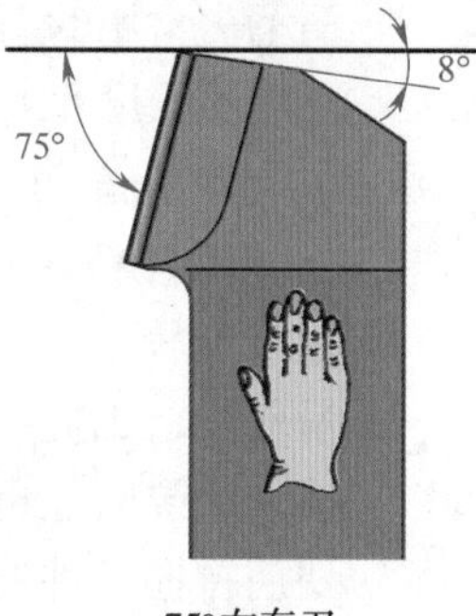 8°　75° 75°右车刀	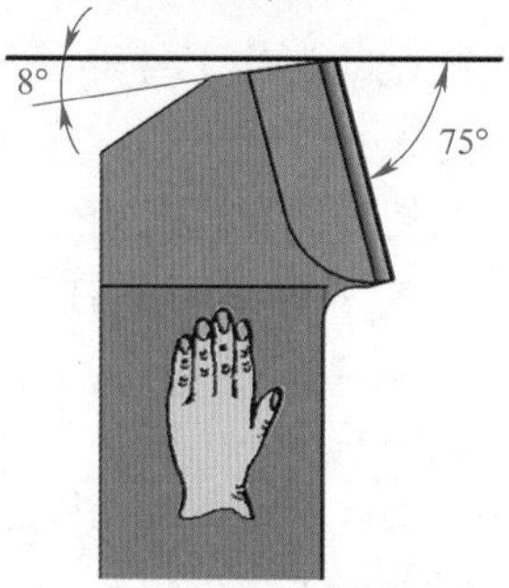 8°　75° 75°左车刀
90°车刀	偏刀	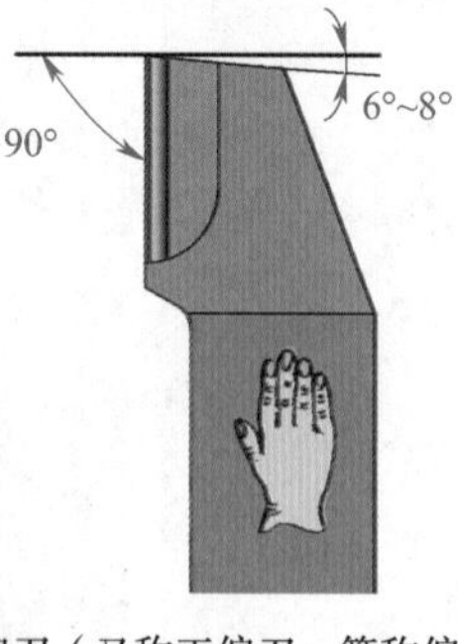 90°　6°~8° 右偏刀（又称正偏刀，简称偏刀）	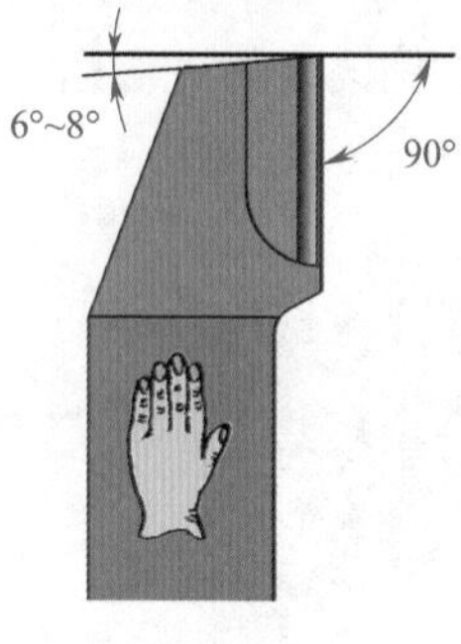 6°~8°　90° 左偏刀
说明		右车刀的主切削刃在刀柄左侧，由车床的右侧向左侧纵向进给	左车刀的主切削刃在刀柄右侧，由车床的左侧向右侧纵向进给
左右手判别法		将平摊的右手手心向下放在刀柄的上面，如果主切削刃和右手拇指在同一侧，则该车刀为右车刀	将平摊的左手手心向下放在刀柄的上面，如果主切削刃和左手拇指在同一侧，则该车刀为左车刀

（2）45°硬质合金车刀及其特点　图 2–5 所示为加工钢料用的典型 45°硬质合金车刀。45°车刀的刀尖角 ε_r=90°，刀尖强度和散热性都比 90°车刀好。

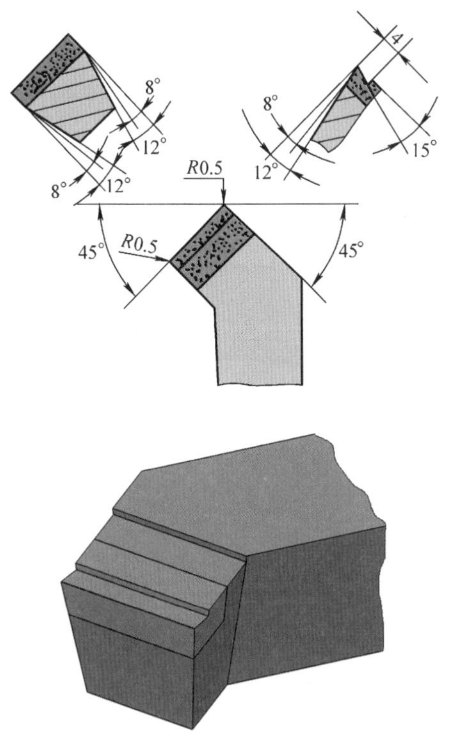

图 2–5　加工钢料用的 45°硬质合金车刀

（3）45°车刀的应用　常用于车削工件的端面和进行 45°倒角，也可用来车削长度较短的外圆，如图 2–6 所示。

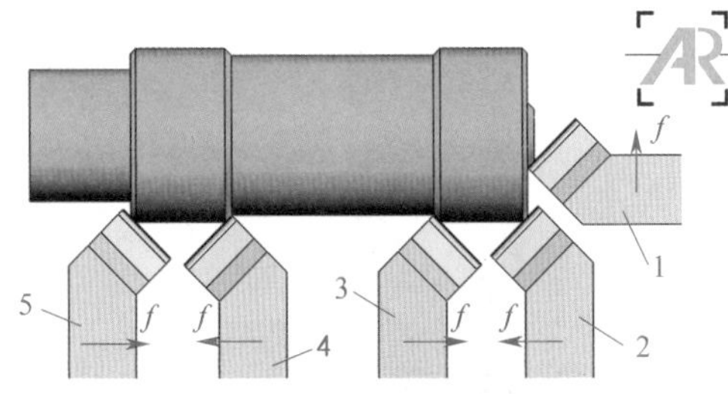

图 2–6　45°车刀的应用

1、3、5—45°左车刀　2、4—45°右车刀

2. 75°车刀及其应用

（1）75°车刀　75°车刀按进给方向的分类和判别方法见表 2–1。

（2）75°硬质合金车刀及其特点　图 2–7 所示为加工钢料用的典型 75°硬质合金粗车刀。75°车刀的刀尖角 ε_r>90°，刀尖强度高，较耐用。

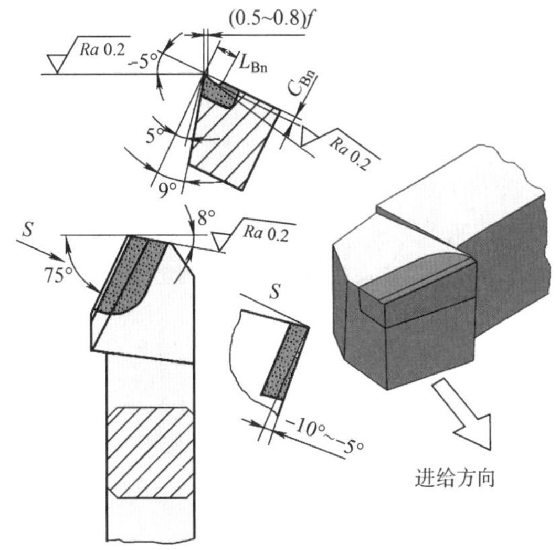

图 2–7　加工钢料用的 75°硬质合金粗车刀

（3）75°车刀的应用　75°右车刀适用于粗车轴类工件的外圆和对加工余量较大的铸件、锻件外圆进行强力车削，75°左车刀还适用于车削铸件、锻件的大端面（图 2–8）。

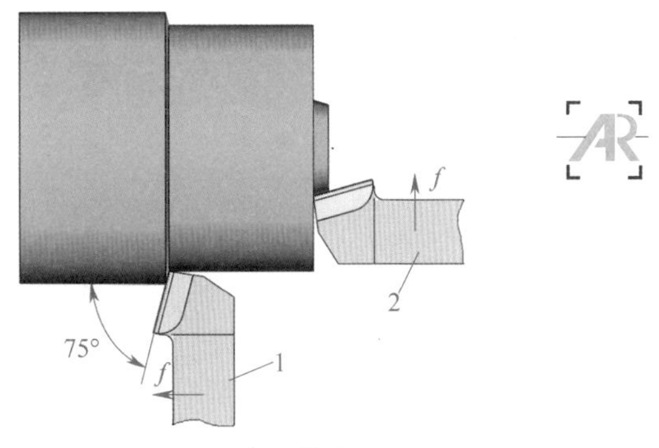

图 2–8　75°车刀的应用

1—75°右车刀车外圆　2—75°左车刀车端面

3. 90°车刀及其应用

（1）90°车刀　90°车刀按进给方向的分类和判别方法见表 2–1。

（2）90°硬质合金车刀及其特点　图 2–9 所示为加工钢料用的典型 90°硬质合金精

车刀。90°车刀的刀尖角 ε_r<90°，所以刀尖强度和散热条件比45°车刀、75°车刀都差，但应用范围较广泛。

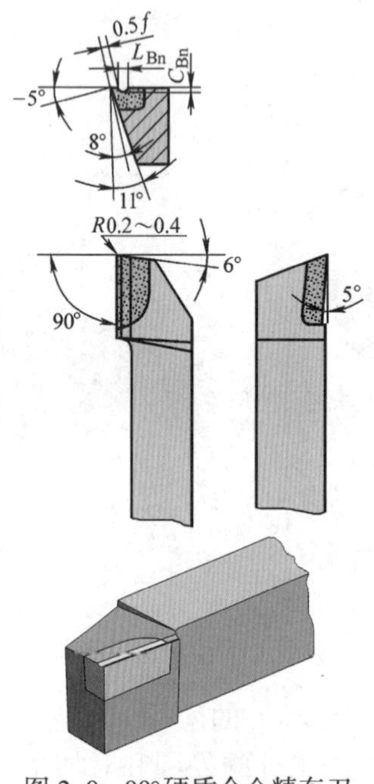

图 2–9　90°硬质合金精车刀

图 2–10 所示为横槽精车刀，其主要特点如下：在主切削刃上磨有较大的正值刃

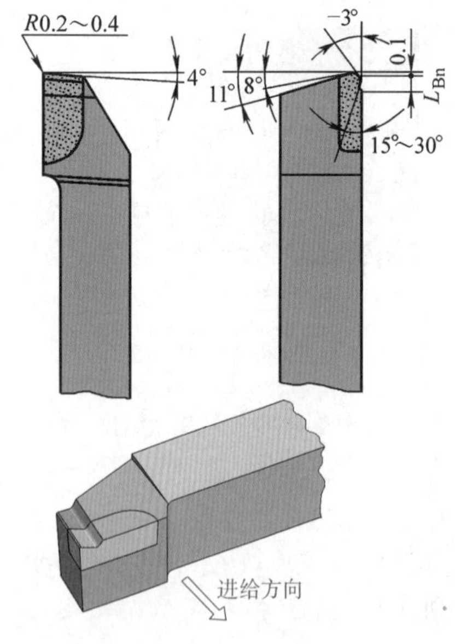

图 2–10　横槽精车刀

倾角（λ_s 取 15° ~ 30°），可以保证切屑排向工件的待加工表面。应注意的是，用这种车刀车削时只能选用较小的背吃刀量（a_p<0.5 mm）。

（3）90°车刀的应用　右偏刀一般用来车削工件的外圆、端面和右向台阶（图 2–11a、b）。因为其主偏角较大，车外圆时的背向力 F_p 较小，所以不易使工件产生径向弯曲。

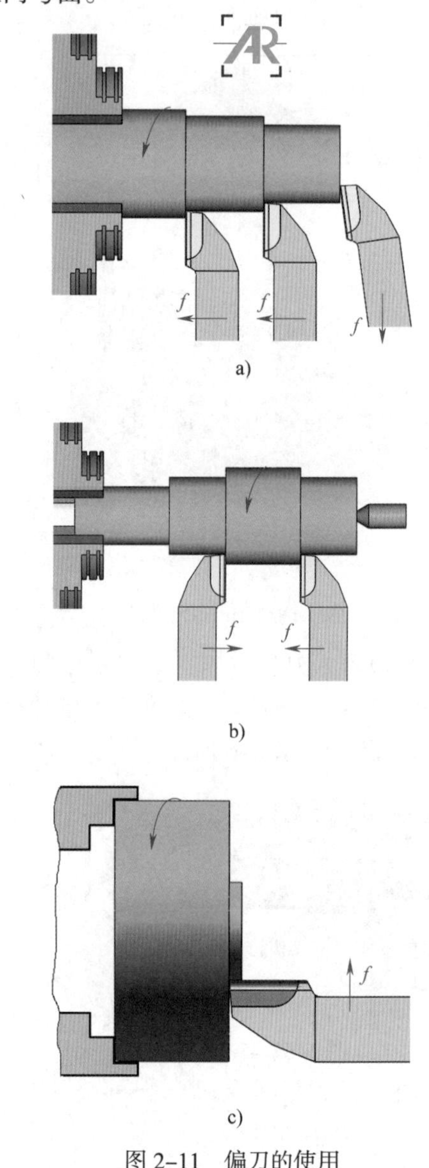

图 2–11　偏刀的使用

a）用右偏刀车外圆、台阶和端面

b）用左、右偏刀车台阶　c）用左偏刀车端面

左偏刀一般用来车削工件的外圆和左向

台阶，也适用于车削直径较大且长度较短工件的端面，如图 2–11b、c 所示。

用右偏刀车端面时，如果车刀由工件外缘向中心进给，则是用副切削刃车削。当背吃刀量较大时，因切削力的作用会使车刀扎入工件而形成凹面（图 2–12a）。为防止产生凹面，可采用由中心向外缘进给的方法，利用主切削刃进行车削（图 2–12b），但是，背吃刀量应小些。当背吃刀量较大时，也可用图 2–12c 所示的端面车刀车削。

三、切断刀和车槽刀

1. 切断刀及其应用

如图 2–13 所示，切断刀以横向进给为主，前端的切削刃是主切削刃，两侧的切削刃是副切削刃。为了减少工件材料的浪费，保证切断实心工件时能切到工件的中心，一般切断刀的主切削刃较窄，刀头较长，其刀头强度相对其他车刀较低，所以，在选择几何参数和切削用量时应特别注意。

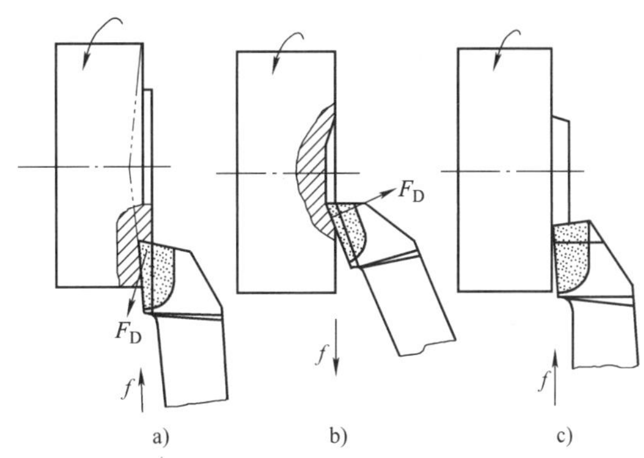

图 2–12　车端面

a）右偏刀由外缘向中心进给　b）右偏刀由中心向外缘进给　c）用端面车刀车端面

（1）高速钢切断刀及其应用　高速钢切断刀的形状如图 2–14 所示，其几何参数的选择原则见表 2–2。

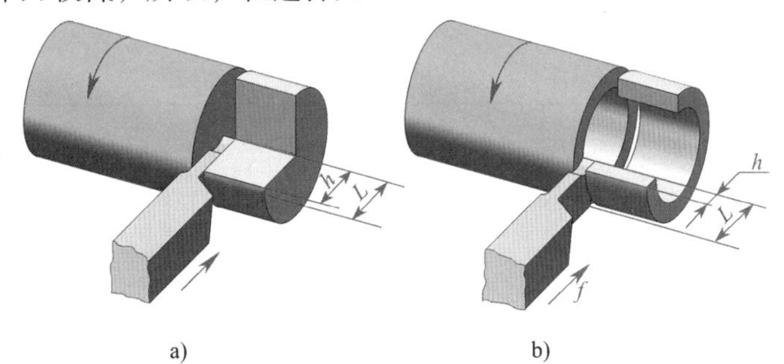

图 2–13　切断刀的刀头长度

a）切断实心工件时　b）切断空心工件时

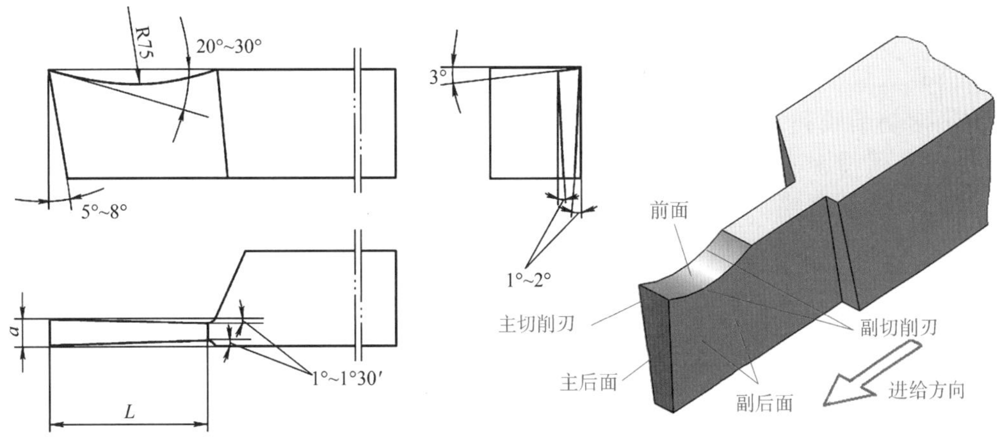

图 2–14　高速钢切断刀

表 2-2　　高速钢切断刀几何参数的选择

角度	符号	数据和公式
主偏角	κ_r	κ_r=90°
副偏角	κ_r'	κ_r' 取 1° ~ 1° 30′
前角	γ_o	切断中碳钢工件时，通常 γ_o 取 20° ~ 30°；切断铸铁工件时，γ_o 取 0° ~ 10°。前角由 R75 mm 的弧形前面自然形成
主后角	α_o	一般 α_o 取 5° ~ 7°
副后角	α_o'	切断刀有两个对称的副后角，α_o' 取 1° ~ 2°
刃倾角	λ_s	主切削刃要左高右低，取 λ_s=3°
主切削刃宽度	a	一般采用经验公式计算： $a\approx(0.5\sim0.6)\sqrt{d}$　　(2—1) 式中 d——工件直径，mm
刀头长度	L	计算公式为： $L=h+(2\sim3)\,\text{mm}$　　(2—2) 式中 h——切入深度，mm 切断实心工件时，切入深度等于工件半径；切断空心工件时，切入深度等于工件的壁厚（图 2-13）

例 2-1　切断外径为 36 mm，孔径为 16 mm 的空心工件，试计算切断刀的主切削刃宽度和刀头长度。

解：根据式（2-1）

$$a\approx(0.5\sim0.6)\sqrt{d}=(0.5\sim0.6)\sqrt{36}\ \text{mm}$$

$$=3\sim3.6\ \text{mm}$$

根据式（2-2）

$$L=h+(2\sim3)\ \text{mm}=\left(\frac{36}{2}-\frac{16}{2}\right)\text{mm}+(2\sim3)\ \text{mm}$$

$$=12\sim13\ \text{mm}$$

为了使切削顺利，在切断刀的弧形前面上磨出卷屑槽，卷屑槽的长度应超过切入深度。但卷屑槽不可过深，一般槽深为 0.75 ~ 1.5 mm，否则会削弱刀头强度。

在切断工件时，为使带孔工件不留边缘，实心工件的端面不留小凸头，可将切断刀的切削刃略磨斜些，如图 2-15 所示。

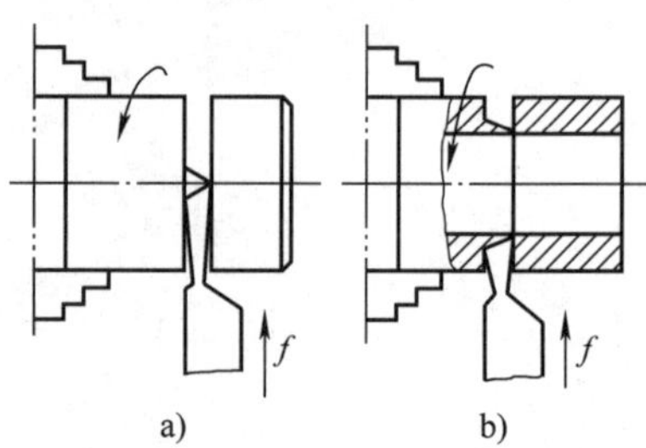

图 2-15　斜刃切断刀及其应用

a）切断实心工件　b）切断空心工件

（2）硬质合金切断刀及其应用　如图 2-16 所示，如果硬质合金切断刀的主切削刃采用平直刃，那么切断时的切屑和工件槽宽相等，切屑容易堵塞在槽内而不易排出。为使排屑顺利，可把主切削刃两边倒角或磨成人字形，为提高刀头的支撑刚度，常将切断刀的刀头下部做成凸圆弧形。

高速切断时会产生大量的热量，为防止刀片脱焊，必须浇注充足的切削液，发现切削刃磨钝时，应及时刃磨。

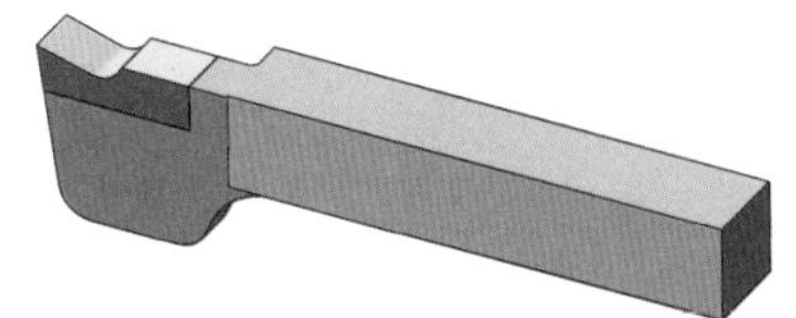

图 2-16　硬质合金切断刀

（3）弹性切断刀及其应用　为了节省高速钢，切断刀可以做成片状，装夹在弹性刀柄上，如图 2-17 所示。弹性切断刀的优点如下：当进给量过大时，弹性刀柄会因受力而产生变形，由于刀柄的弯曲中心在上面，因此刀头就会自动向后退让，从而避免了因扎刀而导致切断刀折断的现象。

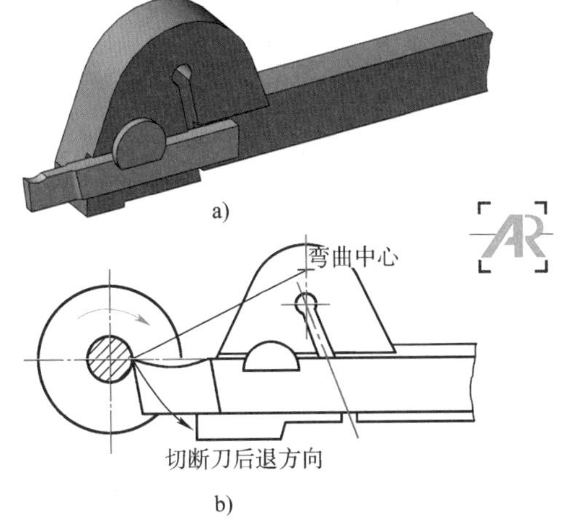

图 2-17　弹性切断刀及应用

a）弹性切断刀　b）应用

（4）反切刀及其应用　切断直径较大的工件时，由于刀头较长，刚度很低，很容易产生振动，这时可采用反向切断法，即工件反转，用反切刀切断，如图 2-18 所示。反向切断时，作用在工件上的切削力 F_c 与工件重力 G 方向一致，这样不容易产生振动；并且切屑向下排出，不容易在槽中堵塞。

2. 车槽刀及其应用

车一般外槽的车槽刀的形状和几何参数与切断刀基本相同。车狭窄的外槽时，将车槽刀的主切削刃宽度刃磨成与工件槽宽相等，一次直进车出，如图 2-19a 所示。车较宽的外槽时，可以用多次车削的方法来完成，但必须在槽的两侧和底部留出精车余量，最后根据槽的宽度和位置进行精车，如图 2-19b 所示。

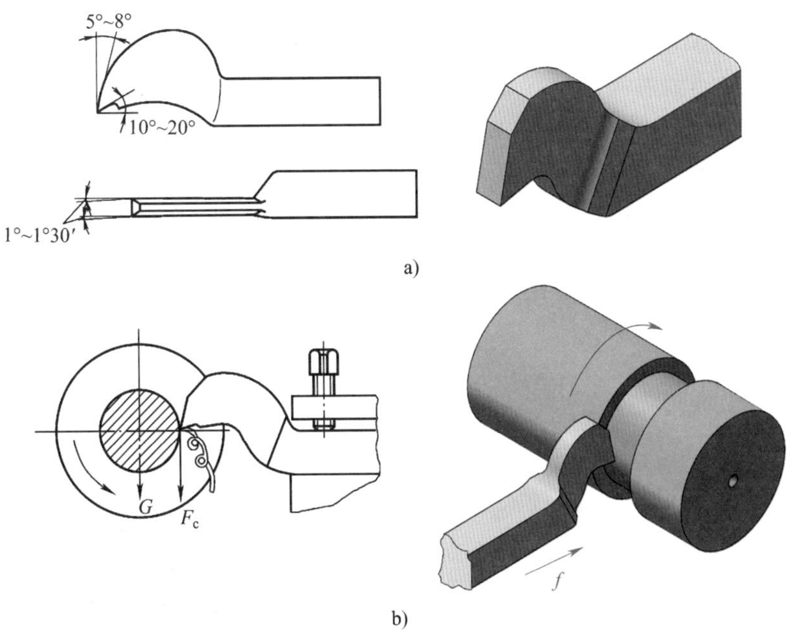

图 2-18　反切刀及应用

a）反切刀　b）应用

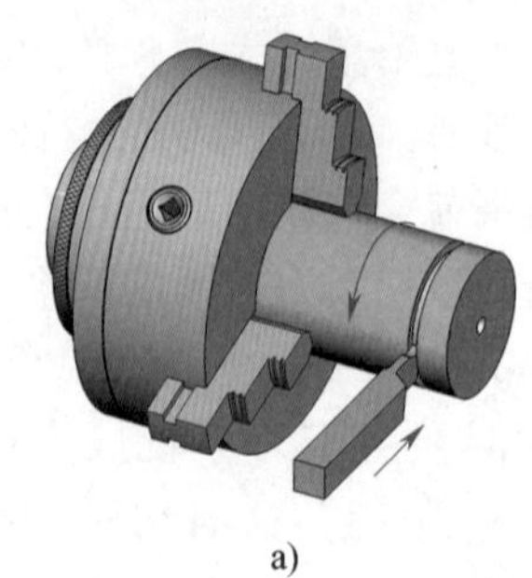

a)

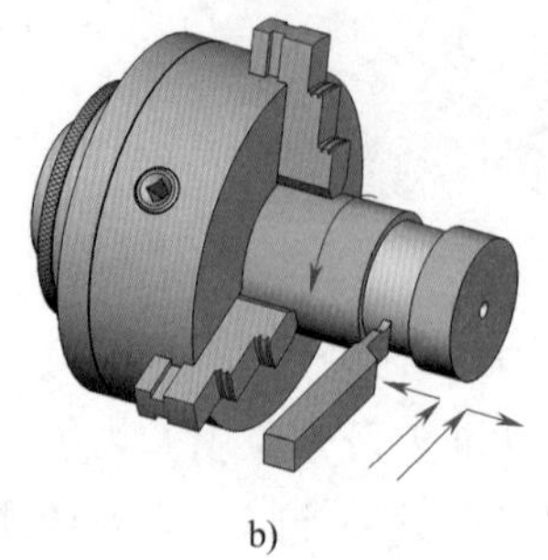

b)

图 2–19　车外槽

a）车狭窄的外槽　b）车较宽的外槽

§2–2　轴类工件的装夹

一、轴类工件的装夹方法

车削时，工件必须在车床夹具中定位并夹紧，工件装夹得是否正确、可靠，会直接影响加工质量和生产效率。

根据轴类工件的形状、大小、加工精度和数量的不同，常用以下几种装夹方法。

1. 三爪自定心卡盘装夹

三爪自定心卡盘的规格是卡盘直径，常用的有 ϕ160 mm、ϕ200 mm、ϕ250 mm 三种。

三爪自定心卡盘的形状如图 2–20 所示，当卡盘扳手插入卡盘扳手方孔内转动时，可带动三个卡爪做向心运动或离心运动。

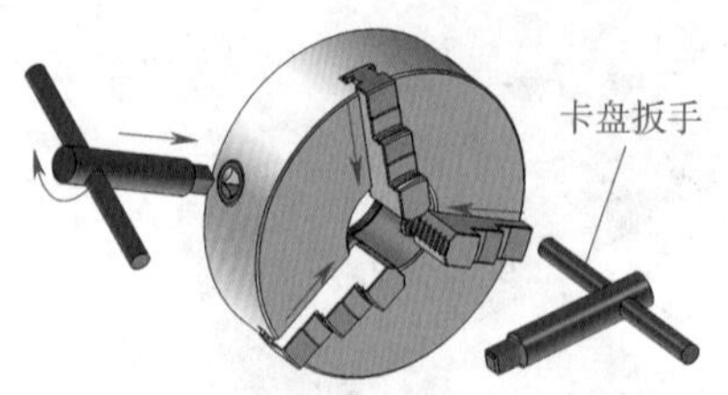

图 2–20　三爪自定心卡盘

三爪自定心卡盘的三个卡爪是同步运动的，能自动定心，工件装夹后一般不需找正。但是，在装夹较长的工件时，工件离卡盘较远处的旋转轴线不一定与车床主轴的旋转轴线重合，这时就必须找正。当三爪自定心卡盘使用时间较长导致精度下降，而工件的加工精度要求较高时，也需要对工件进行找正。

三爪自定心卡盘装夹工件方便、迅速，但夹紧力较小，适用于装夹外形规则的中、小型工件。

2. 四爪单动卡盘装夹

四爪单动卡盘的规格也是卡盘直径，常用的有 ϕ250 mm、ϕ400 mm、ϕ500 mm 三种。

四爪单动卡盘的形状如图 2–21 所示。

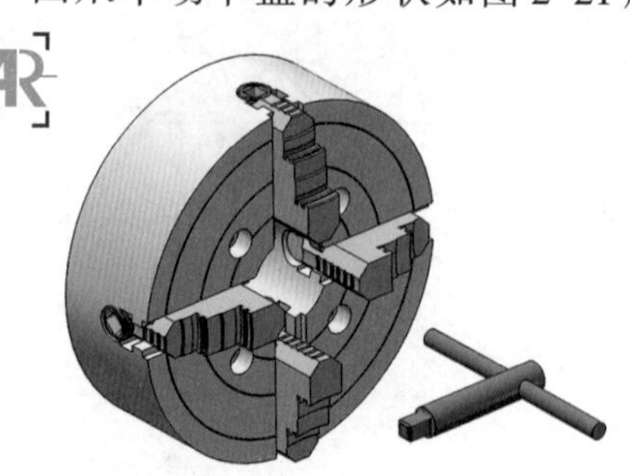

图 2–21　四爪单动卡盘

四爪单动卡盘有四个各不相关的卡爪，每个卡爪背面有一半瓣内螺纹与夹紧螺杆啮合，四个夹紧螺杆的外端有方孔，用来安装插卡盘扳手的方榫。用扳手转动某一夹紧螺杆时，与其啮合的卡爪就能单独移动，以适应工件大小的需要。

由于四爪单动卡盘的四个卡爪各自独立运动，装夹时不能自动定心，必须使工件加工部分的旋转轴线与车床主轴旋转轴线重合后才可车削。四爪单动卡盘的找正比较费时，但夹紧力比三爪自定心卡盘大，因此适用于装夹大型或形状不规则的工件。

三爪自定心卡盘和四爪单动卡盘统称为卡盘，卡盘均可装成正爪或反爪两种形式，反爪用来装夹直径较大的工件。

3. 一夹一顶装夹

车削一般轴类工件，尤其是较重的工件时，可将工件的一端用三爪自定心或四爪单动卡盘夹紧，另一端用后顶尖支顶（图 2–22），这种装夹方法称为一夹一顶装夹。为了防止由于进给力的作用而使工件产生轴向位移，可以在主轴前端锥孔内安装一限位支撑（图 2–22a），也可利用工件的台阶进行限位（图 2–22b）。用这种方法装夹较安全可靠，能承受较大的进给力，因此得到广泛应用。

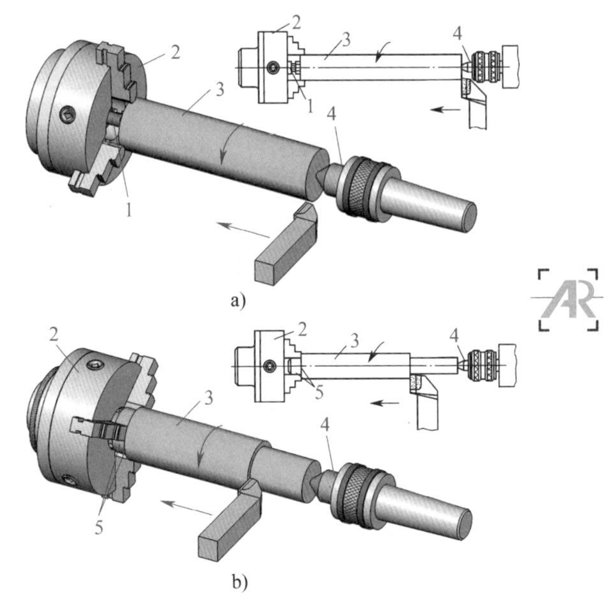

图 2–22　一夹一顶装夹

a）用限位支撑　b）利用工件的台阶限位

1—限位支撑　2—卡盘　3—工件

4—后顶尖　5—台阶

4. 两顶尖装夹

对于较长的工件或必须经过多次装夹才能加工好的工件（如长轴、长丝杠等），以及工序较多，在车削后还要铣削或磨削的工件，为了保证每次装夹时的装夹精度，可用车床的前、后顶尖（即两顶尖）装夹。其装夹形式如图 2–23 所示，工件由前顶尖和后顶尖定位，用鸡心夹头夹紧并带动工件同步运动。采用两顶尖装夹工件的优点是装夹方便，不需找正，装夹精度高；缺点是比一夹一顶装夹的刚度低，影响了切削用量的提高。

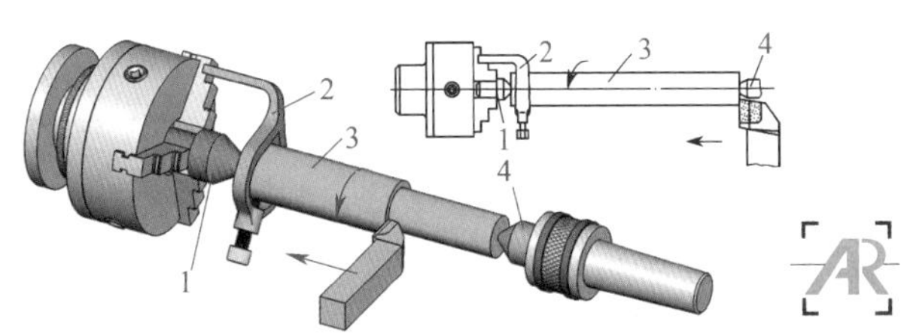

图 2–23　两顶尖装夹

1—前顶尖　2—鸡心夹头　3—工件　4—后顶尖

操作提示

使用一夹一顶和两顶尖装夹工件时的注意事项如下：

（1）后顶尖的中心线应在车床主轴轴线上，否则车出的工件会产生锥度，如图 2–24 所示。

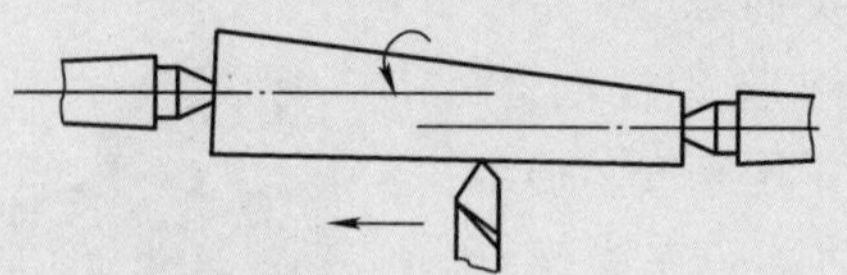

图 2–24　后顶尖的中心线不在车床主轴轴线上

（2）在不影响车刀切削的前提下，尾座套筒应尽量伸出短些，以提高刚度，减少振动。

（3）中心孔的形状应正确，表面粗糙度值要小。装入顶尖前，应清除中心孔内的切屑等异物。

（4）当后顶尖用固定顶尖时，由于中心孔与顶尖间为滑动摩擦，故应在中心孔内加入润滑脂，以防温度过高而损坏顶尖或中心孔。

（5）顶尖与中心孔配合的松紧度必须合适。如果后顶尖顶得太紧，细长工件会产生弯曲变形。对于固定顶尖，会增大摩擦；对于回转顶尖，容易损坏顶尖内的滚动轴承。如果后顶尖顶得太松，工件则不能准确地定心，对加工精度有一定影响，并且车削时易产生振动，甚至会使工件飞出而发生事故。

二、中心孔和中心钻

1. 中心孔和中心钻的类型

用一夹一顶和两顶尖装夹工件，必须先用中心钻在工件一端或两端的端面上加工出合适的中心孔。

国家标准《中心孔》（GB/T 145—2001）规定中心孔有 A 型（不带护锥）、B 型（带护锥）、C 型（带护锥和螺纹）和 R 型（弧形）四种，其类型、结构和用途等内容见表 2–3。

2. 中心钻折断的原因及预防方法

钻中心孔时，由于中心钻切削部分的直径很小，承受不了过大的切削力，稍不注意就会折断。导致中心钻折断的原因及预防方法如下：

（1）中心钻轴线与工件旋转轴线不一致，使中心钻受到一个附加力而折断。因此，钻中心孔前必须严格找正中心钻的位置。

表 2–3　　中心孔和中心钻

类型	A 型	B 型	C 型	R 型
结构图				
结构说明	由圆锥孔和圆柱孔两部分组成	在 A 型中心孔的端部再加工一个 120° 的圆锥面，用以保护 60° 锥面不致碰毛，并使工件端面容易加工	在 B 型中心孔的 60° 锥孔后面加工一短圆柱孔（保证攻制螺纹时不碰毛 60° 锥孔），后面还用丝锥攻制成内螺纹	形状与 A 型中心孔相似，只是将 A 型中心孔的 60° 圆锥面改成圆弧面，这样使其与顶尖的配合变成线接触

续表

<table>
<tr><td rowspan="2">结构及作用</td><td>圆锥孔</td><td colspan="3">圆锥孔的圆锥角一般为 60°，重型工件用 75° 或 90°。它与顶尖锥面配合，起定心作用并承受工件重力和切削力，因此圆锥孔的表面质量要求较高</td><td>在轴类工件装夹时，线接触的圆弧面能自动纠正少量的位置偏差</td></tr>
<tr><td>圆柱孔</td><td colspan="4">中心孔的基本尺寸为圆柱孔的直径 D，它是选取中心钻的依据
圆柱孔可储存润滑脂，并能防止顶尖头部触及工件，保证顶尖锥面和中心孔锥面配合贴切，以正确定中心
圆柱孔直径 $d \leq 6.3$ mm 的中心孔常用高速钢制成的中心钻直接钻出，$d > 6.3$ mm 的中心孔常用锪孔或车孔等方法加工</td></tr>
<tr><td colspan="2">使用的中心钻</td><td></td><td></td><td></td><td></td></tr>
<tr><td colspan="2">用途</td><td>适用于精度要求一般的工件，应用较广泛</td><td>适用于精度要求较高或工序较多的工件，应用最广泛</td><td>适用于当需要把其他零件轴向固定在轴上或需要将零件吊挂放置时</td><td>适用于轻型和高精度轴类工件</td></tr>
</table>

（2）工件端面不平整或中心处留有凸头，使中心钻不能准确地定心而折断。因此，钻中心孔处的端面必须平整。

（3）选用的切削用量不合适，如工件转速太低而中心钻进给太快，使中心钻折断。

（4）磨钝后的中心钻强行钻入工件也易折断。因此，中心钻磨损后应及时修磨或调换。

（5）没有浇注充分的切削液或没有及时清除切屑，也易导致切屑堵塞而折断中心钻。因此，钻中心孔时必须浇注充分的切削液，并及时清除切屑。

如果中心钻折断，必须将折断部分从中心孔中取出，并将中心孔修整后才能继续加工。

三、顶尖

顶尖的作用是确定中心，承受工件重力和切削力，根据其位置分为前顶尖和后顶尖。

1. 前顶尖

前顶尖有装夹在主轴锥孔内的前顶尖和在卡盘上车成的前顶尖两种，如图 2–25 所示。工作时前顶尖随同工件一起旋转，与中心孔无相对运动，因此不产生摩擦。

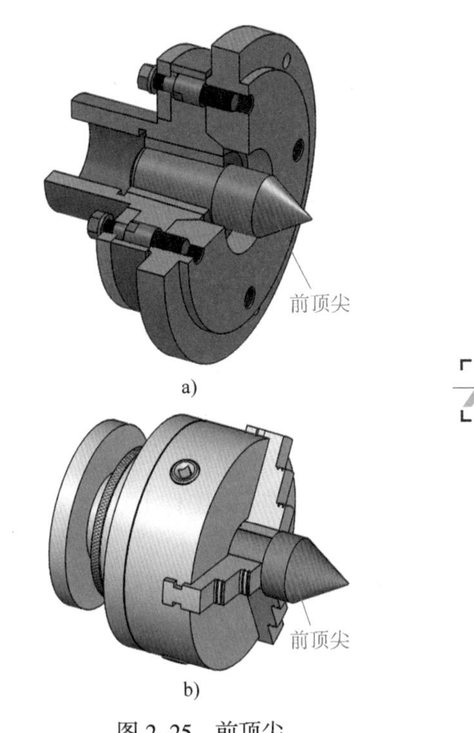

图 2–25　前顶尖

a）主轴锥孔内的前顶尖　b）卡盘上车成的前顶尖

2. 后顶尖

后顶尖有固定顶尖和回转顶尖两种。

固定顶尖的结构如图2–26a、b所示，其特点是刚度高，定心准确；但与工件中心孔间为滑动摩擦，容易产生过多热量而将中心孔或顶尖“烧坏”，尤其是普通固定顶尖（图2–26a）。因此，固定顶尖只适用于低速加工精度要求较高的工件。目前，多使用镶硬质合金的固定顶尖（图2–26b）。

回转顶尖如图2–26c所示，它可使顶尖与中心孔之间的滑动摩擦变成顶尖内部轴承的滚动摩擦，能在很高的转速下正常工作，克服了固定顶尖的缺点，因此应用非常广泛。但是，由于回转顶尖存在一定的装配累积误差，且滚动轴承磨损后会使顶尖产生径向圆跳动，从而降低了定心精度。

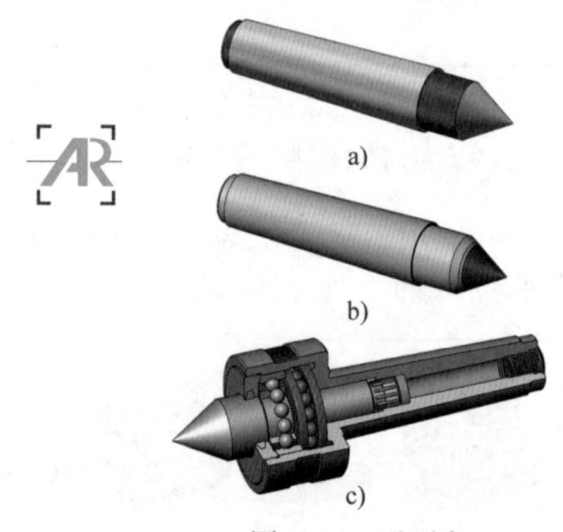

图2–26 后顶尖

a）普通固定顶尖 b）镶硬质合金固定顶尖 c）回转顶尖

§2–3 轴类工件的检测

一、长度单位

国家标准规定，在机械工程图样中所标注的线性尺寸一般以毫米（mm）为单位，且不需标注计量单位的代号或名称，如“500”即为500 mm，“0.006”即为0.006 mm。

在国际上，有些国家（如美国、加拿大等）采用英制长度单位。我国规定限制使用英制单位。机械工程图样上所标注的英制尺寸是以英寸（in）为单位的，如0.06 in。此外，英制单位的数值还可用分数的形式给出，如$\frac{3}{4}$ in、1 $\frac{1}{2}$ in等。

毫米（mm）和英寸（in）可以相互换算，其换算关系为：

1 in=25.4 mm

1 mm=$\frac{1}{25.4}$ in=0.039 37 in

二、游标卡尺

游标卡尺是车工最常用的中等精度的通用量具，其结构简单，使用方便。按式样不同，游标卡尺可分为三用游标卡尺和双面游标卡尺，如图2–27所示。

1. 游标卡尺的结构

（1）三用游标卡尺 三用游标卡尺的结构和形状如图2–27a所示，主要由尺身和游标等组成。使用时，旋松固定游标用的紧固螺钉即可测量。下量爪用来测量工件的外径和长度，上量爪用来测量孔径和槽宽，深度尺用来测量工件的深度和台阶的长度。测量时移动游标使量爪与工件接触，取得尺寸后，最好把紧固螺钉旋紧后再读数，以防尺寸变动。

（2）双面游标卡尺　双面游标卡尺的结构和形状如图 2-27b 所示，为了调整尺寸方便和测量准确，在游标上增加了微调装置。旋紧固定微调装置的紧固螺钉 7，再松开紧固螺钉 3，用手指转动滚花螺母，通过小螺杆即可微调游标。其上量爪用来测量槽直径或孔距，下量爪用来测量工件的外径和孔径。测量孔径时，游标卡尺的读数值必须加上下量爪的厚度 b（b 一般为 10 mm）。

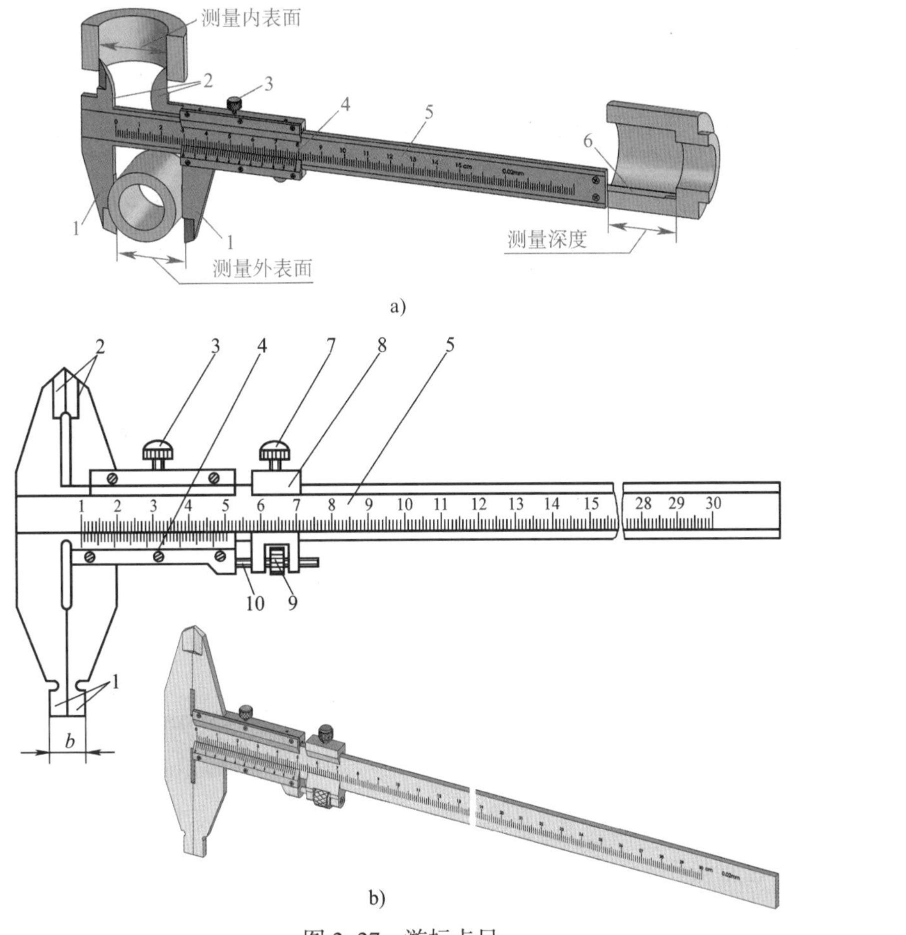

图 2-27　游标卡尺

a）三用游标卡尺　b）双面游标卡尺

1—下量爪　2—上量爪　3、7—紧固螺钉　4—游标　5—尺身　6—深度尺　8—微调装置　9—滚花螺母　10—小螺杆

2. 游标卡尺的读数方法

游标卡尺的量程分别为 0 ~ 125 mm、0 ~ 150 mm、0 ~ 200 mm、0 ~ 300 mm 等。游标卡尺的分度值有 0.02 mm、0.05 mm 和 0.1 mm 三种。游标卡尺是以游标的“0”线为基准进行读数的，以图 2-28a 所示的游标读数值为 0.05 mm 的游标卡尺为例，其读数分为以下三个步骤：

（1）读整数　首先读出尺身上游标“0”线左边的整数毫米值，尺身上每格为 1 mm，即读出整数值为 7 mm。

（2）读小数　用与尺身上某刻线对齐的游标上的刻线格数，乘以游标卡尺的游标读数值，得到小数毫米值，即读出小数部分为 2×0.05 mm=0.1 mm。

（3）整数加小数　最后将两项读数相

加，即为被测表面的尺寸，即 7 mm+0.1 mm=7.1 mm。

例 2–2 图 2–28b 所示为游标读数值 0.02 mm 的游标卡尺，试读出其数值。

解：图 2–28b 所示游标卡尺的读数为：

90 mm+21 × 0.02 mm=90.42 mm

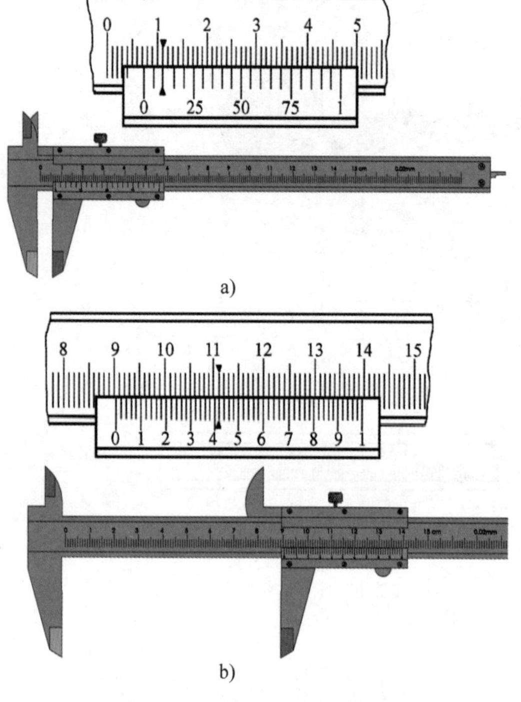

图 2–28 游标卡尺的识读

a）游标读数值为 0.05 mm 的游标卡尺

b）游标读数值为 0.02 mm 的游标卡尺

3. 电子数显卡尺

电子数显卡尺如图 2–29 所示，其特点是读数直观、准确，使用方便且功能多样。当使用电子数显卡尺测得某一尺寸时，数字显示部分就清晰地显示出测量结果。使用米制英制转换键，可选择用米制或英制长度单位进行测量。电子数显卡尺的量程分别为 0 ~ 150 mm、0 ~ 200 mm、0 ~ 300 mm 和 0 ~ 500 mm，分辨率为 0. 01 mm。

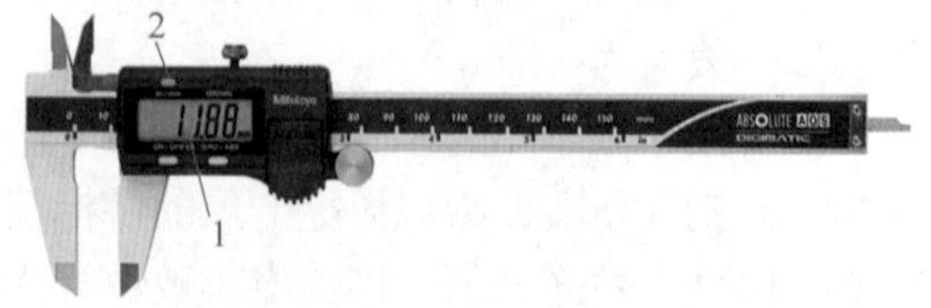

图 2–29 电子数显卡尺

1—数字显示部分 2—米制英制转换键

电子数显卡尺主要用于测量精密工件的内径、外径、宽度、厚度、深度和孔距等。

三、千分尺

1. 千分尺的种类和结构

千分尺是生产中最常用的一种精密量具。千分尺的种类很多，按用途可分为外径千分尺、内径千分尺、深度千分尺、内测千分尺、螺纹千分尺和壁厚千分尺等。若不特别说明，千分尺即指外径千分尺。图 2–30 所示为千分尺的结构，它由尺架、固定测砧、测微螺杆、测力装置和锁紧装置等组成。

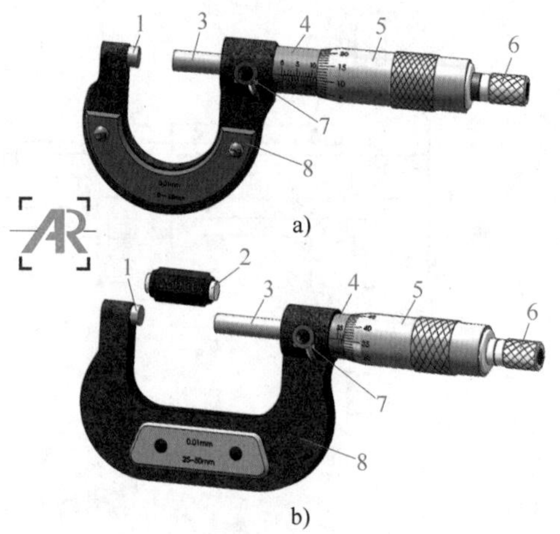

图 2–30 千分尺

a）0 ~ 25 mm 千分尺 b）25 ~ 50 mm 千分尺

1—固定测砧 2—校对样棒 3—测微螺杆

4—固定套管 5—微分筒 6—测力装置（棘轮）

7—锁紧手柄 8—尺架

由于测微螺杆的长度受到制造工艺的限制，其移动量通常为 25 mm，因此千分尺的量程分别为 0 ~ 25 mm、25 ~ 50 mm、50 ~ 75mm、75 ~ 100 mm 等，即每隔 25 mm 为一挡。

2. 千分尺的读数方法

千分尺的固定套管上刻有基准线，在基准线的上、下侧有两排刻线，上、下两条相邻刻线的间距为每格 0.5 mm。微分筒的外圆锥面上刻有 50 格刻度，微分筒每转动一格，测微螺杆移动 0.01 mm，所以千分尺的分度值为 0.01 mm。

测量工件时，先转动千分尺的微分筒，待测微螺杆的测量面接近工件被测表面时，再转动测力装置，使测微螺杆的两测量面接触工件表面，当听到 2 ~ 3 声“咔咔”声响后即可停止转动，读取工件尺寸。为防止尺寸变动，可转动锁紧装置，锁紧测微螺杆。

以图 2–31a 所示 0 ~ 25 mm 千分尺为例，千分尺的读数步骤如下：

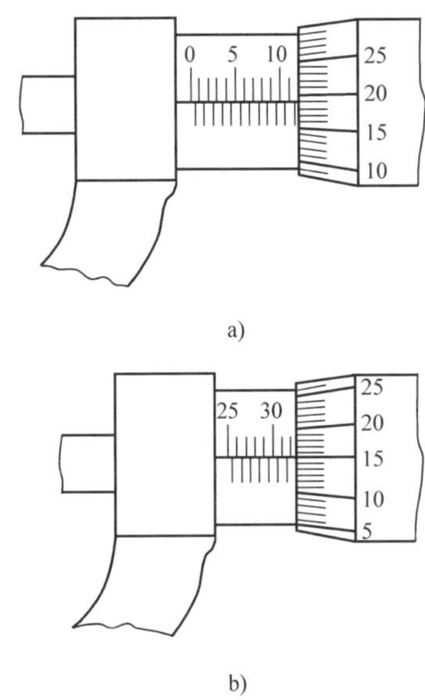

图 2–31 千分尺的识读

a）0 ~ 25 mm 千分尺 b）25 ~ 50 mm 千分尺

（1）读出固定套管上露出刻线的整毫米数和半毫米数。注意固定套管上、下两排刻线的间距为每格 0.5 mm，即可读出 11.5 mm。

（2）读出与固定套管基准线对准的微分筒上的格数，乘以千分尺的分度值 0.01 mm，即为 19 × 0.01 mm=0.19 mm。

（3）两项读数相加，即为被测表面的尺寸，其读数为 11.5 mm+0.19 mm=11.69 mm。

例 2–3 图 2–31b 所示为 25 ~ 50 mm 千分尺，试读出其数值。

解：图 2–31b 所示千分尺的读数为：

32 mm+15 × 0.01 mm=32.15 mm

3. 数显千分尺（图 2–32）

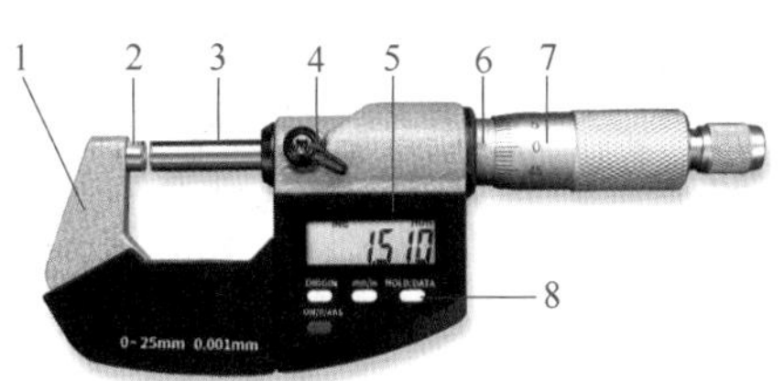

图 2–32 数显千分尺

1—弓架 2—测砧 3—测微螺杆 4—制动器
5—显示屏 6—固定套管 7—微分筒 8—按钮

数显千分尺的分辨率为 0.001 mm，量程分别为 0 ~ 25 mm、25 ~ 50 mm、50 ~ 75 mm、75 ~ 100 mm 等，即每隔 25 mm 为一挡。

如使用 25 ~ 50 mm 的数显千分尺，按动置零钮，若此时显示屏显示读数为 25.000 mm，表示工作前的准备工作已经结束，即可开始所需的测量。

在测砧和测微螺杆两测量面洁净的前提下，旋转微分筒，使测砧和测微螺杆分别与工件接触，随即再转动微分筒 1 ~ 2 圈，用以造成适度的测量力。此时即可在显示屏上读取测量的数值。读取工件尺寸时，为防止尺寸变动，可转动制动器，锁紧测微螺杆。

四、卡规

在大批量生产时，如果使用游标卡尺或千分尺等量具测量工件的外圆则不太方便，且会加剧精密量具的磨损，因此，常使用卡规来检验工件的外径或其他外表面。

千分尺在测量前必须校正零位，如图 2–33 所示。如果零位不准，可用专用扳手转动固定套管。当零线偏离较多时，可松开紧定螺钉，使测微螺杆与微分筒松动，再转动微

操作提示

分筒来对准零位，直到使微分筒的左边缘与固定套管上的“0”刻线重合，同时要使微分筒上“0”刻线对准固定套管上的基准线。

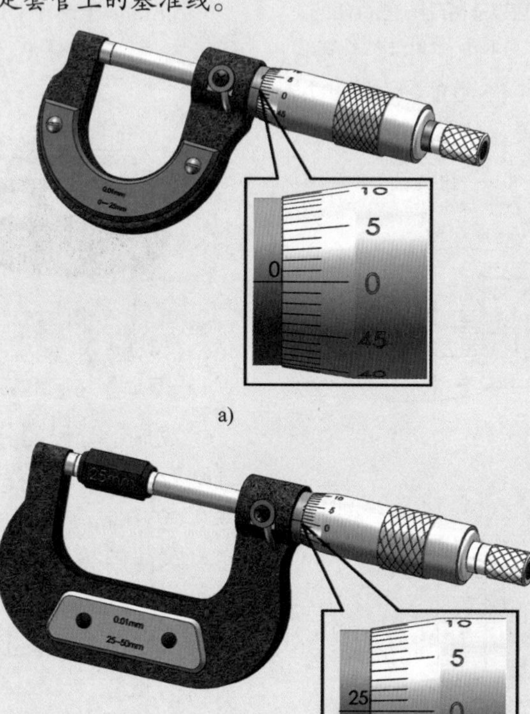

图 2–33　千分尺的零位检查

a）0 ~ 25 mm 千分尺　b）有标准量棒的千分尺

卡规的形状如图 2–34 所示，它有两个测量面，尺寸大的测量面等于外圆的上极限尺寸，在测量时应通过被测量的外圆，一般将此端称为通端 T；尺寸小的测量面等于外圆的下极限尺寸，在测量时不应通过被测量的外圆，一般将此端称为止端 Z。

用卡规能直接判断工件外表面的尺寸是否合格，如果卡规通端能通过，止端不能通过，则说明被测表面的尺寸在允许的公差范围内，为合格工件；否则为不合格工件。卡规的优点是测量方便，缺点是不能测量出被

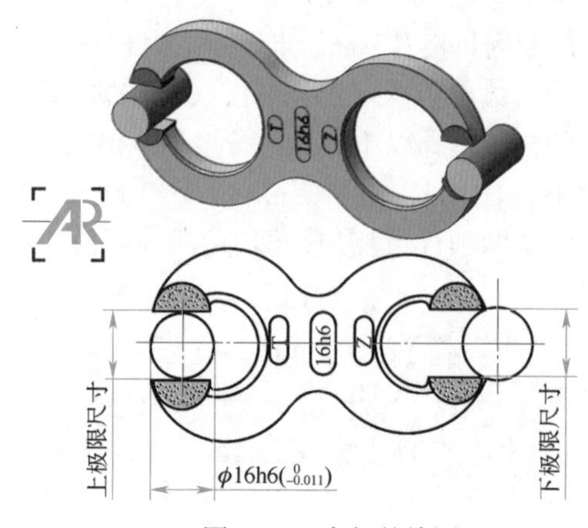

图 2–34　卡规的检测

测表面的具体尺寸。

五、指示表

指示表是一种指示式量仪。按照能源来分，指示表可分为指针式和数显式；按照分度值或分辨力来分，指示表可分为百分表和千分表；按照结构来分，指示表可分为钟面式和杠杆式。

1. 百分表

百分表如图 2–35 所示。

（1）钟面式百分表　表面上一格的分度值为 0.01 mm，量程为 0 ～ 3 mm、0 ～ 5 mm、0 ～ 10 mm。

钟面式百分表的结构如图 2–35a 所示，大分度盘的一格分度值为 0. 01 mm，沿圆周共有 100 格。当大指针沿大分度盘转过一周时，小指针转 1 格，测头移动 1 mm，因此小分度盘的一格分度值为 1 mm。

测量时，测头移动的距离等于小指针的读数加上大指针的读数。

（2）杠杆式百分表　其体积较小，球面测杆可以根据测量需要改变位置，尤其是对小孔的测量或当钟面式百分表放不进去或测杆无法垂直于工件被测表面时，杠杆式百分表就显得十分灵活、方便。

杠杆式百分表表面上一格的分度值为 0.01 mm，量程为 0 ~ 0.8 mm，如图 2–35b 所示。

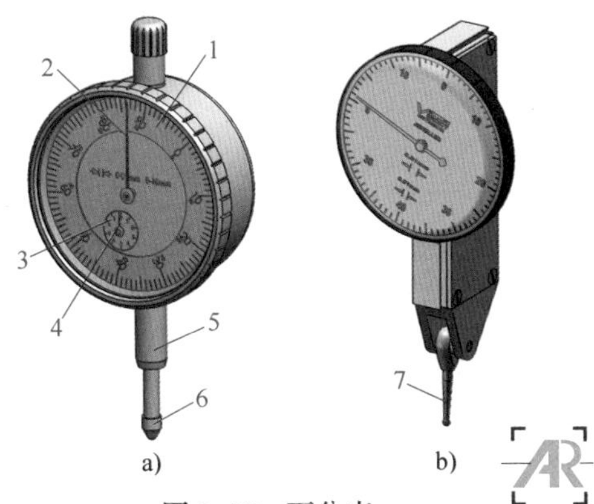

图 2–35　百分表
a）钟面式　b）杠杆式
1—大分度盘　2—大指针　3—小分度盘
4—小指针　5—测杆　6—测头　7—球面测杆

2. 千分表

千分表的量程为 0 ～ 1 mm、0 ～ 2 mm、0 ～ 3 mm、0 ～ 5 mm；其分度值为 0.001 mm、0.002 mm、0.005 mm 三种，如图 2–36 所示。显然千分表适用于更高精度的测量。

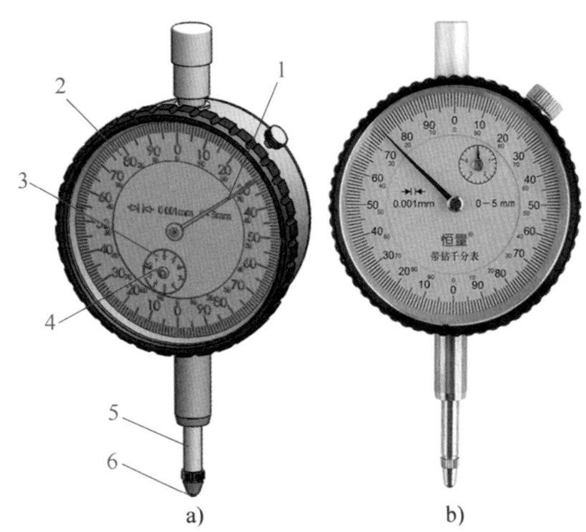

图 2–36　分度值为 0.001 mm 的千分表
a）结构　b）实物图
1—大指针　2—大分度盘　3—小分度盘
4—小指针　5—测杆　6—测头

如图 2–36 所示，千分表的结构与钟面式百分表相似，只是分度盘的分度值不同。大分度盘的一格分度值为 0.001 mm，沿圆周共有 200 格。当大指针沿大分度盘转过一周时，小指针转 1 格，测头移动 0.2 mm，因此小分度盘的一格分度值为 0.2 mm。

测量时，测头移动的距离等于小指针的读数加上大指针的读数。图 2–36a 所示千分表的读数为 0.2 mm+56 × 0.001 mm=0.256 mm。

百分表和千分表是一种指示式测量仪。百分表和千分表应固定在测架或磁性表座上使用，测量前应转动表圈使表的长指针对准“0”刻线。

3. 数显指示表

数显指示表（图 2–37）是将测杆的直线位移以数字显示的计量器具。

数显指示表可在其量程内任意给定位置，按动表体上的置零钮使显示屏上的读数

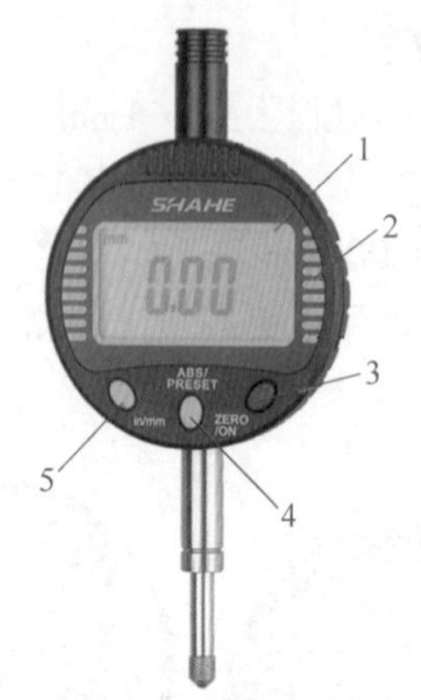

图 2–37　数显指示表

1—显示屏　2—表体　3—置零钮

4—保持钮　5—米 / 英制转换钮

置零，然后直接读出被测工件尺寸的正、负偏差值。保持钮可以使其正、负偏差值保持不变。

数显百分表的量程是 0 ~ 30 mm，分辨率为 0.01 mm。数显百分表的特点是体积小，质量轻，功耗小，测量速度快，结构简单，便于实现机电一体化，且对环境要求不高。

六、几何误差的测量

在实际生产中，常用指示表来测量轴类工件的几何误差。

1. 圆柱度误差的测量

一般用指示表来测量轴类工件的圆柱度误差。测量时只要在被测表面的全长上取前、后、中几点，比较其测量值，其最大值与最小值之差的一半即为被测表面全长上的圆柱度误差，如图 2–38 所示。

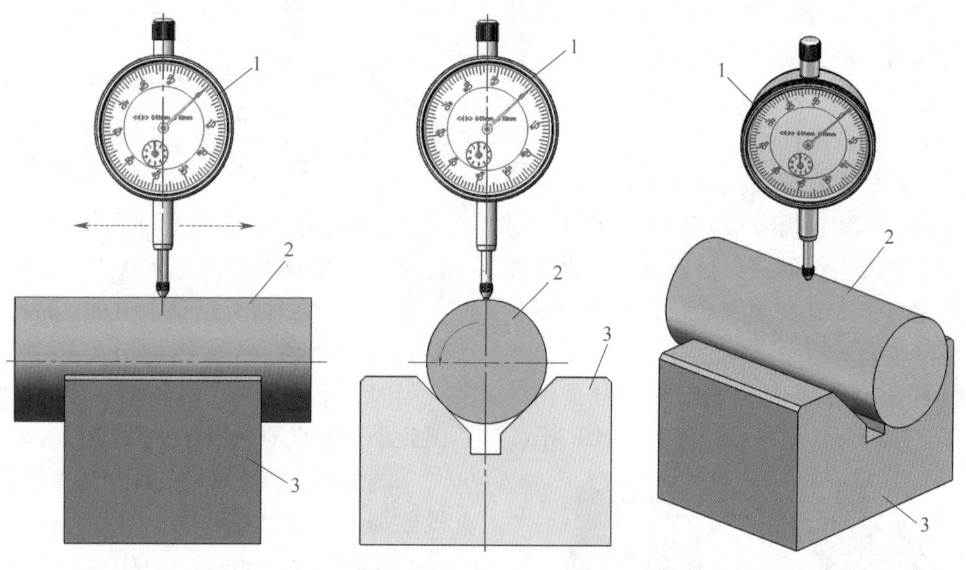

图 2–38　轴类工件在 V 形架上测量圆柱度误差

1—指示表　2—被测工件　3—V 形架

2. 轴向圆跳动误差的测量

测量一般轴类工件的轴向圆跳动误差时，可以把工件用两顶尖装夹，然后把杠杆式指示表的圆测头靠在需要测量的左侧或右侧端面上，转动工件，测得指示表的读数差就是轴向圆跳动误差，如图 2–39 中 2 的位置。

3. 径向圆跳动误差的测量

测量一般轴类工件的径向圆跳动误差时，可以把工件用两顶尖装夹，然后把杠杆式指示表的圆测头靠在工件外圆面上，工件转一周时，指示表所得的读数差就是径向圆跳动误差，如图 2–39 中 4 的位置。

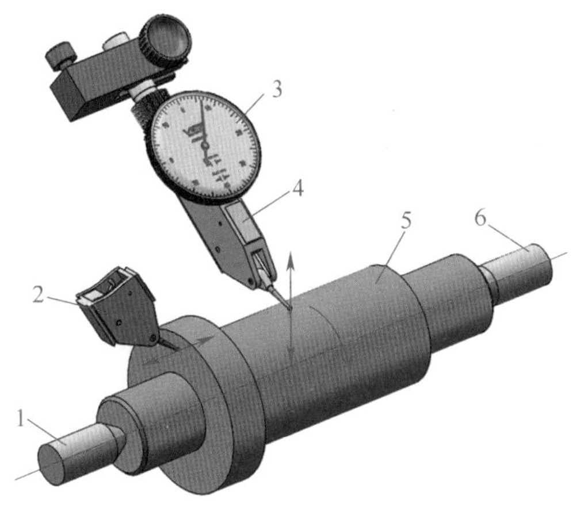

图 2-39　轴类工件在两顶尖间测量轴向圆跳动误差和径向圆跳动误差

1、6—顶尖　2—测量轴向圆跳动误差　3—杠杆式指示表
4—测量径向圆跳动误差　5—轴类工件

操作提示

使用指示表的注意事项

（1）指示表应固定在磁性表座或指示表支架上使用，表架上的接头即伸缩杆，可以调节指示表的上下、前后、左右位置，如图 2-40 所示。表架要放稳，以免指示表掉落摔坏。使用磁性表座时要注意表座的旋钮位置。

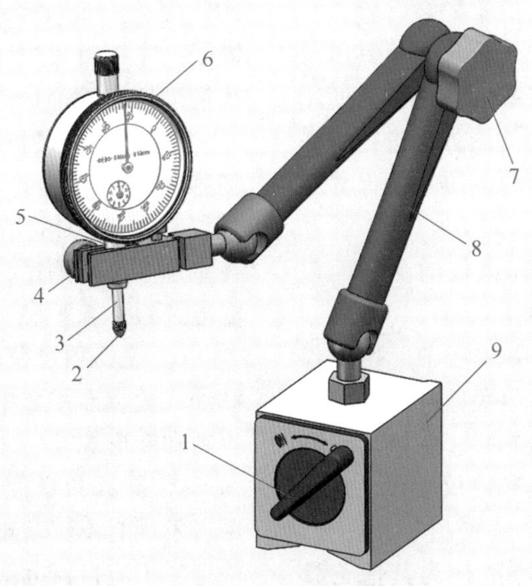

图 2-40　指示表固定在磁性表座上

1—磁性旋钮开关　2—测头　3—测杆　4—带微调装置的夹表处　5—轴套
6—指示表　7—紧固螺母　8—万向支臂　9—磁性表座座体

（2）测量前，应转动表圈使表的长指针对准“0”刻线。

（3）测量时，测杆的行程不要超过它的量程，以免损坏表内零件。

（4）提压测杆的次数不要过多，距离不要过大，以免损坏机件及加剧零件磨损。

（5）在测量平面或工件上，钟面式指示表的测杆应与被测表面或轴类工件中心线垂直且位于最高点处；否则，指示表测杆移动不灵敏，测量结果不准确，如图 2–41 所示。

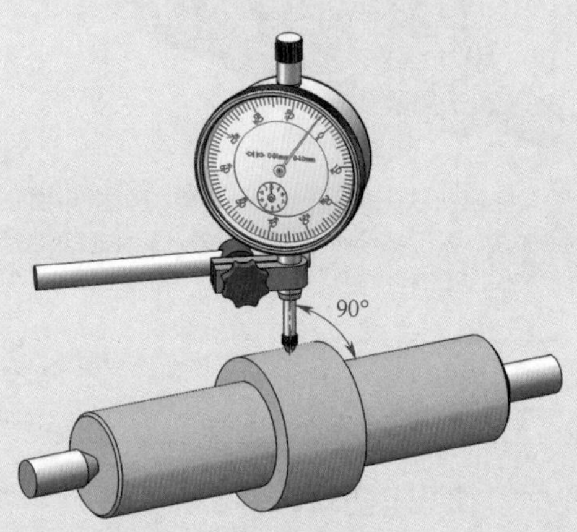

图 2–41　钟面式指示表测杆与被测工件中心线垂直

七、常用量具和量仪的维护及保养

为了保持游标卡尺、千分尺等量具以及指示表等量仪的精度和可靠性，延长其使用寿命，除了要按照合理的使用方法进行操作外，还必须做好量具和量仪的维护及保养工作。

1. 测量前应将量具和量仪的测量面以及工件被测表面擦干净。

2. 量具和量仪在使用过程中，不要与刀具、工具存放在一起，以免碰坏。

3. 机床运行时，不要用量具和量仪测量工件；否则会加快量具和量仪磨损，且易发生事故。

4. 量具和量仪绝对不能作为其他工具的代用品。如用游标卡尺划线，拿千分尺当锤子，拿钢直尺当旋具拧螺钉，甚至用钢直尺清理切屑等都是错误的。

5. 量具和量仪不宜存放在热源、强磁场附近。精密测量时一定要使工件和量具、量仪都在 20 ℃的情况下进行测量。一般可在室温下进行测量，但必须使工件与量具的温度一致。

6. 量具和量仪用完应及时擦净并涂防锈油，放在专用盒中，保存在干燥处，以免生锈和变形。

7. 量具和量仪应定期检定及保养，使用者发现有不正常现象时，应及时交计量室检定，不应自行拆修。

§2-4 轴类工件的车削工艺及车削质量分析

一、轴类工件车削工艺分析

车削轴类工件时，如果毛坯余量大且不均匀，或精度要求较高，应将粗车和精车分开进行。另外，根据工件的形状特点、技术要求、数量多少和装夹方法，还应对轴类工件进行车削工艺分析，进行工艺分析时一般考虑以下几个方面：

1. 用两顶尖装夹车削轴类工件，至少要装夹 3 次，即粗车第一端，掉头再粗车和精车另一端，最后精车第一端。

2. 车短小的工件，一般先车某一端面，这样便于确定长度方向的尺寸。车铸件、锻件时，最好先适当倒角后再车削，这样刀尖就不易碰到型砂和硬皮，可避免损坏车刀。

3. 轴类工件的定位基准通常选用中心孔。加工中心孔时，应先车端面后钻中心孔，以保证中心孔的加工精度。

4. 车削台阶轴，应先车削直径较大的一端，以避免过早地降低工件刚度。

5. 在轴上车槽，一般安排在粗车或半精车之后、精车之前进行。如果工件刚度高或精度要求不高，也可在精车之后再车槽。

6. 车螺纹一般安排在半精车之后进行，待螺纹车好后再精车各外圆，这样可避免车螺纹时轴发生弯曲而影响轴的精度。若工件精度要求不高，可安排最后车削螺纹。

7. 工件车削后还需磨削时，只需粗车或半精车，并注意留磨削余量。

二、轴类工件车削工艺分析示例

车削图 2-42 所示的台阶轴，工件每批为 60 件。

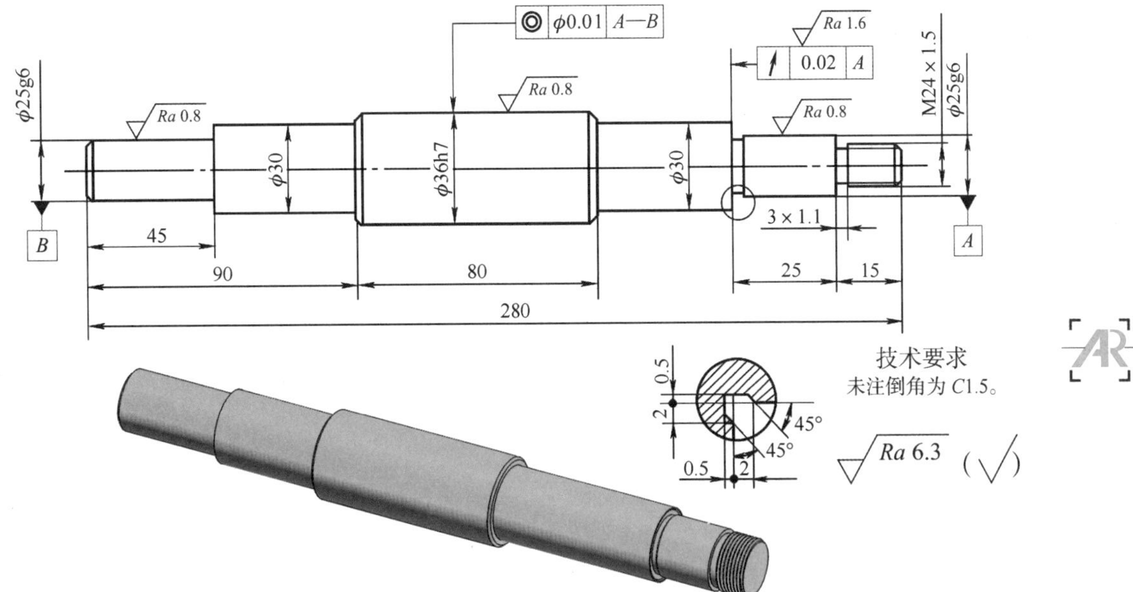

图 2-42　台阶轴

1. 车削工艺分析

（1）由于轴各台阶之间的直径相差不大，因此毛坯可选用热轧圆钢。

（2）为了减少工序，毛坯可直接进行调质处理。

（3）各主要轴颈必须经过磨削，而对车削要求不高，故可采用一夹一顶的装夹方法。但是必须注意，工件毛坯两端不能先钻中心孔，应该将一端车削后，再在另一端搭中心架，钻中心孔。

（4）工件用一夹一顶装夹，装夹刚度高，轴向定位较准确，台阶长度容易控制。

（5）ϕ36h7 及两端 ϕ25g6 外圆的表面粗糙度值较小，同轴度要求较高，需经磨削，车削时必须留磨削余量。

2. 机械加工工艺卡

台阶轴机械加工工艺卡见表 2–4。

三、轴类工件的车削质量分析

车削轴类工件时常常会产生废品，各种废品的产生原因及预防方法见表 2–5。

表 2–4　台阶轴机械加工工艺卡

<table>
<tr><td colspan="3" rowspan="2">××厂</td><td colspan="2" rowspan="2">机械加工工艺卡</td><td colspan="2">产品名称</td><td></td><td>图号</td><td></td></tr>
<tr><td colspan="2">零件名称</td><td>台阶轴</td><td>共 1 页</td><td>第 1 页</td></tr>
<tr><td colspan="3">材料种类</td><td>热轧圆钢</td><td>材料牌号</td><td colspan="2">45 钢</td><td colspan="2">毛坯尺寸</td><td>ϕ40 mm × 282 mm</td></tr>
<tr><td rowspan="2">工序</td><td rowspan="2">工种</td><td rowspan="2">工步</td><td rowspan="2" colspan="2">工序内容</td><td rowspan="2">车间</td><td rowspan="2">设备</td><td colspan="3">工艺装备</td></tr>
<tr><td>夹具</td><td>刃具</td><td>量具</td></tr>
<tr><td>1</td><td>热处理</td><td>（1）
（2）</td><td colspan="2">调质处理（515）后硬度为 220 ~ 240HBW
热处理检验</td><td></td><td></td><td></td><td></td><td></td></tr>
<tr><td>2</td><td>车</td><td>
（1）
（2）</td><td colspan="2">夹住毛坯外圆
车端面
钻中心孔 ϕ2.5 mm</td><td>I</td><td>CA6140
CA6140</td><td></td><td>ϕ2.5 mm
中心钻</td><td></td></tr>
<tr><td>3</td><td>车</td><td></td><td colspan="2">掉头夹紧毛坯外圆
车端面，取总长至 280 mm</td><td>I</td><td>CA6140</td><td></td><td></td><td></td></tr>
<tr><td>4</td><td>车</td><td>
（1）
（2）
（3）
（4）</td><td colspan="2">一夹一顶装夹
车 ϕ36h7 外圆至 $\phi36^{+0.6}_{+0.5}$ mm × 250 mm
车 ϕ30 mm 外圆至 ϕ30 mm × 90 mm
车 ϕ25g6 外圆至 $\phi25^{+0.5}_{+0.4}$ mm × 45 mm
倒角 C1 mm</td><td>I</td><td>CA6140</td><td></td><td></td><td></td></tr>
<tr><td>5</td><td>车</td><td></td><td colspan="2">一端夹紧，另一端搭中心架
钻中心孔 ϕ2.5 mm</td><td>I</td><td>CA6140</td><td></td><td>ϕ2.5 mm
中心钻</td><td></td></tr>
<tr><td>6</td><td>车</td><td>
（1）
（2）
（3）
（4）</td><td colspan="2">一夹一顶装夹
车 ϕ30 mm × 110 mm，保证 80 mm 尺寸
车 ϕ25g6 外圆至 $\phi25^{+0.5}_{+0.4}$ mm × 40 mm
车 M24 × 1.5 外圆至 $\phi24^{-0.032}_{+0.268}$ mm × 15 mm
倒角 C1 mm</td><td>I</td><td>CA6140</td><td></td><td></td><td></td></tr>
<tr><td>7</td><td>车</td><td>
（1）
（2）
（3）
（4）</td><td colspan="2">一端用软卡爪夹紧，另一端用后顶尖支顶
车 ϕ30 mm 右端轴肩槽至尺寸
车 3 mm × 1.1 mm 槽至尺寸
车 M24 × 1.5 螺纹至尺寸
检验
（以下略）</td><td>I</td><td>CA6140</td><td></td><td></td><td></td></tr>
</table>

表 2–5　　车削轴类工件时废品的产生原因及预防方法

废品种类	产生原因	预防方法
尺寸精度达不到要求	1. 看错图样或刻度盘使用不当 2. 没有进行试车削 3. 量具有误差或测量不正确 4. 由于切削热的影响，使工件尺寸发生变化 5. 机动进给没有及时关闭，使车刀进给长度超过台阶长度 6. 车槽时，车槽刀主切削刃太宽或太窄，使槽宽不正确 7. 尺寸计算错误，使槽的深度不正确	1. 必须看清图样的尺寸要求，正确使用刻度盘，看清刻度值 2. 根据加工余量算出背吃刀量，进行试车削，然后修正背吃刀量 3. 量具使用前，必须检查和调整零位，正确掌握测量方法 4. 不能在工件温度较高时测量；如测量，应掌握工件的收缩情况，或浇注切削液，降低工件温度 5. 注意及时关闭机动进给；或提前关闭机动进给，再用手动进给到长度尺寸 6. 根据槽宽刃磨车槽刀主切削刃宽度 7. 对留有磨削余量的工件，车槽时应考虑磨削余量
产生锥度	1. 用一夹一顶或两顶尖装夹工件时，后顶尖轴线不在主轴轴线上 2. 用小滑板车外圆，小滑板的位置不正，即小滑板的基准刻线与中滑板的“0”刻线没有对准 3. 用卡盘装夹纵向进给车削时，床身导轨与车床主轴轴线不平行 4. 工件装夹时悬伸较长，车削时因切削力的影响使前端让开，产生锥度 5. 车刀中途逐渐磨损	1. 车削前必须通过调整尾座找正工件 2. 必须事先检查小滑板基准刻线与中滑板的“0”刻线是否对准 3. 调整车床主轴与床身导轨的平行度 4. 尽量减少工件的伸出长度，或另一端用后顶尖支顶，以提高装夹刚度 5. 选用合适的刀具材料，或适当降低切削速度
圆度超差	1. 车床主轴间隙太大 2. 毛坯余量不均匀，车削过程中背吃刀量变化太大 3. 工件用两顶尖装夹时，中心孔接触不良，或后顶尖顶得不紧，或前、后顶尖产生径向圆跳动	1. 车削前检查主轴间隙，并调整合适。如主轴轴承磨损严重，则需更换轴承 2. 半精车后再精车 3. 工件用两顶尖装夹时，必须松紧适当，若回转顶尖产生径向圆跳动，需及时修理或更换
表面粗糙度达不到要求	1. 车床刚度低，如滑板楔铁太松，传动零件（如带轮）不平衡或主轴太松引起振动 2. 车刀刚度低或伸出太长引起振动 3. 工件刚度低引起振动 4. 车刀几何参数不合理，如选用过小的前角、后角和主偏角 5. 切削用量选用不当	1. 消除或防止由于车床刚度不足而引起的振动（如调整车床各部分的间隙） 2. 提高车刀刚度及正确装夹车刀 3. 提高工件的装夹刚度 4. 选用合理的车刀几何参数（如适当增大前角，选择合理的后角和主偏角等） 5. 进给量不宜太大，精车余量和切削速度应选择恰当

四、减小工件表面粗糙度值的方法

生产中若发现工件的表面粗糙度达不到技术要求，应观察表面粗糙度值大的现象，找出影响表面粗糙度的主要因素，提出解决方法。

常见的表面粗糙度值大的现象如图 2–43 所示，可采取以下措施：

1. 减小残留面积高度（图 2–43a）

车削时，如果工件表面残留面积轮廓清晰，则说明其他切削条件正常。若要减小表面粗糙度值，可从以下几个方面着手：

（1）减小主偏角和副偏角　一般情况下，减小副偏角对减小表面粗糙度值效果较明显。但减小主偏角使背向力 F_p 增大，若工艺系统刚度低，会引起振动。

（2）增大刀尖圆弧半径　但如果机床刚度不足，刀尖圆弧半径 r_ε 过大会使背向力 F_p 增大而产生振动，反而使表面粗糙度值变大。

（3）减小进给量　进给量 f 是影响表面粗糙度最显著的一个因素，进给量 f 越小，残留面积高度 R_{max} 越小。此时，鳞刺、积屑瘤和振动均不易产生，因此表面质量越高。

2. 避免工件表面产生毛刺（图 2–43b）

工件表面产生毛刺一般是由积屑瘤引起的。这时可用改变切削速度的方法来控制积屑瘤的产生。用高速钢车刀时应降低切削速度（v_c<3 m/min），并加注切削液；用硬质合金车刀时应提高切削速度，避开最易产生积屑瘤的中速（v_c=20 m/min）区域。另外，应尽量减小车刀前面和后面的表面粗糙度值，保持切削刃锋利。

3. 避免磨损亮斑

工件在车削时，已加工表面出现亮斑或亮点，切削时有噪声，说明刀具已严重磨损。

磨钝的切削刃将工件表面挤压出亮痕，使表面粗糙度值变大，这时应及时更换或重磨刀具。

4. 防止切屑拉毛已加工表面

被切屑拉毛的工件表面一般是不规则的很浅的痕迹（图 2–43c）。这时应选用正值刃倾角的车刀，使切屑流向工件待加工表面，并采取卷屑或断屑措施。

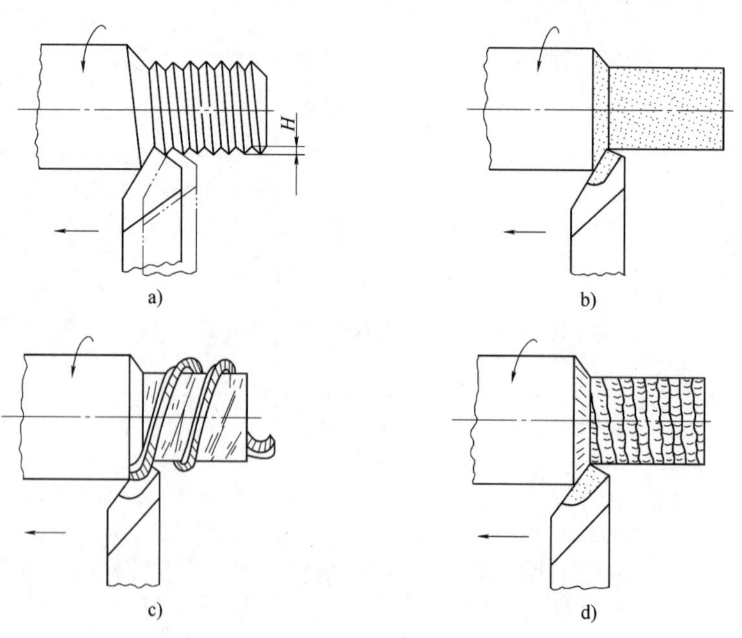

图 2–43　常见的表面粗糙度值大的现象

a）残留面积　b）毛刺　c）切屑拉毛　d）振纹

5. 防止和消除振纹

切削时产生的振动会使工件表面出现周期性的横向或纵向振纹（图 2–43d）。防止和消除振纹可从以下几个方面着手：

（1）机床方面　调整车床主轴间隙，提高轴承精度；调整滑板楔铁，使间隙小于 0.04 mm，并使移动平稳、轻便。

（2）刀具方面　合理选择刀具几何参数，经常保持切削刃光洁和锋利。提高刀具的装夹刚度。

（3）工件方面　提高工件的装夹刚度，例如，装夹时不宜悬伸太长，细长轴应采用中心架或跟刀架支撑。

（4）切削用量方面　选用较小的背吃刀量和进给量，改变切削速度。

6. 合理选用切削液，保证充分冷却和润滑

采用合适的切削液是消除积屑瘤、鳞刺和减小表面粗糙度值的有效方法。车削时，合理选用切削液并保证充分冷却和润滑，可以改善切削条件；尤其是润滑性能增强使切削区域金属材料的塑性变形程度下降，从而减小已加工表面的表面粗糙度值。

思考与练习

1. 对粗车刀和精车刀各有什么要求？如何选用？

2. 车削轴类工件常用哪几种车刀？各有什么用途？

3. 试在图 2–44 中填上 45° 车刀的几何参数值。

4. 画出高速钢切断刀的简图，并注上所有几何参数。

5. 切断外径为 64 mm，孔径为 32 mm 的工件，求切断刀的主切削刃宽度和刀头长度。

6. 使用弹性切断刀有什么好处？

7. 反向切断法有什么优点？

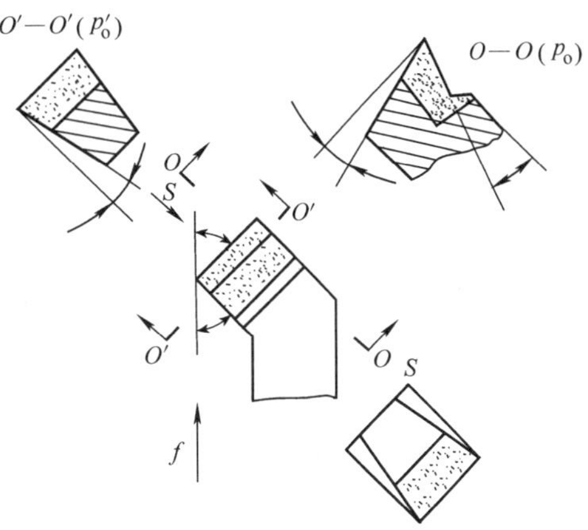

图 2–44　45° 车刀

8. 车削轴类工件时常用哪几种装夹方法？各有什么特点？适用于哪些场合？

9. 用一夹一顶和两顶尖装夹工件时，应注意哪些问题？

10. 钻中心孔时怎样防止中心钻折断？

11. 试述游标分度值为 0.02 mm 的游标卡尺的读数方法。

12. 图 2–45 所示的游标卡尺，试判断游标分度值并读出所表示的尺寸。

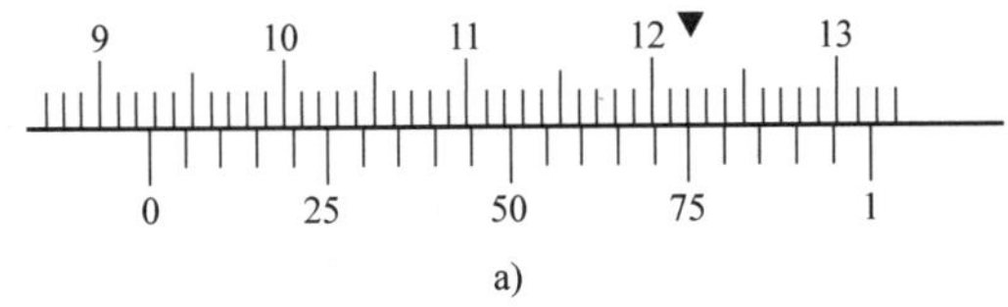

a)

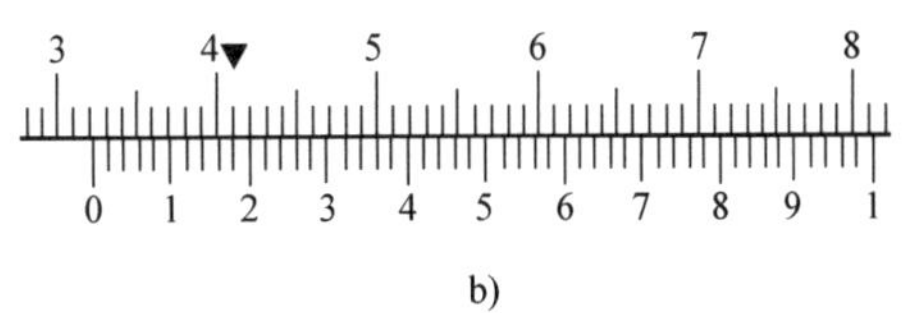

b)

图 2–45　游标卡尺

13. 试述千分尺的读数方法。

14. 如图 2–46 所示的千分尺，试判断其分度值并读出所表示的尺寸。

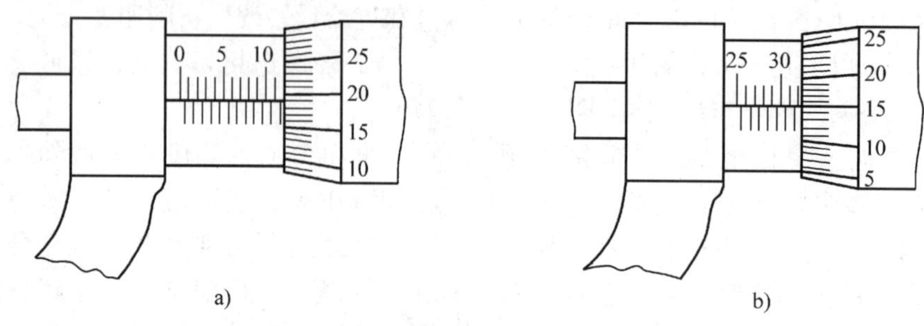

图 2–46 千分尺

15. 车削轴类工件时，产生锥度的原因是什么？

16. 车削轴类工件时，表面粗糙度达不到要求的原因是什么？

17. 减小工件表面粗糙度值，从刀具几何参数和切削用量方面应采取哪些措施？

18. 图 2–1 所示的台阶轴，工件材料为热轧圆钢，材料为 45 钢，毛坯尺寸为 ϕ55 mm×178 mm，数量为 150 件。试写出该工件的车削工艺步骤。

第三章

套类工件的加工

在机械零件中，一般把轴套、衬套等零件称为套类零件。由于齿轮、带轮等工件的车削工艺与套类工件相似，在此将其作为套类工件分析。

为了与轴类工件相配合，套类工件上一般加工有精度要求较高的孔，尺寸精度为 IT8 ~ IT7，表面粗糙度要求达到 *Ra*1.6 ~ 0.8 μm。此外，有些套类工件还有几何公差的要求，如图 3-1 所示。

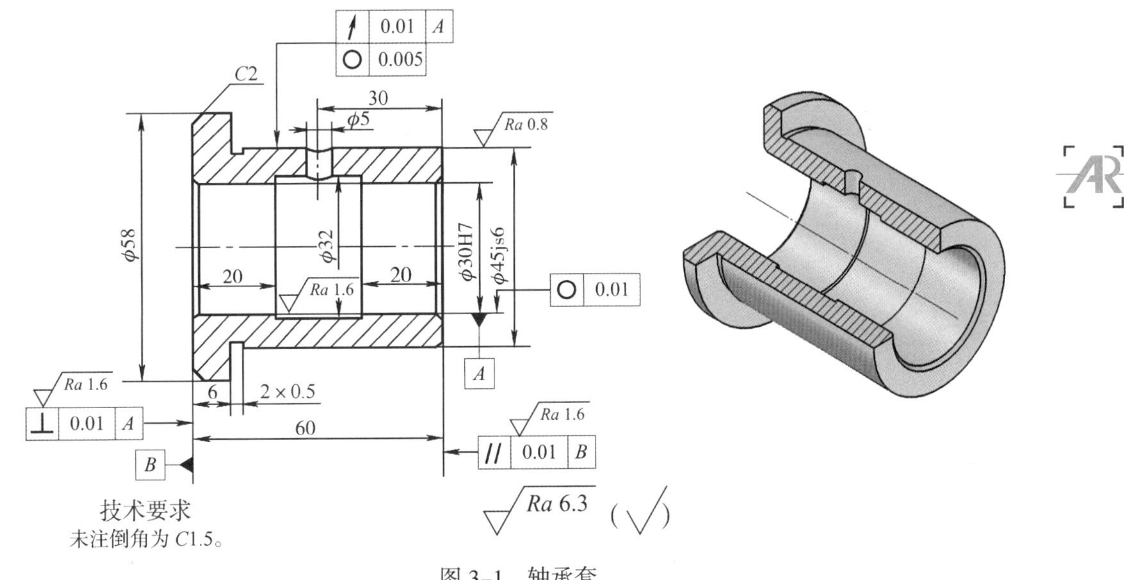

图 3-1　轴承套

套类工件的车削工艺主要是指圆柱孔的加工工艺，圆柱孔的加工比车削外圆要困难得多，有以下几个特点：

1. 孔加工是在工件内部进行的，观察切削情况较困难。尤其是孔小且深时，根本无法观察。

2. 刀柄由于受孔径和孔深的限制，不能做得太粗，又不能太短，因此刚度不足。特别是加工孔径小、长度长的孔时，此问题更为突出。

3. 排屑和冷却困难。

4. 圆柱孔的测量比较困难。

§3-1 钻孔

用钻头在实体材料上加工孔的方法称为钻孔。根据形状和用途不同，钻头可分为中心钻、麻花钻、锪钻和深孔钻等。本节只介绍麻花钻。

一、麻花钻的几何形状

1. 麻花钻的组成

麻花钻由柄部、颈部和工作部分组成，如图 3–2 所示。

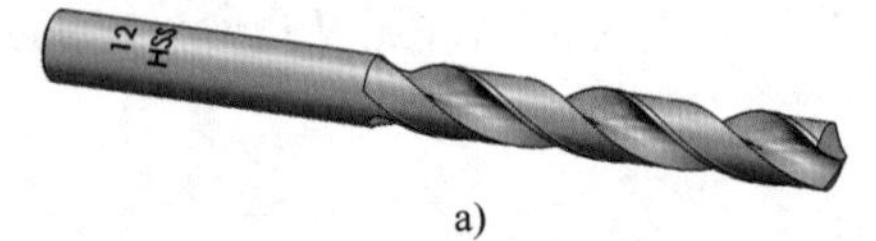

a)

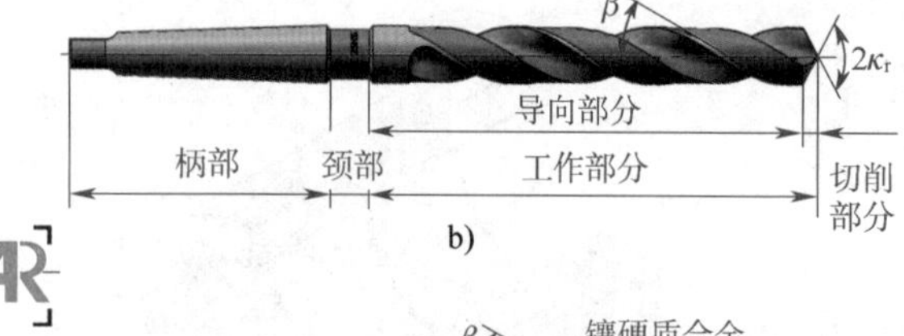

b)

AR

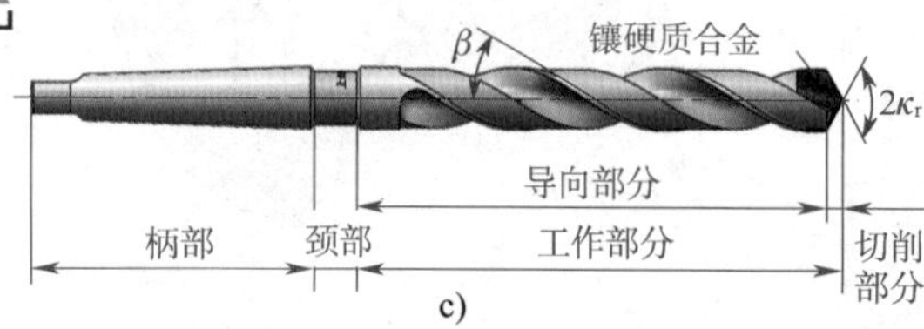

c)

图 3–2 麻花钻的组成部分

a）直柄麻花钻 b）锥柄麻花钻 c）镶硬质合金麻花钻

（1）柄部 麻花钻的柄部在钻削时起夹持定心和传递转矩的作用。麻花钻有直柄和莫氏锥柄两种。直柄麻花钻的直径一般为 0.3 ~ 16 mm。莫氏锥柄麻花钻的直径见表 3–1。

（2）颈部 直径较大的麻花钻在颈部标有麻花钻直径、材料牌号和商标。直径小的直柄麻花钻没有明显的颈部。

（3）工作部分 工作部分是麻花钻的主要部分，由切削部分和导向部分组成。切削部分主要起切削作用；导向部分在钻削过程中能起到保持钻削方向、修光孔壁的作用，同时也是切削的后备部分。

2. 麻花钻工作部分的几何形状

如图 3–3 所示，麻花钻的切削部分可看成正反两把车刀，所以其几何角度的概念与车刀基本相同，但也有其特殊性。

（1）螺旋槽 麻花钻的工作部分有两条螺旋槽，其作用是构成切削刃、排出切屑和流通切削液。螺旋槽上螺旋角的有关内容见表 3–2。

（2）前面 麻花钻的螺旋槽面称为前面。

（3）主后面 麻花钻钻顶的螺旋圆锥面称为主后面。

（4）主切削刃 前面和主后面的交线称为主切削刃，担任主要的钻削任务。

表 3–1 莫氏锥柄麻花钻的直径

莫氏锥柄号（Morse No.）	No.1	No.2	No.3	No.4	No.5	No.6
钻头直径 d/mm	3 ~ 14	14 ~ 23.02	23.02 ~ 31.75	31.75 ~ 50.8	50.8 ~ 75	75 ~ 80

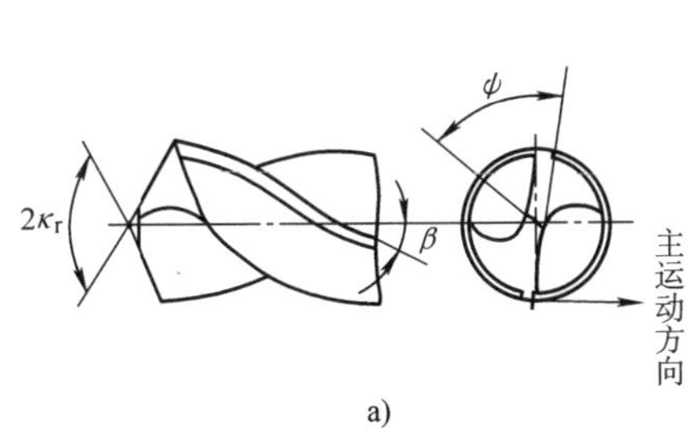

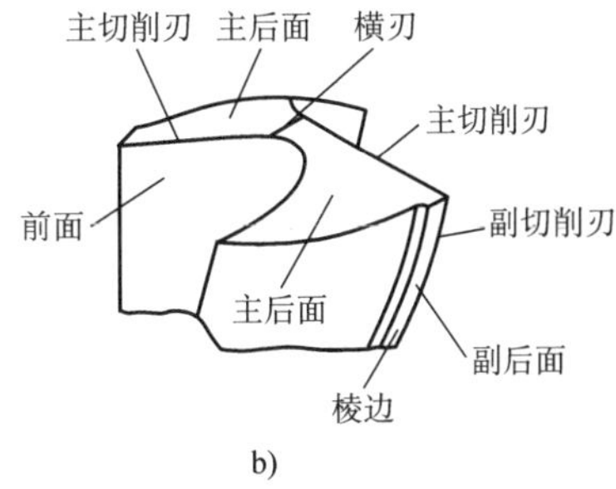

图 3–3　麻花钻的几何形状

a）麻花钻的角度　b）外形图

表 3–2　　麻花钻切削刃上不同位置处螺旋角、前角和后角的变化

角度	螺旋角	前角	后角
符号	β	γ_o	α_o
定义	螺旋槽上最外缘的螺旋线展开成直线后与麻花钻轴线之间的夹角	基面与前面间的夹角	切削平面与后面间的夹角
变化规律	麻花钻切削刃上的位置不同，其螺旋角 β、前角 γ_o 和后角 α_o 也不同		
	自外缘向钻心逐渐减小	自外缘向钻心逐渐减小，并且在 $d/3$ 处前角为 0°，再向钻心则为负前角	自外缘向钻心逐渐增大
靠近外缘处	最大（名义螺旋角）	最大	最小
靠近钻心处	较小	较小	较大
变化范围	18° ~ 30°	−30° ~ +30°	8° ~ 12°
关系	对麻花钻前角的变化影响最大的是螺旋角。螺旋角越大，前角就越大		

（5）顶角 $2\kappa_r$　在通过麻花钻轴线并与两条主切削刃平行的平面上，两条主切削刃投影间的夹角称为顶角，如图 3–2 和图 3–3 所示。一般麻花钻的顶角 $2\kappa_r$ 为 100° ~ 140°，标准麻花钻的顶角 $2\kappa_r$ 为 118°。在刃磨麻花钻时，可根据表 3–3 来判断顶角的大小。

表 3–3　　麻花钻顶角的大小对切削刃和加工的影响

顶角	$2\kappa_r>118°$	$2\kappa_r=118°$	$2\kappa_r<118°$
图示	>118°　凹形切削刃	118°　直线形切削刃	凸形切削刃　<118°
两主切削刃的形状	凹曲线	直线	凸曲线

续表

对加工的影响	顶角大，则切削刃短，定心差，钻出的孔容易扩大；同时前角也增大，使切削省力	适中	顶角小，则切削刃长，定心准，钻出的孔不容易扩大；同时前角也减小，使切削阻力大
适用的材料	适用于钻削较硬的材料	适用于钻削中等硬度的材料	适用于钻削较软的材料

（6）前角 γ_o　麻花钻上前角如图 3–4 所示，其有关内容见表 3–2。

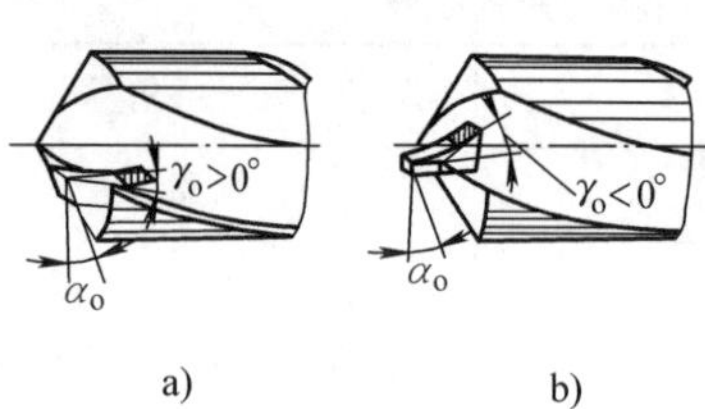

图 3–4　麻花钻前角和后角的变化
a）靠近外缘处　b）靠近钻心处

（7）后角 α_o　麻花钻上后角的有关内容见表 3–2。为了测量方便，后角应在圆柱面内测量，如图 3–5 所示。

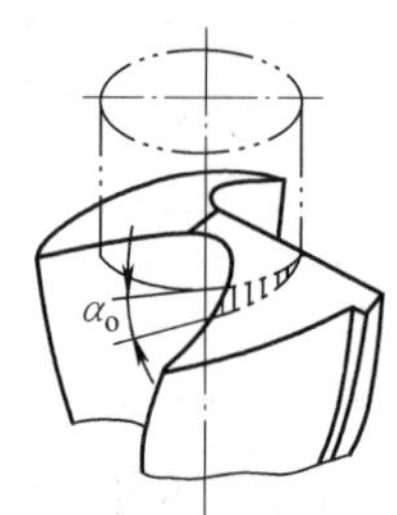

图 3–5　麻花钻后角在圆柱面内的测量

（8）横刃　麻花钻两主切削刃的连接线称为横刃，也就是两主后面的交线。横刃担负着钻心处的钻削任务。横刃太短，会影响麻花钻的钻尖强度；横刃太长，会使轴向的进给力增大，对钻削不利。

（9）横刃斜角 ψ　在垂直于麻花钻轴线的端面投影图中，横刃与主切削刃之间所夹的锐角称为横刃斜角（图 3–3a）。它的大小由后角决定，后角大时，横刃斜角减小，横刃变长；后角小时，情况相反。横刃斜角一般为 55°。

（10）棱边　在麻花钻的导向部分特地制出了两条略带倒锥形的刃带，即棱边，如图 3–3 所示。它减小了钻削时麻花钻与孔壁之间的摩擦。

二、麻花钻的刃磨要求

刃磨麻花钻时，一般只刃磨两个主后面，但同时要保证后角、顶角和横刃斜角正确，所以麻花钻的刃磨是比较困难的。

1. 麻花钻的刃磨要求

（1）麻花钻的两条主切削刃应对称，也就是两条主切削刃与麻花钻的轴线成相同的角度，并且长度相等，见表 3–4。

（2）横刃斜角为 55°。

2. 刃磨不正确的麻花钻对钻孔质量的影响

刃磨不正确的麻花钻对钻孔质量的影响很大，见表 3–4。

三、钻孔时的切削用量

1. 背吃刀量 a_p

钻孔时的背吃刀量为麻花钻的半径，即：

$$a_p = \frac{d}{2} \tag{3–1}$$

式中　a_p——背吃刀量，mm；
d——麻花钻直径，mm。

2. 切削速度 v_c

可按下式计算：

$$v_c = \frac{\pi d n}{1\ 000} \tag{3–2}$$

式中　v_c——切削速度，m/min；
d——麻花钻直径，mm；
n——车床主轴转速，r/min。

表 3-4　　麻花钻的刃磨情况对加工质量的影响

刃磨情况	麻花钻刃磨正确	麻花钻刃磨得不正确		
		顶角不对称	切削刃长度不等	顶角不对称且切削刃长度不等
图示				
钻削情况	钻削时，两条主切削刃同时切削，两边受力平衡，使钻头磨损均匀	钻削时，只有一条主切削刃在切削，而另一条主切削刃不起作用，两边受力不平衡，使钻头很快磨损	钻削时，麻花钻的工作中心由 $O—O$ 移到 $O'—O'$，切削不均匀，使钻头很快磨损	钻削时，两条切削刃受力不平衡，而且麻花钻的工作中心由 $O—O$ 移到 $O'—O'$，使钻头很快磨损
对钻孔质量的影响	钻出的孔不会扩大、倾斜和产生台阶	使钻出的孔扩大和倾斜	使钻出的孔径扩大	钻出的孔不仅孔径扩大，而且还会产生台阶

用高速钢麻花钻钻钢料时，切削速度一般取 v_c=15 ~ 30 m/min；钻铸铁时，取 v_c=10 ~ 25 m/min；钻铝合金时，取 v_c=75 ~ 90 m/min。

3. 进给量 f

在车床上钻孔时的进给量是用手转动车床尾座手轮来控制的。用小直径麻花钻钻孔时，进给量太大会折断麻花钻。用直径为 12 ~ 15 mm 的麻花钻钻钢料时，选进给量 f=0.15 ~ 0.35 mm/r，钻铸铁时进给量可略大些。

例 3-1　用直径为 25 mm 的麻花钻钻孔，工件材料为 45 钢，若选用的车床主轴转速为 400 r/min，求背吃刀量 a_p 和切削速度 v_c。

解： 根据式（3-1），钻孔时的背吃刀量为：

$$a_p=\frac{d}{2}=\frac{25}{2}=12.5\ \text{mm}$$

根据式（3-2），钻孔时的切削速度为：

$$v_c=\frac{\pi dn}{1\,000}=\frac{3.14\times25\times400}{1\,000}\ \text{m/min}=31.4\ \text{m/min}$$

四、钻孔时切削液的选用

在车床上钻孔属于半封闭加工，切削液很难深入切削区域，因此，钻孔时对切削液的要求较高，其选用见表 3-5。在加工过程中，浇注量和压力也要大一些；同时还应经常退出钻头，以利于排屑和冷却。

表 3-5　　钻孔时切削液的选用

麻花钻的种类	被钻削的材料		
	低碳钢	中碳钢	淬硬钢
高速钢麻花钻	用 1% ~ 2% 的低浓度乳化液、电解质水溶液或矿物油	用 3% ~ 5% 的中等浓度乳化液或极压切削油	用极压切削油
镶硬质合金麻花钻	一般不用，如用可选 3% ~ 5% 的中等浓度乳化液		用 10% ~ 20% 的高浓度乳化液或极压切削油

§3-2 扩孔和锪孔

一、扩孔

用扩孔工具扩大工件孔径的加工方法称为扩孔。扩孔精度一般可达 IT10 ~ IT9，表面粗糙度值达 *Ra*6.3 μm 左右。常用的扩孔刀具有麻花钻和扩孔钻等。孔精度要求一般的扩孔可用麻花钻，精度要求较高孔的半精加工可用扩孔钻。

1. 用麻花钻扩孔

在实体材料上钻孔时，孔径较小的孔可一次钻出。如果孔径较大（D>30 mm），则所用麻花钻直径也较大，横刃长，进给力大，钻孔时很费力，这时可分两次钻削。第一次钻出直径为（0.5 ~ 0.7）D 的孔，第二次扩削到所需的孔径 D。扩孔时的背吃刀量为扩孔余量的一半。

2. 用扩孔钻扩孔

扩孔钻有高速钢扩孔钻和镶硬质合金扩孔钻两种，其结构如图 3–6 所示。扩孔钻在自动车床和镗床上用得较多，其主要特点如下：

（1）扩孔钻的钻心粗，刚度高，且扩孔时背吃刀量小，切屑少，排屑容易，可提高切削速度和进给量，如图 3–7 所示。

（2）扩孔钻的刃齿一般有 3 ~ 4 齿，周边的棱边数量增多，导向性比麻花钻好，可改善加工质量。

（3）扩孔时可避免横刃引起的不良影响，提高了生产效率，如图 3–7 所示。

二、锪孔

用锪削方法加工平底或锥形沉孔的方法称为锪孔。车削中常用圆锥形锪钻锪锥形沉孔。圆锥形锪钻有 60°、90° 和 120° 等几种，如图 3–8 所示。60° 和 120° 锪钻用于锪削圆柱孔直径 d>6.3 mm 中心孔的圆锥孔和护锥，90° 锪钻用于孔口倒角或锪埋头螺钉孔。锪内圆锥时，为减小表面粗糙度值，应选取进给量 $f \leqslant 0.05$ mm/r，切削速度 $v_c \leqslant 5$ m/min。

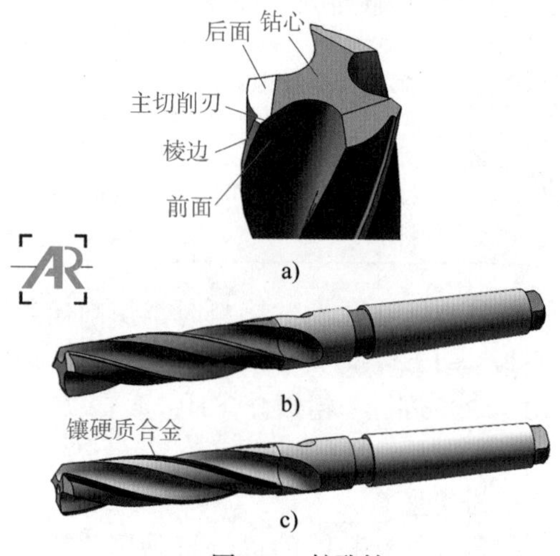

图 3–6 扩孔钻

a）高速钢扩孔钻外形 b）高速钢扩孔钻 c）镶硬质合金扩孔钻

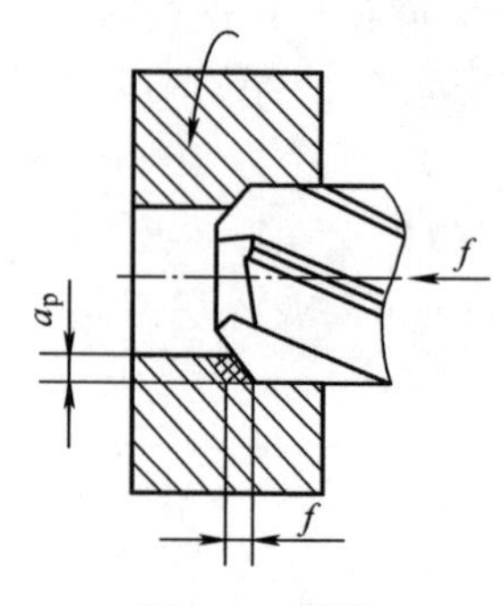

图 3–7 扩孔

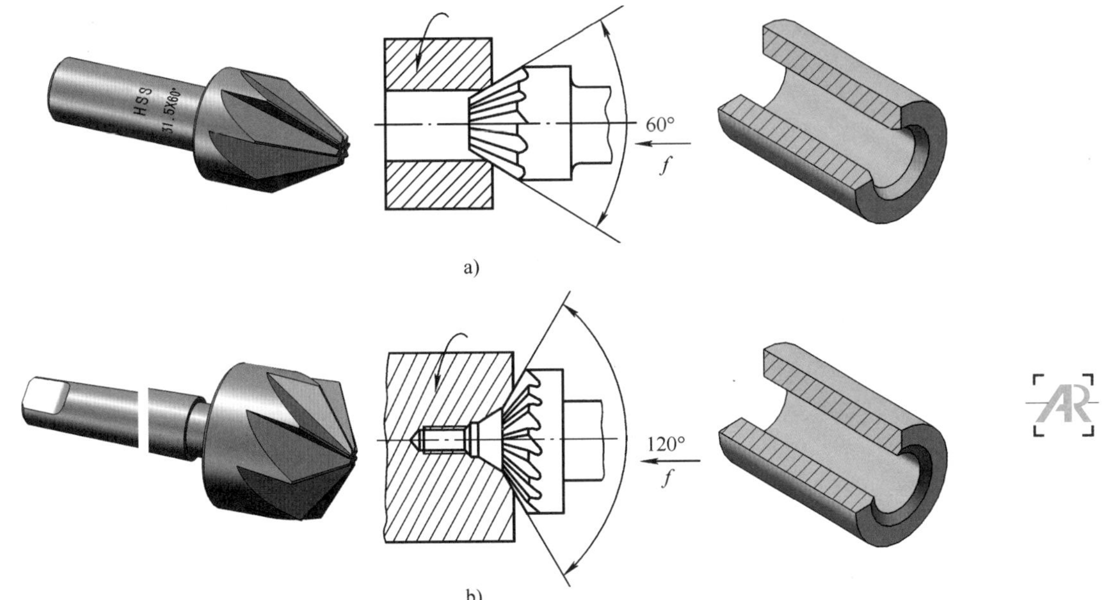

图 3–8　锪钻和锪内圆锥

a）60°锪钻及其应用　b）120°锪钻及其应用

§3–3　车孔

铸造孔、锻造孔或用钻头钻出的孔，为了达到尺寸精度和表面粗糙度的要求，还需要车孔。车孔是常用的孔加工方法之一，既可以作为粗加工，也可以作为精加工，加工范围很广。车孔精度可达 IT8 ~ IT7，表面粗糙度值可达 Ra3.2 ~ 1.6 μm，精细车削可以达到更小（Ra 为 0.8 μm），车孔还可以修正孔的直线度误差。

一、车孔车刀

车孔的方法基本上和车外圆相同，但内孔车刀和外圆车刀相比有些差别。根据不同的加工情况，内孔车刀可分为通孔车刀和盲孔车刀两种。

1. 通孔车刀

从图 3–9 中可以看出，通孔车刀的几何形状基本上与 75°外圆车刀相似，为了减小背向力 F_p，防止振动，主偏角 κ_r 应取较大值，一般 κ_r 取 60° ~ 75°，副偏角 κ_r' 取 15° ~ 30°。

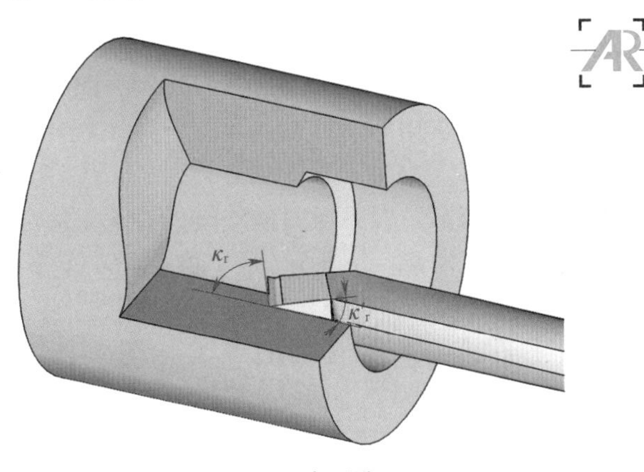

图 3–9　车通孔

图 3-10 所示为典型的前排屑通孔车刀，其几何参数如下：κ_r=75°，κ_r' =15°，λ_s=6°。在该车刀上磨出断屑槽，使切屑排向孔的待加工表面，即向前排屑。

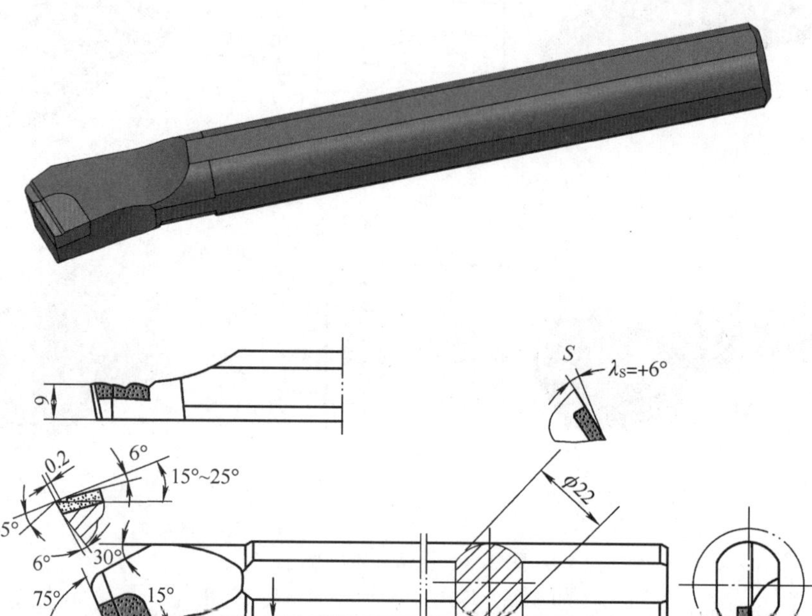

图 3-10　前排屑通孔车刀

为了节省刀具的材料和提高刀柄的刚度，可以用高速钢或硬质合金做成大小适当的刀头，装在碳钢或合金钢制成的刀柄上，在前端或上面用螺钉紧固，如图 3-11 所示。

常用的通孔车刀刀柄有圆刀柄和方刀柄两种。

2. 盲孔车刀

盲孔车刀是用来车盲孔或台阶孔的，切削部分的几何形状基本上与偏刀相似。图 3-12 所示为最常用的一种盲孔车刀，其主偏角 κ_r 一般取 90° ~ 95°。车平底盲孔时，刀尖在刀柄的最前端，刀尖与刀柄外端的距离 a 应小于内孔半径 R；否则孔的底平面就无法车平。车内孔台阶时，只要与孔壁不碰即可。

后排屑盲孔车刀的形状如图 3-13 所示，其几何参数如下：κ_r=93°，κ_r' =6°，λ_s 取 −2° ~ 0°。其上磨有卷屑槽，使切屑成螺旋状沿尾座方向排出孔外，即后排屑。

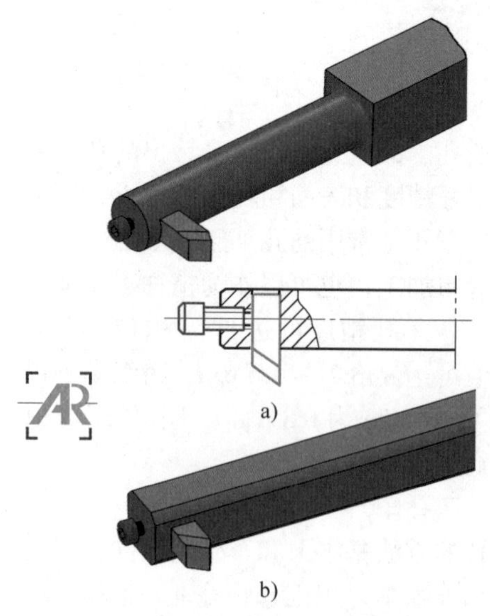

图 3-11　通孔刀柄

a）圆刀柄　b）方刀柄

图 3-14 所示为圆刀柄盲孔车刀，其上的方孔应加工成斜的。

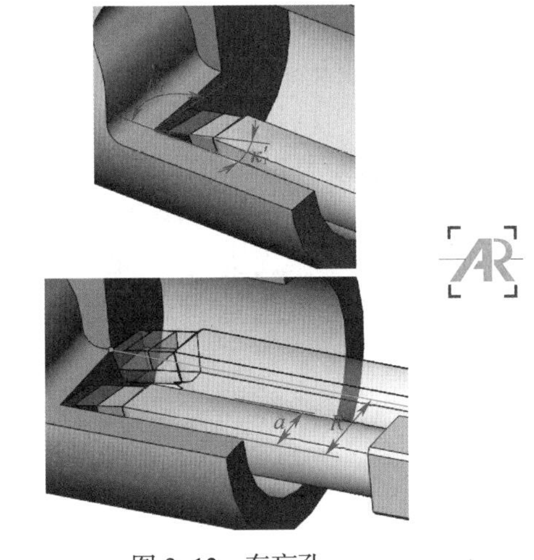

图 3–12　车盲孔

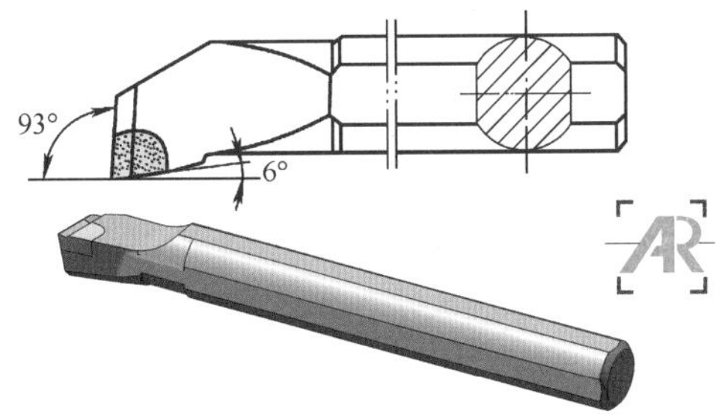

图 3–13　后排屑盲孔车刀

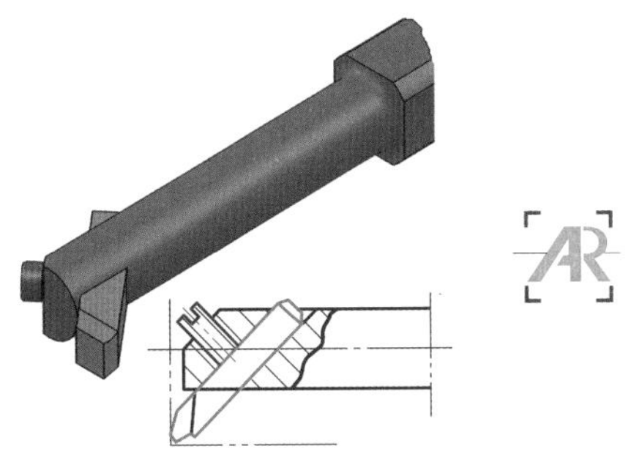

图 3–14　圆刀柄盲孔车刀

通孔车刀和盲孔车刀的圆刀柄通常根据孔径大小及孔的深度制成几组，以便在加工时使用。

二、车孔的技术要点

车孔的关键技术是解决内孔车刀的刚度和排屑问题。

1. 解决内孔车刀的刚度问题

（1）尽量增大刀柄的截面积　一般内孔车刀的刀尖位于刀柄的上面，这样车刀有一个缺点，即刀柄的截面积小于孔截面积的1/4，如图 3–15a 所示。如果使内孔车刀的刀尖位于刀柄的中心线上（图 3–15b），则刀柄的截面积可大大地增加。

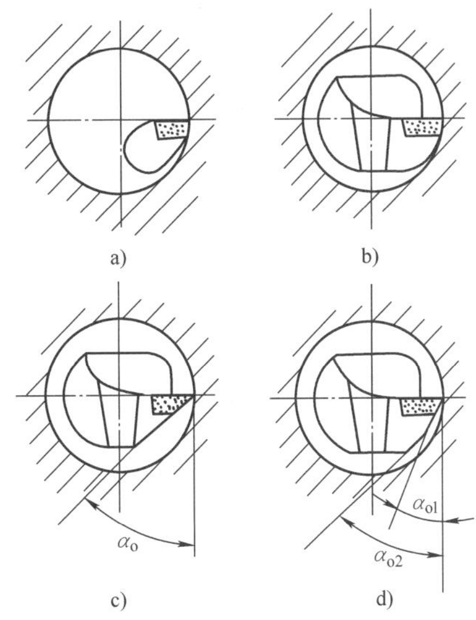

图 3–15　车孔时的端面投影图

a）刀尖位于刀柄上面　b）刀尖位于刀柄中心
c）一个后角　d）两个后角

内孔车刀的后面如果刃磨成一个大后角（图 3–15c），刀柄的截面积必然减小。如果刃磨成两个后角（图 3–15d），或将后面磨成圆弧状，则既可防止内孔车刀的后面与孔壁摩擦，又可使刀柄的截面积增大。

（2）刀柄的伸出长度尽可能缩短　如果刀柄伸出太长，就会降低刀柄的刚度，容易引起振动。图 3–11a 和图 3–14 所示为伸出长度固定的内孔圆刀柄，其缺点是不能适应各种不同孔深的工件。为此，可把内孔车刀的刀柄做成两个平面，若刀柄做得很长（图 3–11b），使用时可根据不同的孔深调节刀柄的伸出长度（图 3–16）。调节时只要刀

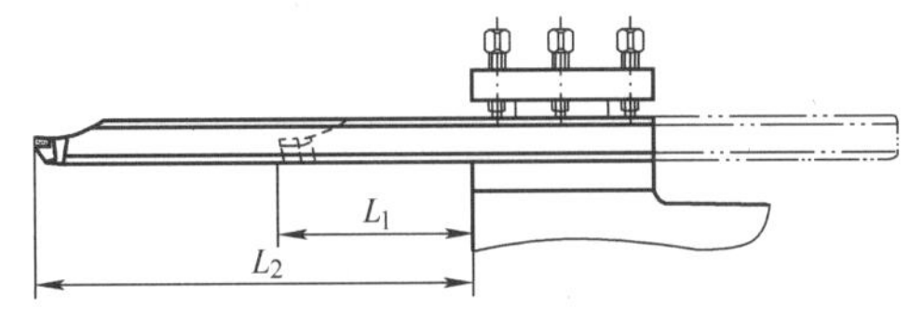

图 3–16　可调节伸出长度的刀柄

柄的伸出长度略大于孔深，可使刀柄以最大刚度的状态工作。

2. 解决排屑问题

排屑问题主要是控制切屑流出的方向。精车孔时，要求切屑流向待加工表面（即前排屑），前排屑主要是采用正值刃倾角的内孔车刀，如图 3–10 所示。车削盲孔时，切屑从孔口排出（后排屑），后排屑主要是采用负值刃倾角内孔车刀，如图 3–13 所示。

三、车孔时的切削用量

内孔车刀的刀柄细长，刚度低，车孔时排屑较困难，故车孔时的切削用量应选得比车外圆时小。车孔时的背吃刀量 a_p 是车孔余量的一半；进给量 f 比车外圆时小 20% ~ 40%；切削速度 v_c 比车外圆时低 10% ~ 20%。

§3–4 车内槽、端面直槽和轴肩槽

在机械零件上，由于工作情况和结构工艺性的需要，有各种不同断面形状的槽，本节重点介绍内槽。在车端面直槽和轴肩槽时，车槽刀的几何形状是外圆车刀与内孔车刀的综合，其中左侧刀尖相当于车内孔，故放在本节介绍。

一、常见内槽的种类、结构、作用及车削方法

常见内槽的种类、结构、作用及车削方法见表 3–6。

表 3–6　常见内槽的类型、结构、作用及车削方法

类型	退刀槽	轴向定位槽	油气通道槽	内 V 槽（密封槽）
结构	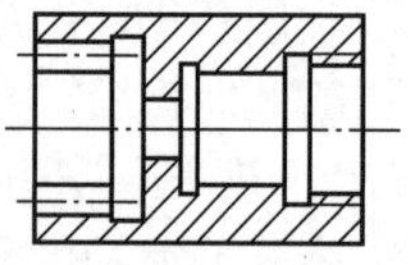	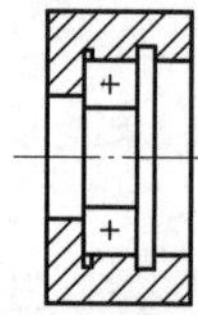	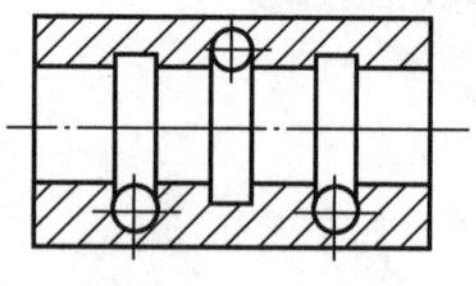	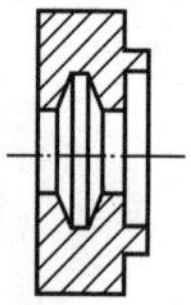
作用	在车螺纹、车孔、磨削内孔时退刀用	在适当位置的轴向定位槽中嵌入弹性挡圈，以实现滚动轴承等的轴向定位	在液压或气动滑阀中车出内槽，用以通油或通气	在内 V 形槽内嵌入油毛毡，以起防尘作用并防止轴上的润滑剂溢出
车削图	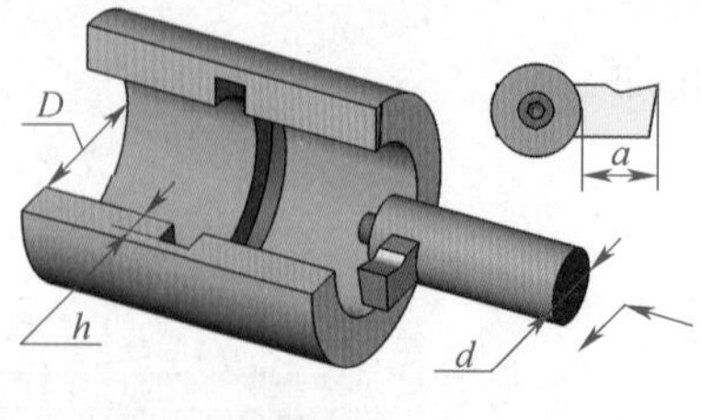			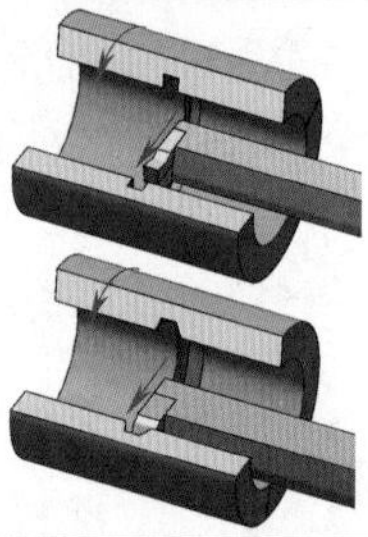
车削方法	车削狭窄的内槽时，可直接用内槽车刀准确的主切削刃宽度来保证；车较宽内槽时，可以用多次车槽的方法来完成			一般先用内孔车槽刀车出直槽，然后用内成形刀车削成形

二、车端面直槽

在端面上车直槽时，端面直槽车刀的几何形状是外圆车刀与内孔车刀的综合。其中刀尖 *a* 处相当于车内孔，此处副后面的圆弧半径 *R* 必须小于端面直槽的大圆半径，以防副后面与工件端面槽孔壁相碰。装夹端面直槽刀时，注意使其主切削刃垂直于工件轴线，以保证车出的直槽底面与工件轴线垂直（图 3–17）。

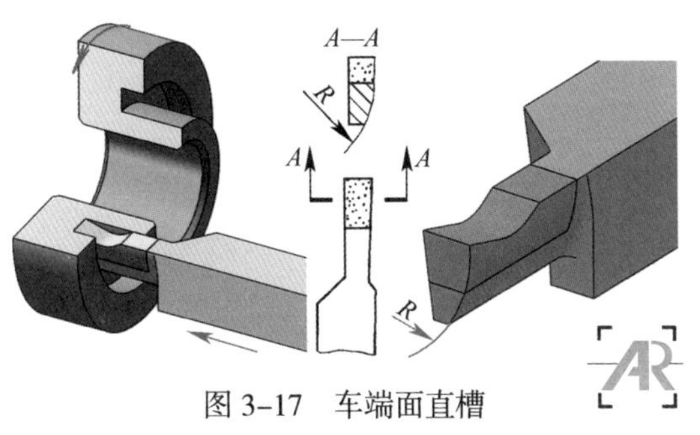

图 3–17　车端面直槽

三、车轴肩槽

1. 车 45° 外槽

45° 外槽车刀与一般端面直槽车刀的形状相同（图 3–18），车削时，可把小滑板转过 45°，用小滑板进给车削槽。

2. 车圆弧外槽

圆弧外槽车刀可根据槽圆弧半径 *R* 的大小相应地磨成圆弧形刀进行车削，如图 3–19 所示。

车削端面直槽和轴肩槽时，车槽刀的左侧刀尖（图 3–18 中 *a* 处）相当于车孔，刀尖的副后面应相应地磨成圆弧 *R*，并保证一定的后角。

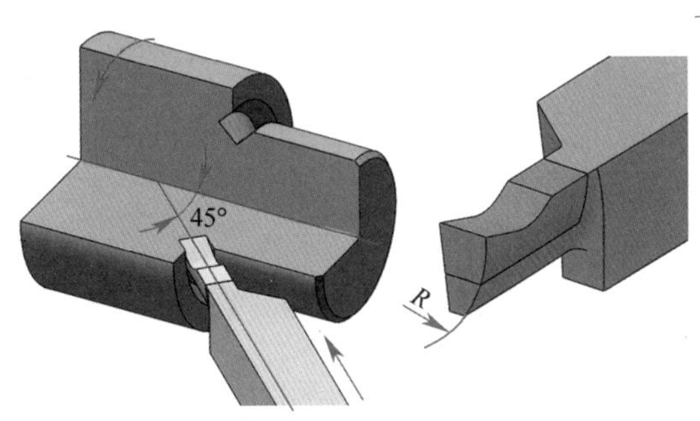

图 3–18　车 45° 外槽

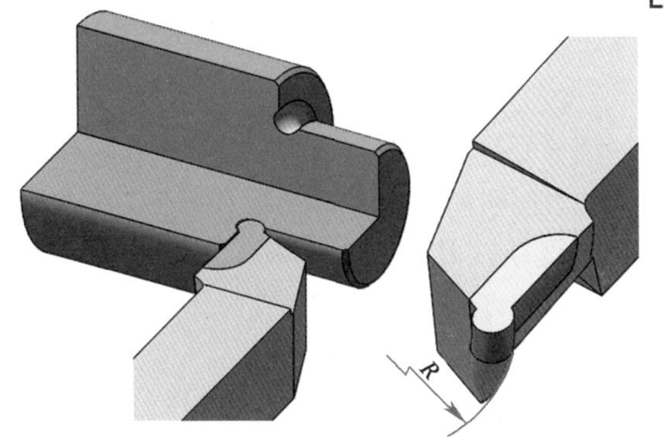

图 3–19　车圆弧外槽

§ 3–5　铰孔

铰孔是用多刃铰刀切除工件孔壁上微量金属层的精加工孔的方法。铰孔操作简便，效率高，目前，在批量生产中已得到广泛应用。由于铰刀尺寸精确，刚度高，因此特别适合加工直径较小、长度较长的通孔。铰孔的精度可达 IT9 ~ IT7，表面粗糙度值可达 *Ra*0.4 μm。

一、铰刀

1. 铰刀的几何形状

铰刀的形状如图 3–20 所示，它由工作部分、颈部和柄部组成，工作部分由引导部分 l_1、切削部分 l_2、修光部分 l_3 和倒锥 l_4 组成。铰刀的柄部有圆柱形、圆锥形和方榫形三种。

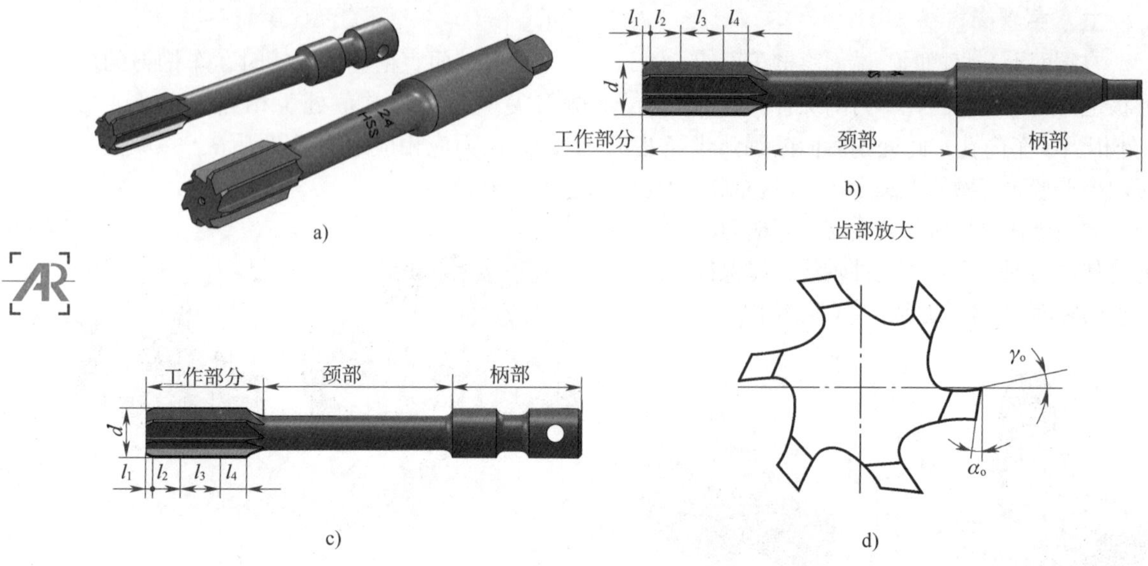

图 3-20　铰刀

a）铰刀外形图　b）锥柄铰刀的结构　c）圆柱柄铰刀的结构　d）齿部放大图

铰刀最容易磨损的部位是切削部分和修光部分的过渡处，而且这个部分直接影响工件的表面粗糙度，因而该处不能有尖棱。

铰刀的刃齿数一般为 4 ～ 10，为了测量直径的方便，应采用偶数齿。

2. 铰刀的种类

铰刀按使用方式可分为机用铰刀和手用铰刀两种。

铰刀按切削部分的材料可分为高速钢铰刀和镶硬质合金铰刀两种。

二、铰削余量的确定

铰孔之前，一般先车孔或扩孔，并留出铰孔余量，余量的大小直接影响铰孔质量。余量太小，往往不能把前道工序所留下的加工痕迹铰去。余量太大，切屑挤满在铰刀的齿槽中，使切削液不能进入切削区，严重影响表面粗糙度；或使切削刃负荷过大而迅速磨损，甚至崩刃。

铰削余量：高速钢铰刀为 0.08 ～ 0.12 mm，镶硬质合金铰刀为 0.15 ～ 0.20 mm。

三、铰削时的注意事项

1. 铰削前对孔的要求

铰孔前，孔的表面粗糙度值要小于 $Ra3.2\ \mu m$。此外，还要特别注意，铰孔不能修正孔的直线度误差，因此，铰孔前一般都需车孔，以修正孔的直线度误差。如果车孔非常困难，一般先用中心钻定位，然后钻孔、扩孔，最后铰孔。

2. 调整主轴和尾座套筒轴线的同轴度

铰孔前，必须调整尾座套筒的轴线，使其与主轴轴线重合，同轴度误差最好在 0.02 mm 以内。但是，对于一般精度的车床，要求主轴与尾座套筒轴线非常精确地在同一轴线上是比较困难的，因此，铰孔时最好使用浮动套筒。

3. 选择合理的铰削用量

铰削时的背吃刀量为铰削余量的一半。铰削时，切削速度越低，表面粗糙度值越小，切削速度最好小于 5 m/min。

铰削时，由于切屑少，而且铰刀上有修光部分，进给量可取大些。铰钢料时，选用进给量为 0.2 ～ 1 mm/r。

4. 合理选用切削液

铰孔时，切削液对孔的扩胀量与孔的表面粗糙度有一定的影响。根据切削液对孔径的影响，当使用新铰刀铰削钢料时，可选用

10% ~ 15% 的乳化液作切削液，这样孔不容易扩大。当铰刀磨损到一定程度时，可用油溶性切削液，以使孔径稍微扩大一些。

根据切削液对表面粗糙度的影响和铰孔试验证明，铰孔时必须加注充分的切削液。铰削铸件时，可采用煤油作切削液。铰削青铜或铝合金工件时，可用 L–FD–2 轴承油或煤油。

§3–6 套类工件几何公差的保证方法

套类工件是机械零件中精度要求较高的工件之一。套类工件的主要加工表面是内孔、外圆和端面。这些表面不仅有尺寸精度和表面粗糙度的要求，而且彼此间还有较高的几何精度要求。因此，应选择合理的装夹方法。

一、尽可能在一次装夹中完成车削

车削套类工件时，如单件、小批量生产，可在一次装夹中尽可能把工件全部或大部分表面车削完毕。这种方法不存在因装夹而产生的定位误差，如果车床精度较高，可获得较高的几何精度。但采用这种方法车削时，需要经常转换刀架。车削图 3–21 所示的工件，可轮流使用 90° 车刀、45° 车刀、麻花钻、铰刀和切断刀等刀具进行加工。如果刀架定位精度较低，则尺寸较难掌握，切削用量也要时常改变。

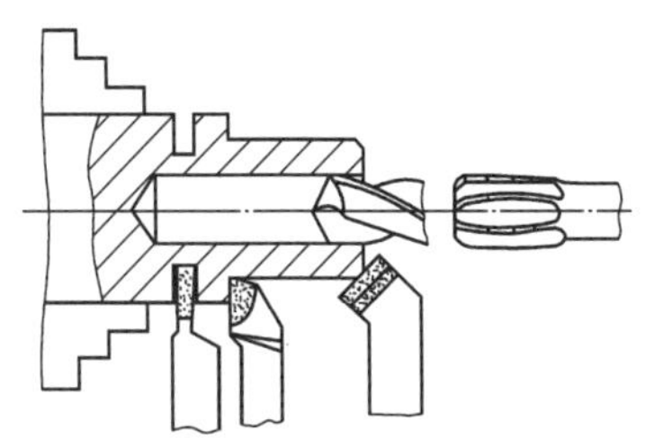

图 3–21 尽可能在一次装夹中完成车削

二、以外圆为基准保证几何精度

在加工外圆直径很大、内孔直径较小、定位长度较短的工件时，多以外圆为基准来保证工件的位置精度。此时，一般应用软卡爪装夹工件。软卡爪用未经淬火的 45 钢制成，这种卡爪是在本车床上车削成形的，因而可确保装夹精度。其次，当装夹已加工表面或软金属时，不易夹伤工件表面。另外，还可根据工件的特殊形状相应地加工软卡爪，以装夹工件。因此，软卡爪在企业中已得到越来越广泛的使用。软卡爪的形状及制作如图 3–22 所示，车削夹紧工件的软卡爪内限位台阶时，定位圆柱应放在卡爪的里面，用卡爪底部夹紧。

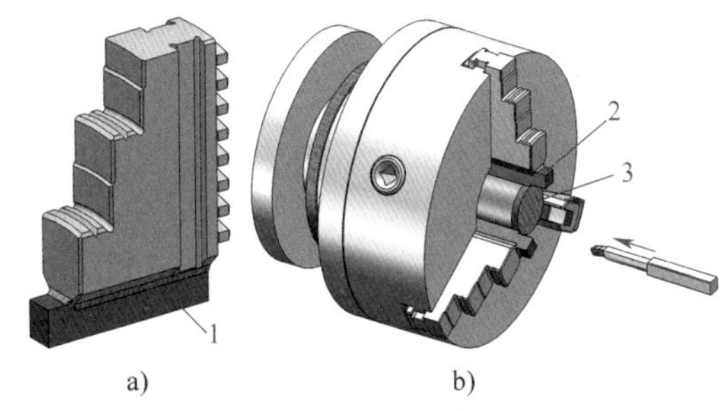

图 3–22 软卡爪的形状及制作
a）焊接式软卡爪
b）车软卡爪的内限位台阶
1、2—软卡爪 3—定位圆柱

三、以内孔为基准保证几何精度

车削中、小型的轴套、带轮和齿轮等工件时，一般可用已加工好的内孔为定位基准，并根据内孔配置一根合适的心轴，再将套装工件的心轴支顶在车床上，精加工套类工件的外圆、端面等。常用的心轴有实体心轴和胀力心轴等。

1. 实体心轴

实体心轴分不带台阶和带台阶两种。不带台阶的实体心轴又称小锥度心轴（图 3–23a），其锥度 C 为 1∶5 000 ～ 1∶1 000，这种心轴的特点是制造容易，定心精度高，但轴向无法定位，承受切削力小，工件装卸时不太方便。带台阶的心轴如图 3–23b 所示，其配合圆柱面与工件孔保持较小的配合间隙，工件靠螺母压紧，常用来一次装夹多个工件。若装上快换垫圈，则装卸工件就更加方便，但其定心精度较低，只能保证 0.02 mm 左右的同轴度公差。

2. 胀力心轴

胀力心轴依靠材料弹性变形所产生的胀力来胀紧工件。图 3–23c 所示为装夹在机床主轴锥孔中的胀力心轴。胀力心轴的圆锥角最好为 30°左右，最薄部分的壁厚可为 3 ～ 6 mm。为了使胀力均匀，槽可做成三等份。使用时先把工件套在胀力心轴上，拧紧锥堵的方榫，使胀力心轴胀紧工件。长期使用的胀力心轴可用 65Mn 弹簧钢制成。胀力心轴装卸方便，定心精度高，故应用广泛。

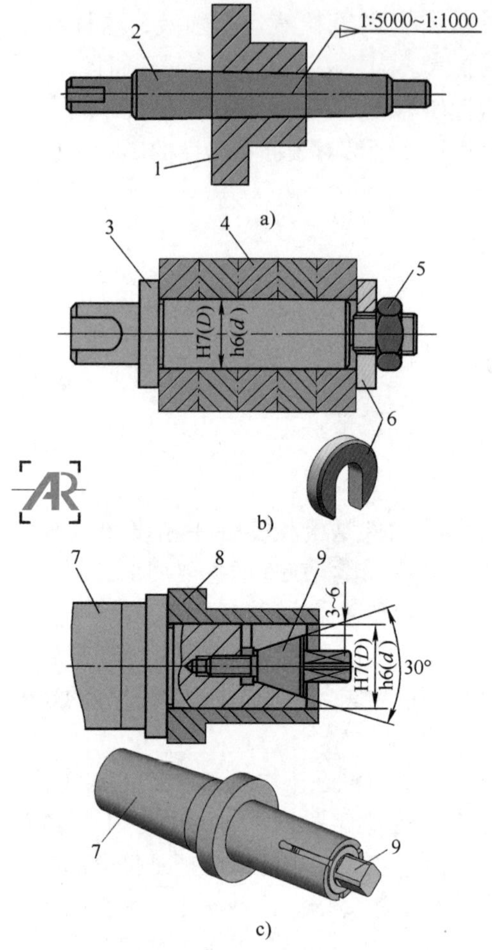

图 3–23　常用心轴

a）小锥度心轴　b）台阶心轴　c）胀力心轴

1、4、8—工件　2—小锥度心轴　3—台阶心轴

5—螺母　6—开口垫圈　7—胀力心轴　9—锥堵

§3–7　套类工件的测量

一、套类工件的常用测量量具

套类工件的测量项目主要包括孔径的测量、几何公差的测量等。

孔径的测量可采用游标卡尺、内卡钳、塞规、内测千分尺、内径千分尺、三爪内径千分尺和内径千分表等。

测量孔径的量具都可以测量工件的形状精度，生产中常用内径千分表来测量。

方向、位置和跳动精度常用百分表和千分表测量。

1. 内卡钳

在孔口试车削或位置狭小时，使用内卡钳显得灵活方便，如图 3–24 所示。内卡钳与千分尺配合使用也能测量出精度较高（IT8 ~ IT7）的孔径。

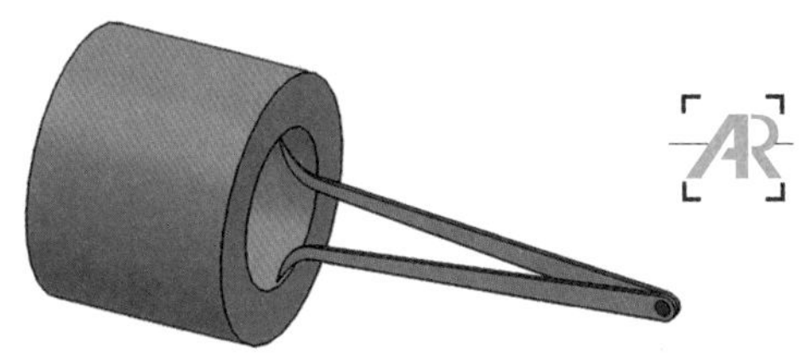

图 3–24　用内卡钳测量孔径

2. 塞规

塞规如图 3–25 所示，塞规通端的基本尺寸等于孔的下极限尺寸 D_{min}，止端的基本尺寸等于孔的上极限尺寸 D_{max}。用塞规检验孔径时，若通端进入工件的孔内，而止端不能进入工件的孔内，说明工件孔径合格。测量盲孔时，为了排出孔内的空气，常在塞规的外圆上开有通气槽或在轴心处轴向钻出通气孔。

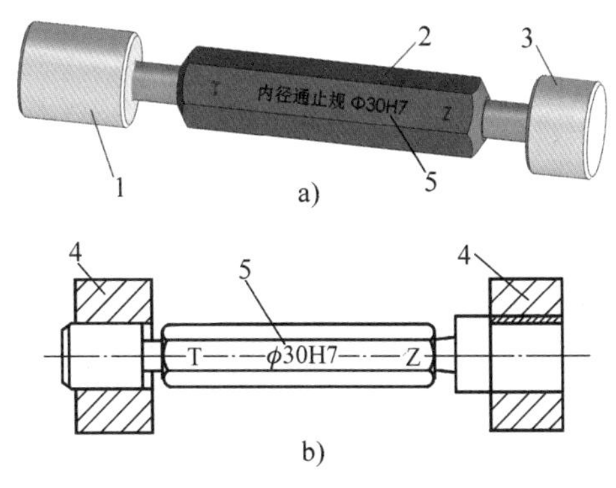

图 3–25　用塞规检验孔径

a）塞规的形状　b）检验孔径

1—通规　2—手柄　3—止规　4—工件　5—孔径

3. 内测千分尺

内测千分尺的量程为 5 ~ 30 mm 和 25 ~ 50 mm 等，内测千分尺的分度值为 0.01 mm。

测量精度较高、深度较小的孔径时，可采用内测千分尺，如图 3–26 所示。这种千分尺刻线方向与千分尺相反，当微分筒顺时针旋转时，活动量爪向右移动，测量值增大，固定量爪和活动量爪即可测量出工件的孔径尺寸。

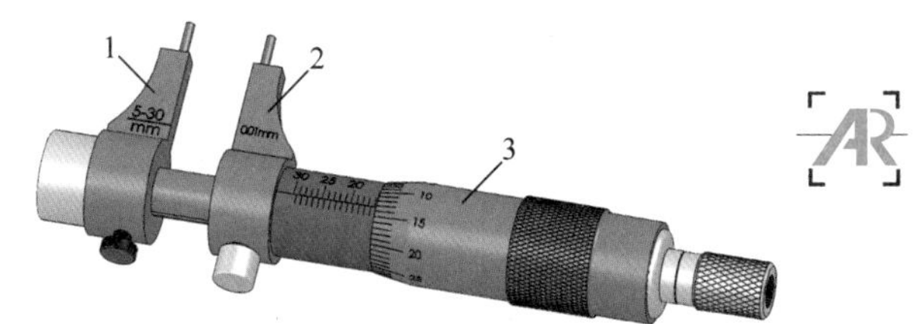

图 3–26　内测千分尺及使用

1—固定量爪　2—活动量爪　3—微分筒

4. 内径千分尺

内径千分尺的量程为 50 ~ 250 mm、50 ~ 600 mm、150 ~ 1 400 mm 等，其分度值为 0.01 mm。

测量大于 ϕ50 mm 的精度较高、深度较大的孔径时，可采用内径千分尺。此时，内径千分尺应在孔内摆动，在直径方向应找出最大读数，轴向应找出最小读数，如图 3–27 所示。这两个重合读数就是孔的实际尺寸。

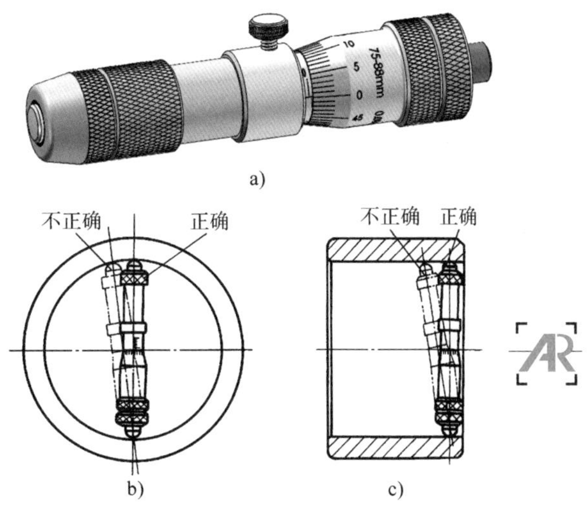

图 3–27　内径千分尺及使用

a）实物图　b）径向位置　c）轴向位置

5. 三爪内径千分尺

三爪内径千分尺的量程为6 ~ 8 mm、8 ~ 10 mm、10 ~ 12 mm、12 ~ 14 mm、14 ~ 17 mm、17 ~ 20 mm、20 ~ 25 mm、…、90 ~ 100 mm；其分度值为0.01 mm或0.005 mm。

三爪内径千分尺用于测量ϕ6 ~ ϕ100 mm的精度较高、深度较大的孔径，如图3–28所示。它的三个测量爪在很小幅度的摆动下能自动地位于孔的直径位置，此时的读数即为孔的实际尺寸。

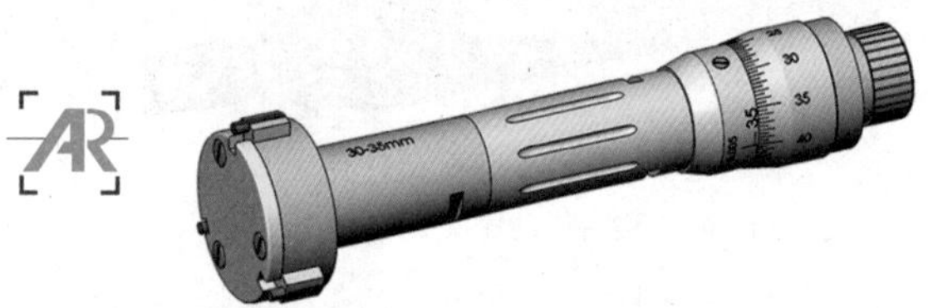

图3–28　三爪内径千分尺

6. 内径千分表（或内径百分表）

内径千分表的结构如图3–29所示，它是将千分表装夹在测架上，在测头端部有一活动测头，另一端的固定测头可根据孔径的大小更换。为了便于测量，测头旁装有定心器。

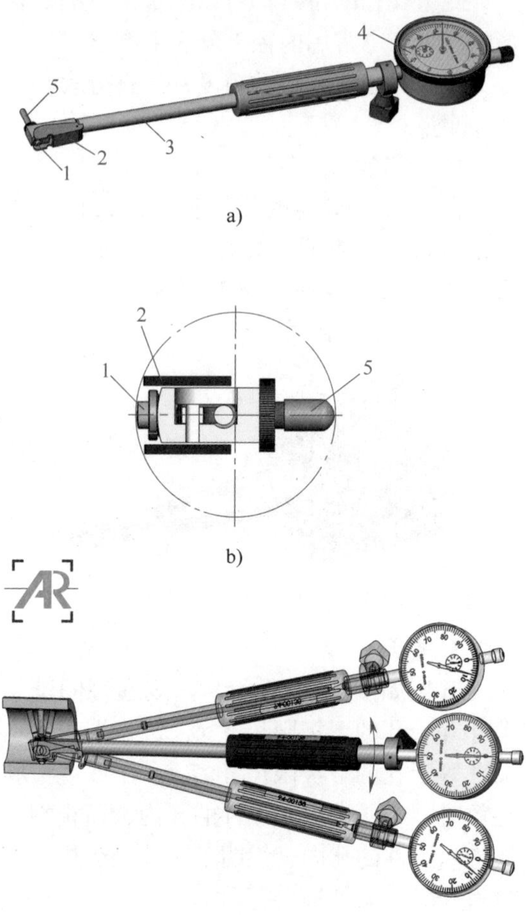

图3–29　内径千分表及其使用
a）内径千分表　b）孔中测量情况
c）内径千分表的测量方法
1—活动测头　2—定心器　3—测杆
4—千分表　5—固定测头

使用内径千分表测量属于比较测量法。测量时必须摆动内径千分表（图3–29c），所得的最小尺寸是孔的实际尺寸。

内径千分表与千分尺配合使用，也可以比较出孔径的实际尺寸。

二、形状精度的测量

在车床上加工的圆柱孔，一般仅测量孔的圆度和圆柱度（通过测量孔的锥度）两项形状误差。

1. 圆度误差的测量

当孔的圆度要求不很高时，在生产现场可用内径千分表（或百分表）在孔的圆周的各个方向上进行测量，测量结果的最大值与最小值之差的一半即为圆度误差。

2. 圆柱度误差的测量

在生产现场，一般用内径千分表（或内径百分表）来测量孔的圆柱度误差，只要在孔的全长上取前、中、后几点，比较其测量值，其最大值与最小值之差的一半即为孔全长上的圆柱度误差。

三、方向、位置和跳动精度的测量

1. 径向圆跳动误差的测量方法

测量一般套类工件（图3–30a）的径向圆跳动误差时，都可以用内孔作为基准，把工件套在精度很高的小锥度心轴上，再把心轴支顶在两顶尖之间，用杠杆式百分表进行测量，如图3–30b所示。工件转一周，百分表所测的读数差就是径向圆跳动误差。

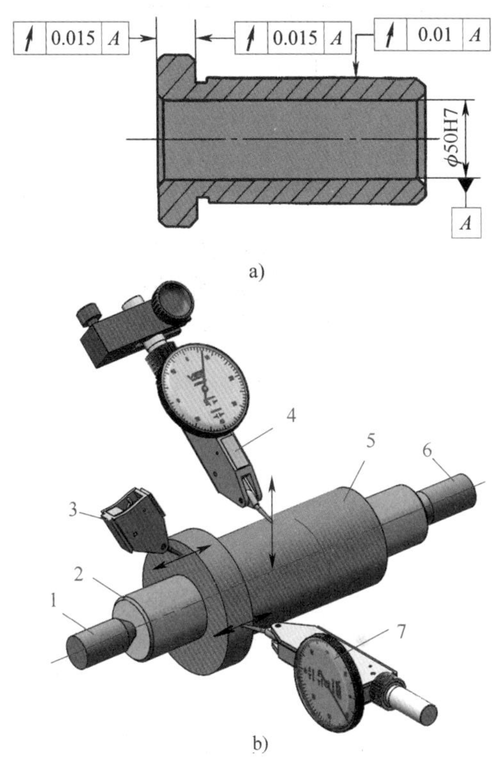

图 3-30　在小锥度心轴上测量径向和轴向圆跳动误差

a）工件　b）测量方法

1、6—顶尖　2—小锥度心轴

3、4、7—杠杆式百分表　5—工件

对某些外形比较简单而内部形状比较复杂的套筒（图 3-31a），不能装夹在心轴上测量径向圆跳动误差时，可把工件放在 V 形架上并轴向定位，以外圆为基准进行测量。测量时将杠杆式百分表的测杆插入孔内，使测头接触内孔表面，转动工件，观察百分表指针的跳动情况（图 3-31b）。百分表在工件旋转一周中的读数差就是工件的径向圆跳动误差。

2. 轴向圆跳动误差的测量方法

套类工件轴向圆跳动误差的测量方法如图 3-30b 所示，先把工件装夹在精度很高的小锥度心轴上，利用心轴上极小的锥度使工

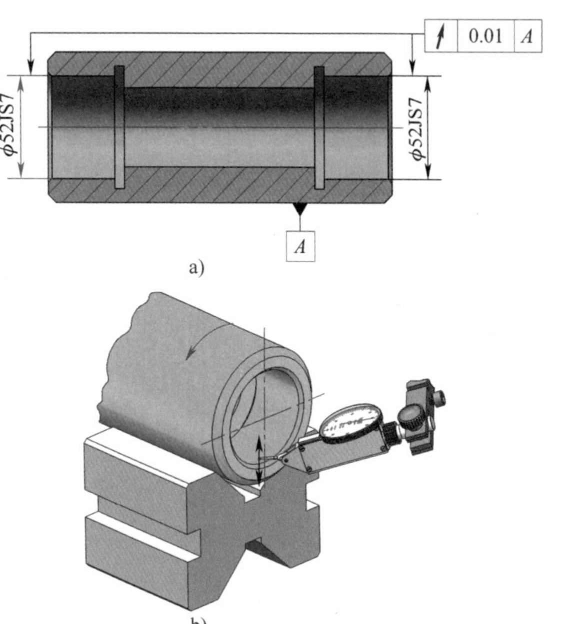

图 3-31　在 V 形架上测量径向圆跳动误差

a）工件　b）测量方法

件轴向定位，然后把杠杆式百分表 3 或 7 的测头靠在需要测量的左侧或右侧端面上，转动心轴，测得百分表的读数差，就是轴向圆跳动误差。

3. 端面对轴线垂直度误差的测量方法

轴向圆跳动误差是当工件绕基准轴线做无轴向移动的回转时，所要求的端面上任一测量直径处的轴向跳动 Δ；而垂直度是整个端面的垂直度误差。图 3-32a 所示的工件，由于端面是一个平面，其轴向圆跳动量为 Δ，垂直度误差也为 Δ，两者相等。

如果端面不是一个平面，而是凹面或凸面（图 3-32b、c），虽然其轴向圆跳动量为零，但垂直度误差为 ΔL。因此，仅用轴向圆跳动误差来评定垂直度误差是不正确的。

测量端面垂直度误差时必须经过两个步骤，首先要测量轴向圆跳动误差是否合格，如果符合要求，再用第二个方法测量端面的

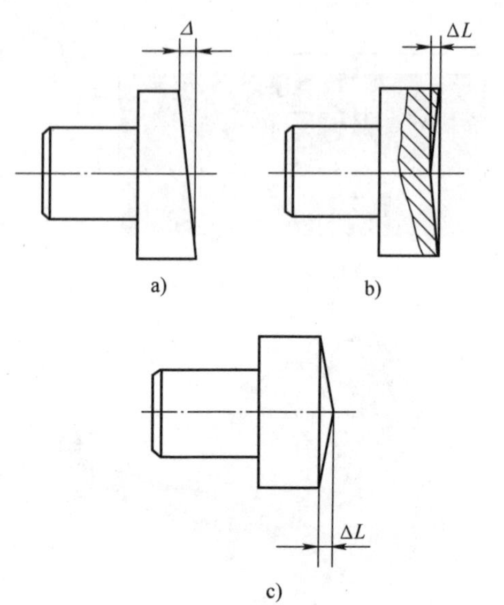

图 3–32　轴向圆跳动误差和垂直度误差的区别

a）倾斜　b）凹面　c）凸面

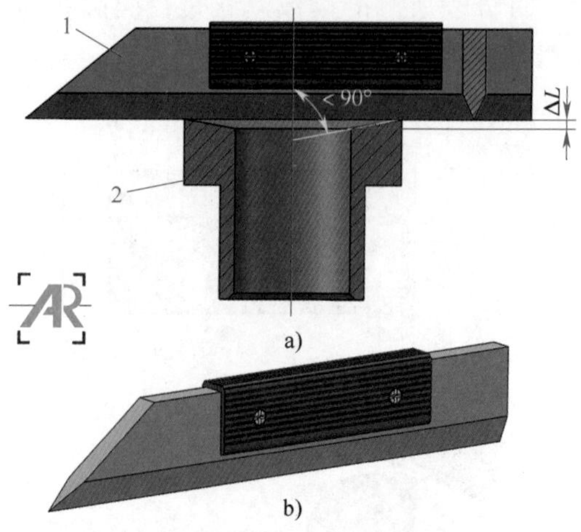

图 3–33　用刀口形直尺测量垂直度误差

a）测量垂直度误差　b）刀口形直尺

1—刀口形直尺　2—工件

垂直度误差。对于精度要求较低的工件可用刀口形直尺做透光检查，如图 3–33 所示。如果必须测出垂直度误差值，可把工件装夹在 V 形架的小锥度心轴上，并放在精度很高的平板上检查端面的垂直度。检查时，先找正心轴的垂直度，然后将杠杆式百分表从端面的最里一点向外拉出，如图 3–34 所示。百分表指示的读数差就是端面对内孔轴线的垂直度误差。

图 3–34　测量工件端面垂直度误差的方法

1—V 形架　2—工件　3—心轴　4—百分表

四、套类工件测量器具的维护及保养

对套类工件测量器具进行维护及保养，首先参考 §2–3 中“七、常用量具和量仪的维护及保养”相关内容，再按照表 3–7 来进行。

表 3–7　　套类工件测量器具的维护及保养

量具	维护及保养
内卡钳	1. 首先检查钳口的形状，钳口形状对测量精确性影响很大，应经常修整钳口的形状 2. 调节卡钳的开度时，应轻轻敲击卡钳脚的两侧面。先用两只手把卡钳调整到与工件尺寸相近的开口，然后轻敲卡钳外侧来减小卡钳的开口，敲击卡钳内侧来增大卡钳的开口。但不能直接敲击钳口，这会因损伤卡钳的钳口测量面而引起测量误差，更不能在机床的导轨上敲击卡钳 3. 不要用手抓住卡钳进行测量，这样没有手感，难以比较内卡钳在工件孔内的松紧程度，并使卡钳变形而产生测量误差

续表

量具	维护及保养
塞规	1. 手持塞规插入和拔出孔时不得歪斜，应顺着孔的中心线插入孔内，否则易发生测量误差或将塞规卡住 2. 光面塞规使用前，用清洁的细棉纱或软布把塞规的工作表面擦干净并涂一层薄油，以减少磨损 3. 塞规要轻拿轻放，防止磕碰工作面。塞规放置地点要防振动、防滑落 4. 使用后，应将防锈油涂于工作面上进行防锈 5. 光面塞规应定置摆放于无酸性、无碱性气氛的地方保存。不允许与工具、刀具、工件和量具等物触碰、混放、叠放
内测千分尺、内径千分尺和三爪内径千分尺	1. 首先用标准环规校对内测千分尺、内径千分尺或三爪内径千分尺的“0”刻线 2. 使用时必须使量爪或测头小于孔径，插入孔内再通过旋拧棘轮等测力手柄使量爪或测头张开；不得硬塞和拉出

§ 3–8 套类工件的车削工艺及车削质量分析

套类工件一般由外圆、内孔、端面、台阶和内槽等结构要素组成。其主要特点是内、外圆柱面和相关端面间的形状精度和位置精度要求较高。

一、套类工件的车削工艺分析

车削各种轴承套、齿轮和带轮等套类工件，虽然工艺方案各异，但也有一些共性可供遵循，现简要说明如下：

1. 在车削短而小的套类工件时，为了保证内、外圆的同轴度，最好在一次装夹中把内孔、外圆及端面都加工完毕。

2. 内槽应在半精车之后、精车之前加工，还应注意内孔精车余量对槽深的影响。

3. 车削精度要求较高的孔可考虑以下两种方案：

（1）粗车端面→钻孔→粗车孔→半精车孔→精车端面→铰孔。

（2）粗车端面→钻孔→粗车孔→半精车孔→精车端面→磨孔。

4. 加工平底孔时，先用麻花钻钻孔，再用平底钻锪平，最后用盲孔车刀精车孔。

5. 如果工件以内孔定位车外圆，在内孔精车后，对端面也应进行一次精车，以保证端面与内孔的垂直度要求。

二、套类工件车削工艺分析示例

图 3–35 所示的滑动轴承套，每批数量为 180 件，尺寸精度和几何精度要求较高，工件数量较多，因此，进行滑动轴承套车削工艺分析时应注意。

1. 滑动轴承套车削工艺分析

（1）滑动轴承套的车削工艺方案较多，可以是单件加工，也可以是多件加工。如果

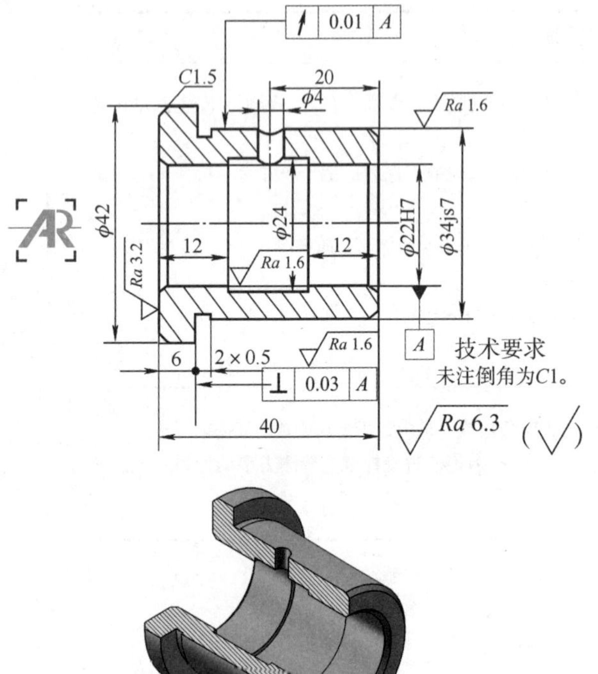

图 3–35　滑动轴承套

采用单件加工，生产效率低，原材料浪费较多，每件都有装夹的余料。因此，采用多件加工的车削工艺较合理。

（2）滑动轴承套的材料为 ZCuSn5Pb5Zn5，因两处外圆直径相差不大，故毛坯选用铜棒料，采用 6 ~ 8 件同时加工较合适。

（3）为保证内孔 ϕ22H7 的加工质量，提高生产效率，内孔精加工以铰削最为合适。

（4）外圆对内孔轴线的径向圆跳动公差为 0.01 mm，用软卡爪无法保证。此外，ϕ42 mm 的右端面对内孔轴线垂直度公差为 0.03 mm。因此，精车外圆以及 ϕ42 mm 的右端面时，应以内孔为定位基准将工件套在小锥度心轴上，用两顶尖装夹以保证位置和跳动公差。

（5）内槽应在 ϕ22H7 的孔精加工之前完成，是为了保证精加工表面的精度。

2. 滑动轴承套机械加工工艺卡

滑动轴承套机械加工工艺卡见表 3–8。

三、套类工件的车削质量分析

车削套类工件时废品的产生原因及预防方法见表 3–9。

表 3–8　　滑动轴承套机械加工工艺卡

××厂	机械加工工艺卡	产品名称		图号	
		零件名称	滑动轴承套	共 1 页　第 1 页	
材料种类	棒料	材料牌号	ZCuSn5Pb5Zn5	毛坯尺寸	ϕ46 mm × 326 mm

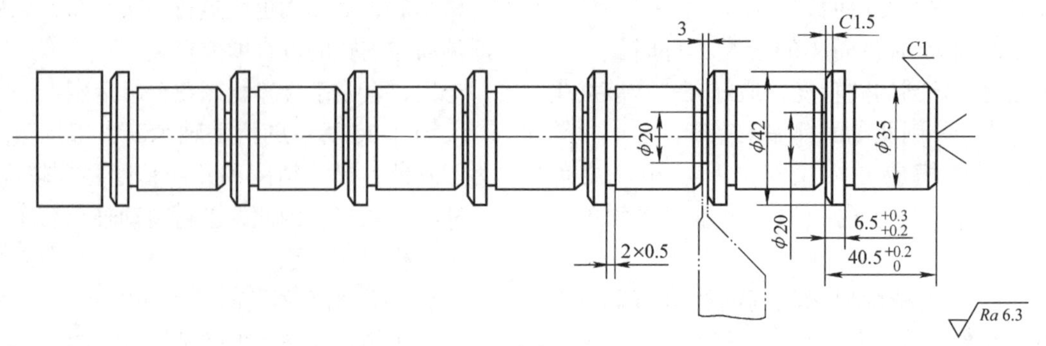

续表

工序	工种	工步	工序内容	车间	设备	工艺装备		
						夹具	刃具	量具
1	车		按工艺草图车至要求的尺寸，7件同时加工，尺寸均相同	Ⅱ	C6132			
2	车		逐个用软卡爪夹住 ϕ43 mm 外圆，找正夹紧，钻孔 ϕ20.5 mm，车成单件	Ⅱ	C6132			
3	车	 （1） （2） （3） （4） （5） （6）	用软卡爪夹住 ϕ35 mm 外圆，找正后夹紧 车 ϕ43 mm 左端面，保证总长 40.2 mm，表面粗糙度值为 Ra3.2 μm 车 ϕ43 mm 外圆至 ϕ42 mm，达图样要求 车内孔至 $\phi22_{-0.12}^{-0.08}$ mm 车内槽 ϕ24 mm × 16 mm 至要求 铰孔至 ϕ22H7 倒角 C1.5 mm 和 C1 mm 共两处	Ⅱ	C6132		ϕ22H7 铰刀	ϕ22H7 塞规
4	车	 （1） （2）	用软卡爪夹住 ϕ42 mm 外圆，找正后夹紧 车 ϕ35 mm 外圆的端面，总长达 40 mm 孔口倒角 C1 mm					
5	车	 （1） （2） （3） （4）	工件套在心轴上，装夹于两顶尖之间 车外圆至 ϕ34js7，表面粗糙度值为 Ra1.6 μm 车 ϕ42 mm 右端面，保证厚度 6 mm，表面粗糙度值为 Ra1.6 μm 车槽，宽 2 mm，深 0.5 mm 倒角 C1 mm 检查 以下略	Ⅱ	C6132	心轴		

表 3–9　车削套类工件时废品的产生原因及预防方法

废品种类	产生原因	预防方法
孔的尺寸大	1. 车孔时，没有仔细测量 2. 铰孔时，主轴转速太高，铰刀温度上升，切削液供应不足 3. 铰孔时，铰刀尺寸大于要求，尾座偏移	1. 仔细测量和进行试车削 2. 降低主轴转速，加注充足的切削液 3. 检查铰刀尺寸，校正尾座轴线，采用浮动套筒
孔的圆柱度超差	1. 车孔时，刀柄过细，切削刃不锋利，造成让刀现象，使孔径外大内小 2. 车孔时，主轴轴线与导轨不平行 3. 铰孔时，由于尾座偏移等原因使孔口扩大	1. 提高刀柄刚度，保证车刀锋利 2. 调整主轴轴线与导轨的平行度 3. 校正尾座，或采用浮动套筒

续表

废品种类	产生原因	预防方法
孔的表面粗糙度值大	1. 车孔与车轴类工件表面粗糙度达不到要求的原因相同，具体见表 2–5，其中内孔车刀磨损和刀柄产生振动尤其突出 2. 铰孔时，铰刀磨损或切削刃上有崩口、毛刺 3. 铰孔时，切削液和切削速度选择不当，产生积屑瘤 4. 铰孔余量不均匀及铰孔余量过大或过小	1. 具体见表 2–5，关键要保持内孔车刀的锋利和采用刚度较高的刀柄 2. 修磨铰刀，刃磨后妥善保管，防止碰毛 3. 铰孔时，采用 5 m/min 以下的切削速度，并正确选用和加注切削液 4. 正确选择铰孔余量
同轴度和垂直度超差	1. 用一次装夹方法车削时，工件移位或机床精度不高 2. 用软卡爪装夹时，软卡爪没有车好 3. 用心轴装夹时，心轴中心孔碰毛，或心轴本身同轴度超差	1. 将工件装夹牢固，减小切削用量，调整车床精度 2. 软卡爪应在本车床上车出，直径与工件装夹部位尺寸基本相同 3. 心轴中心孔应保护好，如碰毛可研修中心孔，如心轴弯曲可校直或更换

思考与练习

1. 根据图 3–3b，指出麻花钻的前面、主后面、主切削刃、横刃和棱边。
2. 麻花钻的前角是如何变化的？变化范围一般为多少度？
3. 麻花钻的顶角一般为多少度？如果不是标准顶角，麻花钻的切削刃会产生什么变化？
4. 麻花钻的横刃斜角一般为多少度？横刃斜角的大小与后角有什么关系？
5. 对麻花钻的刃磨有什么要求？
6. 试比较前排屑通孔车刀和后排屑盲孔车刀的异同点。
7. 车孔的关键技术问题有哪些？
8. 如何提高内孔车刀的刚度？
9. 对车平面直槽刀的几何形状有什么特殊要求？
10. 轴肩槽有哪几种形式？
11. 套类工件几何公差的保证方法有哪些？各适用于什么场合？
12. 常用的心轴有哪几种？各适用于什么场合？
13. 塞规通端和止端的基本尺寸各是什么？
14. 如何测量工件孔的圆柱度误差？
15. 怎样检验套类工件的径向圆跳动和轴向圆跳动误差？
16. 铰孔时，孔的表面粗糙度值大的原因是什么？
17. 套类工件同轴度和垂直度超差是什么原因？
18. 图 3–36 所示的端套是平底盲孔套类工件，工件材料为热轧圆钢，牌号为 45 钢，毛坯尺寸为 ϕ46 mm × 190 mm，数量为 5 件。试写出该端套的车削工艺步骤。

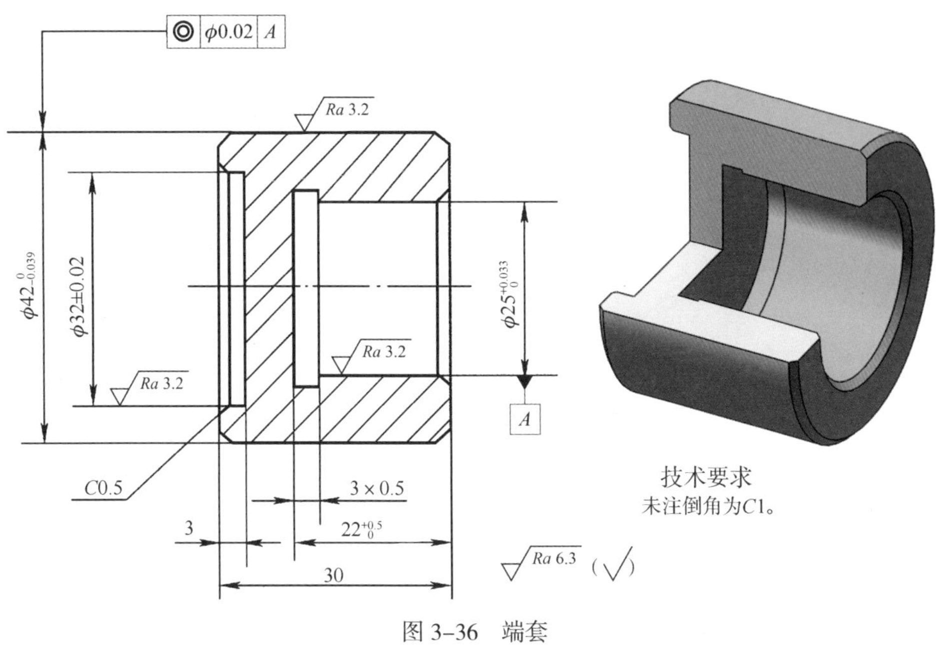

◎ φ0.02 A
Ra 3.2
φ42 0 -0.039
φ32±0.02
Ra 3.2
Ra 3.2
φ25 +0.033 0
A
C0.5
3 × 0.5
3
22 +0.5 0
30
Ra 6.3 (√)
技术要求
未注倒角为C1。

图 3–36　端套

第四章

车圆锥和特形面

§4-1 圆锥的基本知识

在机床和工具中，常遇到使用圆锥面配合的情况，如车床主轴锥孔与前顶尖锥柄的配合（图 4-1a）及车床尾座锥孔与麻花钻锥柄的配合（图 4-1b）等。

图 4-1　车床上的圆锥面配合

a）主轴锥孔与前顶尖锥柄的配合　b）尾座锥孔与麻花钻锥柄的配合

一、圆锥的基本参数及其尺寸计算

1. 圆锥的基本参数

圆锥分为外圆锥和内圆锥两种，如图 4-2 所示。

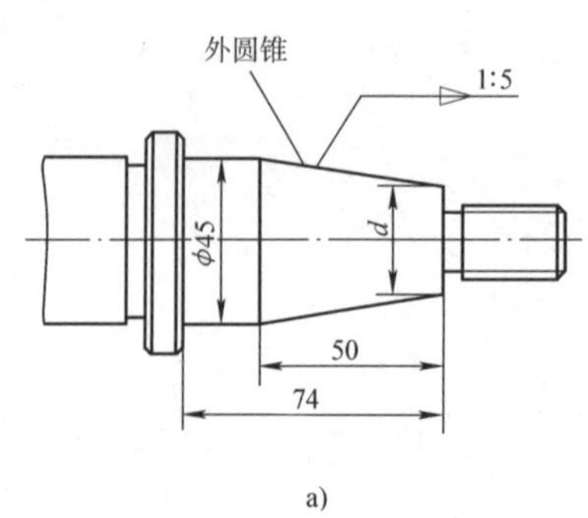

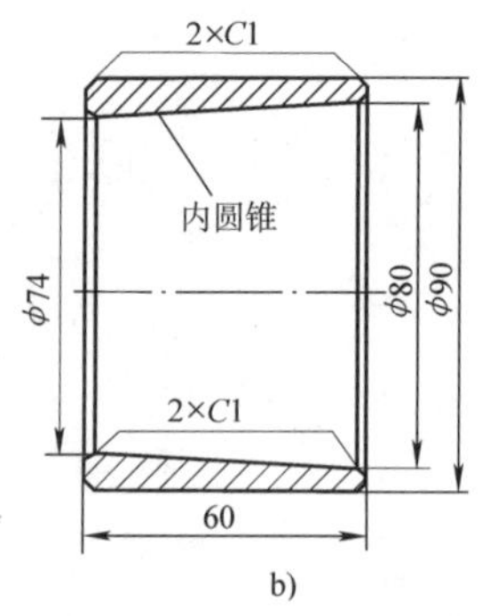

图 4-2　圆锥工件

a）带外圆锥的工件　b）带内圆锥的工件

圆锥的基本参数（图 4–3）包括：

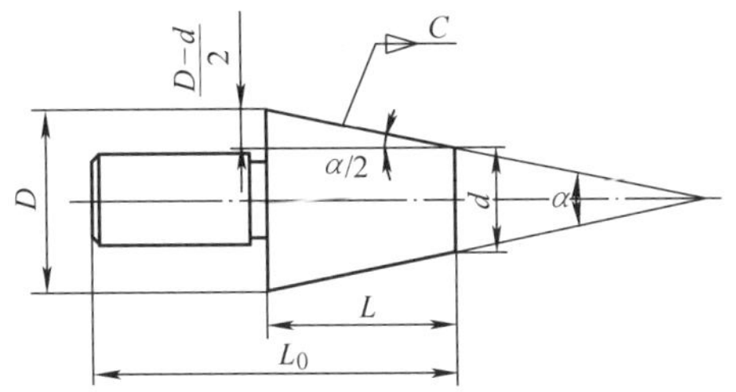

图 4–3　圆锥的基本参数

（1）最大圆锥直径 D　简称大端直径。

（2）最小圆锥直径 d　简称小端直径。

（3）圆锥长度 L　最大圆锥直径与最小圆锥直径之间的轴向距离。工件全长一般用 L_0 表示。

（4）锥度 C　最大圆锥直径和最小圆锥直径之差与圆锥长度之比，即：

$$C=\frac{D-d}{L} \qquad (4\text{–}1)$$

锥度一般用比例或分数形式表示，如 1∶7 或 1/7。

（5）圆锥半角 $\alpha/2$　圆锥角 α 是在通过圆锥轴线的截面内两条素线之间的夹角。车削圆锥面时，小滑板转过的角度是圆锥角的一半——圆锥半角 $\alpha/2$，其计算公式为：

$$\tan\frac{\alpha}{2}=\frac{D-d}{2L}=\frac{C}{2} \qquad (4\text{–}2)$$

不难看出，锥度确定后，圆锥半角可以由锥度直接计算出来。因此，圆锥半角与锥度属于同一参数，不能同时标注。

2. 圆锥基本参数的计算

例 4–1　图 4–2a 所示的磨床主轴圆锥，已知锥度 C=1∶5，最大圆锥直径 D=45 mm，圆锥长度 L=50 mm，求最小圆锥直径 d。

解：根据式（4–1）

$$d=D-CL=45\text{ mm}-\frac{1}{5}\times 50\text{ mm}=35\text{ mm}$$

例 4–2　车削一圆锥面，已知圆锥半角 $\alpha/2=3°\ 15'$，最小圆锥直径 d=12 mm，圆锥长度 L =30 mm，求最大圆锥直径 D。

解：根据式（4–2）

$$D=d+2L\tan\frac{\alpha}{2}$$

$$=12\text{ mm}+2\times 30\text{ mm}\times\tan3°15'$$

$$\approx 12\text{ mm}+2\times 30\text{ mm}\times 0.056\ 78$$

$$\approx 15.4\text{ mm}$$

例 4–3　车削例 4–1 中的磨床主轴圆锥，已知锥度 C=1∶5，求圆锥半角 $\alpha/2$。

解：C=1∶5=0.2

根据式（4–2）

$$\tan\frac{\alpha}{2}=\frac{C}{2}=\frac{0.2}{2}=0.1$$

$$\alpha/2\approx 5°42'38''$$

应用式（4–2）计算圆锥半角 $\alpha/2$ 时，必须利用三角函数表，不太方便。当圆锥半角 $\alpha/2<6°$ 时，可用下列近似公式计算：

$$\frac{\alpha}{2}\approx 28.7°\times\frac{D-d}{L}=28.7°\cdot C \qquad (4\text{–}3)$$

采用近似计算公式计算圆锥半角 $\alpha/2$ 时，应注意以下几点：

（1）圆锥半角应在 6°以内。

（2）计算出来的单位是度（°），度以下的小数部分是十进制的，而角度是 60 进制的。应将含有小数部分的计算结果转化为分（′）和秒（″）。

例如，2.35° =2° +0.35 × 60′ =2° 21′。

例 4–4　有一外圆锥，已知 D=70 mm，d=60 mm，L=100 mm，试分别用查三角函数表法和近似法计算圆锥半角 $\alpha/2$。

解：（1）用三角函数表法，根据式（4–2）

$$\tan\frac{\alpha}{2}=\frac{D-d}{2L}=\frac{70\text{ mm}-60\text{ mm}}{2\times 100\text{ mm}}=0.05$$

$$\frac{\alpha}{2}\approx 2°52'$$

（2）用近似法，根据式（4–3）

$$\frac{\alpha}{2}\approx 28.7°\times\frac{D-d}{L}=28.7°\times\frac{70\text{ mm}-60\text{ mm}}{100\text{ mm}}$$

$$=28.7°\times\frac{1}{10}$$

$$\alpha/2=2.87°\approx 2°\ 52'$$

不难看出，用两种方法计算出的结果

相同。

二、标准工具圆锥

为了制造和使用方便，降低生产成本，机床、工具和刀具上的圆锥多已标准化，即圆锥的基本参数都符合几个号码的规定。使用时只要号码相同，即能互换。标准工具圆锥已在国际上通用，只要符合标准都具有互换性。

常用标准工具圆锥有莫氏圆锥和米制圆锥两种。

1. 莫氏圆锥（Morse）

莫氏圆锥是机械制造业中应用最为广泛的一种，如车床上的主轴锥孔、顶尖锥柄、麻花钻锥柄和铰刀锥柄等都是莫氏圆锥。莫氏圆锥有 0 ~ 6 号 7 种号码，其中最小的是 0 号（Morse No.0），最大的是 6 号（Morse No.6）。莫氏圆锥号码不同，其线性尺寸和圆锥半角均不相同。

2. 米制圆锥

米制圆锥有 7 个号码，即 4 号、6 号、80 号、100 号、120 号、160 号和 200 号。它们的号码是指最大圆锥直径，而锥度固定不变，即 C=1∶20，如 100 号米制圆锥的最大圆锥直径 D=100 mm，锥度 C=1∶20。米制圆锥的优点是锥度不变，记忆方便。

§4–2 车圆锥的方法

车削圆锥时，要同时保证尺寸精度和圆锥角度。一般先保证圆锥角度，然后通过精车控制线性尺寸。圆锥面的车削方法主要有转动小滑板法、偏移尾座法、仿形法、宽刃刀车削法、铰内圆锥法等。

一、转动小滑板法

转动小滑板法是把小滑板按工件的圆锥半角 $\alpha/2$ 转动一个相应的角度，采取用小滑板进给的方式，使车刀的运动轨迹与所要车削的圆锥素线平行。图 4–4 所示为转动小滑板法车外圆锥的方法，图 4–5 所示为转动小滑板车内圆锥的方法。

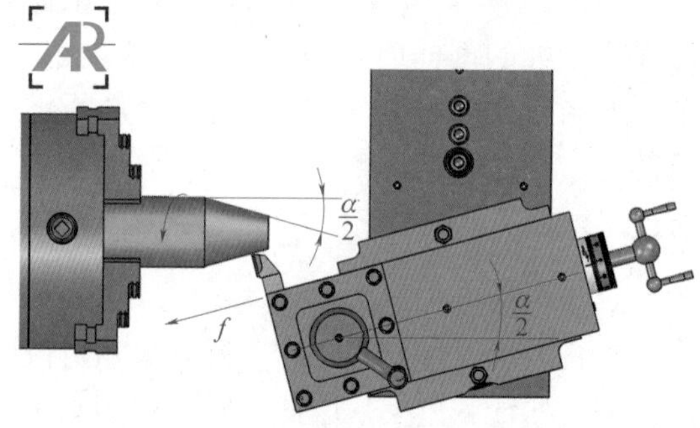

图 4–4　转动小滑板法车外圆锥

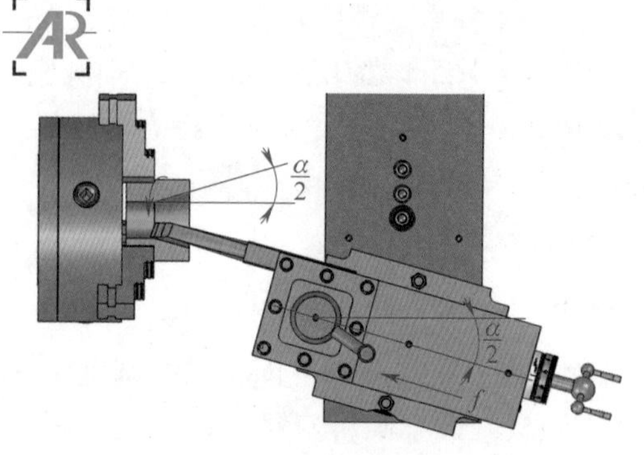

图 4–5　转动小滑板法车内圆锥

1. 小滑板的转动方向

车外圆锥和内圆锥工件时，如果最大圆锥直径靠近主轴，最小圆锥直径靠近尾座，小滑板应沿逆时针方向转动一个圆锥半角 $\alpha/2$；反之，则应顺时针方向转动一个圆锥半角 $\alpha/2$，见表 4–1。

表 4-1　　转动小滑板法车圆锥

图例	小滑板应转的方向和角度	车削示意图
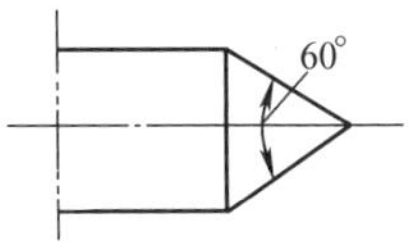 60°	逆时针转 30°	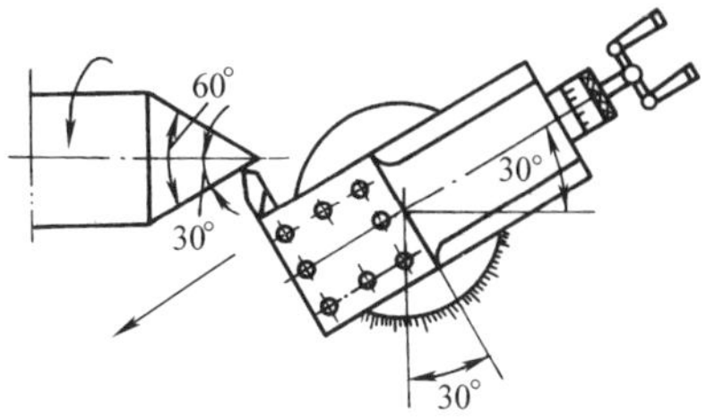 60° 30° 30° 30°
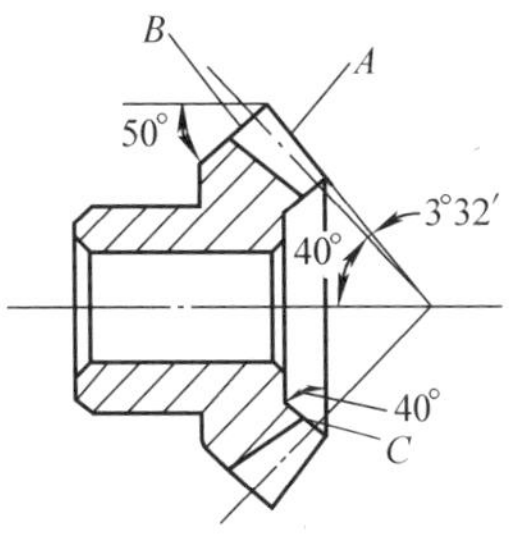 B A 50° 3°32′ 40° 40° C	车 *A* 面：逆时针转 43° 32′	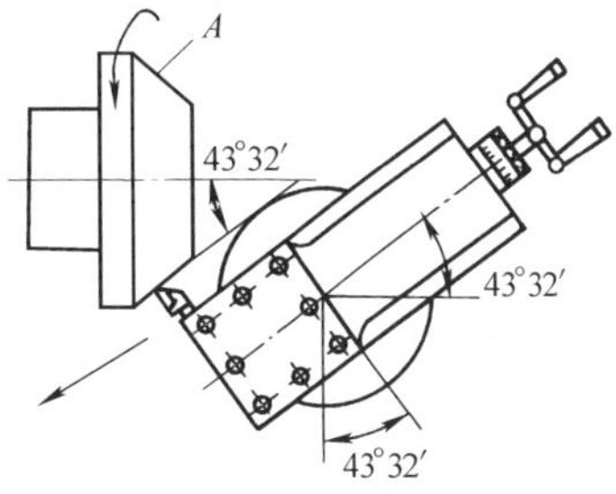 A 43°32′ 43°32′ 43°32′
	车 *B* 面：顺时针转 50°	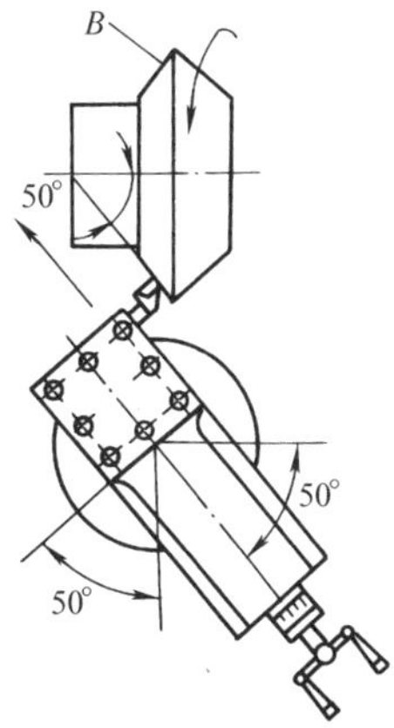 B 50° 50° 50°
	车 *C* 面：顺时针转 50°	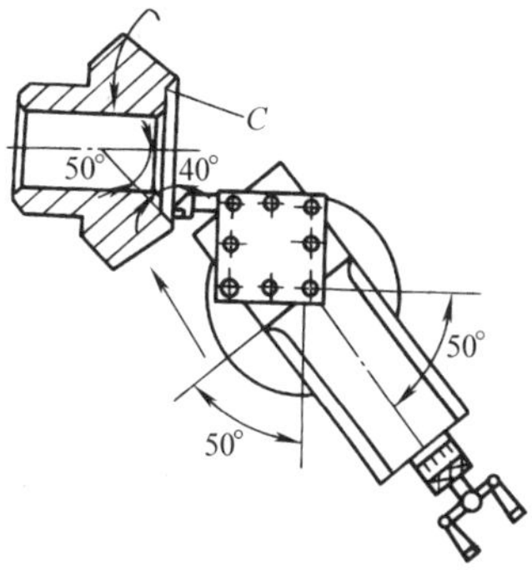 C 50° 40° 50° 50°

2. 小滑板的转动角度

由于圆锥的角度标注方法不同，有时图样上没有直接标注出圆锥半角 $\alpha/2$，这时就必须经过换算，才能得出小滑板应转动的角度。换算原则是把图样上所标注的角度换算成圆锥素线与车床主轴轴线的夹角 $\alpha/2$。$\alpha/2$ 就是车床小滑板应转过的角度，具体见表 4–1。

3. 转动小滑板法车圆锥的特点

（1）可以车削各种角度的内、外圆锥，适用范围广泛。

（2）操作简便，能保证一定的车削精度。

（3）由于小滑板只能用手动进给，故劳动强度较大，表面粗糙度也较难控制，而且车削锥面的长度受小滑板行程限制。

转动小滑板法适用于加工圆锥半角较大且锥面不长的工件。

二、偏移尾座法

采用偏移尾座法车外圆锥时，必须将工件用两顶尖装夹，把尾座向里（用于车正外圆锥）或者向外（用于车倒外圆锥）横向移动一段距离 S 后，使工件回转轴线与车床主轴轴线相交，并使其夹角等于工件圆锥半角 $\alpha/2$。由于床鞍是沿平行于主轴轴线的进给方向移动的，工件就车成了一个圆锥体，如图 4–6 所示。

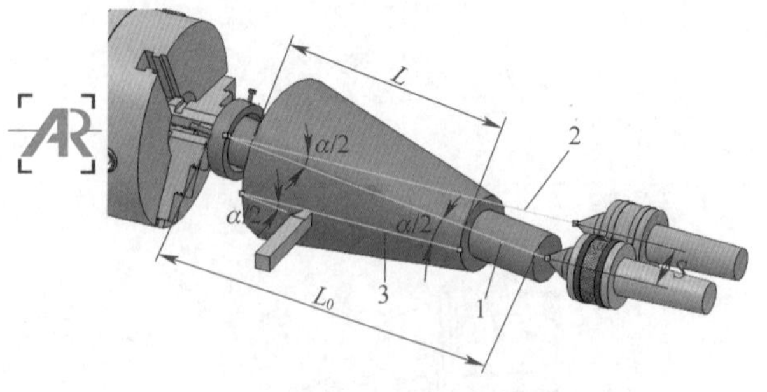

图 4–6　偏移尾座法车圆锥
1—工件回转轴线　2—车床主轴轴线
3—进给方向

1. 尾座偏移量 S 的计算

用偏移尾座法车外圆锥面时，尾座偏移量不仅与圆锥长度 L 有关，而且还与两顶尖之间的距离有关。两顶尖之间的距离一般可近似看作工件全长 L_0，尾座偏移量 S 可以根据下列近似公式计算：

$$S \approx L_0 \tan\frac{\alpha}{2} = L_0 \times \frac{D-d}{2L} \qquad (4\text{–}4)$$

或

$$S = \frac{C}{2} L_0 \qquad (4\text{–}5)$$

式中　S——尾座偏移量，mm；

L_0——工件全长，mm；

D——最大圆锥直径，mm；

d——最小圆锥直径，mm；

L——圆锥长度，mm；

C——锥度。

例 4–5　在两顶尖之间用偏移尾座法车一外圆锥工件，已知 D=80 mm，d=76 mm，L=600 mm，L_0=1 000 mm，求尾座偏移量 S。

解：根据式（4–4）

$$S = L_0 \times \frac{D-d}{2L} = \left(1\ 000 \times \frac{80-76}{2 \times 600}\right) \text{mm} \approx 3.3 \text{ mm}$$

例 4–6　用偏移尾座法车一外圆锥工件，已知 D=30 mm，C=1∶50，L=480 mm，L_0=500 mm，求尾座偏移量 S。

解：根据式（4–5）

$$S = \frac{C}{2} L_0 = \frac{\frac{1}{50}}{2} \times 500 \text{ mm} = 5 \text{ mm}$$

2. 偏移尾座法车圆锥的特点

（1）可以采用纵向机动进给，使表面粗糙度值减小，圆锥的表面质量较高。

（2）顶尖在中心孔中是歪斜的，因而接触不良，致使顶尖和中心孔磨损不均匀，故可采用球头顶尖（图 4–7）或 R 型中心孔。

（3）不能加工整锥体或内圆锥。

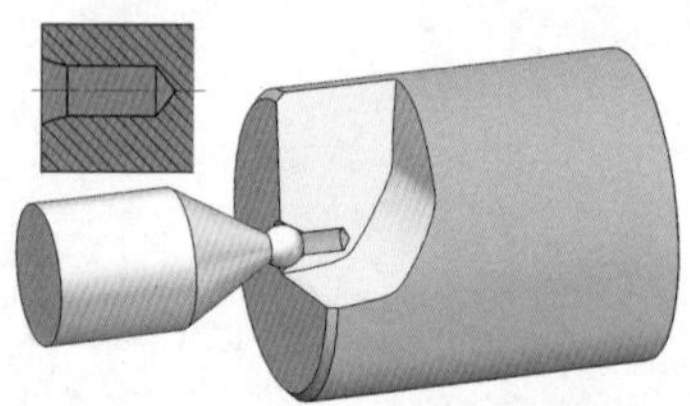

图 4–7　后顶尖用球头顶尖支撑

（4）因受尾座偏移量的限制，不能加工锥度大的工件。

偏移尾座法适用于加工锥度小、精度不高、锥体较长的外圆锥工件。

三、仿形法

仿形法车圆锥是刀具按照仿形装置（靠模）进给对工件进行加工的方法，如图 4–8 所示。在卧式车床上安装一套仿形装置，该装置能使车刀做纵向进给的同时做横向进给，从而使车刀的运动轨迹与圆锥面的素线平行，加工出所需的圆锥面。

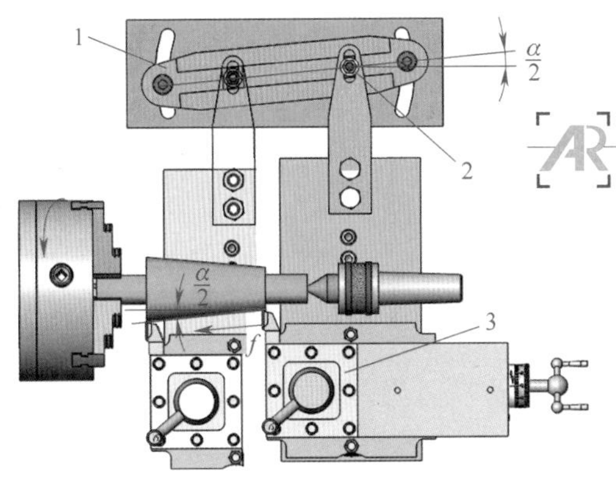

图 4–8　仿形法车圆锥的基本原理

1—靠模板　2—滑块　3—刀架

1. 仿形法的基本原理

仿形法又称靠模法，它是在车床床身后面安装一个固定靠模板，其斜角根据工件的圆锥半角 $\alpha/2$ 调整；取出中滑板丝杠，刀架通过中滑板与滑块刚性连接。这样当床鞍纵向进给时，滑块沿着固定靠模中的斜槽滑动，带动车刀做平行于靠模板斜面的运动，使车刀刀尖的运动轨迹平行于靠模板的斜面，即 $BC \parallel AD$，这样即可车出外圆锥。用此法车外圆锥时，小滑板需旋转 90°，以代替中滑板横向进给。

2. 仿形法的特点

（1）调整锥度准确、方便，生产效率高，因而适合于批量生产。

（2）中心孔接触良好，又能自动进给，因此圆锥表面质量高。

（3）靠模装置角度调整范围较小，一般适用于车削圆锥半角 $\alpha/2<12°$ 的工件。

四、宽刃刀车削法

宽刃刀车圆锥面实质上属于成形法车削，即用成形刀具对工件进行加工。它是在装夹车刀时，把主切削刃与主轴轴线的夹角调整到与工件的圆锥半角 $\alpha/2$ 相等后，采用横向进给的方法加工出外圆锥，如图 4–9 所示。

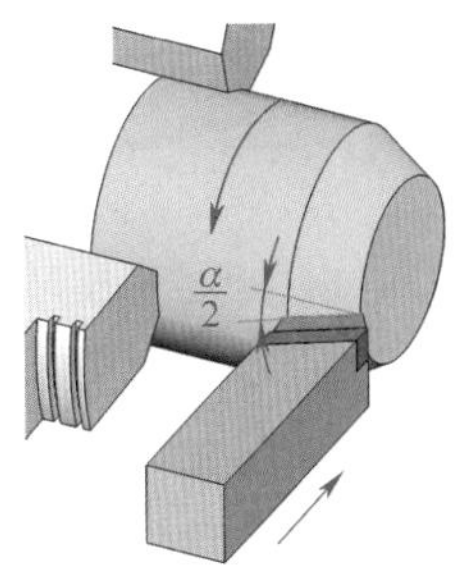

图 4–9　宽刃刀车圆锥

宽刃刀车外圆锥时，切削刃必须平直，应取刃倾角 $\lambda_s=0°$，车床、刀具和工件等组成的工艺系统必须具有较高的刚度；而且背吃刀量应小于 0.1 mm，切削速度宜低些，否则容易引起振动。

宽刃刀车削法主要适用于较短圆锥的精车工序。当工件的圆锥表面长度大于切削刃长度时，可以采用多次接刀的方法加工，但接刀处必须平直。

五、铰内圆锥法

车削直径较小的标准圆锥的内锥面时，如果采用普通内孔车刀进行加工，由于刀柄的刚度低，很难保证加工出的内圆锥的精度和表面粗糙度达到要求，这时可用圆锥形铰刀进行加工。用铰削方法加工的内圆锥比车削的精度高，表面粗糙度值可达到 $Ra1.6 \sim 0.8\ \mu m$。

1. 圆锥形铰刀

圆锥形铰刀一般分为粗铰刀（图 4–10a）和精铰刀（图 4–10b）两种。粗铰刀的槽数比精铰刀少，容屑空间大，有利于排屑。粗铰刀的切削刃上切有一条螺旋形分屑槽，把原来很长的切削刃分割成若干短切削刃，铰削时把切屑分成几段，使切屑容易排出。精铰刀做成锥度很准确的直线刀齿，并还有很小的棱边（b_{a1}=0.1 ~ 0.2 mm），以保证锥孔的质量。

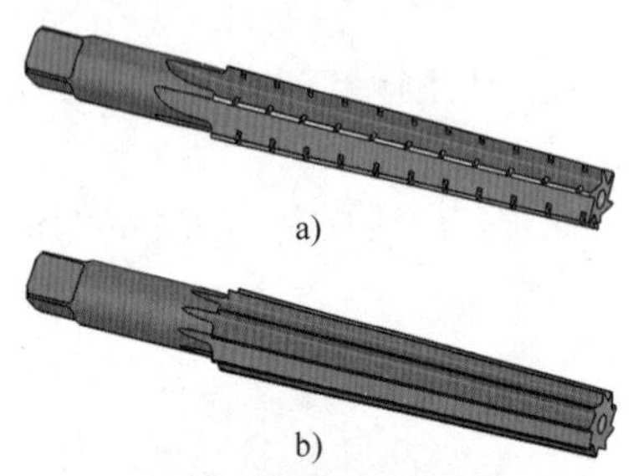

图 4–10　圆锥形铰刀
a）粗铰刀　b）精铰刀

2. 铰内圆锥的方法

（1）钻→铰内圆锥　当内圆锥的直径和锥度均较小时，可以先钻孔，使内孔直径比最小圆锥直径小 1 ~ 1.5 mm；然后用锥形粗铰刀铰锥孔，并在直径上留 0.1 ~ 0.2 mm 的铰削余量；最后用锥形精铰刀铰削成形。

（2）钻→扩→铰内圆锥　当内圆锥的长度较长，余量较大，有一定的位置精度要求时，可以先钻孔，然后用扩孔钻扩孔，最后用锥形粗铰刀、锥形精铰刀铰削。

（3）钻→车→铰内圆锥　当内圆锥的直径和锥度较大，且有较高的位置精度要求时，可以先钻孔，然后粗车成锥孔，再用锥形精铰刀铰削。

铰内圆锥孔时，工作的切削刃长，切削面积大，排屑较困难，所以切削用量要选得小些，并加注充足的切削液。铰削钢料时，应使用乳化液或切削油作切削液；铰削铸铁时，可使用煤油。

§4–3　圆锥的检测

对于相配合的锥度或角度工件，根据用途不同，规定不同的锥度公差和角度公差。圆锥的检测主要是指圆锥角度和尺寸精度的检测。

一、角度和锥度的检测

常用的圆锥角度和锥度的检测方法包括用游标万能角度尺测量、用角度样板检验、用正弦规测量等。对于精度要求较高的圆锥面，常用圆锥量规涂色法检验，其精度以接触面的大小来评定。

1. 用游标万能角度尺测量

（1）结构　游标万能角度尺简称万能角度尺，其结构如图 4–11 所示，可以测量 0° ~ 320°范围内的任意角度。

测量时基尺带着尺身沿着游标转动，当转到所需的角度时，可以用制动器锁紧。卡块将直角尺和直尺固定在所需的位置上。测量时转动背面的捏手，通过小齿轮转动扇形齿轮，使基尺改变角度。

（2）读数方法　游标万能角度尺的分度值一般分为 2′和 5′两种。游标万能角度尺的读数方法与游标卡尺相似，下面以常用的分度值为 2′的万能角度尺为例，介绍其读数方法，如图 4–12a 所示。

1）先从尺身上读出游标“0”线左边角度的整度数（°），尺身上每格为 1°，即读出整度数为 16°。

2）然后用与尺身刻线对齐的游标上的刻线格数，乘以游标万能角度尺的分度值，得到角度的“′”值，即 6 × 2′ =12′。

3）两者相加就是被测圆锥的角度值，即 16° +12′ =16° 12′。

例 4–7　试读出图 4–12b 所示游标万能角度尺的角度值。

解：图 4–12b 所示游标万能角度尺的角度值为 2° +22′ =2° 22′。

（3）测量方法　用游标万能角度尺测量圆锥的角度时，应根据角度的大小，选择不同的测量方法，见表 4–2。

若将直角尺和直尺都卸下，由基尺和尺身上的扇形板组成的测量面还可以测量角度为 230° ~ 320°的工件。

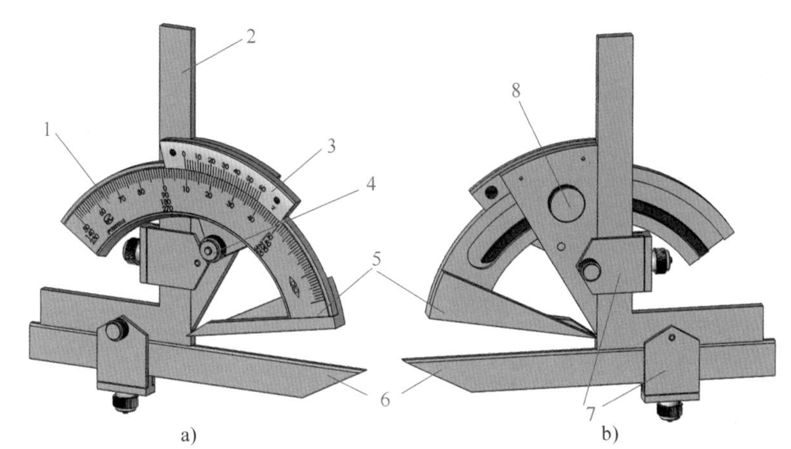

图 4–11　游标万能角度尺

a）主视图　b）后视图

1—尺身　2—直角尺　3—游标　4—制动器

5—基尺　6—直尺　7—卡块　8—捏手

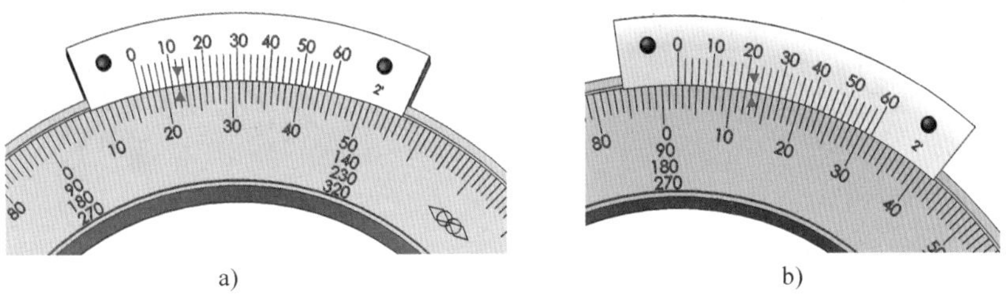

图 4–12　游标万能角度尺的读数方法

表 4–2　**用游标万能角度尺测量圆锥角度的方法**

测量方法				
测量的角度	0° ~ 50°	50° ~ 140°	140° ~ 230°	
游标万能角度尺结构的变化	被测工件放在基尺和直尺的测量面之间	应卸下直角尺，用直尺代替	应卸下直尺，装上直角尺	

2. 用角度样板检验

角度样板属于专用量具，常用于批量生产，以减少辅助时间。图 4–13 所示为用角度样板检验圆锥齿轮坯的角度。

3. 用正弦规测量

正弦规是利用三角函数中正弦关系来间接测量角度的一种精密量具，如图 4–14a 所示。

测量时，将正弦规安放在平板上，圆柱体的一端用量块垫高，被测工件放在正弦规的平面上，如图 4–14b 所示。量块组的高度可以根据被测工件的圆锥角精确计算获得。然后用百分表测量工件圆锥面两端的高度，如果读数相同，则说明工件圆锥角正确。

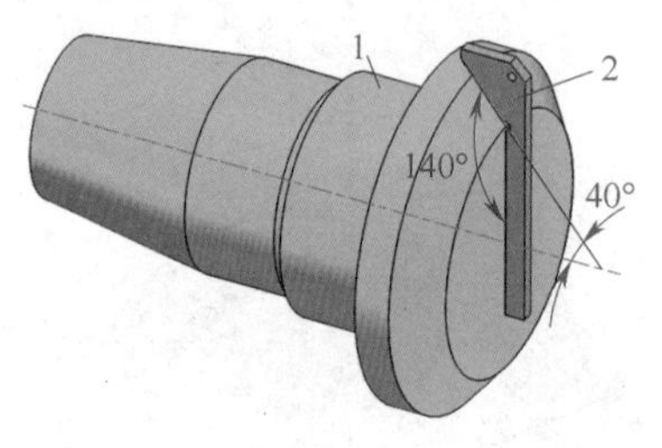

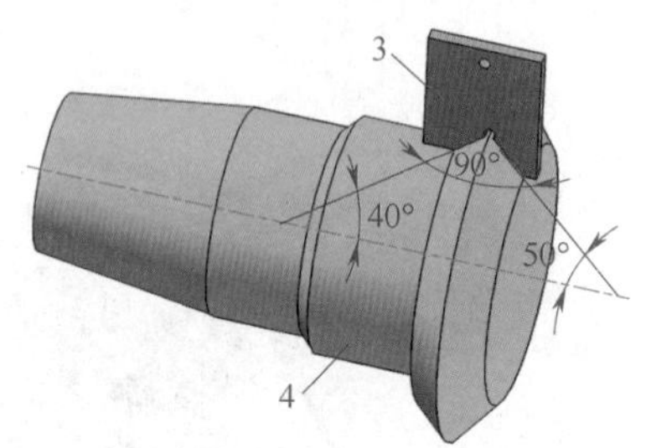

图 4–13　用角度样板测量工件

1、4—齿轮坯　2、3—角度样板

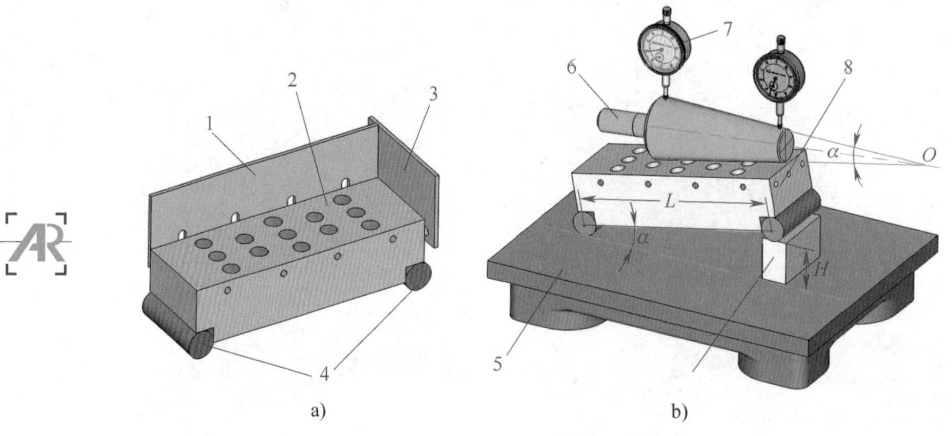

图 4–14　正弦规及测量方法

a）正弦规　b）测量方法

1—后挡板　2—长方体　3—侧挡板　4—圆柱体

5—平板　6—工件　7—百分表　8—正弦规　9—量块

用正弦规测量工件时，已知圆锥角 α，则需垫进量块组的高度为：

$$H = L\sin\alpha \tag{4–6}$$

式中　H——量块组的高度，mm；

L——正弦规两圆柱的中心距，mm；

α——圆锥角，(°)。

如果已知量块组的高度 H，圆锥角 α 为：

$$\alpha = \arcsin\frac{H}{L} \tag{4–7}$$

量块是一种由 38、83 和 91 等块数的六面体组成的精密量具，是制造业中的长度基准。可以把各种不同尺寸的量块组合成所需的尺寸，进行找正、测量和调整工作。

4. 用涂色法检验

对于标准圆锥或配合精度要求较高的圆锥工件，一般使用圆锥环规和圆锥塞规检验。圆锥环规（图 4–15a）用于检验外圆锥，圆锥塞规（图 4–15b）用于检验内圆锥。

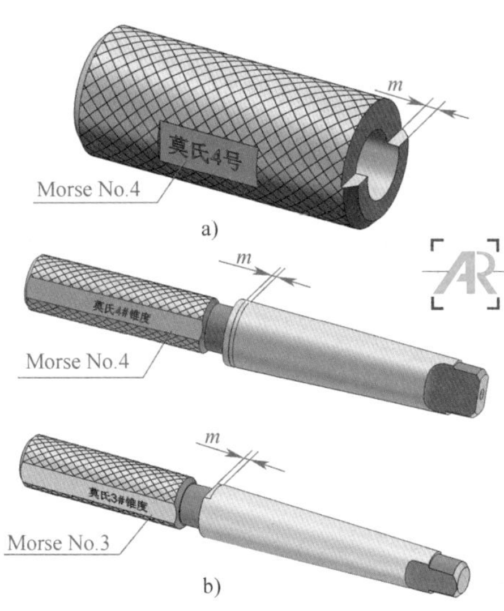

图 4–15　圆锥界限量规

a）圆锥环规　b）圆锥塞规

用圆锥环规检验外圆锥时，要求工件和环规的表面清洁，工件外圆锥面的表面粗糙度值小于 *Ra*3.2 μm 且表面无毛刺。用涂色法检验的步骤如下：

（1）首先在工件的圆周上顺着圆锥素线薄而均匀地涂上三条显示剂（印油、红丹粉和机械油等的调和物），如图 4–16 所示。

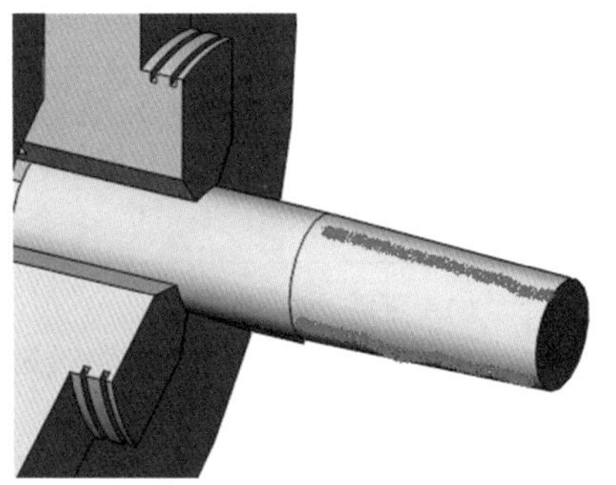

图 4–16　涂色方法

（2）然后手握环规轻轻地套在工件上，稍加轴向推力，并将环规转动半圈，如图 4–17 所示。

（3）最后取下环规，观察工件表面显示剂被擦去的情况。若三条显示剂全长擦痕均匀，圆锥表面接触良好，说明锥度正确；若小端擦去，大端未擦去，说明工件圆锥角小；若大端擦去，小端未擦去，说明工件圆锥角大。

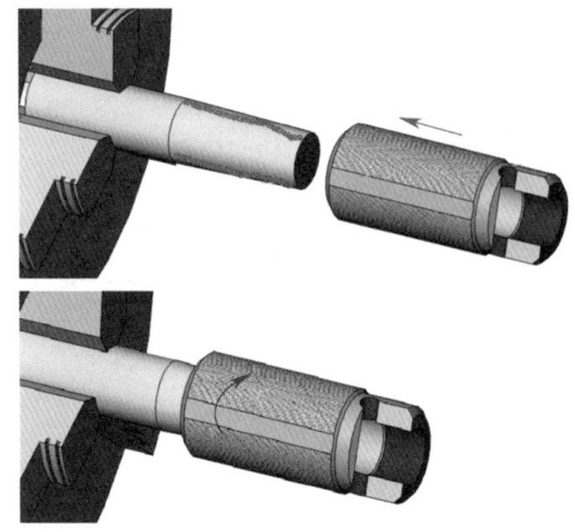

图 4–17　用圆锥环规检验外圆锥

如果检验内圆锥的角度，可以使用圆锥塞规，其检验方法与用圆锥环规检验外圆锥基本相同，只是显示剂应涂在圆锥塞规上。

二、圆锥线性尺寸的检测

1. 用卡钳和千分尺测量

圆锥的精度要求较低及加工中粗测最大或最小圆锥直径时，可以使用卡钳和千分尺测量。测量时必须注意卡钳脚和千分尺测杆应与工件的轴线垂直，测量位置必须在圆锥的最大或最小圆锥直径处。

2. 用圆锥量规检验

圆锥的最大或最小圆锥直径可以用圆锥界限量规来检验，如图 4–15 所示。塞规和环规除了有一个精确的圆锥表面外，端面上分别有一个台阶（或刻线）。台阶长度（或刻线之间的距离）*m* 就是最大和最小圆锥直径的公差范围。

检验内圆锥时，若工件的端面位于圆锥塞规的台阶（或两刻线）之间，则说明内圆锥的最大圆锥直径合格，如图 4–18a 所示；检验外圆锥时，若工件的端面位于圆锥环规的台阶（或两刻线）之间，则说明外圆锥的最小圆锥直径合格，如图 4–18b 所示。

三、圆锥的车削质量分析

由于车削内、外圆锥对操作者技术水平要求较高，在生产实践中，往往会因种种原因而产生很多缺陷。车圆锥时废品的产生原因及预防措施见表 4–3。

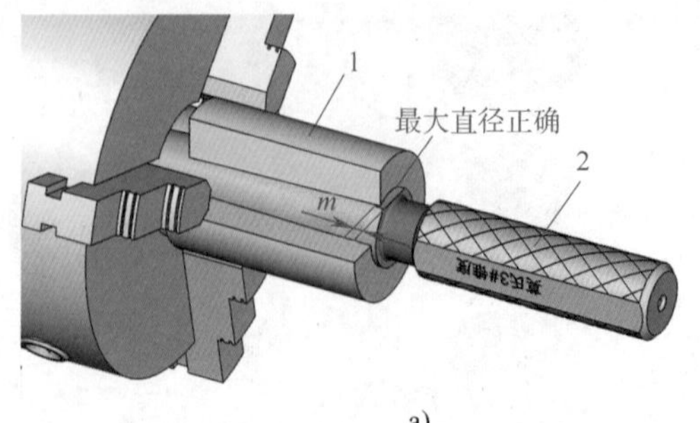

a)

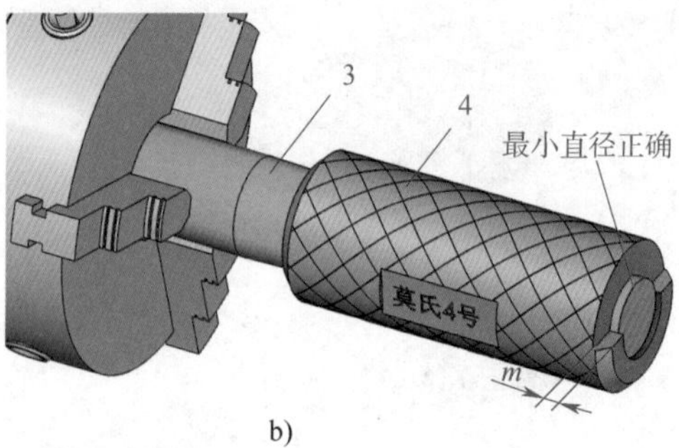

b)

图 4–18　用圆锥界限量规检验

a）检验内圆锥的最大圆锥直径　b）检验外圆锥的最小圆锥直径

1、3—工件　2—圆锥塞规　4—圆锥环规

表 4–3　　车圆锥时废品的产生原因及预防措施

废品种类	产生原因		预防措施
角度（锥度）不正确	1. 用转动小滑板法车削	（1）小滑板转动的角度计算错误或小滑板角度调整不当 （2）车刀没有装夹牢固 （3）小滑板移动时松紧不均匀	（1）仔细计算小滑板应转动的角度和方向，反复试车找正 （2）紧固车刀 （3）调整小滑板楔铁的间隙，使小滑板移动均匀
	2. 用偏移尾座法车削	（1）尾座偏移位置不正确 （2）工件长度不一致	（1）重新计算和调整尾座偏移量 （2）若工件数量较多，其长度必须一致，且两端中心孔深度一致
	3. 用仿形法车削	（1）靠模板角度调整不正确 （2）滑块与靠模板配合不良	（1）重新调整靠模板角度 （2）调整滑块和靠模板之间的间隙
	4. 用宽刃刀法车削	（1）装刀不正确 （2）切削刃不直 （3）刃倾角 $\lambda_s \neq 0°$	（1）调整切削刃的角度及对准工件轴线 （2）修磨切削刃，保证其直线度 （3）重磨刃倾角，使 $\lambda_s=0°$
	5. 铰内圆锥	（1）铰刀的角度不正确 （2）铰刀轴线与主轴轴线不重合	（1）更换、修磨铰刀 （2）用百分表和试棒调整尾座套筒轴线，使其与主轴轴线重合
最大和最小圆锥直径不正确	1. 未经常测量最大和最小圆锥直径 2. 未控制车刀的背吃刀量		1. 经常测量最大和最小圆锥直径 2. 及时测量，用计算法或移动床鞍法控制背吃刀量
双曲线误差	车刀刀尖未严格对准工件轴线		车刀刀尖必须严格对准工件轴线
表面粗糙度达不到要求	1. 与“车削轴类工件时表面粗糙度达不到要求的原因”相同，具体见表 2–5 2. 小滑板楔铁间隙不当 3. 未留足精车或铰削余量 4. 手动进给忽快忽慢		1. 见表 2–5 2. 调整小滑板楔铁间隙 3. 要留有适当的精车或铰削余量 4. 手动进给要均匀，快慢一致

车圆锥时，虽经多次调整小滑板或靠模板的角度，但仍不能找正；再用圆锥环规检验外圆锥时，发现两端的显示剂被擦去，中间不接触。用圆锥塞规检验内圆锥时，发现中间显示剂被擦去，两端没有擦去。出现以上情况是车刀刀尖没有严格对准工件轴线而造成的双曲线误差所致，如图 4–19 所示。

因此，车圆锥表面时，一定要使车刀刀尖严格对准工件轴线。当车刀中途刃磨后再装刀时，必须重新调整垫片的厚度，使车刀刀尖严格对准工件轴线。

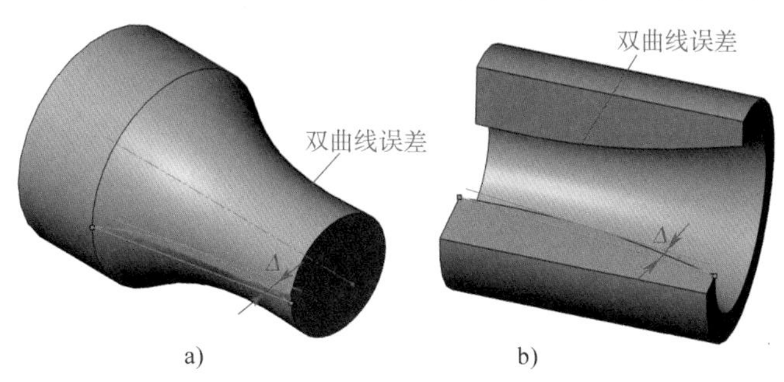

图 4–19　圆锥面的双曲线误差

a）外圆锥　b）内圆锥

§ 4–4　车特形面的方法和质量分析

有些工件表面的素线不是直线，而是一些曲线，如手轮、手柄和圆球等，如图 4–20 所示，这类表面称为特形面。在加工特形面时，应根据工件的特点、精度的高低及批量的大小等情况，采用不同的车削方法。

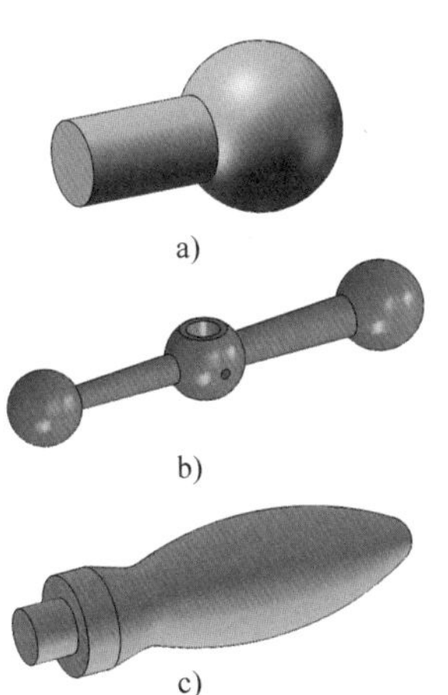

图 4–20　特形面工件

a）单球手柄　b）三球手柄

c）橄榄球手柄

一、双手控制法

1. 车削方法

在车削时，用右手控制小滑板的进给，左手控制中滑板的进给，通过双手的协调操纵，使圆弧刃车刀（图 4–21）的运动轨迹与工件特形面的素线一致，车出所要求的特形面。特形面也可利用床鞍和中滑板的合成运动进行车削。

车削如图 4–22a 所示的单球手柄时，应先按圆球直径 D 和柄部直径 d 车成两级外圆（留精车余量 0.2 ~ 0.3 mm），并车准球状部分长度 L，再将球面车削成形。一般多采用由工件的高处向低处车削的方法，如图 4–22b 所示。

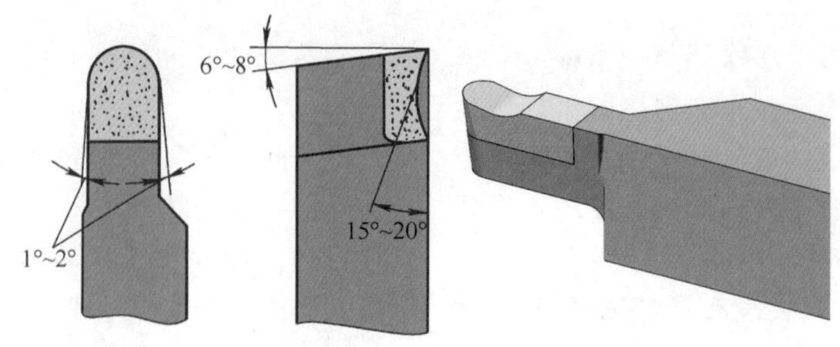

图 4–21　圆弧刃车刀

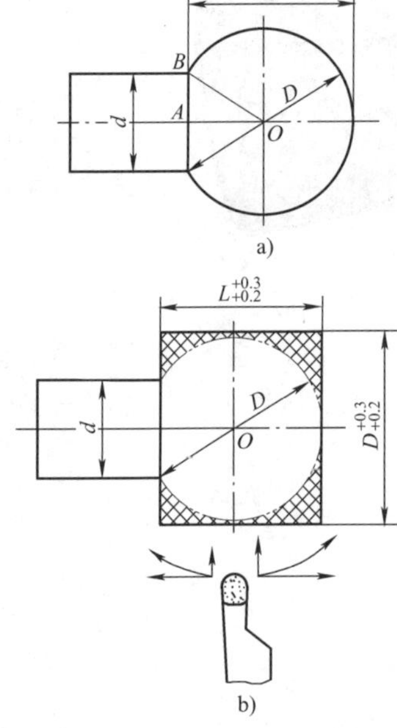

图 4–22　单球手柄的车削

a）尺寸标注　b）车削方法

2. 球状部分长度 *L* 的计算

如图 4–22a 所示，在直角三角形 *AOB* 中，

$$OA = \sqrt{\left(\frac{D}{2}\right)^2 - \left(\frac{d}{2}\right)^2}$$

$$= \frac{1}{2}\sqrt{D^2 - d^2}$$

$$L = \frac{D}{2} + OA$$

则 $$L = \frac{1}{2}\left(D + \sqrt{D^2 - d^2}\right) \qquad (4\text{–}8)$$

式中　*L*——球状部分长度，mm；

D——圆球直径，mm；

d——柄部直径，mm。

例 4–8　车削图 4–23 所示的带锥柄的单球手柄，求球状部分的长度 *L*。

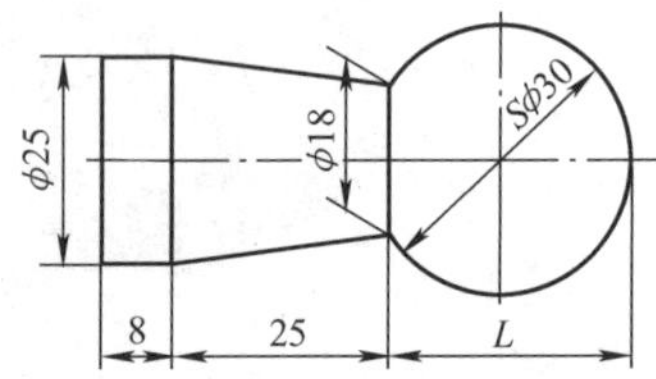

图 4–23　带锥柄的单球手柄

解：根据式（4–8）

$$L = \frac{1}{2}\left(D + \sqrt{D^2 - d^2}\right)$$

$$= \frac{1}{2} \times \left(30 + \sqrt{30^2 - 18^2}\right)\text{mm}$$

$$= 27\ \text{mm}$$

二、成形法

成形法是用成形刀对工件进行加工的方法。切削刃的形状与工件表面轮廓形状相同的车刀称为成形刀，又称样板刀。数量较多、轴向尺寸较小的特形面可用成形法车削。

1. 成形刀的种类

（1）整体式成形刀　这种成形刀与普通车刀相似，其特点是将切削刃磨成与特形面轮廓素线相同的曲线形状，如图 4–24a、b 所示。车削精度不高的特形面，其切削刃可用手工刃磨；车削精度要求较高的特形面，切削刃应在工具磨床上刃磨。该成形车刀常用于车削简单的特形面，如图 4–24c 所示。

（2）棱形成形刀　这种成形刀由刀头和弹性刀柄两部分组成，如图 4–25 所示。刀头的切削刃按工件的形状在工具磨床上磨出，刀头后部的燕尾块装夹在弹性刀柄的燕尾槽中，并用紧固螺栓紧固。

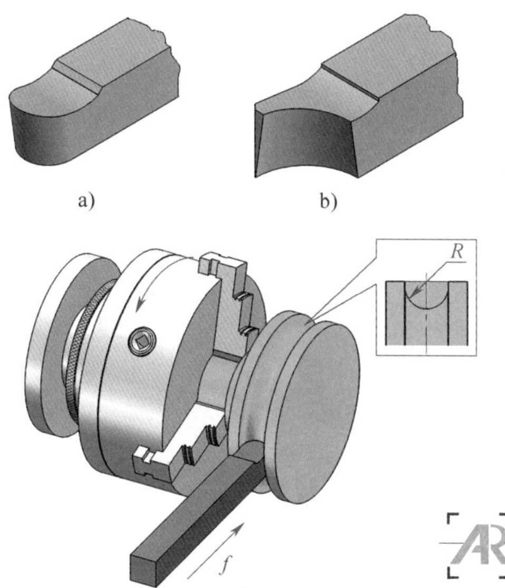

图 4-24　整体式成形刀及其使用

a）、b）整体式高速钢成形刀

c）整体式成形刀的使用

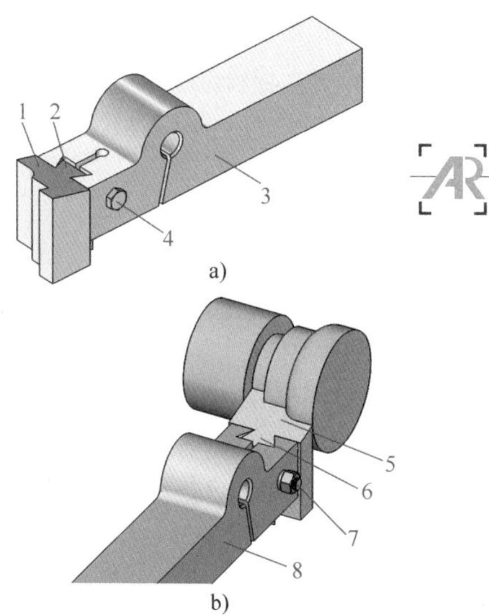

图 4-25　棱形成形刀及其使用

a）棱形成形刀　b）棱形成形刀的使用

1、5—刀头　2、6—燕尾块

3、8—弹性刀柄　4、7—紧固螺栓

棱形成形刀磨损后，只需刃磨前面，并将刀头稍向上升即可继续使用。该车刀可以一直用到刀头无法夹持为止。棱形成形刀加工精度高，使用寿命长，但制造复杂，主要用于车削较大直径的特形面。

（3）圆轮成形刀　这种成形刀做成圆轮形，在圆轮上开有缺口，从而形成前面和主切削刃。使用时圆轮成形刀装夹在刀柄或弹性刀柄上。为防止圆轮成形刀转动，侧面有端面齿，使之与刀柄侧面上的端面齿啮合，如图 4-26a 所示。圆轮成形刀的主切削刃与圆轮中心等高，其背后角 α_p=0°，如图 4-26b 所示。当主切削刃低于圆轮中心后，可产生背后角 α_p，如图 4-26c 所示。主切削刃低于圆轮中心 O 的距离 H 可按下式计算：

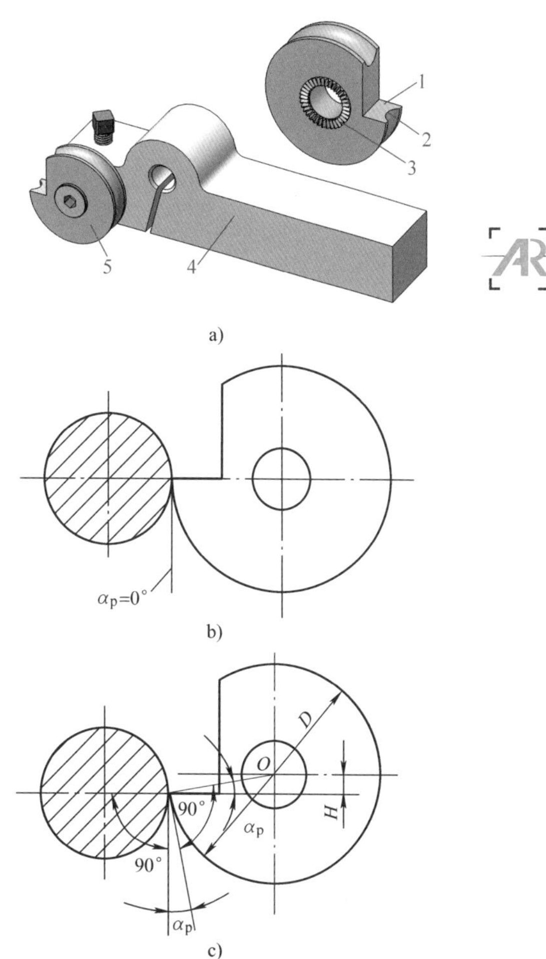

图 4-26　圆轮成形刀及其使用

a）圆轮成形刀　b）α_p=0°　c）α_p>0°

1—前面　2—主切削刃　3—端面齿

4—弹性刀柄　5—圆轮成形刀

$$H=\frac{D}{2}\sin\alpha_p \quad (4\text{–}9)$$

式中　D——圆轮成形刀直径，mm；

α_p——成形刀的背后角，一般 α_p 取 6° ~ 10°。

例 4–9　已知圆轮成形刀的直径 D=50 mm，需要保证背后角 α_p=8°，求主切削刃低于圆轮中心的距离 H。

解：根据式（4–9）

$$H=\frac{D}{2}\sin\alpha_p=\frac{50\ \text{mm}}{2}\times\sin 8°$$

$$\approx 25\ \text{mm}\times 0.139\ 2=3.48\ \text{mm}$$

圆轮成形刀允许重磨的次数较多，较易制造，常用于车削直径较小的特形面。

2. 成形法车削的注意事项

（1）车床要有足够的刚度，车床各部分的间隙要调整得较小。

（2）成形刀角度的选择要恰当。成形刀的后角一般较小（α_o 取 2° ~ 5°），刃倾角宜取 λ_s=0°。

（3）成形刀的刃口要对准工件的回转轴线，装高容易扎刀，装低会引起振动。必要时，可以将成形刀反装，采用反切法进行车削。

（4）为降低成形刀切削刃的磨损，减小切削力，最好先用双手控制法把特形面粗车成形，然后再用成形刀进行精车。

（5）应采用较小的切削速度和进给量，合理选用切削液。

三、用专用工具车特形面

1. 用圆筒形刀具车圆球面

圆筒形刀具的结构如图 4–27a 所示，切削部分是一个圆筒，其前端磨斜 15°，形成一个圆的切削刃口。其尾柄与特殊刀柄应保持 0.5 mm 的配合间隙，并用销轴浮动连接，以自动对准圆球面中心。

用圆筒形刀具车圆球面工件时，一般应先用圆弧刃车刀大致粗车成形，再将圆筒形刀具的径向表面中心调整到与车床主轴轴线成一夹角 α，最后用圆筒形刀具把圆球面车削成形，如图 4–27b 所示。

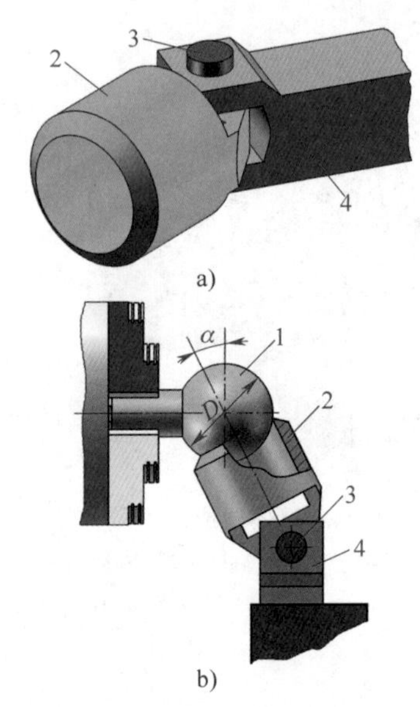

图 4–27　用圆筒形刀具车圆球面

a）圆筒形刀具　b）车圆球面

1—圆球面工件　2—圆筒形刀具

3—销轴　4—特殊刀柄

该方法简单方便，易于操作，加工精度较高，适用于车削青铜、铸铝等脆性金属材料的带柄圆球面工件。

2. 用蜗杆副车特形面

（1）用蜗杆副车特形面的车削原理

外圆球面、外圆弧面和内圆球面等特形面的车削原理如图 4–28 所示。车削特形面时，必须使车刀刀尖的运动轨迹为一个圆弧，车削的关键是保证刀尖做圆周运动，其运动轨迹的圆弧半径与特形面圆弧半径相等，同时使刀尖与工件的回转轴线等高。

（2）用蜗杆副车内、外特形面的结构原理　其结构原理如图 4–29 所示。车削时先把车床小滑板拆下，装上车特形面的工具。刀架装在圆盘上，圆盘下面装有蜗杆副。当

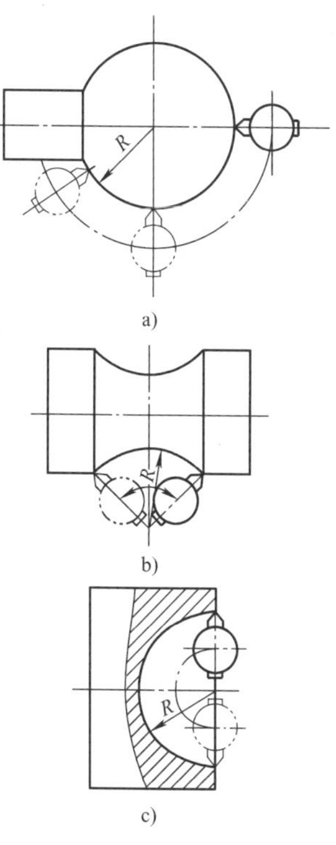

图 4–28　内、外特形面的车削原理

a）车外圆球面　b）车外圆弧面　c）车内圆球面

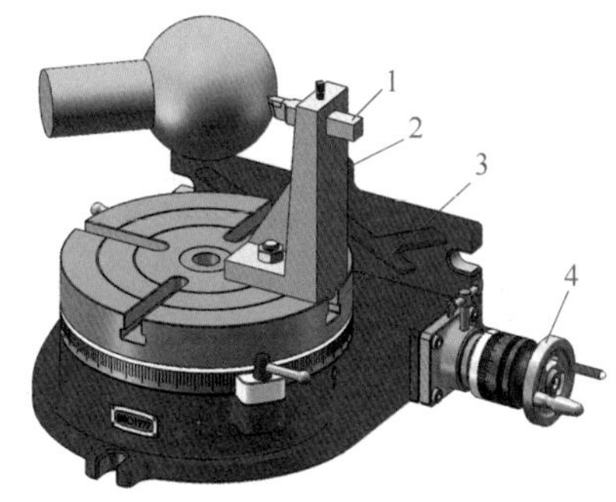

图 4–29　用蜗杆副车内、外特形面

1—车刀　2—刀架　3—圆盘　4—手柄

转动手柄时，圆盘内的蜗杆就带动蜗轮使车刀绕着圆盘的中心旋转，刀尖做圆周运动，即可车出特形面。为了调整特形面半径，在圆盘上制出T形槽，以使刀架在圆盘上移动。当刀尖调整得超过中心时，就可以车削内特形面。

四、特形面的车削质量分析

车削特形面比车削圆锥面更容易产生废品，其废品的产生原因及预防方法见表 4–4。

表 4–4　　车特形面时废品的产生原因及预防方法

废品种类	产生原因	预防方法
特形面轮廓不正确	1. 用双手控制法车削时，纵向、横向进给配合不协调 2. 用成形法车削时，成形刀形状刃磨得不正确；没有对准车床主轴轴线，工件受切削力产生变形而造成误差	1. 加强车削练习，使左、右手的纵向、横向进给配合协调 2. 仔细刃磨成形刀，车刀高度装夹准确，适当减小进给量
表面粗糙度达不到要求	1. 与“车削轴类工件时表面粗糙度达不到要求的原因”相同，具体见表 2–5 2. 材料切削性能差，未经预备热处理，车削困难 3. 产生积屑瘤 4. 切削液选用不当 5. 车削痕迹较深，抛光未达到要求	1. 见表 2–5 2. 对工件进行预备热处理，改善切削性能 3. 控制积屑瘤的产生，尤其是避开产生积屑瘤的切削速度 4. 正确选用切削液 5. 先用锉刀粗、精锉削，再用砂布抛光

思考与练习

1. 圆锥面的基本参数有哪些？

2. 根据下列已知条件，用查三角函数表法计算出圆锥半角 $\alpha/2$：

（1）D=24 mm，d=20 mm，L=46 mm。

（2）D=62 mm，d=48 mm，L=108 mm。

（3）D=48 mm，d=32 mm，L=82 mm。

（4）C=1∶4。

（5）C=1∶20。

3. 根据以下条件，用近似公式计算出圆锥半角 $\alpha/2$：

（1）D=24 mm，d=23 mm，L=82 mm。

（2）C=1∶50。

4. 什么是锥度？用公式表示锥度与圆锥半角 $\alpha/2$ 之间的关系。

5. 根据表 4–5 所列的已知条件，求 $\alpha/2$、C、d、D、L 等未知数，并填表。

表 4–5　　圆锥各部分的尺寸

序号	D/mm	d/mm	L/mm	C	$\alpha/2$
1	100	80	120		
2	46		64	1∶4	
3		64	80	1∶20	
4	52	42			15°

6. 160 号的米制圆锥，圆锥长度为 120 mm，试求最小圆锥直径 d。

7. 用转动小滑板法车圆锥齿轮坯，把车削各锥面时小滑板的转动方向和转动角度填入表 4–6 中。

表 4–6　　车削各锥面时小滑板的转动方向和转动角度

图例	车削的圆锥面	小滑板应旋转的方向	小滑板应旋转的角度
30°　B　C　69° 04′　A　30°	A 面		
	B 面		
	C 面		

8. 车外圆锥一般有哪几种方法？车内圆锥有哪几种方法？

9. 转动小滑板法车圆锥有什么优缺点？怎样确定小滑板的转动角度和转动方向？

10. 用偏移尾座法车削一带圆锥的轴类工件，最大圆锥直径 D=50 mm，最小圆锥直径 d=43 mm，圆锥部分长度 L=140 mm，工件总长 L_0=200 mm，求锥度 C、圆锥半角 $\alpha/2$（近似计算）及尾座偏移量 S。

11. 试读出图 4–30 所示游标万能角度尺的角度值。

12. 怎样检验圆锥锥度的正确性？

13. 用圆锥环规检验外圆锥时，如果外圆锥小端的显示剂被擦去，而大端显示剂未被擦去，说明工件圆锥角是大了还是小了？

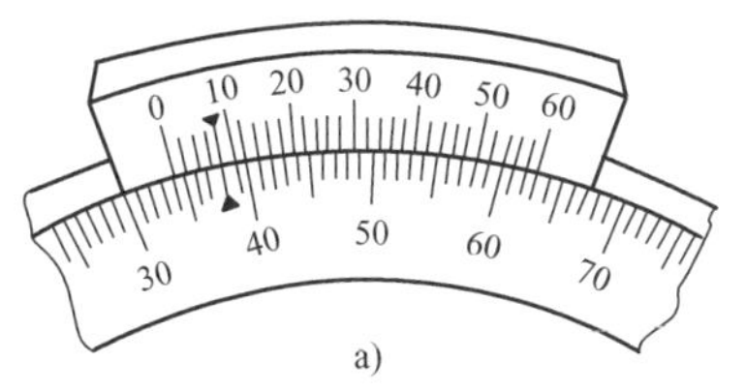

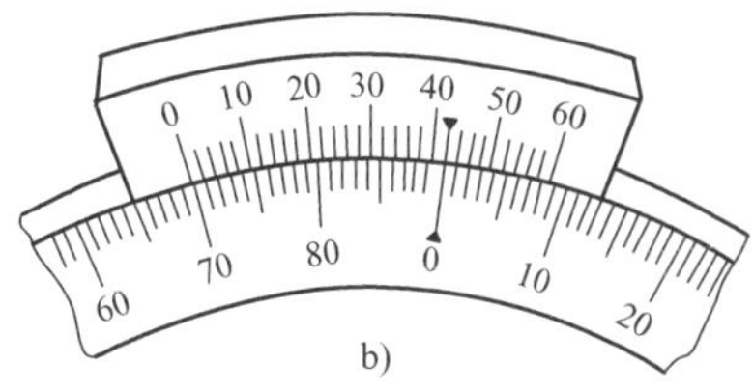

图 4-30　游标万能角度尺

14. 怎样检验内圆锥最大圆锥直径的正确性?

15. 车圆锥时，车刀刀尖装得没有对准工件轴线，对工件质量有什么影响？应如何解决?

16. 车削图 4-2b 所示的内锥套，工件材料为铸造铜合金，材料牌号为 ZCuSn10Pb5，毛坯尺寸为 ϕ98 mm × 130 mm，毛坯数量为 20 件，工件数量为 40 件。试写出该内锥套的车削工艺步骤。

17. 图 4-31 所示为带锥柄的单球手柄，求车圆锥时小滑板应转过的角度（用近似法）以及车圆球时的球状部分长度 L。

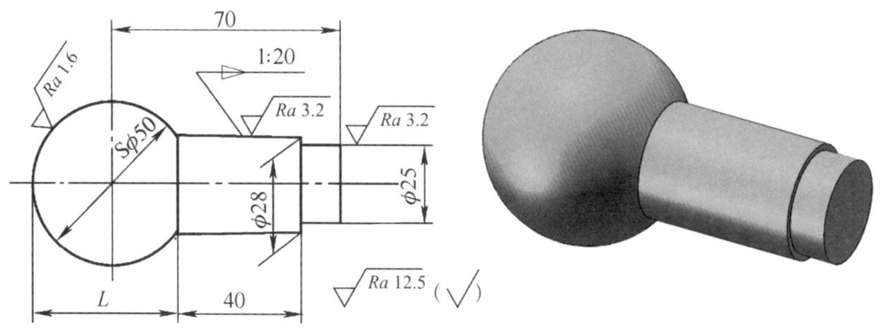

图 4-31　带锥柄的单球手柄

18. 车特形面一般有哪几种方法？分别适用于哪些场合?

19. 成形刀有哪几种？它们的结构各有什么特点?

20. 已知圆形成形刀的直径 D=60 mm，现需要背后角 α_p=10°，求主切削刃低于成形刀中心的距离 H。

21. 用成形法车削特形面时应注意哪些问题?

22. 车削图 4-23 所示带锥柄的单球手柄，工件材料为热轧圆钢，材料牌号为 45 钢，毛坯尺寸为 ϕ35 mm × 80 mm，数量为 10 件。试写出该手柄的车削工艺步骤。

第五章

车螺纹和蜗杆

螺纹在各种机器中应用非常广泛，如在车床刀架上用四个螺钉实现对车刀的夹紧，在车床丝杠与开合螺母之间利用螺纹传递动力。螺纹的加工方法有很多种，在专业生产中多采用滚压螺纹、轧螺纹和搓螺纹等一系列的先进加工工艺；而在一般的机械加工中，通常采用车螺纹的方法。

蜗杆也是一种常见的机械零件，其形状、车削方法与梯形螺纹类似，故在本章中进行介绍。

§5–1 螺纹基础知识

一、螺纹的基本要素

螺纹牙型是在通过螺纹轴线剖面上的螺纹轮廓形状。下面以普通螺纹的牙型（图 5–1）为例，介绍螺纹的基本要素。

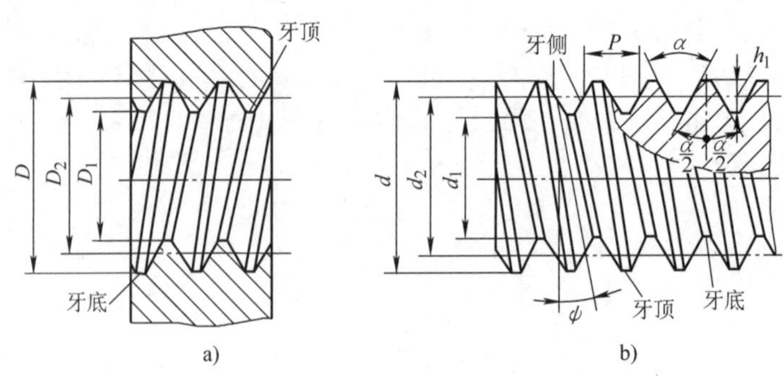

图 5–1 普通螺纹的基本要素
a）内螺纹 b）外螺纹

1. 牙型角 α

牙型角是在螺纹牙型上，相邻两牙侧间的夹角。

2. 牙型高度 h_1

牙型高度是在螺纹牙型上，牙顶到牙底在垂直于螺纹轴线方向上的距离。

3. 螺纹大径（d、D）

螺纹大径是指与外螺纹牙顶或内螺纹牙底相切的假想圆柱或圆锥的直径。外螺纹和内螺纹的大径分别用 d 和 D 表示。

4. 螺纹小径（d_1、D_1）

螺纹小径是指与外螺纹牙底或内螺纹牙顶相切的假想圆柱或圆锥的直径。外螺纹和内螺纹的小径分别用 d_1 和 D_1 表示。

5. 螺纹中径（d_2、D_2）

螺纹中径是指一个假想圆柱或圆锥的直径，该圆柱或圆锥的素线通过牙型上沟槽和凸起宽度相等的地方。同规格的外螺纹中径 d_2 和内螺纹中径 D_2 的公称尺寸相等。

6. 螺纹公称直径

螺纹公称直径是代表螺纹尺寸的直径，一般是指螺纹大径的基本尺寸。

7. 螺距 P

螺距是指相邻两牙在中径线上对应两点间的轴向距离，如图 5-1b 所示。

8. 导程 P_h

导程是指同一条螺旋线上相邻两牙在中径线上对应两点间的轴向距离。

导程可按下式计算：

$$P_h=nP \tag{5-1}$$

式中 P_h——导程，mm；

n——线数；

P——螺距，mm。

9. 螺纹升角 ψ

在中径圆柱或中径圆锥上，螺旋线的切线与垂直于螺纹轴线的平面的夹角称为螺纹升角（图 5-2）。

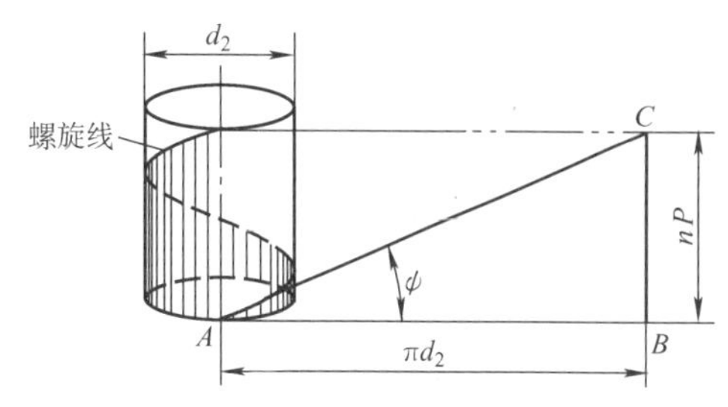

图 5-2 螺纹升角

螺纹升角可按下式计算：

$$\tan\psi=\frac{P_h}{\pi d_2}=\frac{nP}{\pi d_2} \tag{5-2}$$

式中 ψ——螺纹升角，（°）；

P_h——导程，mm；

d_2——中径，mm；

n——线数；

P——螺距，mm。

二、螺纹的分类

螺纹按用途可分为紧固螺纹、管螺纹和传动螺纹；按牙型可分为三角形螺纹、矩形螺纹、圆形螺纹、梯形螺纹和锯齿形螺纹；按螺旋线方向可分为右旋螺纹和左旋螺纹；按螺旋线线数可分为单线螺纹和多线螺纹；按母体形状可分为圆柱螺纹和圆锥螺纹等。螺纹的分类如图 5-3 所示。

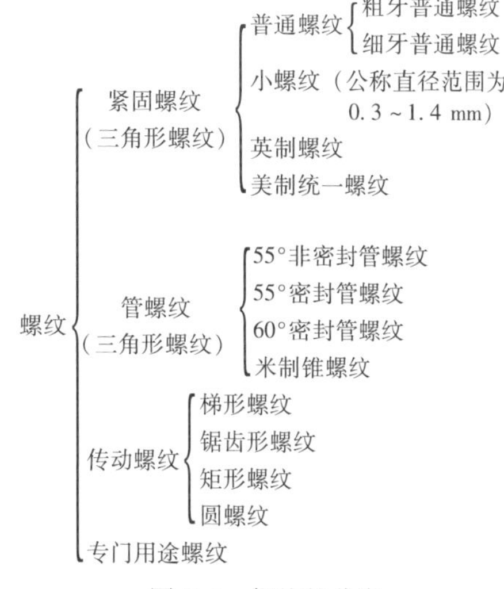

图 5-3 螺纹的分类

三、螺纹的标记

常用螺纹的标记见表 5–1。

表 5–1　　　　螺纹的标记

<table>
<tr><th colspan="3">螺纹种类</th><th>特征
代号</th><th>牙型角</th><th>标记
示例</th><th>标记方法</th></tr>
<tr><td rowspan="2">普通
螺纹</td><td colspan="2">粗牙</td><td rowspan="2">M</td><td rowspan="2">60°</td><td>M16LH—6g—L
示例说明：
M—粗牙普通螺纹
16—公称直径
LH—左旋
6g—中径和顶径公差带代号
L—长旋合长度</td><td rowspan="2">1. 粗牙普通螺纹不标螺距
2. 右旋不标旋向代号
3. 旋合长度有长旋合长度 L、中等旋合长度 N 和短旋合长度 S 三种，中等旋合长度不标注
4. 螺纹公差带代号中，前者为中径的公差带代号，后者为顶径的公差带代号，两者相同时则只标一个</td></tr>
<tr><td colspan="2">细牙</td><td>M16 × 1—6H7H
示例说明：
M—细牙普通螺纹
16—公称直径
1—螺距
6H—中径公差带代号
7H—顶径公差带代号</td></tr>
<tr><td rowspan="7">管螺
纹</td><td colspan="2">55°非密
封管螺纹</td><td>G</td><td>55°</td><td>G1A
示例说明：
G—55°非密封管螺纹
1—尺寸代号
A—外螺纹公差等级代号</td><td rowspan="7">尺寸代号：在向米制转化时，已为人熟悉的、原代表螺纹公称直径（单位为 in）的简单数字被保留下来，没有换算成毫米，不再称为公称直径，也不是螺纹本身的任何直径尺寸，只是无单位的代号
右旋不标旋向代号</td></tr>
<tr><td rowspan="4">55°
密封
管螺
纹</td><td>圆锥内螺纹</td><td>Rc</td><td rowspan="4">55°</td><td rowspan="4">Rc 1 $\frac{1}{2}$—LH
示例说明：
Rc—圆锥内螺纹，属于 55° 密封管螺纹
1 $\frac{1}{2}$ —尺寸代号
LH—左旋</td></tr>
<tr><td>圆柱内螺纹</td><td>Rp</td></tr>
<tr><td>与圆柱内螺纹配合的圆锥外螺纹</td><td>R_1</td></tr>
<tr><td>与圆锥内螺纹配合的圆锥外螺纹</td><td>R_2</td></tr>
<tr><td rowspan="2">60°
密封
管螺
纹</td><td>圆锥管螺纹
（内、外）</td><td>NPT</td><td>60°</td><td>NPT3/4—LH
示例说明：
NPT—圆锥管螺纹，属于 60° 密封管螺纹
3/4—尺寸代号
LH—左旋</td></tr>
<tr><td>与圆锥外螺纹配合的圆柱内螺纹</td><td>NPSC</td><td>60°</td><td>NPSC3/4
示例说明：
NPSC—与圆锥外螺纹配合的圆柱内螺纹，属于 60° 密封管螺纹
3/4—尺寸代号</td></tr>
</table>

续表

<table>
<tr><th colspan="2">螺纹种类</th><th>特征代号</th><th>牙型角</th><th>标记示例</th><th>标记方法</th></tr>
<tr><td>管螺纹</td><td>米制锥螺纹（管螺纹）</td><td>ZM</td><td>60°</td><td>ZM14—S
示例说明：
ZM—米制锥螺纹
14—基面上螺纹公称直径
S—短基距（标准基距可省略）</td><td>—</td></tr>
<tr><td colspan="2">梯形螺纹</td><td>Tr</td><td>30°</td><td>Tr36 × 12（P6）—7H
示例说明：
Tr—梯形螺纹
36—公称直径
12—导程
P6—螺距为 6 mm
7H—中径公差带代号
右旋，双线，中等旋合长度</td><td rowspan="3">1. 单线螺纹只标螺距，多线螺纹应同时标导程和螺距
2. 右旋不标旋向代号
3. 旋合长度只有长旋合长度和中等旋合长度两种，中等旋合长度不标注
4. 只标中径公差带代号</td></tr>
<tr><td colspan="2">锯齿形螺纹</td><td>B</td><td>33°</td><td>B40 × 7—7A
示例说明：
B—锯齿形螺纹
40—公称直径
7—螺距
7A—公差带代号</td></tr>
<tr><td colspan="2">矩形螺纹</td><td></td><td>0°</td><td>矩形 40 × 8
示例说明：
40—公称直径
8—螺距</td></tr>
</table>

§5-2 螺纹车刀切削部分的材料及角度的变化

一、螺纹车刀切削部分材料的选用

一般情况下，螺纹车刀切削部分的材料有高速钢和硬质合金两种，在选用时应注意以下问题：

1. 低速车削螺纹和蜗杆时，用高速钢车刀；高速车削时，用硬质合金车刀。

2. 如果工件材料是有色金属、铸钢或橡胶，可选用高速钢或K类硬质合金（如K30等）；如果工件材料是钢料，则选用P类（如P10等）或M类硬质合金（如M10等）。

二、螺纹升角ψ对螺纹车刀工作角度的影响

车螺纹时，由于螺纹升角的影响，引起切削平面和基面位置的变化，从而使车刀工作时的前角和后角与车刀的刃磨前角和刃磨后角的数值不相同。螺纹的导程越大，对工作时前角和后角的影响越明显。因此，必须考虑螺纹升角对螺纹车刀工作角度的影响。

1. 螺纹升角ψ对螺纹车刀工作前角的影响

如图5-4a所示，车削右旋螺纹时，如果车刀左、右两侧切削刃的刃磨前角均为0°，即$\gamma_{oL}=\gamma_{oR}=0°$，螺纹车刀水平装夹时，左切削刃在工作时是正前角（$\gamma_{oeL}>0°$），切削比较顺利；而右切削刃在工作时是负前角（$\gamma_{oeR}<0°$），切削不顺利，排屑也困难。

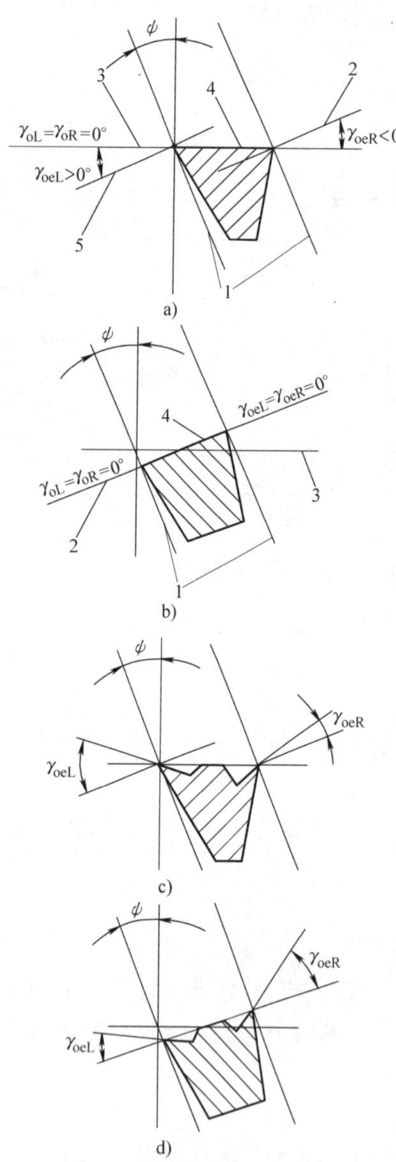

图5-4 螺纹升角对螺纹车刀工作前角的影响

a）水平装刀 b）法向装刀 c）水平装刀且磨出有较大前角的卷屑槽 d）法向装刀且磨出有较大前角的卷屑槽

1—螺旋线（工作时的切削平面） 2、5—工作时的基面 3—基面 4—前面

为了改善上述状况，可采用以下措施：

（1）将车刀左、右两侧切削刃组成的平面垂直于螺旋线装夹（法向装刀），这时两侧切削刃的工作前角都为0°，即$\gamma_{oeL}=\gamma_{oeR}=0°$，如图5-4b所示。

（2）车刀仍然水平装夹，但在前面上沿左、右两侧的切削刃上磨出有较大前角的卷屑槽，如图5-4c所示。这样可使切削顺利，并利于排屑。

（3）法向装刀时，在前面上也可磨出有较大前角的卷屑槽，如图5-4d所示，这样切削更顺利。

2. 螺纹升角ψ对螺纹车刀工作后角的影响

螺纹车刀的工作后角一般为3°～5°。当不存在螺纹升角时（如横向进给车槽），车刀左、右切削刃的工作后角与刃磨后角相同。但在车螺纹时，由于螺纹升角的影响，车刀左、右切削刃的工作后角与刃磨后角不相同，如图5-5所示。螺纹车刀左、右切削刃刃磨后角的确定可查阅表5-2。

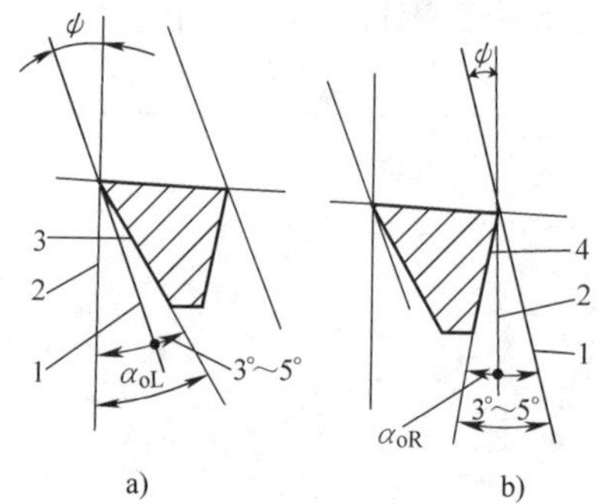

图5-5 车右旋螺纹时螺纹升角对螺纹车刀工作后角的影响

a）左侧切削刃 b）右侧切削刃

1—螺旋线（工作时的切削平面） 2—切削平面 3—左侧后面 4—右侧后面

例5-1 车削螺纹升角ψ=6° 30′的右旋螺纹，螺纹车刀两侧切削刃的后角各应刃磨成多少度？

解： 已知ψ=6° 30′，并选工作后角为3° 30′，则

α_{oL}=（3°～5°）+ψ=3° 30′+6° 30′=10°

α_{oR}=（3° ~ 5°）- ψ =3° 30′ -6° 30′ =-3°

三、螺纹车刀的背前角 γ_p 对螺纹牙型角 α 的影响

螺纹车刀两刃夹角 ε_r' 的大小取决于螺纹的牙型角 α。螺纹车刀的背前角 γ_p 对螺纹加工和螺纹牙型的影响见表 5–3。

精车刀的背前角应取得较小（γ_p=0° ~ 5°），才能达到理想的效果。

表 5–2　　螺纹车刀左、右切削刃刃磨后角的计算公式

螺纹车刀的刃磨后角	左侧切削刃的刃磨后角 α_{oL}	右侧切削刃的刃磨后角 α_{oR}
车右旋螺纹	α_{oL}=（3° ~ 5°）+ ψ	α_{oR}=（3° ~ 5°）- ψ
车左旋螺纹	α_{oL}=（3° ~ 5°）- ψ	α_{oR}=（3° ~ 5°）+ ψ

表 5–3　　螺纹车刀的背前角 γ_p 对螺纹加工和螺纹牙型的影响

序号	背前角 γ_p	螺纹车刀两刃夹角 ε_r' 和螺纹牙型角 α 的关系	车出的螺纹牙型角 α 和螺纹车刀两刃夹角 ε_r' 的关系	螺纹牙侧	应用
1	0°	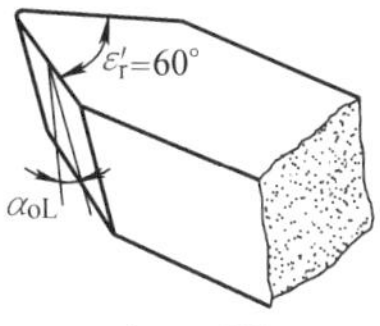 $\varepsilon_r'=60°$ α_{oL} $\varepsilon_r'=\alpha=60°$	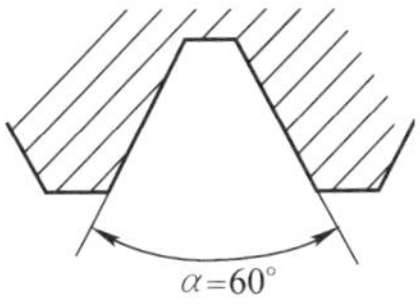 $\alpha=60°$ $\alpha=\varepsilon_r'=60°$	直线	适用于车削精度要求较高的螺纹，同时可增大螺纹车刀两侧切削刃的后角，以提高切削刃的锋利程度，减小螺纹牙型两侧表面粗糙度值
2	>0°	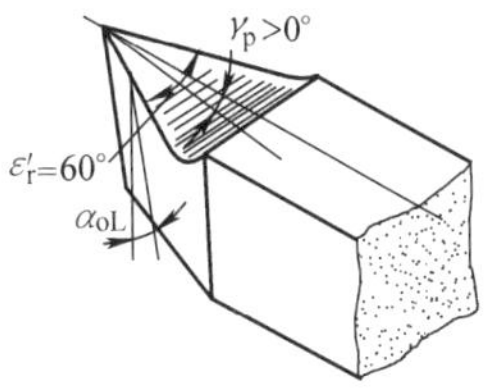 $\gamma_p>0°$ $\varepsilon_r'=60°$ α_{oL} $\varepsilon_r'=\alpha=60°$	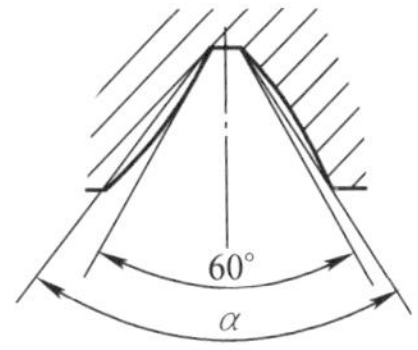 60° α $\alpha>\varepsilon_r'$，即 $\alpha>60°$，前角 γ_p 越大，牙型角的误差也越大	曲线	γ_p 不允许过大，必须对车刀两切削刃夹角 ε_r' 进行修正
3	5° ~ 15°	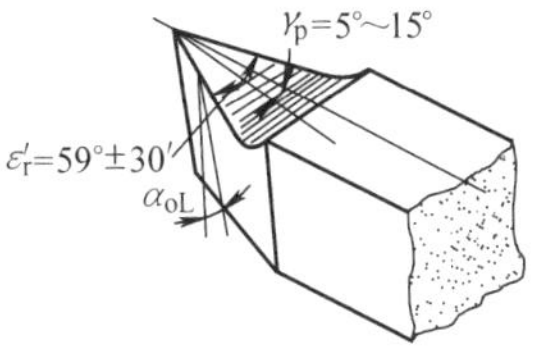 $\gamma_p=5°\sim15°$ $\varepsilon_r'=59°\pm30'$ α_{oL} $\varepsilon_r'<\alpha$ 选 ε_r'=58° 30′ ~ 59° 30′	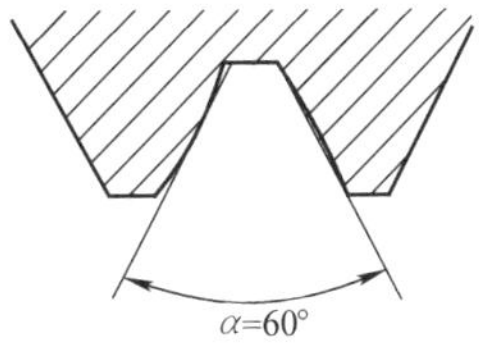 $\alpha=60°$ $\alpha=\varepsilon_r'=60°$	曲线	适用于车削精度要求不高的螺纹或粗车螺纹

§ 5–3　车螺纹时车床的调整及乱牙的预防

一、车螺纹时车床的调整

1. 传动比的计算

图 5–6 所示为 CA6140 型卧式车床车螺纹时的传动图。从图中不难看出，当工件旋转一周时，车刀必须沿工件轴线方向移动一个螺纹的导程 $nP_{工}$。在一定的时间内，车刀

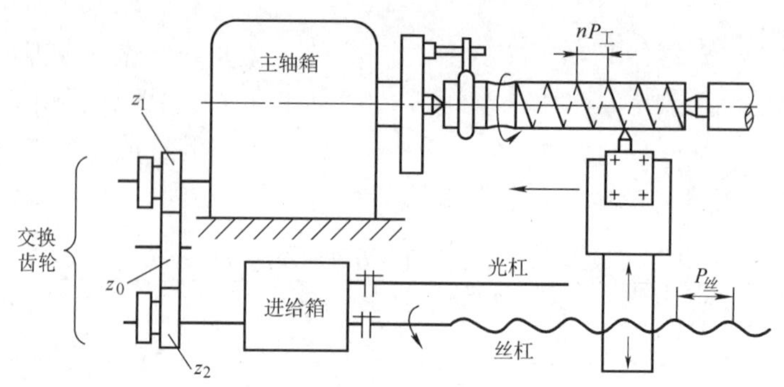

图 5–6 CA6140 型卧式车床车螺纹时的传动图

的移动距离等于工件转数 $n_工$与工件螺纹导程 $nP_工$的乘积，也等于丝杠转数 $n_丝$与丝杠螺距 $P_丝$的乘积，即：

$$n_工 nP_工 = n_丝 P_丝$$

$$\frac{n_丝}{n_工} = \frac{nP_工}{P_丝}$$

$\frac{n_丝}{n_工}$ 称为传动比，用 i 表示。由于$\frac{n_丝}{n_工} = \frac{z_1}{z_2} = i$，因此可以得出车螺纹时交换齿轮的计算公式，即：

$$i = \frac{n_丝}{n_工} = \frac{nP_工}{P_丝} = \frac{z_1}{z_2} = \frac{z_1}{z_0} \times \frac{z_0}{z_2} \quad (5\text{–}3)$$

式中 $n_丝$——丝杠转数，r；

$n_工$——工件转数，r；

n——螺纹线数；

$P_工$——螺纹螺距，mm；

$nP_工$——螺纹导程，mm；

$P_丝$——丝杠螺距，mm；

z_1——主动齿轮齿数；

z_0——中间轮齿数；

z_2——从动齿轮齿数。

2. 车螺纹或蜗杆时交换齿轮的调整和手柄位置的变换

在 CA6140 型车床上车削常用螺距（或导程）的螺纹时，变换手柄位置分以下三个步骤：

（1）变换主轴箱外手柄的位置，可用来车削不同旋向和螺距（导程）的螺纹和蜗杆（表 5–4）。

表 5–4　车削螺纹和蜗杆时主轴箱外的手柄位置

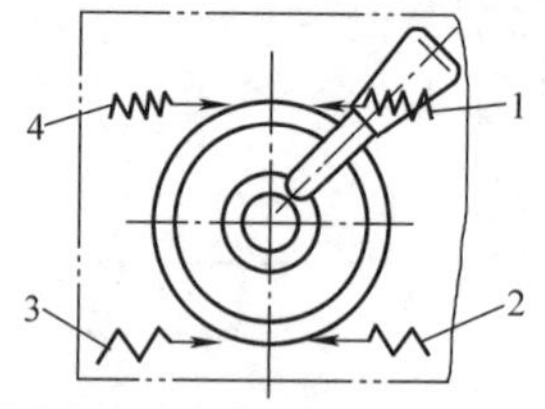

手柄位置	位置 1	位置 2	位置 3	位置 4
可以车削的螺纹和蜗杆	右旋正常螺距（或导程）	右旋扩大螺距（或导程）	左旋扩大螺距（或导程）	左旋正常螺距（或导程）

操作提示

在有进给箱的车床上车削常用螺距（或导程）的螺纹和蜗杆时，一般只要按照车床进给箱铭牌上标注的数据（表 5–5）变换主轴箱和进给箱外的手柄位置，并配合更换交换齿轮箱内的交换齿轮就可以得到需要的螺距（或导程）。

表 5-5　　　　　CA6140 型车床进给箱铭牌（部分）

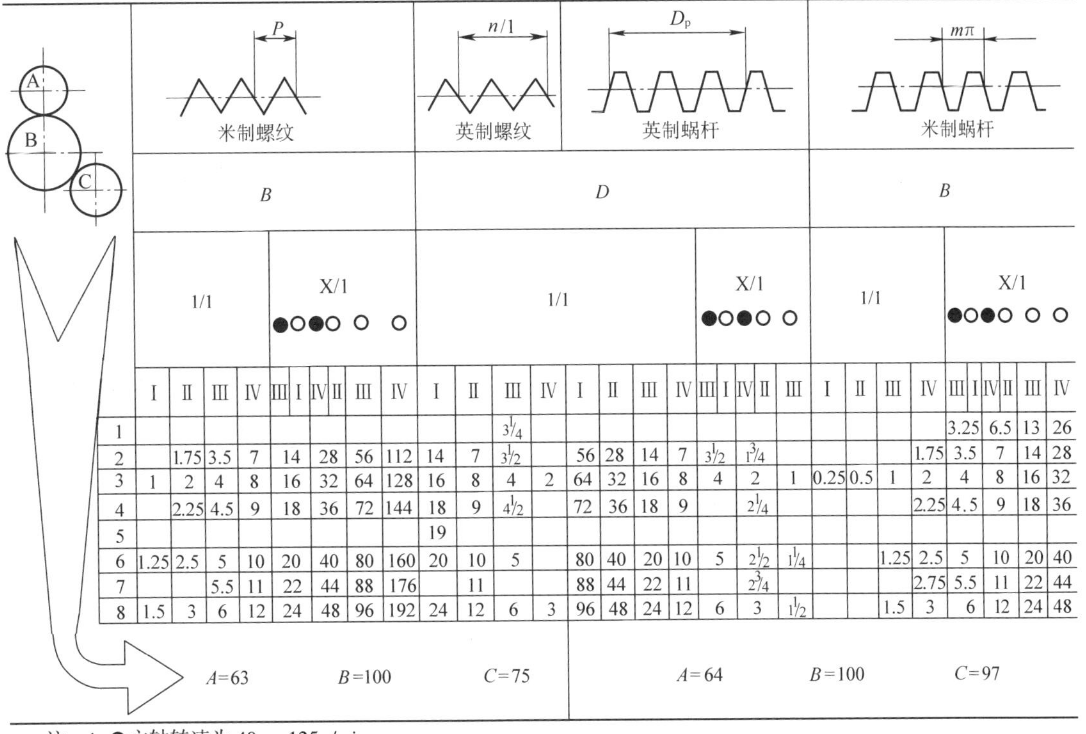

米制螺纹（P），手柄位置 B：

	1/1 Ⅰ	1/1 Ⅱ	1/1 Ⅲ	1/1 Ⅳ	X/1 ●○ ⅢⅠ	X/1 ●○ ⅣⅡ	X/1 ○ Ⅲ	X/1 ○ Ⅳ
1								
2		1.75	3.5	7	14	28	56	112
3	1	2	4	8	16	32	64	128
4		2.25	4.5	9	18	36	72	144
5								
6	1.25	2.5	5	10	20	40	80	160
7			5.5	11	22	44	88	176
8	1.5	3	6	12	24	48	96	192

英制螺纹（$n/1$）、英制蜗杆（D_p），手柄位置 D：

	1/1 Ⅰ	1/1 Ⅱ	1/1 Ⅲ	1/1 Ⅳ	1/1 Ⅰ	1/1 Ⅱ	1/1 Ⅲ	1/1 Ⅳ	X/1 ●○ ⅢⅠ	X/1 ●○ ⅣⅡ	X/1 ○ Ⅲ
1			$3\frac{1}{4}$								
2	14	7	$3\frac{1}{2}$		56	28	14	7	$3\frac{1}{2}$	$1\frac{3}{4}$	
3	16	8	4	2	64	32	16	8	4	2	1
4	18	9	$4\frac{1}{2}$		72	36	18	9		$2\frac{1}{4}$	
5	19										
6	20	10	5		80	40	20	10	5	$2\frac{1}{2}$	$1\frac{1}{4}$
7		11			88	44	22	11		$2\frac{3}{4}$	
8	24	12	6	3	96	48	24	12	6	3	$1\frac{1}{2}$

米制蜗杆（$m\pi$），手柄位置 B：

	1/1 Ⅰ	1/1 Ⅱ	1/1 Ⅲ	1/1 Ⅳ	X/1 ●○ ⅢⅠ	X/1 ●○ ⅣⅡ	X/1 ○ Ⅲ	X/1 ○ Ⅳ
1					3.25	6.5	13	26
2				1.75	3.5	7	14	28
3	0.25	0.5	1	2	4	8	16	32
4				2.25	4.5	9	18	36
5								
6			1.25	2.5	5	10	20	40
7				2.75	5.5	11	22	44
8			1.5	3	6	12	24	48

米制螺纹、英制螺纹：A=63　B=100　C=75

英制蜗杆、米制蜗杆：A=64　B=100　C=97

注：1. ●主轴转速为 40 ～ 125 r/min。
2. ○主轴转速为 10 ～ 32 r/min。
3. 应用此表时应与主轴箱上加大螺距手柄及进给箱手柄 1、2、3 上的各标牌符号配合使用。

（2）在进给箱外，先将内手柄 1 置于位置 B 或 D，如图 5-7 所示；位置 B 可用来车削米制螺纹和米制蜗杆，位置 D 可用来车削英制螺纹和英制蜗杆。再将外手柄 2 置于Ⅰ、Ⅱ、Ⅲ、Ⅳ或Ⅴ的位置上。然后将进给箱外左侧的圆盘式手轮（图 5-7a）拉出，并转到与“▽”相对的 1 ～ 8 的某一位置后，再把圆盘式手轮推进去。

（3）最后在交换齿轮箱内调整交换齿轮。

车削米制螺纹和英制螺纹时，用 $\frac{z_1}{z_0}\times\frac{z_0}{z_2}=\frac{z_A}{z_B}\times\frac{z_B}{z_C}=\frac{63}{100}\times\frac{100}{75}$；车削米制蜗杆和英制蜗杆时，用 $\frac{z_1}{z_0}\times\frac{z_0}{z_2}=\frac{z_A}{z_B}\times\frac{z_B}{z_C}=\frac{64}{100}\times\frac{100}{97}$。

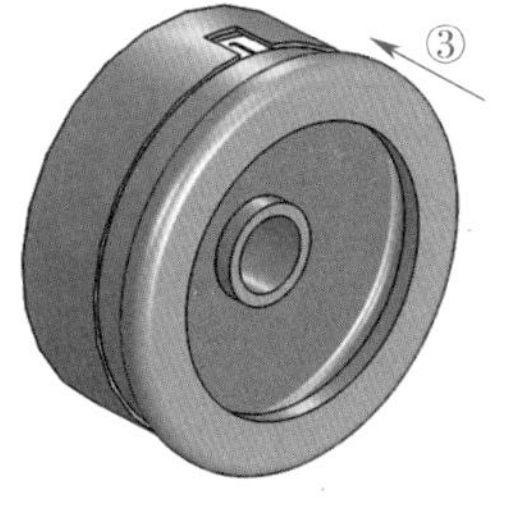

a)

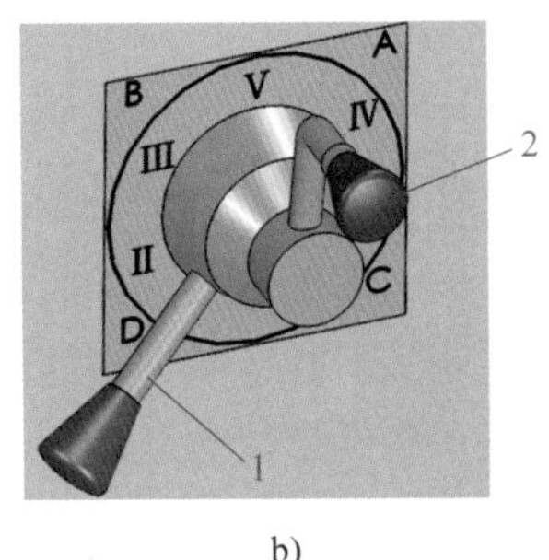

b)

图 5-7　CA6140 型车床进给箱外手轮、手柄位置
a）圆盘式手轮　b）手柄位置
1—内手柄　2—外手柄

交换齿轮必须组装在车床交换齿轮箱内的挂轮架上，为了能正常运转，组装时应注意以下事项：

（1）组装时，必须先切断车床电源。

（2）齿轮相互啮合不能太紧或太松，必须保证齿侧有 0.1 ~ 0.2 mm 的啮合间隙；否则在转动时会产生很大的噪声，并易损坏齿轮。

（3）齿轮的轴套之间应经常用润滑脂润滑。有些车床的齿轮心轴上装有润滑脂油杯，应定期把油杯盖旋紧一些（图 5–8），将润滑脂压入齿轮的轴套间，并注意经常向油杯内加入润滑脂。

（4）交换齿轮组装完毕，应装好防护罩。

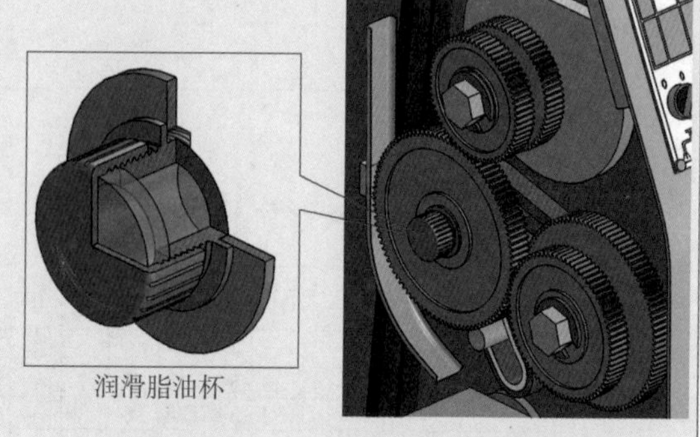

图 5–8　交换齿轮心轴的润滑脂润滑

例 5–2　在 CA6140 型车床上车削螺距 P=2.5 mm 的米制螺纹。问：手柄位置如何变换？交换齿轮如何变换？

解：（1）在主轴箱外，将正常或扩大螺距手柄放在“右旋正常螺距”位置 1。

（2）在进给箱外，先将内手柄置于车削米制螺纹的位置 B；再将外手柄置于位置Ⅱ；然后将进给箱外左侧的圆盘式手轮拉出，并转到与“▽”相对的“6”的位置后把圆盘式手轮推进去。

（3）最后在交换齿轮箱内变换交换齿轮。

车削米制螺纹时，用 $\frac{z_1}{z_0} \times \frac{z_0}{z_2} = \frac{z_A}{z_B} \times \frac{z_B}{z_C} = \frac{63}{100} \times \frac{100}{75}$。

但是，当铭牌上的数据不够用或在无进给箱的车床上车削螺纹或蜗杆时，必须计算出交换齿轮的齿数，并通过正确组装，才能车出导程正确的螺纹。此内容较复杂，可查有关资料。

二、车螺纹时乱牙的预防

车螺纹和蜗杆时，都要经过几次进给才能完成。如果在第二次进给时，车刀刀尖偏离前一次进给车出的螺旋槽，把螺旋槽车乱，称为乱牙。

1. 产生乱牙的原因

当丝杠转一转时，工件未转过整数转是产生乱牙的主要原因。

车螺纹和蜗杆时，工件和丝杠都在旋转，如提起开合螺母后，至少要等丝杠转过一转，才能重新按下。当丝杠转过一转时，工件转了整数转，车刀就能进入前一次进给车出的螺旋槽内，不会产生乱牙。如丝杠转过一转后，工件没有转过整数转，就会产生乱牙。

例 5–3　在丝杠螺距为 6 mm 的车床上，车削螺距为 3 mm 和 12 mm 的两种单线螺纹，试分别判断是否会产生乱牙。

解：根据式（5–3）

$$\frac{nP_{工}}{P_{丝}} = \frac{n_{丝}}{n_{工}}$$

（1）车削 $P_{工}$=3 mm 的螺纹时，$\frac{nP_{工}}{P_{丝}} = \frac{3}{6} = \frac{1}{2} = \frac{n_{丝}}{n_{工}}$

即丝杠转一转时，工件转了两转，不会产生乱牙。

（2）车削 $P_{工}$=12 mm 的螺纹时，$\frac{nP_{工}}{P_{丝}}=\frac{12}{6}=\frac{1}{0.5}=\frac{n_{丝}}{n_{工}}$

即丝杠转一转时，工件转了 1/2 转，刀尖有可能切入两槽之间，因此可能会产生乱牙。

车英制螺纹和蜗杆时，由于米制单位与英制单位换算的原因，车床丝杠螺距不可能是英制螺纹螺距和蜗杆导程的整数倍，因此都可能产生乱牙。

2. 预防乱牙的方法

常用预防乱牙的方法是开倒顺车，即在一次行程结束时，不提起开合螺母，把车刀沿径向退出后，将主轴反转，使螺纹车刀沿纵向退回，再进行第二次车削。这样在往复车削过程中，因主轴、丝杠和刀架之间的传动没有分离，车刀刀尖始终在原来的螺旋槽中，所以不会产生乱牙。

采用倒顺车时，主轴换向不能过快；否则车床传动部分受到瞬时冲击，易使传动机件损坏。

§5-4 车三角形螺纹

普通螺纹、英制螺纹、美制统一螺纹和管螺纹的牙型都是三角形，所以统称为三角形螺纹。

一、三角形螺纹的尺寸计算

1. 普通螺纹的牙型和尺寸计算

普通螺纹是应用最广泛的一种三角形螺纹，它分为粗牙普通螺纹和细牙普通螺纹两种。当公称直径相同时，细牙普通螺纹比粗牙普通螺纹的螺距小。粗牙普通螺纹的螺距不是直接标注的。

普通螺纹的牙型如图 5-9 所示，牙型角为 60°。其基本要素的计算公式见表 5-6。

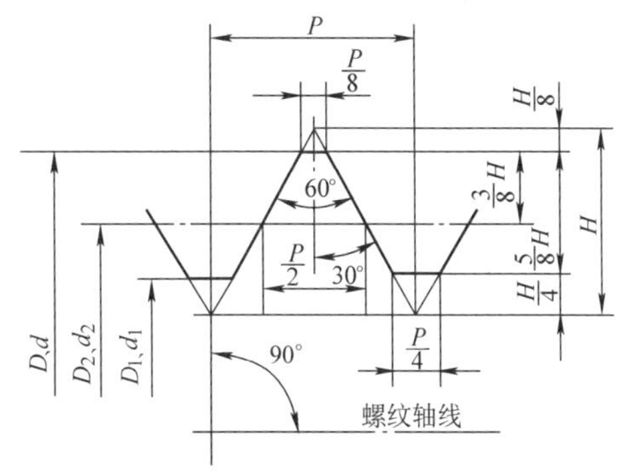

图 5-9 普通螺纹的牙型

表 5-6 普通螺纹基本要素的计算公式

基本参数	外螺纹	内螺纹	计算公式
牙型角	α		α=60°
螺纹大径（公称直径）/mm	d	D	$d=D$
螺纹中径 /mm	d_2	D_2	$d_2=D_2=d-0.649\ 5P$
牙型高度 /mm	h_1		$h_1=0.541\ 3P$
螺纹小径 /mm	d_1	D_1	$d_1=D_1=d-1.082\ 5P$

2. 英制螺纹

在我国设计新产品时不使用英制螺纹，只有在某些进口设备中和维修旧设备时应用。

英制螺纹的牙型如图 5-10 所示，它的牙型角为 55°，公称直径是指内螺纹的大径，用 in 表示。螺距 P 以 1 in（25.4 mm）

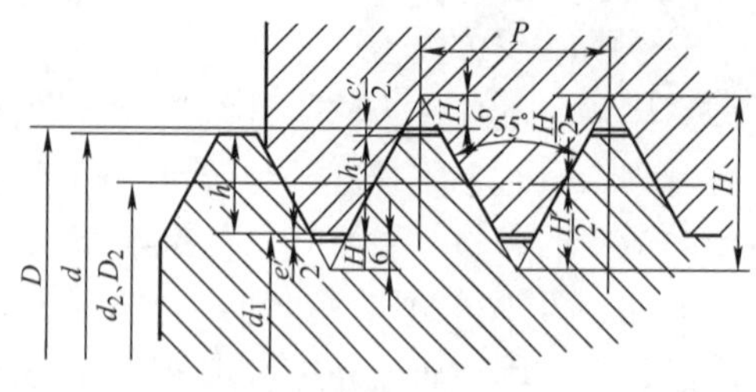

图 5–10　英制螺纹的牙型

中的牙数 n 表示，如 1 in 中有 12 牙，则螺距为 1/12 in。英制螺距与米制螺距的换算公式如下：

$$P = \frac{1}{n}\text{in} = \frac{25.4}{n}\ \text{mm} \qquad (5\text{–}4)$$

英制螺纹 1 in 内的牙数及各基本要素的尺寸可从有关手册中查出。

3. 美制统一螺纹

在对外交流中，美制统一螺纹的应用也较常见。

（1）美制统一螺纹的标记　美制统一螺纹的标记示例如图 5–11 所示，各代号及其含义见表 5–7。

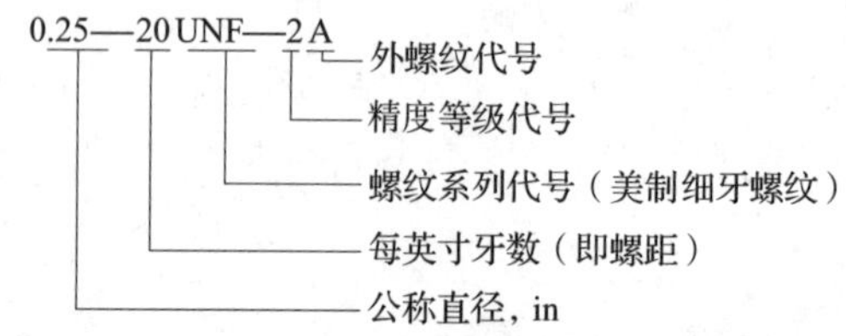

图 5–11　美制统一螺纹的标记示例

表 5–7　美制统一螺纹标记代号及其含义

<table>
<tr><th>代号</th><th>表示</th><th colspan="10">说明</th></tr>
<tr><td rowspan="3">公称直径代号（即螺纹的大径尺寸）</td><td>用小数</td><td colspan="10">单位为 in</td></tr>
<tr><td rowspan="2"><0.25 in 小直径系列，用 10 个号码表示大径</td><td>0</td><td>1</td><td>2</td><td>3</td><td>4</td><td>5</td><td>6</td><td>8</td><td>10</td><td>12</td></tr>
<tr><td>0.060</td><td>0.073</td><td>0.086</td><td>0.099</td><td>0.112</td><td>0.125</td><td>0.138</td><td>0.164</td><td>0.190</td><td>0.216</td></tr>
<tr><td>每英寸牙数代号（即螺距）</td><td>牙数 n/in</td><td colspan="10">螺距 P 以 1 in（25.4 mm）中的有效牙数 n 表示，如 1 in 中有 40 牙，则螺距为（1/40）in。美制螺距与米制螺距的换算公式如下：
$P = \frac{1}{n}\text{in} = \frac{25.4}{n}\ \text{mm}$</td></tr>
<tr><td>螺纹系列代号</td><td>多个</td><td colspan="10">UNC——美制粗牙螺纹
UNF——美制细牙螺纹
UN——美制不变螺距螺纹</td></tr>
<tr><td>精度等级代号</td><td>1、2、3 级</td><td colspan="10">1 级为配合后螺纹间隙大；2 级为一般用途的螺纹紧固件；3 级为无间隙配合，用于精度要求高的场合</td></tr>
<tr><td>内、外螺纹代号</td><td>A、B</td><td colspan="10">A 表示外螺纹，B 表示内螺纹</td></tr>
</table>

（2）美制统一螺纹的牙型　美制统一螺纹的牙型如图 5–12 所示，它的牙型角为 60°，其主要参数的尺寸可从有关手册中查出。

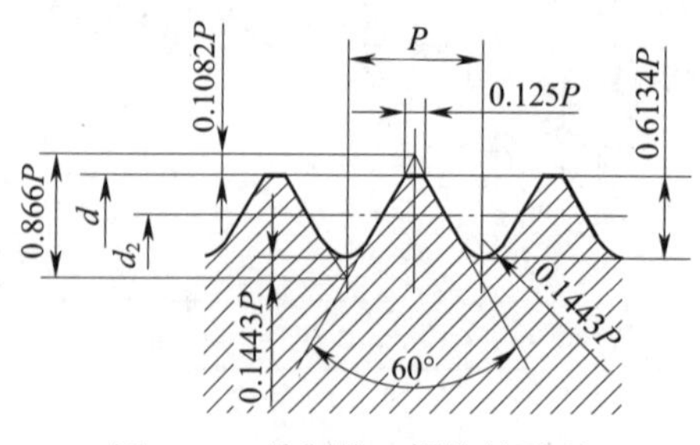

图 5–12　美制统一螺纹的牙型

4. 管螺纹

管螺纹是在管子上加工的特殊的细牙螺纹，其使用范围仅次于普通螺纹，牙型角有 55° 和 60° 两种。

常见的管螺纹有 55° 非密封管螺纹、55° 密封管螺纹、60° 密封管螺纹、米制锥螺纹四种，其中 55° 非密封管螺纹用得较多。管螺纹的牙型和用途见表 5–8。

虽然米制锥螺纹在性能上一点也不比其他管螺纹差，但是由于继承性的关系，米制锥螺纹的使用并不普遍。

表 5-8　　管　螺　纹

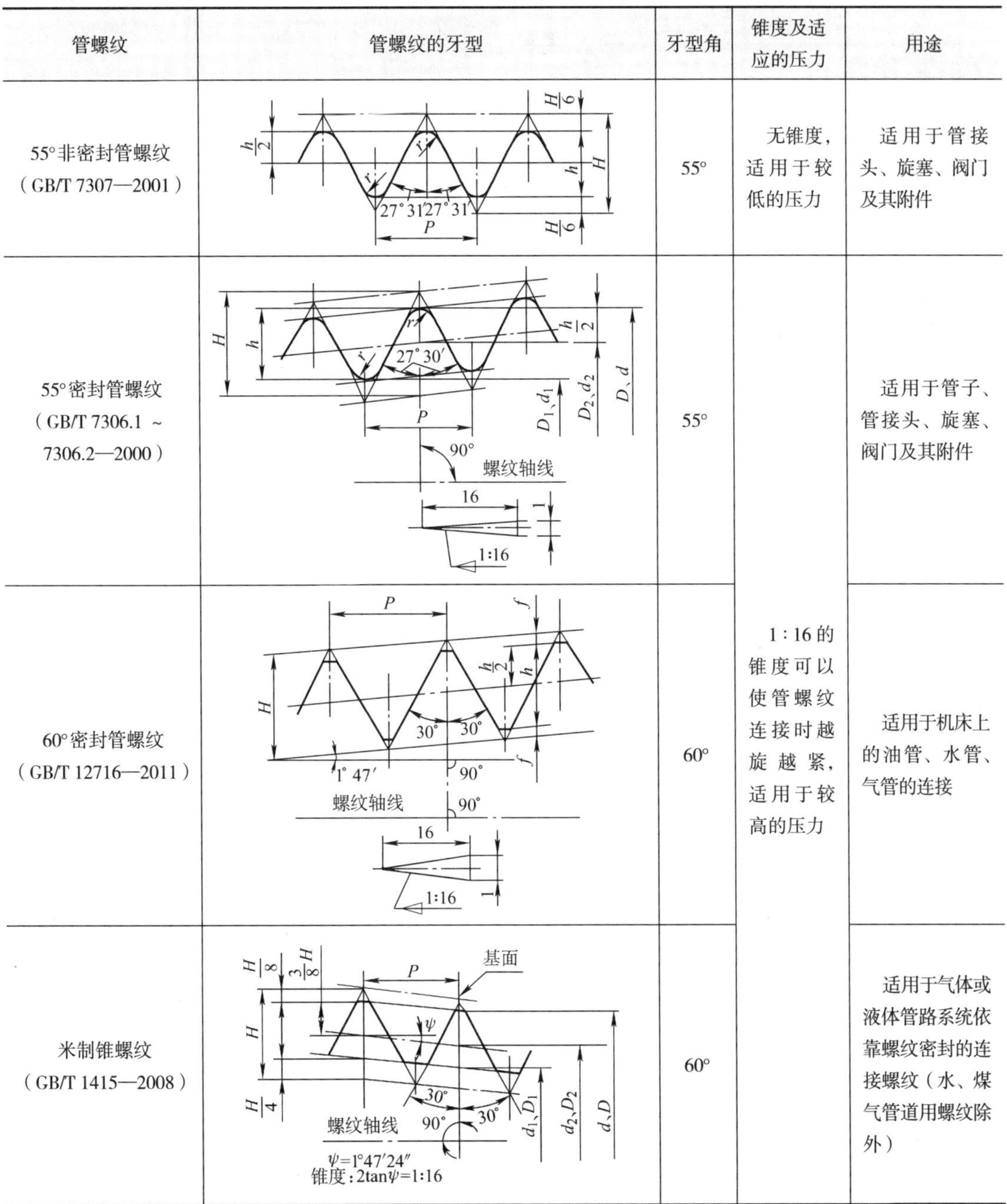

管螺纹	管螺纹的牙型	牙型角	锥度及适应的压力	用途
55°非密封管螺纹（GB/T 7307—2001）		55°	无锥度，适用于较低的压力	适用于管接头、旋塞、阀门及其附件
55°密封管螺纹（GB/T 7306.1 ~ 7306.2—2000）		55°	1∶16 的锥度可以使管螺纹连接时越旋越紧，适用于较高的压力	适用于管子、管接头、旋塞、阀门及其附件
60°密封管螺纹（GB/T 12716—2011）		60°		适用于机床上的油管、水管、气管的连接
米制锥螺纹（GB/T 1415—2008）		60°		适用于气体或液体管路系统依靠螺纹密封的连接螺纹（水、煤气管道用螺纹除外）

二、三角形螺纹车刀

1. 刀尖角 ε_r

三角形螺纹车刀的刀尖角 ε_r 有 60° 和 55° 两种，这两种车刀可以车削的三角形螺纹见表 5-9。

下面以刀尖角 ε_r=60° 的三角形螺纹车刀为例进行介绍。

2. 三角形外螺纹车刀

（1）高速钢三角形外螺纹车刀　其形状如图 5-13 所示。为了车削顺利，粗车刀应选用较大的背前角（γ_p=15°）。为了获得较正确的牙型，精车刀应选用较小的背前角（γ_p 取 6° ~ 10°）。

表 5-9　两种刀尖角的螺纹车刀可以车削的三角形螺纹

三角形螺纹车刀的刀尖角 ε_r	60°	55°
可以车削的螺纹	普通螺纹、美制统一螺纹、60°密封管螺纹和米制锥螺纹	英制螺纹、55°非密封管螺纹和55°密封管螺纹

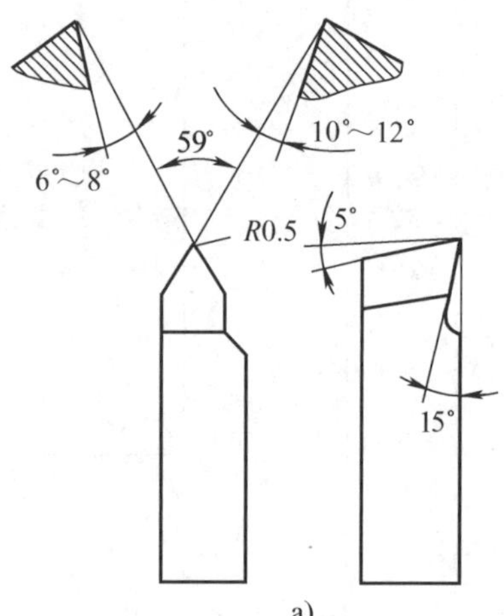

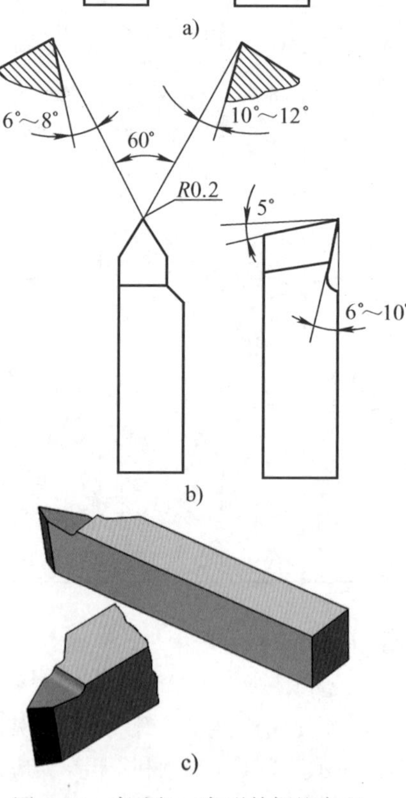

图 5-13　高速钢三角形外螺纹车刀
a）粗车刀　b）精车刀　c）立体图

（2）硬质合金三角形外螺纹车刀　硬质合金三角形外螺纹车刀的几何形状如图 5-14 所示，在车削较大螺距（P>2 mm）以及材料硬度较高的螺纹时，在车刀两侧切削刃上磨出宽度 $b_{\gamma1}$ 为 0.2 ~ 0.4 mm 的倒棱。

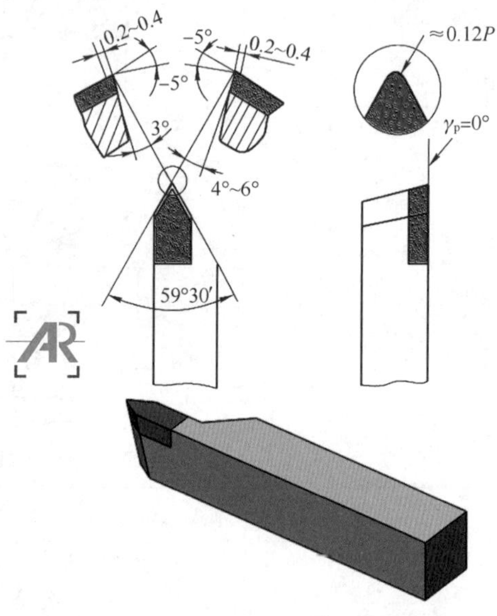

图 5-14　硬质合金三角形外螺纹车刀

3. 三角形内螺纹车刀

高速钢三角形内螺纹车刀的几何形状如图 5-15 所示，硬质合金三角形内螺纹车刀的几何形状如图 5-16 所示。内螺纹车刀除了其切削刃几何形状应具有外螺纹车刀的几何形状特点外，还应具有内孔车刀的特点。

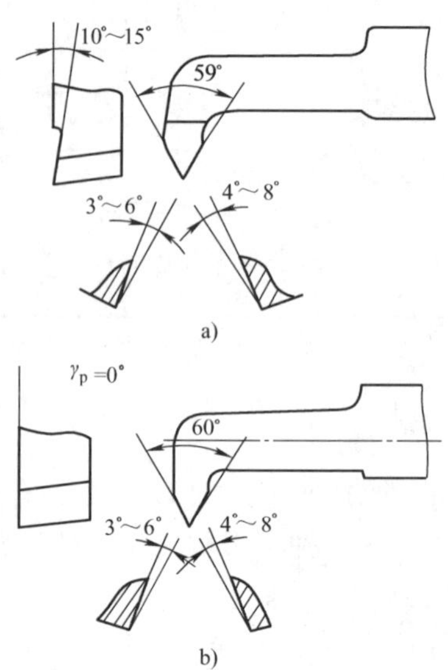

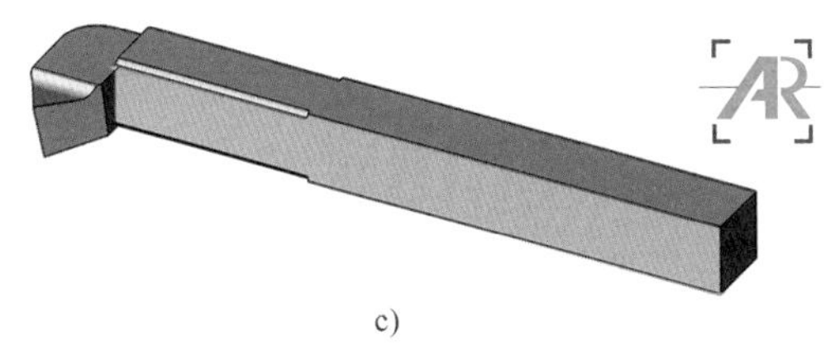

c)

图 5–15　高速钢三角形内螺纹车刀
a）粗车刀　b）精车刀　c）立体图

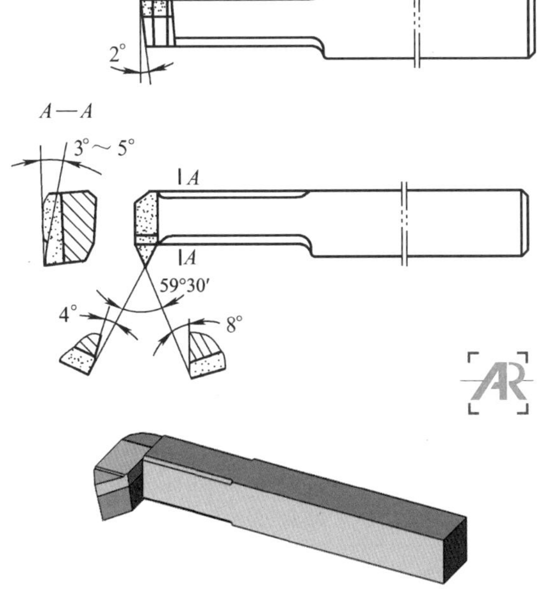

图 5–16　硬质合金三角形内螺纹车刀

三、三角形螺纹的车削方法

三角形螺纹的车削方法有低速车削和高速车削两种。

1. 低速车削

低速车削时，使用高速钢螺纹车刀，并分别用粗车刀和精车刀对螺纹进行粗车和精车。低速车削螺纹的精度高，表面粗糙度值小，但效率低。低速车削螺纹时应注意根据车床和工件的刚度、螺距大小选择不同的进刀方法，见表 5–10。

2. 高速车削

用硬质合金车刀高速车削三角形螺纹时，切削速度可比低速车削螺纹提高 15 ~ 20 倍，而且行程次数可以减少 2/3 以上，如低速车削螺距 P=2 mm 的中碳钢材料的螺纹时，一般约需 12 个行程；而高速车削螺纹仅需 3 ~ 4 个行程即可，因此，可以大大提高生产效率，在企业中已被广泛采用。

高速车削螺纹时，为了防止切屑使牙侧起毛刺，不宜采用斜进法和左右切削法，只能用直进法车削。高速切削三角形外螺纹时，受车刀挤压后会使外螺纹大径尺寸变大。因此，车削螺纹前的外圆直径应比螺纹大径小些。当螺距为 1.5 ~ 3.5 mm 时，车削螺纹前的外径一般可以减小 0.2 ~ 0.4 mm。

表 5–10　　低速车削三角形螺纹的进刀方法

进刀方法	直进法	斜进法	左右切削法
图示			
方法	车削时只用中滑板横向进给	在每次往复行程后，除中滑板横向进给外，小滑板只向一个方向做微量进给	除中滑板做横向进给外，同时用小滑板将车刀向左或向右做微量进给

续表

加工性质	双面切削	单面切削	
加工特点	容易产生扎刀现象，但是能够获得正确的牙型角	不易产生扎刀现象，用斜进法粗车螺纹后，必须用左右切削法精车	不易产生扎刀现象，但小滑板的左右移动量不宜太大
适用场合	车削螺距较小（$P<2.5$ mm）的三角形螺纹	车削螺距较大（$P>2.5$ mm）的螺纹	

四、车内螺纹前孔径的确定

车三角形内螺纹时，因车刀切削时的挤压作用，内孔直径（螺纹小径）会缩小，在车削塑性金属时尤为明显，所以，车削内螺纹前的孔径 $D_{孔}$应比内螺纹小径 D_1 的基本尺寸略大些。车削普通内螺纹前的孔径可用下列近似公式计算：

车削塑性金属的内螺纹时

$$D_{孔} \approx D-P \tag{5-5}$$

车削脆性金属的内螺纹时

$$D_{孔} \approx D-1.05P \tag{5-6}$$

式中 $D_{孔}$——车内螺纹前的孔径，mm；

D——内螺纹的大径，mm；

P——螺距，mm。

五、车削三角形螺纹时切削用量的选择

1. 车削三角形螺纹时的切削用量

车削三角形螺纹时切削用量的推荐值见表 5–11。

2. 车削三角形螺纹时切削用量的选择原则

（1）工件材料　加工塑性金属时，切削用量应相应增大；加工脆性金属时，切削用量应相应减小。

表 5–11　车削三角形螺纹时的切削用量

工件材料	刀具材料	螺距 /mm	切削速度 v_c /（m · min^{-1}）	背吃刀量 a_p/mm
45 钢	P10	2	60 ~ 90	余量 2 ~ 3 次完成
45 钢	W18Cr4V	1.5	粗车：15 ~ 30 精车：5 ~ 7	粗车：0.15 ~ 0.30 精车：0.05 ~ 0.08
铸铁	K30	2	粗车：15 ~ 30 精车：15 ~ 25	粗车：0.20 ~ 0.40 精车：0.05 ~ 0.10

（2）加工性质　粗车螺纹时，切削用量可选得较大；精车时切削用量宜选小些。

（3）螺纹车刀的刚度　车外螺纹时，切削用量可选得较大；车内螺纹时，刀柄刚度较低，切削用量宜取小些。

（4）进刀方式　直进法车削时，切削用量可取小些；斜进法和左右切削法车削时，切削用量可取大些。

操作提示

车削螺纹时，不能用手去触摸螺纹表面，尤其是直径小的内螺纹；否则会把手指旋入螺孔中而造成严重的人身事故。高速车削螺纹时，必须及时退刀，提起开合螺母；否则会发生车刀崩刃、工件顶弯甚至工件飞出等事故。

§5-5 车矩形螺纹、梯形螺纹和锯齿形螺纹

矩形螺纹、梯形螺纹和锯齿形螺纹是应用很广泛的传动螺纹，其工作长度较长，精度要求较高，而且导程和螺纹升角较大，所以要比车削三角形螺纹困难。

一、矩形螺纹、梯形螺纹和锯齿形螺纹基本要素的计算

1. 矩形螺纹基本要素的尺寸计算

矩形螺纹也称方牙螺纹，是一种非标准螺纹。因此，在零件图上的标记为“矩形公称直径 × 螺距”，例如，矩形 40×6。

矩形螺纹的牙型如图 5–17 所示，各基本要素的计算公式见表 5–12。

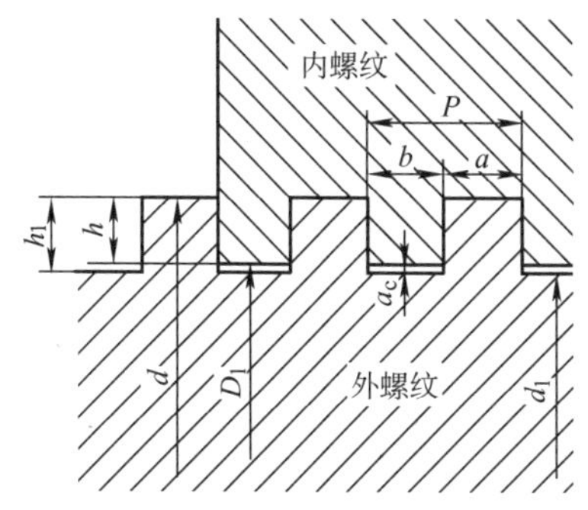

图 5–17　矩形螺纹的牙型

表 5–12　矩形螺纹各基本要素的计算公式　　mm

基本参数	符号	计算公式
牙型角	α	$\alpha=0°$
牙型高度	h_1	$h_1=0.5P+a_c$
外螺纹大径	d	公称直径
外螺纹小径	d_1	$d_1=d-2h_1$
外螺纹槽宽	b	$b=0.5P+$（0.02 ~ 0.04）mm
外螺纹牙宽	a	$a=P-b$
牙顶间隙	a_c	根据螺距 P 的大小取 $a_c=0.1$ ~ 0.2 mm

例 5–4　车削矩形 30×6 的丝杠，求矩形螺纹基本要素的尺寸。

解： 已知矩形螺纹的公称直径 d=30 mm，螺距 P=6 mm，取 a_c=0.15 mm。根据表 5–12 中的公式得

$h_1=0.5P+a_c=3\ \text{mm}+0.15\ \text{mm}=3.15\ \text{mm}$

$d_1=d-2h_1=30\ \text{mm}-2\times3.15\ \text{mm}=23.7\ \text{mm}$

$b=0.5P+(0.02 \sim 0.04)\ \text{mm}$

$=0.5\times6\ \text{mm}+0.03\ \text{mm}=3.03\ \text{mm}$

$a=P-b=6\ \text{mm}-3.03\ \text{mm}=2.97\ \text{mm}$

2. 梯形螺纹的尺寸计算

梯形螺纹分为米制和英制两种。我国常采用米制梯形螺纹，其牙型角为 30°。

梯形螺纹的牙型如图 5–18 所示，梯形螺纹基本要素的名称、代号及计算公式见表 5–13。

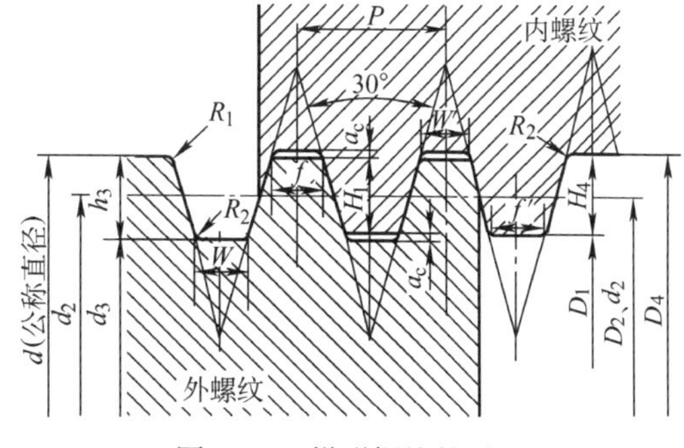

图 5–18　梯形螺纹的牙型

例 5–5　车削 Tr42×10 的丝杠和螺母，试求内、外螺纹基本要素的尺寸和螺纹升角。

解： 公称直径 d=42 mm，螺距 P=10 mm，a_c=0.5 mm。根据表 5–13 中的公式得

$h_3=H_4=0.5P+a_c=0.5\times10\ \text{mm}+0.5\ \text{mm}=5.5\ \text{mm}$

$d_2=D_2=d-0.5P=42\ \text{mm}-0.5\times10\ \text{mm}=37\ \text{mm}$

$d_3=d-2h_3=42\ \text{mm}-2\times5.5\ \text{mm}=31\ \text{mm}$

表 5–13　　梯形螺纹基本要素的名称、代号及计算公式

<table>
<tr><th colspan="2">名称</th><th>代号</th><th colspan="4">计算公式</th></tr>
<tr><td colspan="2">牙型角</td><td>α</td><td colspan="4">α=30°</td></tr>
<tr><td colspan="2">螺距</td><td>P</td><td colspan="4">由螺纹标准确定</td></tr>
<tr><td colspan="2" rowspan="2">牙顶间隙</td><td rowspan="2">a_c</td><td>P/mm</td><td>1.5 ~ 5</td><td>6 ~ 12</td><td>14 ~ 44</td></tr>
<tr><td>a_c/mm</td><td>0.25</td><td>0.5</td><td>1</td></tr>
<tr><td rowspan="4">外螺纹</td><td>大径</td><td>d</td><td colspan="4">公称直径</td></tr>
<tr><td>中径</td><td>d_2</td><td colspan="4">$d_2=d-0.5P$</td></tr>
<tr><td>小径</td><td>d_3</td><td colspan="4">$d_3=d-2h_3$</td></tr>
<tr><td>牙高</td><td>h_3</td><td colspan="4">$h_3=0.5P+a_c$</td></tr>
<tr><td rowspan="4">内螺纹</td><td>大径</td><td>D_4</td><td colspan="4">$D_4=d+2a_c$</td></tr>
<tr><td>中径</td><td>D_2</td><td colspan="4">$D_2=d_2$</td></tr>
<tr><td>小径</td><td>D_1</td><td colspan="4">$D_1=d-P$</td></tr>
<tr><td>牙高</td><td>H_4</td><td colspan="4">$H_4=h_3$</td></tr>
<tr><td colspan="2">牙顶宽</td><td>f、f'</td><td colspan="4">$f=f'=0.366P$</td></tr>
<tr><td colspan="2">牙槽底宽</td><td>W、W'</td><td colspan="4">$W=W'=0.366P-0.536a_c$</td></tr>
</table>

$D_1=d-P=42\ \text{mm}-10\ \text{mm}=32\ \text{mm}$

$f=f'=0.366P=0.366\times 10\ \text{mm}=3.66\ \text{mm}$

$W=W'=0.366P-0.536a_c$

$=0.366\times 10\ \text{mm}-0.536\times 0.5\ \text{mm}$

$=3.392\ \text{mm}$

根据式（5–2）

$$\tan\psi=\frac{P_h}{\pi d_2}=\frac{10\ \text{mm}}{3.14\times 37\ \text{mm}}\approx 0.086$$

$$\psi\approx 4°55'$$

3. 锯齿形螺纹主要参数的计算

锯齿形内、外螺纹配合时，小径之间有间隙，大径之间没有间隙。这种螺纹能承受较大的单向压力，通常用于起重和压力机械设备中。

锯齿形螺纹的牙型角分别是 3°、30°。根据国家标准《锯齿形（3°、30°）螺纹　第 1 部分：牙型》（GB/T 13576.1—2008），锯齿形螺纹的基本牙型与尺寸计算见表 5–14。

表 5–14　　锯齿形螺纹的基本牙型与尺寸计算

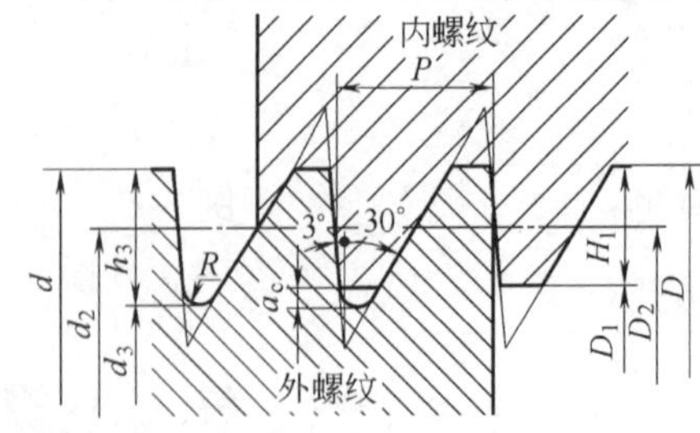

名称	代号	计算公式
基本牙型高度	H_1	$H_1=0.75P$
内螺纹牙顶与外螺纹牙底间的间隙	a_c	$a_c=0.117\ 76P$
外螺纹牙高	h_3	$h_3=H_1+a_c=0.867\ 767P$

续表

名称	代号	计算公式
内、外螺纹大径（公称直径）	d、D	$d=D$
内、外螺纹中径	d_2、D_2	$d_2=D_2=d-H_1=d-0.75P$
内螺纹小径	D_1	$D_1=d-2H_1=d-1.5P$
外螺纹小径	d_3	$d_3=d-2H_3=d-1.735\ 534P$
外螺纹牙底圆弧半径	R	$R=0.124\ 271P$

二、矩形螺纹车刀、梯形螺纹车刀和锯齿形螺纹车刀

1. 矩形螺纹车刀

矩形螺纹车刀与车槽刀十分相似，其几何形状如图 5-19 所示。

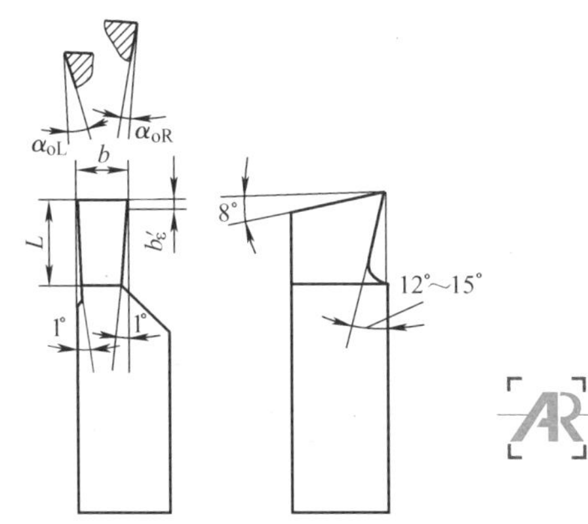

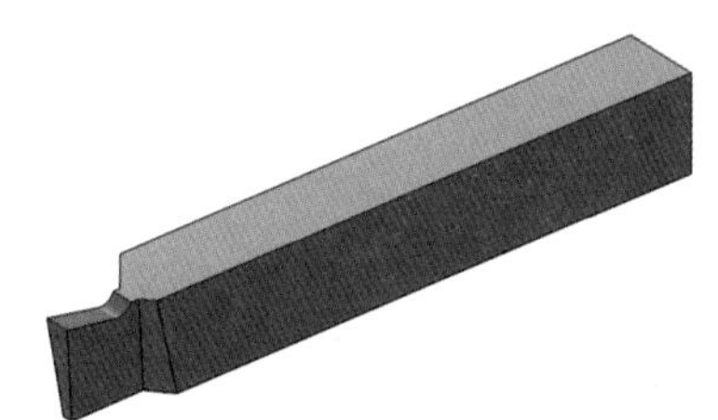

图 5-19　矩形螺纹车刀

刃磨矩形螺纹车刀应注意以下问题：

（1）精车刀的主切削刃宽度直接决定着螺纹的牙槽宽，其主切削刃宽度 $b=0.5P+$（0.02 ~ 0.04）mm。

（2）为了使刀头有足够的强度，刀头长度 L 不宜过长，一般取 $L=0.5P+$（2 ~ 4）mm。

（3）矩形螺纹的螺纹升角一般都比较大，刃磨两侧后角时必须考虑螺纹升角的影响。

（4）为了减小螺纹牙侧的表面粗糙度值，在精车刀的两侧面切削刃上应磨有 b'_ε =0.3 ~ 0.5 mm 修光刃。

例 5-6　车削矩形 50×10 的丝杠，已知螺纹升角 ψ=4° 3′，求矩形螺纹车刀各部分的尺寸。

解： 刀头宽度 $b=0.5P+0.03$ mm=5.03 mm

刀头长度 $L=0.5P+$（2 ~ 4）mm=5 mm+3 mm=8 mm

因为是右旋螺纹，所以

左侧切削刃刃磨后角 α_{oL}=（3° ~ 5°）+ ψ=3° 57′ +4° 3′ =8°

右侧切削刃刃磨后角 α_{oR}=（3° ~ 5°）- ψ=4° 3′ -4° 3′ =0°

2. 梯形螺纹车刀

（1）高速钢梯形外螺纹粗车刀　高速钢梯形外螺纹粗车刀的几何形状如图 5-20 所示，车刀刀尖角 ε_r 应比螺纹牙型角小 30′，为了便于左右切削并留有精车余量，刀头宽度应小于牙槽底宽 W。

（2）高速钢梯形外螺纹精车刀　高速钢梯形外螺纹精车刀的几何形状如图 5-21 所示。车刀背前角 γ_p=0°，车刀刀尖角 ε_r 等于牙型角 α，为了保证两侧切削刃切削顺利，都磨出有较大前角（γ_o 取 12° ~ 16°）的卷屑槽。但在使用时必须注意，车刀前端切削刃不能参加切削。该车刀主要用于精车梯形外螺纹牙型两侧面。

（3）硬质合金梯形外螺纹车刀　为了提高效率，在车削一般精度的梯形螺纹时，可使用硬质合金车刀进行高速车削。图 5-22 所示为硬质合金梯形外螺纹车刀的几何形状。

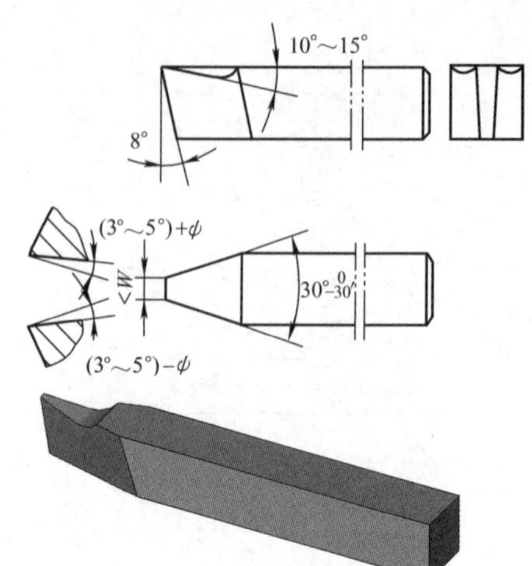

图 5-20　高速钢梯形外螺纹粗车刀

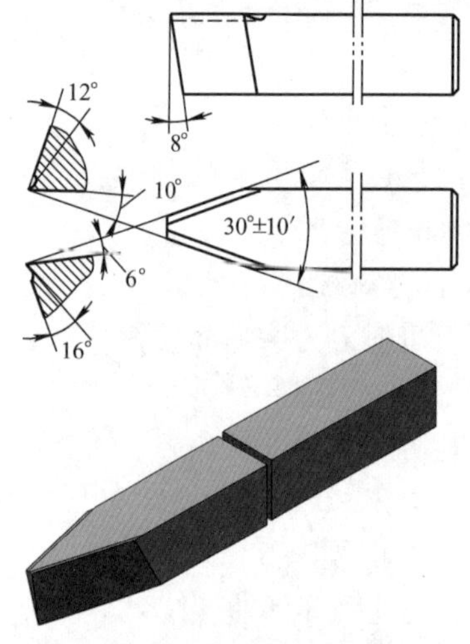

图 5-21　高速钢梯形外螺纹精车刀

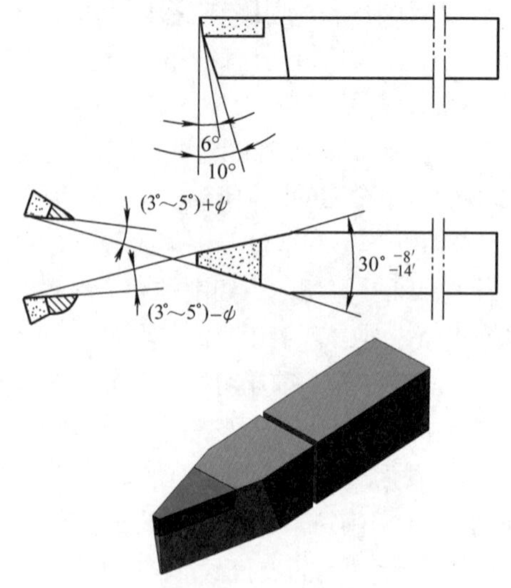

图 5-22　硬质合金梯形外螺纹车刀

高速车削螺纹时，由于三条切削刃同时参与切削，切削力较大，易引起振动；并且当刀具前面为平面时，切屑呈带状排出，操作很不安全。为此，可在前面上磨出两个圆弧，如图 5-23 所示。

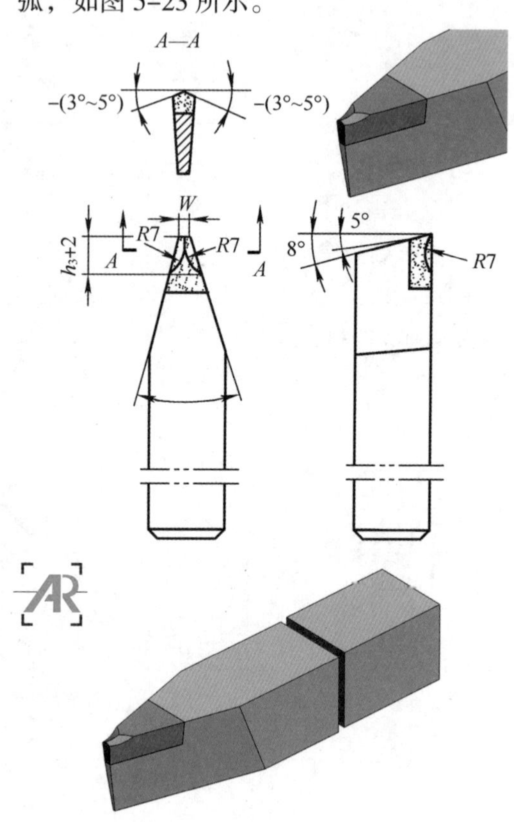

图 5-23　双圆弧硬质合金梯形外螺纹车刀

（4）梯形内螺纹车刀　图 5-24 所示为梯形内螺纹车刀，其几何形状和三角形内螺纹车刀基本相同，只是刀尖角应刃磨成 30°。

3. 锯齿形螺纹车刀

锯齿形内、外螺纹车刀和梯形螺纹车刀相似，所不同的是锯齿形螺纹车刀是一个不等腰梯形。牙型的一侧面与轴线垂直面的夹角为 30°，另一侧面的夹角为 3°。在刃磨和装夹车刀时，用锯齿形螺纹角度样板检查及找正车刀刃磨的角度和装夹位置（图 5-25）。图 5-26 所示为常用的锯齿形外螺纹和内螺纹车刀。

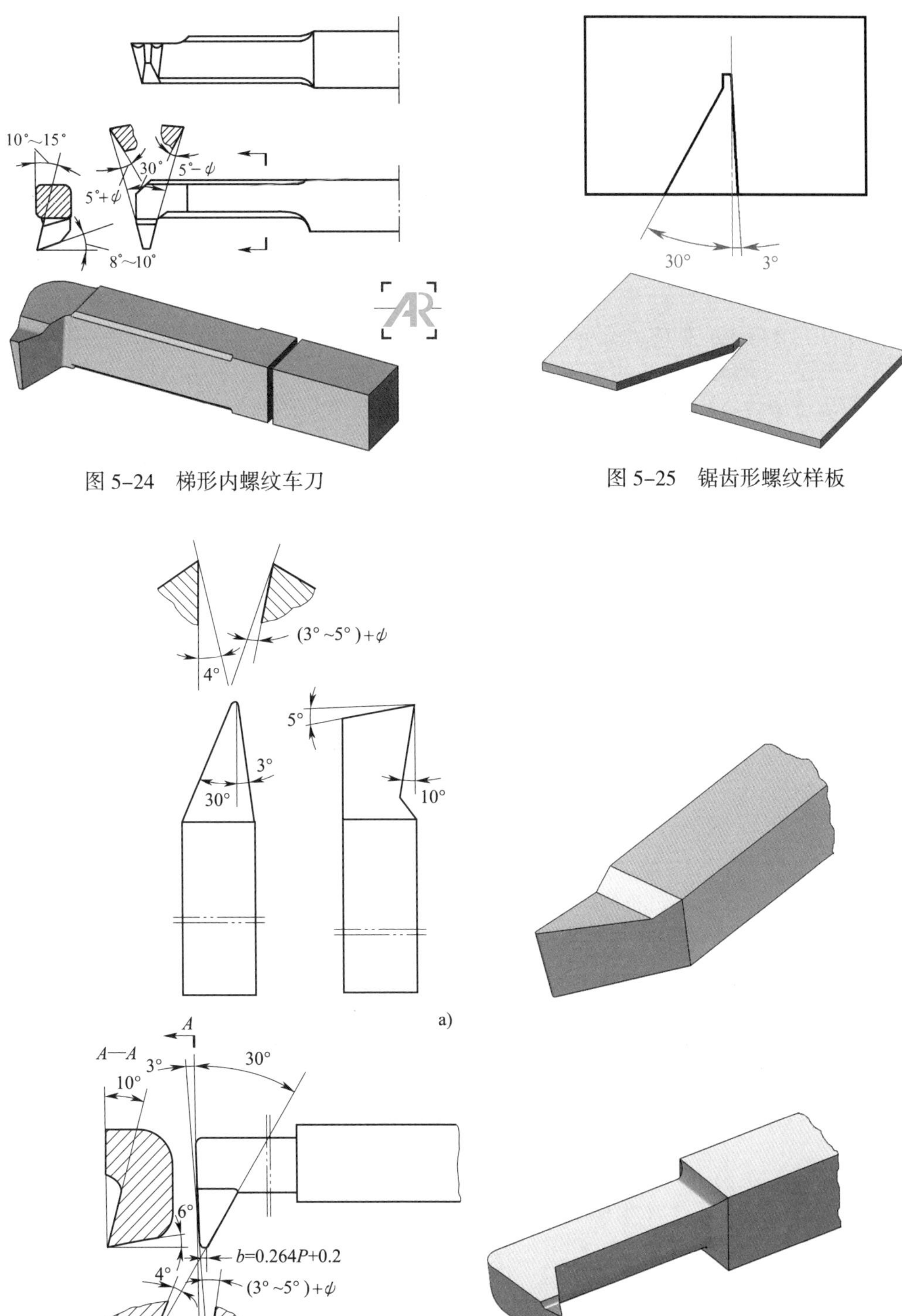

图 5–24　梯形内螺纹车刀

图 5–25　锯齿形螺纹样板

图 5–26　锯齿形螺纹车刀

a）锯齿形外螺纹车刀　b）锯齿形内螺纹车刀

三、矩形螺纹、梯形螺纹和锯齿形螺纹的车削方法

1. 矩形螺纹的车削方法

矩形螺纹一般采用低速车削。车削 $P<4$ mm 的矩形螺纹时，一般不分粗车、精车，使用一把车刀用直进法完成车削。车削螺距 P 为 4 ~ 12 mm 的螺纹时，先用直进法粗车，两侧各留 0.2 ~ 0.4 mm 的余量，再用精车刀采用直进法精车，如图 5–27a 所示。

车削大螺距（$P>12$ mm）的矩形螺纹，粗车时用刀头宽度较小的矩形螺纹车刀采用直进法切削，精车时用两把类似左、右偏刀的精车刀，分别精车螺纹的两侧面，如图 5–27b 所示。但是，在车削过程中要严格控制牙槽宽度。

2. 梯形螺纹的车削方法

梯形螺纹有两种车削方法，它们各自的进刀方法及其特点和使用场合见表 5–15。

3. 锯齿形螺纹的车削方法

锯齿形螺纹的车削方法和梯形螺纹相似，在此不再赘述。

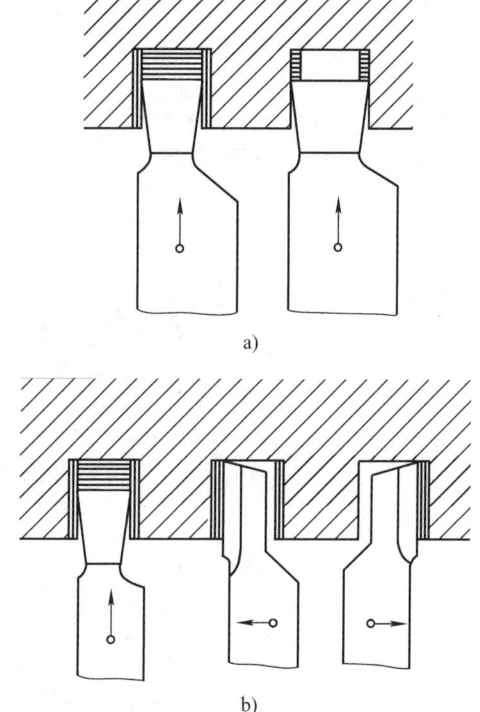

图 5–27 低速车削矩形螺纹
a）直进法 b）左右车削法

表 5–15 梯形螺纹的车削方法

车削方法	低速车削法			高速车削法	
进刀方法	左右车削法	车直槽法	车阶梯槽法	直进法	车直槽法和车阶梯槽法
图示					

续表

车削方法说明	在每次横向进给时，都必须把车刀向左或向右做微量移动，很不方便。但可防止因三个切削刃同时参加切削而产生振动和扎刀现象	可先用主切削刃宽度等于牙槽底宽 W 的矩形螺纹车刀车出螺旋直槽，使槽底直径等于梯形螺纹的小径，然后用梯形螺纹精车刀精车牙型两侧	可用主切削刃宽度小于 $P/2$ 的矩形螺纹车刀，用车直槽法车至接近螺纹中径处，再用主切削刃宽度等于牙槽底宽 W 的矩形螺纹车刀把槽深车至接近螺纹牙高 h_3，这样就车出了一个阶梯槽。最后用梯形螺纹精车刀精车牙型两侧	可用图 5–23 所示的双圆弧硬质合金梯形外螺纹车刀粗车，再用硬质合金梯形螺纹车刀精车	为了防止振动，可用硬质合金车槽刀，采用车直槽法和车阶梯槽法进行粗车，然后用硬质合金梯形螺纹车刀精车
使用场合	车削 $P \leqslant 8$ mm 的梯形螺纹	粗车 $P \leqslant 8$ mm 的梯形螺纹	精车 $P>8$ mm 的梯形螺纹	车削 $P \leqslant 8$ mm 的梯形螺纹	车削 $P>8$ mm 的梯形螺纹

§ 5–6 车蜗杆

图 5–28 所示蜗杆和蜗轮组成的蜗杆副常用于减速传动机构中，以传递两轴在空间成 90°的交错运动，如车床溜板箱内的蜗杆副。蜗杆的齿形角 α 是在通过蜗杆轴线的平面内，轴线垂直面与齿侧之间的夹角，见表 5–16。蜗杆一般可分为米制蜗杆（α=20°）和英制蜗杆（α=14.5°）两种。本书仅介绍我国常用的米制蜗杆的车削方法。

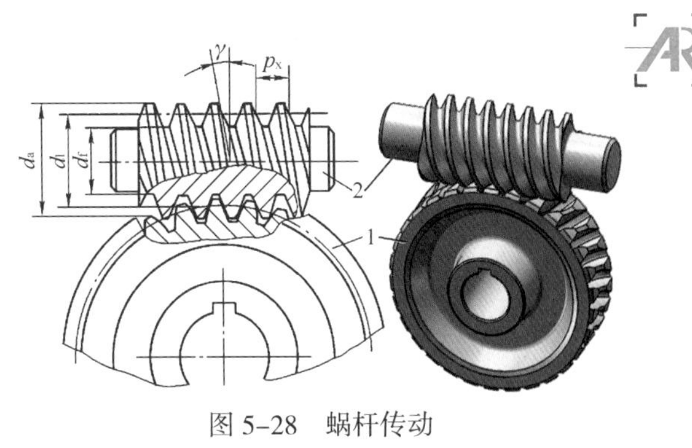

图 5–28　蜗杆传动
1—蜗杆　2—蜗轮

一、蜗杆基本要素及其尺寸计算

蜗杆基本要素的名称、代号及计算公式见表 5–16。

表 5-16　　蜗杆基本要素的尺寸计算

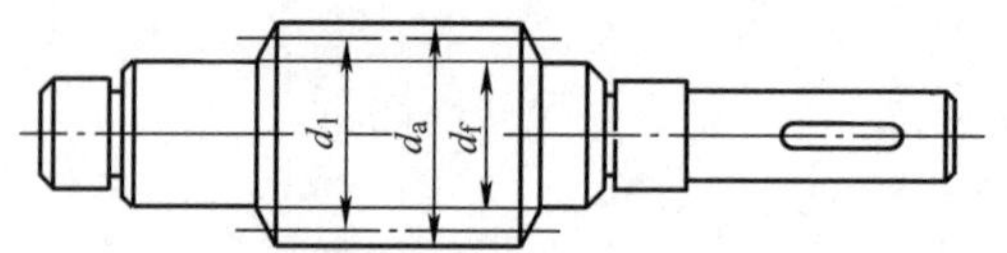

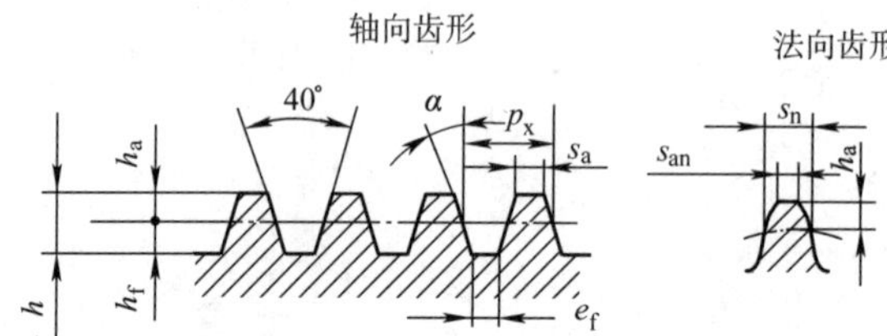

<table>
<tr><th>名称</th><th>计算公式</th><th colspan="2">名称</th><th>计算公式</th></tr>
<tr><td>轴向模数 m_x</td><td>（基本参数）</td><td colspan="2">齿根圆直径 d_f</td><td>$d_f=d_1-2.4m_x$
$d_f=d_a-4.4m_x$</td></tr>
<tr><td>头数 z_1</td><td>（基本参数）</td><td colspan="2">导程角 γ</td><td>$\tan\gamma=\dfrac{P_z}{\pi d_1}$</td></tr>
<tr><td>分度圆直径 d_1</td><td>（基本参数）</td><td rowspan="2">齿顶宽 s_a</td><td>轴向 s_a</td><td>$s_a=0.843m_x$</td></tr>
<tr><td>齿形角 α</td><td>$\alpha=20°$</td><td>法向 s_{an}</td><td>$s_{an}=0.843m_x\cos\gamma$</td></tr>
<tr><td>轴向齿距 p_x</td><td>$p_x=\pi m_x$</td><td rowspan="2">齿根槽宽 e_f</td><td>轴向 e_f</td><td>$e_f=0.697m_x$</td></tr>
<tr><td>导程 P_z</td><td>$P_z=z_1p_x=z_1\pi m_x$</td><td>法向 e_{fn}</td><td>$e_{fn}=0.697m_x\cos\gamma$</td></tr>
<tr><td>齿顶高 h_a</td><td>$h_a=m_x$</td><td rowspan="4">齿厚 s</td><td rowspan="2">轴向 s_x</td><td rowspan="2">$s_x=\dfrac{p_x}{2}=\dfrac{\pi m_x}{2}$</td></tr>
<tr><td>齿根高 h_f</td><td>$h_f=1.2m_x$</td></tr>
<tr><td>全齿高 h</td><td>$h=2.2m_x$</td><td rowspan="2">法向 s_n</td><td rowspan="2">$s_n=\dfrac{p_x}{2}\cos\gamma=\dfrac{\pi m_x}{2}\cos\gamma$</td></tr>
<tr><td>齿顶圆直径 d_a</td><td>$d_a=d_1+2m_x$</td></tr>
</table>

例 5-7　车削图 5-29 所示的蜗杆轴，齿形角 $\alpha=20°$，分度圆直径 $d_1=35.5$ mm，轴向模数 $m_x=3$ mm，头数 $z_1=1$，求蜗杆基本要素的尺寸。

解： 根据表 5-16 中的计算公式：

轴向齿距 $p_x=\pi m_x=3.141\,6\times3$ mm ≈ 9.425 mm

导程 $P_z=z_1\pi m_x=1\times3.141\,6\times3$ mm ≈ 9.425 mm

齿顶高 $h_a=m_x=3$ mm

齿根高 $h_f=1.2m_x=1.2\times3$ mm=3.6 mm

全齿高 $h=2.2m_x=2.2\times3$ mm=6.6 mm

齿顶圆直径 $d_a=d_1+2m_x=35.5$ mm+2×3 mm=41.5 mm

齿根圆直径 $d_f=d_1-2.4m_x=35.5$ mm−2.4×3 mm=28.3 mm

轴向齿顶宽 $s_a=0.843m_x=0.843\times3$ mm ≈ 2.53 mm

轴向齿根槽宽 $e_f=0.697m_x=0.697\times3$ mm ≈ 2.09 mm

轴向齿厚 $s_x=\dfrac{p_x}{2}=\dfrac{9.425}{2}$ mm ≈ 4.71 mm

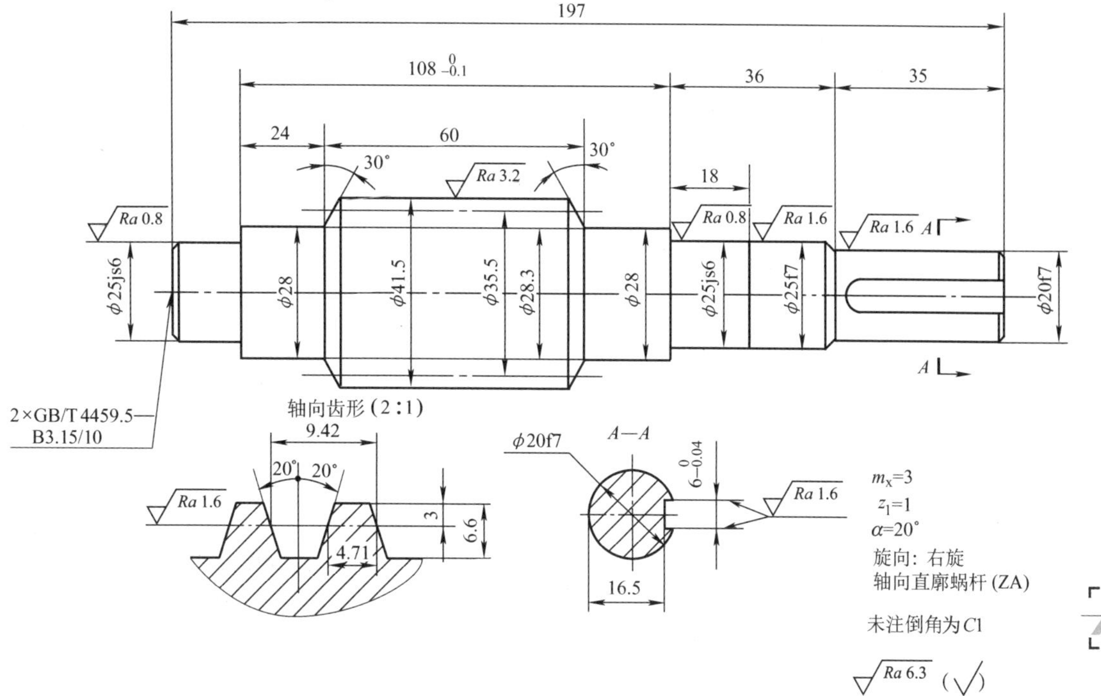

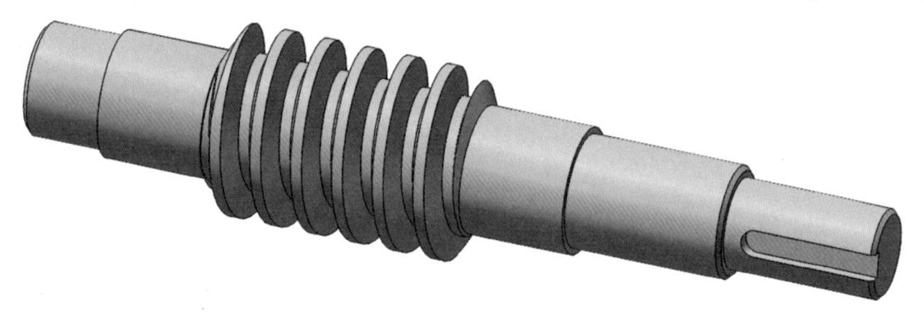

图 5–29　蜗杆轴

导程角 $\tan\gamma=\dfrac{p_x}{\pi d_1}=\dfrac{9.425\ \text{mm}}{3.1416\times 36\ \text{mm}}\approx 0.083$

$\gamma\approx 4°45'$

法向齿厚 $s_n=\dfrac{p_x}{2}\cos\gamma=\dfrac{9.425}{2}\ \text{mm}\times\cos 4°45'$

$\approx 4.696\ \text{mm}$

二、蜗杆的齿形

蜗杆的齿形是指蜗杆齿廓形状。常见蜗杆的齿形有轴向直廓蜗杆和法向直廓蜗杆两种。

1. 轴向直廓蜗杆（ZA 蜗杆）

轴向直廓蜗杆的齿形在通过蜗杆轴线的平面内是直线，在垂直于蜗杆轴线的端平面内是阿基米德螺旋线，因此，又称阿基米德蜗杆，如图 5–30a 所示。

2. 法向直廓蜗杆（ZN 蜗杆）

法向直廓蜗杆的齿形在垂直于蜗杆齿面的法平面内是直线，在垂直于蜗杆轴线的端平面内是延伸渐开线，因此，又称延伸渐开线蜗杆，如图 5–30b 所示。

机械中最常用的是阿基米德蜗杆（即轴向直廓蜗杆），这种蜗杆的加工比较简单。若图样上没有特别标明蜗杆的齿形，则均为轴向直廓蜗杆。

三、车蜗杆时的装刀方法

蜗杆车刀与梯形螺纹车刀相似，但蜗杆车刀两侧切削刃之间的夹角应磨成两倍齿形角。在装夹蜗杆车刀时，必须根据不同的蜗杆齿形采用不同的装刀方法。

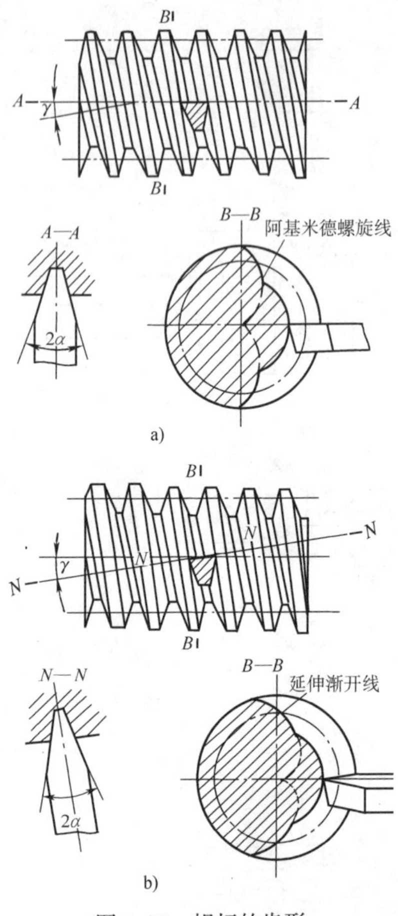

图 5-30　蜗杆的齿形

a）轴向直廓蜗杆　b）法向直廓蜗杆

1. 水平装刀法

精车轴向直廓蜗杆时，为了保证齿形正确，必须使蜗杆车刀两侧切削刃组成的平面与蜗杆轴线在同一水平面内，这种装刀法称为水平装刀法，如图 5-30a 所示。

2. 垂直装刀法

车削法向直廓蜗杆时，必须使车刀两侧切削刃组成的平面与蜗杆齿面垂直，这种装刀法称为垂直装刀法，如图 5-30b 所示。

由于蜗杆的导程角 γ 比较大，为了改善切削条件和达到垂直装刀法的要求，可采用图 5-31 所示的可回转刀柄。刀柄头部可相对于刀柄回转一个所需的导程角，头部旋转后用两个紧固螺钉紧固。这种刀柄开有弹性槽，车削时不易产生扎刀现象。

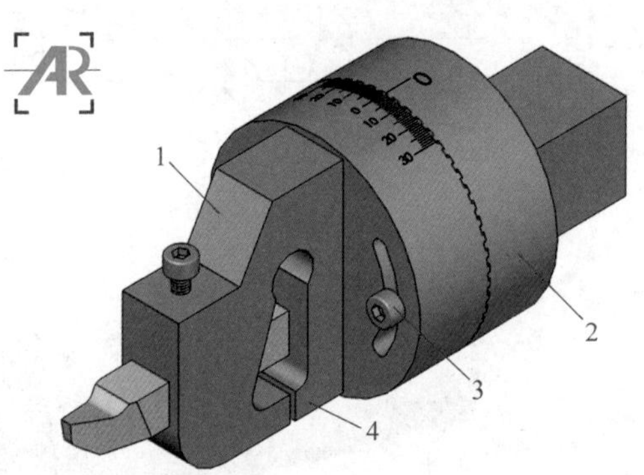

图 5-31　可回转刀柄

1—头部　2—刀柄　3—紧固螺钉　4—弹性槽

用水平装刀法车削蜗杆时，由于其中一侧切削刃的前角变得很小，切削不顺利，因此，在粗车轴向直廓蜗杆时也常采用垂直装刀法。

§5-7　车多线螺纹

一、多线螺纹的标记

多线螺纹的标记见表 5-17。

二、多线螺纹的分线方法

车多线螺纹时，主要考虑分线方法和车削步骤的协调。多线螺纹的各螺旋槽在轴向是等距离分布的，在圆周上是等角度分布的，如图 5-32 所示。在车削过程中，解决螺旋线的轴向等距离分布或圆周等角度分布的问题称为分线。

表 5-17　　多线螺纹的标记

类别	普通螺纹	矩形螺纹	梯形螺纹	锯齿形螺纹
多线螺纹	M40Ph12P4—6H Ph12—导程 P4—螺距为 4mm（3 线） 6H—内螺纹中径和顶径公差带代号	矩形 60×24（P8）—8H 24—导程 P8— 螺 距 为 8mm（3 线） 8H—中径公差带代号	Tr36×12（P6）—9H 12—导程 P6—螺距为 6mm（双线） 9H—中径公差带代号	B40×14（P7）—8c 14—导程 P7— 螺 距 为 7mm（双线） 8c—中径公差带代号
螺旋副	M40Ph12P4—6H/6g 或 M40Ph12P4（three starts）—6H/6g	—	Tr36×12（P6）—7H/7e	B40×14（P7）—7A/7c
说明与要求	1. 多线矩形螺纹、梯形螺纹和锯齿形螺纹用“公称直径 × 导程（螺距）—中径公差带代号”表示 2. 多线螺纹同时标导程和螺距 3. 左旋矩形螺纹、梯形螺纹和锯齿形螺纹用“LH”标注在尺寸代号之后 4. 矩形螺纹、梯形螺纹和锯齿形螺纹有长旋合长度 L、中等旋合长度 N（不标），无短旋合长度；或特殊需要时标注旋合长度数值 5. 矩形螺纹、梯形螺纹和锯齿形螺纹只标中径公差带代号，无顶径公差带代号 6. 螺纹副标记：前者为内螺纹公差带代号，后者为外螺纹公差带代号，中间用“/”隔开 7. 多线螺纹的技术要求：螺距、小径、牙型角必须相等			

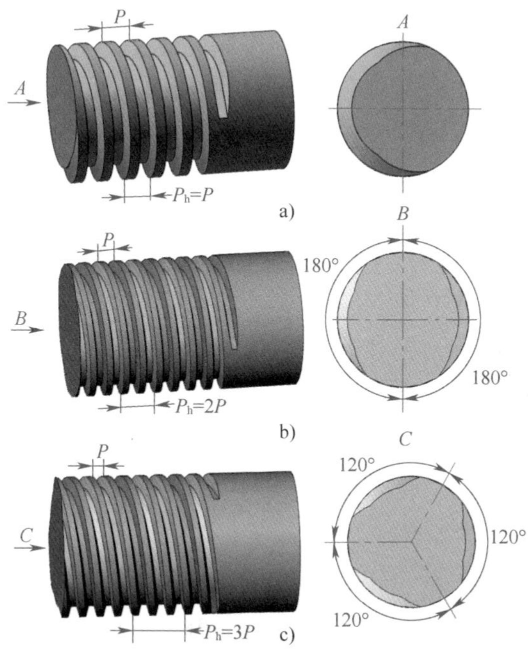

图 5-32　螺旋线的线数在圆周和轴向的分布
a）单线　b）双线　c）三线

若分线出现误差，使多线螺纹的螺距不相等，会直接影响内、外螺纹的配合性能，增加不必要的磨损，缩短使用寿命。因此，必须掌握分线方法，控制分线精度。

根据各螺旋线在轴向等距或圆周上等角度分布的特点，分线方法有轴向分线法和圆周分线法两种。

1. 轴向分线法

轴向分线法是按螺纹的导程车好一条螺旋槽后，把车刀沿螺纹轴线方向移动一个螺距，再车第二条螺旋槽。用这种方法只要精确控制车刀沿轴向移动的距离，就可达到分线的目的。具体控制方法如下：

（1）用小滑板刻度分线　先把小滑板导轨找正到与车床主轴轴线平行。在车好一条螺旋槽后，把小滑板向前或向后移动一个螺距，再车另一条螺旋槽。小滑板移动的距离可利用小滑板刻度控制。

（2）利用开合螺母分线　当多线螺纹的导程为车床丝杠螺距的整数倍且其倍数又等于线数时，可以在车好第一条螺旋槽后，用开倒顺车的方法将车刀返回开始车削的位置，提起开合螺母，再用床鞍刻度盘控制车床床鞍纵向前进或后退一个车床丝杠螺距，在此位置将开合螺母合上，车另一条螺旋槽。

（3）用百分表和量块分线法　如图 5–33 所示，对等距精度要求较高的螺纹分线时，可利用百分表和量块控制小滑板的移动距离。其方法如下：把百分表固定在刀架上，并在床鞍上紧固一挡块，在车第一条螺旋槽以前，调整小滑板，使百分表测头与挡块接触，并把百分表调整至“0”位。当车好第一条螺旋槽后，移动小滑板，使百分表指示的读数等于被车螺纹的螺距。

对螺距较大的多线螺纹进行分线时，因受百分表量程的限制，可在百分表与挡块之间垫入一块（或一组）量块，其厚度最好等于工件螺距。

用这种方法分线的精度较高，但由于车削时的振动会使百分表走动，在使用时应经常校正“0”位。

2. 圆周分线法

因为多线螺纹各螺旋线在圆周上是等角度分布的，所以当车好第一条螺旋槽后，应脱开工件与丝杠之间的传动链，并把工件转过一个角度 θ，再连接工件与丝杠之间的传动链，车削另一条螺旋槽，这种分线方法称为圆周分线法。

多线螺纹各起始点在端面上相隔的角度 θ 为：

$$\theta = \frac{360^\circ}{n} \tag{5-7}$$

式中　θ——多线螺纹在圆周上相隔的角度，（°）；

n——多线螺纹的线数。

圆周分线法的具体方法如下：

（1）利用三爪自定心卡盘和四爪单动卡盘分线　当工件采用两顶尖装夹并用卡盘的卡爪代替拨盘时，可利用三爪自定心卡盘分三线螺纹，利用四爪单动卡盘分双线和四线螺纹。当车好一条螺旋槽后，只需松开顶尖，把工件连同鸡心夹头转过一个角度，由卡盘上的另一个卡爪拨动，再用顶尖支撑好后就可车削另一条螺旋槽。

这种分线方法比较简单，但由于卡爪本身的误差较大，使得工件的分线精度不高。

（2）用专用分线盘分线　车削线数为 2、3 或 4，对于一般精度的螺纹，可利用简单的分线盘分线。当车削完第一条螺旋槽后，利用分线盘上分度精确的槽，将工件转过一个角度 θ，如图 5–34 所示。

当车双线螺纹时，工件分线应从 1 → 4 或 3 → 5。

当车三线螺纹时，工件分线应从 2 → 4 → 6。

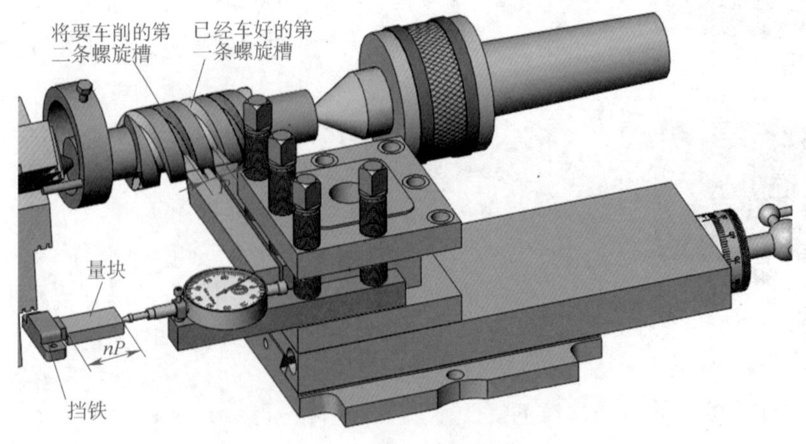

图 5–33　用百分表和量块分线

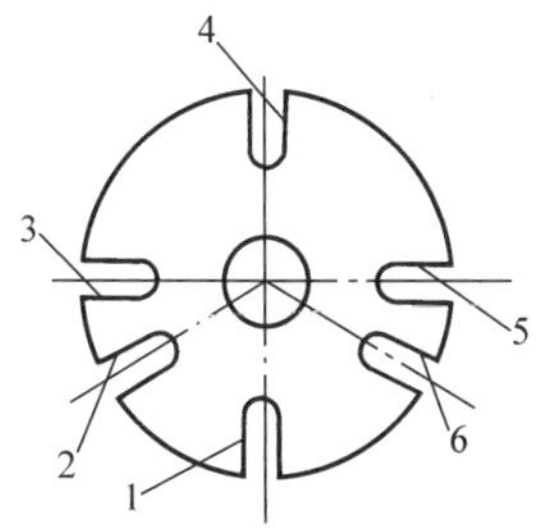

图 5-34　简单分线盘

当车四线螺纹时，工件分线应从 1→3→4→5。

（3）利用交换齿轮分线　车多线螺纹时，一般情况下，车床交换齿轮箱中的交换齿轮 z_1 与主轴转速相等，z_1 转过的角度等于工件转过的角度。因此，当 z_1 的齿数是螺纹线数的整数倍时，就可以利用交换齿轮分线。

具体分线步骤如图 5-35 所示。当车好一条螺旋槽后，停车并切断电源，在 z_1 上根据线数进行等分，在与 z_1 的啮合处用粉笔做记号 1 和 0。如用 CA6140 型车床车米制螺纹和英制螺纹时齿轮 z_2 的齿数为 63，在车削三线螺纹时，应在离记号 1 第 21 齿处做记号 2 和 3，随后松开交换齿轮架，使 z_1 与 z_2 脱开，用手转动主轴，使记号 2 或 3 对准记号 0，再使 z_1 与 z_2 啮合，即可车削第二条螺旋槽。车第三条螺旋槽时，也用同样的方法。

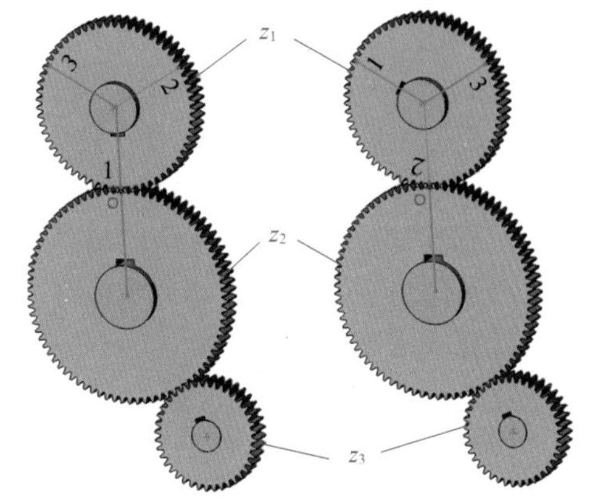

图 5-35　交换齿轮分线法

用这种方法分线的优点是分线精确度较高，但所车螺纹的线数受 z_1 齿数的限制，操作也较麻烦，所以不宜在成批生产中使用。

（4）用多孔插盘分线　图 5-36 所示为车多线螺纹时用的多孔插盘。多孔插盘装夹在车床主轴上，其上有等分精度很高的定位插孔（多孔插盘一般等分 12 或 24 孔），它可以对 2、3、4、6、8 或 12 线的螺纹进行分线。

分线时，先停车，然后松开紧固螺母，拔出定位插销，把多孔插盘旋转一个角度，再把插销插入另一个定位孔中，最后紧固螺母，分线工作就完成了。多孔插盘上可以装夹卡盘，工件夹持在卡盘上；也可装上拨块拨动夹头，进行两顶尖间的车削。

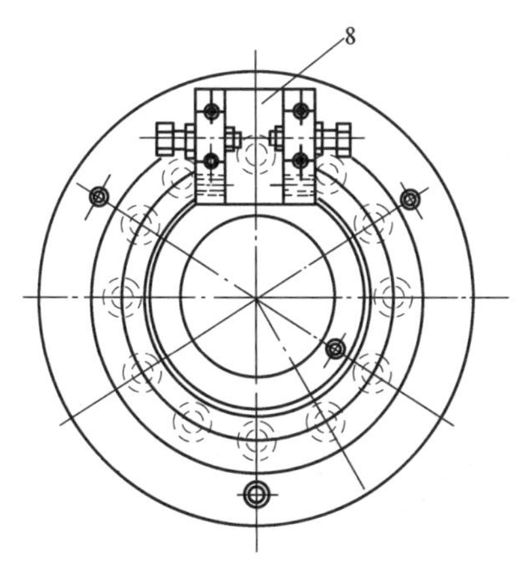

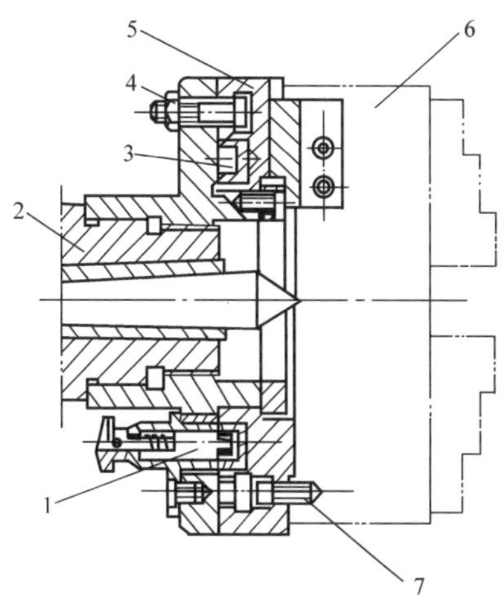

图 5-36　用多孔插盘分线

1—定位插销　2—车床主轴　3—定位插孔　4—紧固螺母　5—多孔插盘　6—卡盘　7—紧定螺钉　8—拨块

这种分线方法的精度主要取决于多孔插盘的等分精度。如果等分精度高，可以使该装置获得较高的分线精度。多孔插盘分线操作简单、方便，但分线数量受定位插孔数量限制。

三、多线螺纹车削中应注意的问题

1. 车削精度要求较高的多线螺纹时，应先将各条螺旋槽逐个粗车完毕，再逐个精车。

2. 在车各条螺旋槽时，螺纹车刀切入深度应该相等。

3. 用左右切削法车削时，螺纹车刀的左右移动量应相等。当用圆周分线法分线时，还应注意车每条螺旋槽时小滑板刻度盘的起始格数要相同。

4. 车削导程较大的多线螺纹时，螺纹车刀纵向进给速度较快，进刀和退刀时要防止车刀与工件、卡盘、尾座相碰。

§5–8 螺纹和蜗杆的检测及质量分析

一、螺纹的检测

车削螺纹时，应根据不同的质量要求和生产批量的大小，相应地选择不同的检测方法。常见的检测方法有单项测量法和综合检验法两种。

1. 单项测量法

（1）螺纹顶径的测量　螺纹顶径是指外螺纹的大径或内螺纹的小径，一般用游标卡尺或千分尺测量。

（2）螺距（或导程）的测量　车削螺纹前，先用螺纹车刀在工件外圆上划出一条很浅的螺旋线，再用钢直尺、游标卡尺或螺纹样板对螺距（或导程）进行测量，如图 5–37 所示。车削螺纹后螺距（或导程）的测量也可用同样的方法，如图 5–38 所示。

用钢直尺或游标卡尺进行测量时，最好量 5 个或 10 个牙的螺距（或导程）长度，然后取其平均值，如图 5–37a 和图 5–38a 所示。英制螺纹还可以通过测量 25.4 mm（1 in）长度中的牙数来计算螺距。

螺纹样板（图 5–37c）又称螺距规或牙规，有米制和英制两种。测量时将螺纹样板中的钢片沿着通过工件轴线的方向嵌入螺旋槽中，如完全吻合，则说明被测螺距（或导程）是正确的，如图 5–37b 和图 5–38b 所示。

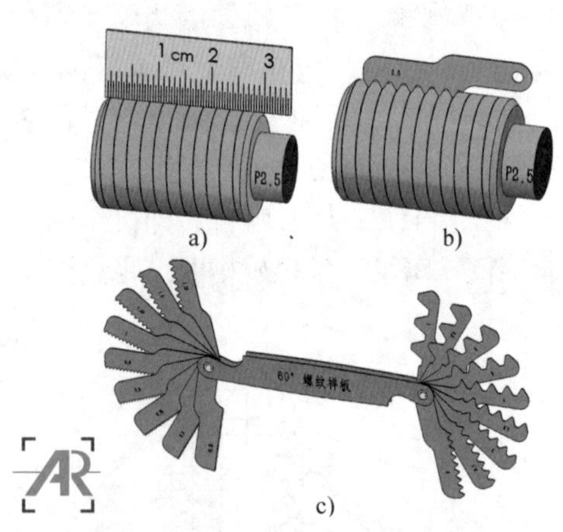

图 5–37　车削螺纹前螺距（或导程）的测量
a）用钢直尺测量　b）用螺纹样板测量　c）螺纹样板

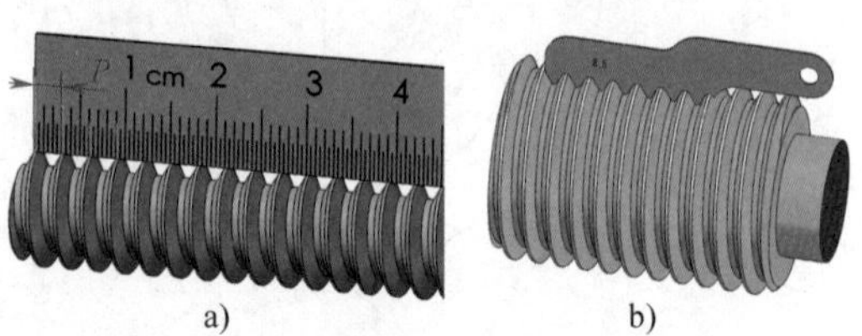

图 5–38　车削螺纹后螺距（或导程）的测量
a）用钢直尺测量　b）用螺纹样板测量

（3）牙型角的测量　一般螺纹的牙型角可以用螺纹样板（图 5–38b）或牙型角样板（图 5–39）检验。

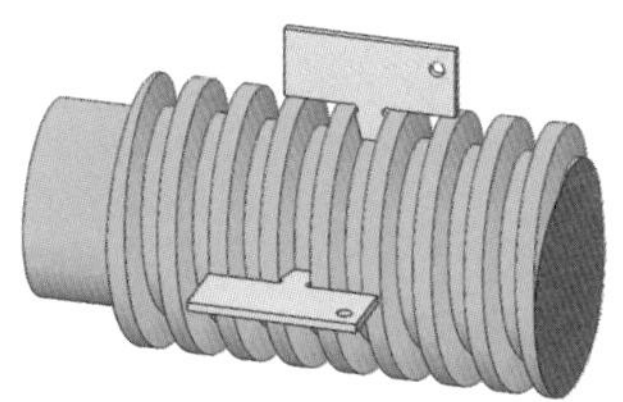

图 5–39　用牙型角样板检验

梯形螺纹和锯齿形螺纹可用游标万能角度尺来测量，其测量方法如图 5–40 所示。

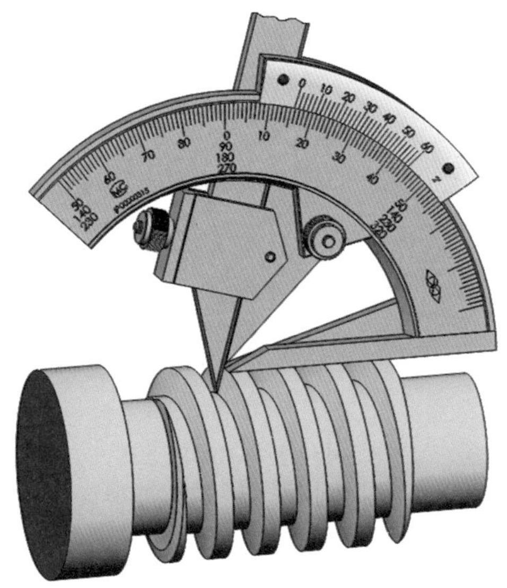

图 5–40　用游标万能角度尺测量梯形螺纹的牙型角

（4）螺纹中径的测量

1）用螺纹千分尺测量螺纹中径　三角形螺纹的中径可用螺纹千分尺测量，如图 5–41 所示。螺纹千分尺的读数原理与千分尺相同，但不同的是，螺纹千分尺有 60° 和 55° 两套适用于不同牙型角和不同螺距的测头。测头可以根据测量的需要进行选择，然后分别插入千分尺的测杆和砧座的孔内。但必须注意，在更换测头后，必须调整砧座的位置，使千分尺对准“0”位。

测量时，与螺纹牙型角相同的上、下两个测头正好卡在螺纹的牙侧上。从图 5–41c 中可以看出，*ABCD* 是一个平行四边形，因此测得的尺寸 *AD* 就是中径的实际尺寸。

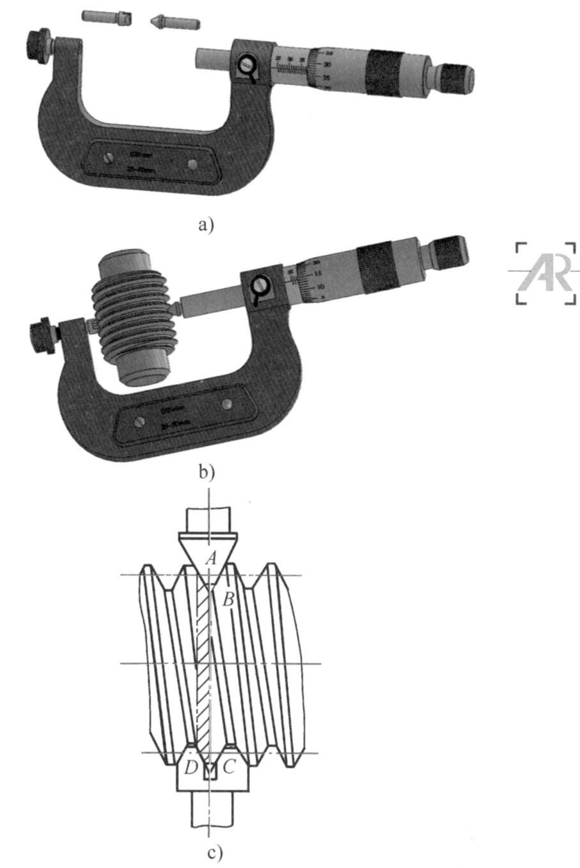

图 5–41　用螺纹千分尺测量螺纹中径

a）螺纹千分尺　b）测量方法　c）测量原理

螺纹千分尺的误差较大，为 0.1 mm 左右，一般用来测量精度不高、螺距（或导程）为 0.4 ~ 6 mm 的三角形螺纹。

2）用三针测量螺纹中径　三针是用来测量外螺纹中径的三根一套的精密量针。用三针测量螺纹中径是一种比较精密的测量方法。三角形螺纹、梯形螺纹和锯齿形螺纹的中径均可采用三针测量。测量时将三根量针放置在螺纹上、下两侧相对应的螺旋槽内，用千分尺量出两边量针顶点之间的距离 *M*（图 5–42）。根据 *M* 值可以计算出螺纹中径的实际尺寸。用三针测量时，*M* 值和中径 d_2 的计算公式见表 5–18。

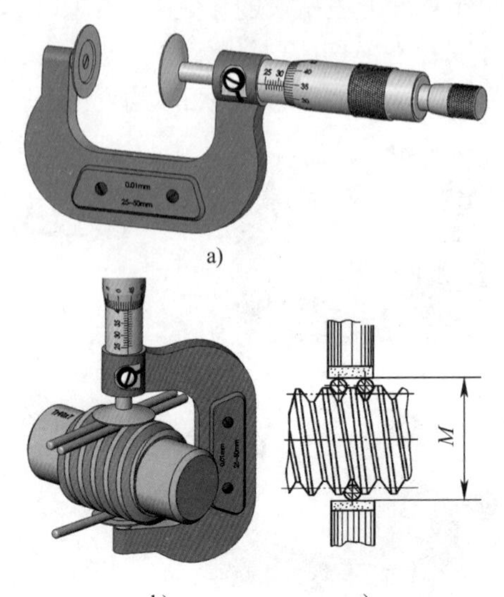

图 5-42　用三针测量螺纹中径

a）公法线千分尺　b）测量方法　c）测量原理

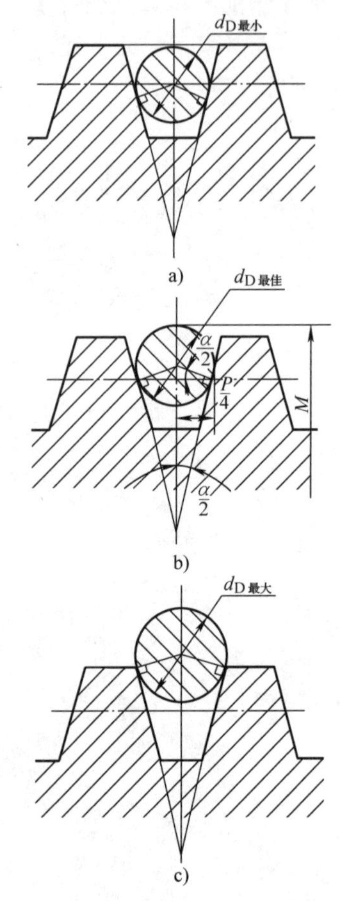

图 5-43　量针直径的选择

a）最小量针直径　b）最佳量针直径
c）最大量针直径

测量时所用的三根直径相等的圆柱形量针是由量具厂专门制造的，也可用三根新直柄麻花钻的柄部代替。量针直径 d_D 不能太小或太大。最佳量针直径是指量针横截面与螺纹中径处牙侧相切时的量针直径（图 5-43b）。量针直径的最大值、最佳值和最小值可用表 5-18 中的公式计算出。选用量针时，应尽量接近最佳值，以便获得较高的测量精度。

例 5-8　用三针测量法测量 Tr40×7 的丝杠，已知螺纹中径的基本尺寸和极限偏差为 $\phi 36.5^{-0.125}_{-0.480}$ mm，使用 $\phi 3.5$ mm 的量针，求千分尺的读数 M 值的范围。

表 5-18　用三针测量螺纹中径 d_2（或蜗杆分度圆直径 d_1）的计算公式　mm

螺纹或蜗杆	牙型角 α	M 值计算公式	量针直径 d_D		
			最大值	最佳值	最小值
普通螺纹	60°	$M=d_2+3d_D-0.866P$	$1.01P$	$0.577P$	$0.505P$
英制螺纹	55°	$M=d_2+3.166d_D-0.961P$	$0.894P-0.029$	$0.564P$	$0.481P-0.016$
梯形螺纹	30°	$M=d_2+4.864d_D-1.866P$	$0.656P$	$0.518P$	$0.486P$
米制蜗杆	20°（齿形角）	$M=d_1+3.924d_D-4.316m_x$	$2.446m_x$	$1.672m_x$	$1.610m_x$

解： 根据表 5-18 中 30° 梯形螺纹 M 值的计算公式，已知量针直径 d_D=3.5 mm，P=7 mm。

$$M = d_2 + 4.864d_D - 1.866P$$
$$= 36.5\ \text{mm} + 4.864 \times 3.5\ \text{mm} - 1.866 \times 7\ \text{mm}$$
$$\approx 40.46\ \text{mm}$$

根据规定的极限偏差，M 值应在 39.98 ~ 40.335 mm 的范围内。

3）用单针测量螺纹中径　用单针测量螺纹中径的方法如图 5-44 所示，这种方法比三针测量法简单。测量时只需使用一根量针，另一侧利用螺纹大径作基准，在测量前应先量出螺纹大径的实际尺寸 d_0，其原理与三针测量法相同。

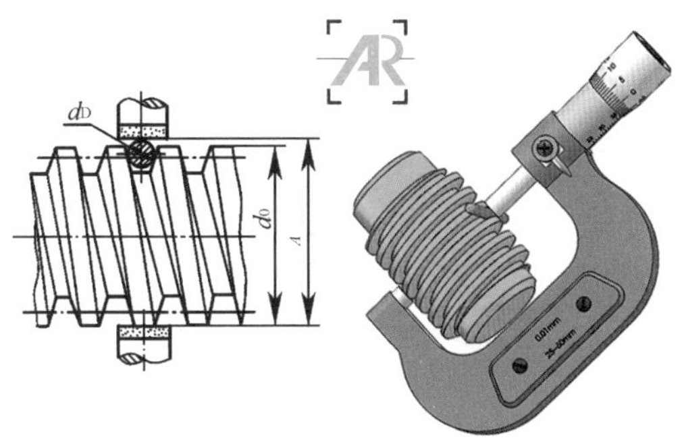

图 5-44　用单针测量螺纹中径

用单针测量时，千分尺测得的读数值 A 可按下式计算：

$$A = \frac{M + d_0}{2} \qquad (5\text{-}8)$$

式中　d_0——螺纹大径的实际尺寸，mm；

M——用三针测量时千分尺的读数，mm。

例 5-9　用单针测量 Tr36×6—8e 螺纹时，量得工件实际外径 d_0=35.95 mm，单针测量值 A 应为多少才合适？

解： 查表 5-18，选取量针最佳直径 d_D，并计算 M 值：

$$d_D = 0.518P = 0.518 \times 6\ \text{mm} = 3.108\ \text{mm}$$
$$d_2 = d - 0.5P = 36\ \text{mm} - 0.5 \times 6\ \text{mm}$$
$$= 33\ \text{mm}$$
$$M = d_2 + 4.864d_D - 1.866P = 33\ \text{mm} + 4.864 \times 3.108\ \text{mm} - 1.866 \times 6\ \text{mm} \approx 36.92\ \text{mm}$$

根据有关国家标准，查得中径偏差为：

$$d_2 = 33_{-0.543}^{-0.118}\ \text{mm}$$

则 $M = 36.92_{-0.543}^{-0.118}$ mm

所以，$A = \frac{M + d_0}{2} = \frac{36.92\ \text{mm} + 35.95\ \text{mm}}{2} = 36.435\ \text{mm}$

单针测量值 A 的极限偏差值应为中径极限偏差的一半。因此，$A = 36.435_{-0.272}^{-0.059}$ mm$= 36.5_{-0.337}^{-0.124}$ mm 为合适。

如果直径较大的梯形螺纹和锯齿形螺纹外径比较精确，并能以外径作为基准时，可用单针测量螺纹中径。但采用单针测量，尤其是车削过程中的测量没有三针测量精确。

2. 综合检验法

综合检验法是用螺纹量规对螺纹各基本要素进行综合性检验。螺纹量规（图 5-45）包括螺纹塞规和螺纹环规，螺纹塞规用来检验内螺纹，螺纹环规用来检验外螺纹。它们分别有通规 T 和止规 Z，在使用中要注意区分，不能搞错。如果通规难以拧入，应对螺纹的各直径尺寸、牙型角、牙型半角和螺距等进行检查，经修正后再用通规检验。当通规全部拧入，止规不能拧入时，说明螺纹各基本要素符合要求。

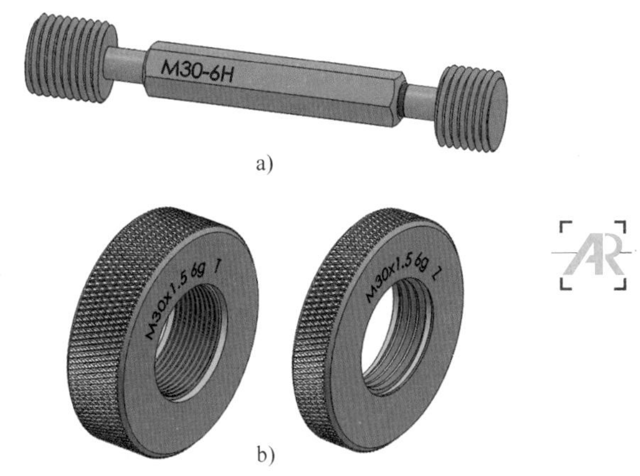

图 5-45　螺纹量规

a）螺纹塞规　b）螺纹环规

对三角形螺纹和梯形螺纹均可采用综合检验法进行检验。

应当注意，当螺纹升角大于4°时，用三针和单针测量螺纹中径会产生较大的测量误差，测量值应修正，修正公式可在有关手册中查得。

二、蜗杆的测量

在蜗杆测量的参数中，齿顶圆直径、齿距（或导程）、齿形角与螺纹的大径、螺距（或导程）、牙型角的测量方法基本相同。下面重点介绍蜗杆分度圆直径和法向齿厚的测量方法。

1. 蜗杆分度圆直径 d_1 的测量

分度圆直径 d_1 也可用三针和单针测量，其原理和测量方法与测量螺纹相同。三针测量米制蜗杆的计算公式见表5–18。

2. 法向齿厚 s_n 的测量

蜗杆的图样上一般只标注轴向齿厚 s_x，在齿形角正确的情况下，分度圆直径处的轴向齿厚与齿槽宽度应相等。但轴向齿厚无法直接测量，常通过对法向齿厚 s_n 的测量来判断轴向齿厚是否正确。

蜗杆的法向齿厚 s_n 是一个很重要的参数，法向齿厚 s_n 的换算公式如下：

$$s_n = s_x\cos\gamma = \frac{\pi m_x}{2}\cos\gamma \qquad (5\text{–}9)$$

法向齿厚可以用游标齿厚卡尺进行测量，如图5–46所示，游标齿厚卡尺由互相垂直的齿高卡尺和齿厚卡尺组成。测量时卡脚的测量面必须与齿侧平行，也就是把刻度所在的卡尺平面与蜗杆轴线相交一个蜗杆导程角。

测量时应把齿高卡尺读数调整到齿顶高 h_a 的尺寸（必须注意齿顶圆直径尺寸的误差对齿顶高的影响），齿厚卡尺所测得的读数就是法向齿厚的实际尺寸。这种方法的测量精度比三针测量差。

例5–10 车削轴向模数 m_x=4 mm的三头蜗杆，其导程角 γ=15° 15′，求齿顶高 h_a 和法向齿厚 s_n。

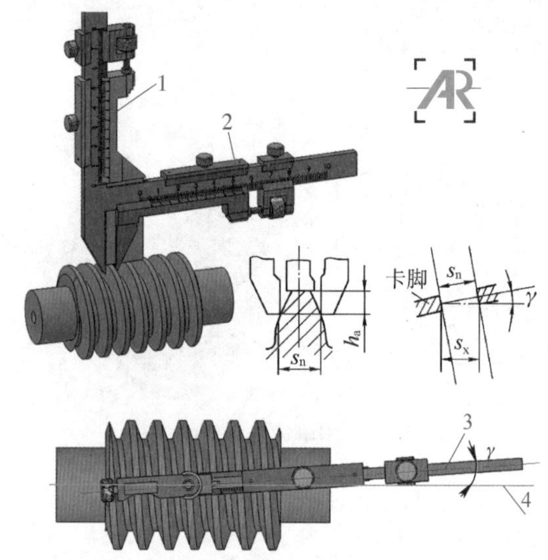

图5–46 用游标齿厚卡尺测量法向齿厚
1—齿高卡尺 2—齿厚卡尺
3—刻度所在的卡尺平面 4—蜗杆轴线

解： $h_a=m_x$=4 mm

$$s_n = \frac{\pi m_x}{2}\cos\gamma = \frac{3.14\times4}{2}\text{ mm}\times\cos15°15'$$

$$\approx 6.28\text{ mm}\times0.965\approx6.06\text{ mm}$$

即齿高卡尺应调整到齿顶高 h_a=4 mm的位置，齿厚卡尺测得的法向齿厚应为 s_n=6.06 mm。

三、车螺纹及蜗杆时的质量分析

车螺纹及蜗杆时废品的产生原因及预防方法见表5–19。

表 5-19　　车螺纹及蜗杆时废品产生的原因及预防方法

废品种类	产生原因	预防方法
中径（或分度圆直径）不正确	1. 车刀切入深度不正确 2. 刻度盘使用不当	1. 经常测量中径（或分度圆直径）尺寸 2. 正确使用刻度盘
螺距（或轴向齿距）不正确	1. 交换齿轮计算或组装错误；主轴箱、进给箱有关手柄位置扳错 2. 局部螺距（或轴向齿距）不正确 （1）车床丝杠和主轴的窜动过大 （2）溜板箱手轮转动不平衡 （3）开合螺母间隙过大 3. 车削过程中开合螺母抬起	1. 在工件上先车出一条很浅的螺旋线，测量螺距（或轴向齿距）是否正确 2. 调整螺距 （1）调整好主轴和丝杠的轴向窜动量 （2）将溜板箱手轮拉出，使之与传动轴脱开或加装平衡块使之平衡 （3）调整好开合螺母的间隙 3. 用重物挂在开合螺母手柄上，防止其中途抬起
牙型（或齿形）不正确	1. 车刀刃磨不正确 2. 车刀装夹不正确 3. 车刀磨损	1. 正确刃磨和测量车刀角度 2. 装刀时使用对刀样板（图 5-47） 3. 合理选用切削用量并及时修磨车刀
表面粗糙度值大	1. 产生积屑瘤 2. 刀柄刚度不足，切削时产生振动 3. 车刀背前角太大，中滑板丝杠螺母间隙过大，产生扎刀现象 4. 高速切削螺纹时，最后一刀的背吃刀量太小或切屑向倾斜方向排出，拉毛螺纹牙侧 5. 工件刚度低，而切削用量选用过大	1. 用高速钢车刀切削时，应降低切削速度，并加注切削液 2. 增大刀柄截面积，并减小悬伸长度 3. 减小车刀背前角，调整中滑板丝杠螺母间隙 4. 高速切削螺纹时，最后一刀的背吃刀量一般应大于 0. 1 mm，并使切屑垂直于轴线方向排出 5. 选择合理的切削用量
多线螺纹（多头蜗杆）分线不正确	1. 与“螺距（或轴向齿距）不正确”的产生原因相同 2. 工件没有夹紧，车削时因切削力过大造成工件微量移动或转动 3. 小滑板移动距离不正确 4. 借刀使车刀轴向位置移动 5. 用圆周分线法分线，车每条螺旋槽时小滑板刻度盘的起始格数不相同 6. 在车各条螺旋槽时，车刀的切入深度不相等 7. 车刀修磨后，没有对准原来的轴向位置	1. 与“螺距（或轴向齿距）不正确”的预防方法相同 2. 工件必须夹紧，防止车削时因切削力过大造成工件微量移动或转动 3. 检查小滑板导轨是否与车床主轴轴线平行；在每次分线时小滑板手柄的转动方向必须相同，以避免小滑板丝杠与螺母之间的间隙而产生误差 4. 分线后采用左右切削法精车时，车刀的左右移动量应相等。必须先车削各螺旋槽的同一侧面，再车削各螺旋槽的另一侧面 5. 用圆周分线法分线，车每条螺旋槽时小滑板刻度盘的起始格数必须相同 6. 在车各条螺旋槽时，车刀的切入深度应相等 7. 中途换刀或刃磨后重新装刀，必须重新调整螺纹车刀刀尖的高低和刀尖半角；用“中途换刀法”对准原来的螺旋槽

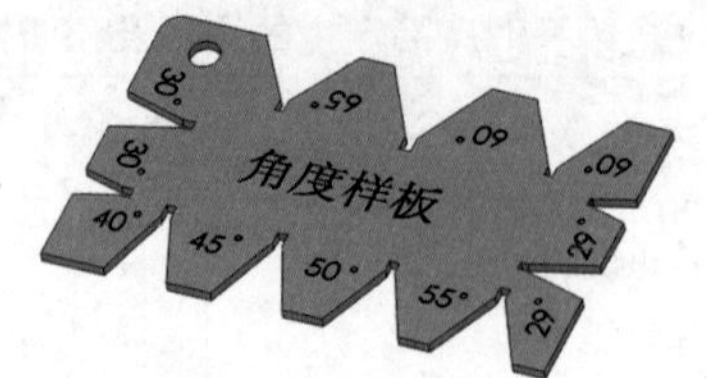

图 5-47　对刀样板

思考与练习

1. 常用的螺纹牙型有哪几种？

2. 绘出普通螺纹的牙型，并注出牙型角、螺距、大径、中径、小径和螺纹升角。

3. 细牙普通螺纹的螺纹代号与粗牙普通螺纹有什么不同？

4. 车削右旋螺纹时，车刀左、右两侧前角会产生什么变化？应如何改进？

5. 车削左旋螺纹时，车刀左、右两侧后角会产生什么变化？怎样确定两侧后角刃磨时的角度值？

6. 螺纹车刀背前角 $\gamma_p>0°$ 时，对螺纹牙型会产生哪些影响？

7. 当螺纹车刀的背前角 $\gamma_p>0°$ 时，如何确定车刀两侧切削刃之间夹角 ε_r' 的数值？

8. 在 CA6140 型车床上，车削螺距 P=1 mm、1.5 mm、1.75 mm、12 mm 的米制螺纹，手柄位置如何变换？交换齿轮如何变换？

9. 在 CA6140 型车床上车削每 1in（25.4 mm）内 8 牙、20 牙的英制螺纹，手柄位置如何变换？交换齿轮如何变换？

10. 车螺纹时产生乱牙的原因是什么？应如何解决？

11. 在丝杠螺距为 12 mm 的 CA6140 型车床上，车削导程 $nP_{工}$=1.5 mm、4 mm、12 mm 的螺纹，哪些导程的螺纹会产生乱牙？

12. 写出 M6 ~ M24 普通粗牙螺纹的螺距。

13. 按表 5-20 的已知条件，计算出有关数据并填入表中。

表 5-20　　计算普通螺纹的基本参数　　mm

顺序	螺纹标记	螺距 P	螺纹大径 d	螺纹中径 d_2	牙型高度 h_1	内螺纹小径 D_1
1	M6					
2	M12					
3	M20					
4	M30 × 2					
5	M48 × 1.5					

14. 英制螺纹与普通螺纹有哪些不同？米制锥螺纹（管螺纹）与普通螺纹有哪些异同点？

15. 每 1 in（25.4 mm）内 7 牙和 10 牙的英制螺纹，试计算其螺距。

16. 管螺纹有哪几种？螺纹标记 G3/4A、G1/2—LH、Rc1/2、Rp1—LH、NPT1/2、NPSC5/8 和 ZM10 分别表示什么含义？

17. 低速车削三角形螺纹有哪几种进刀方法？各有哪些优缺点？分别适用于什么场合？

18. 高速车削螺纹时为什么不宜采用左右切削法？

19. 需要车削 M24 的螺母两件，工件的材料一件为铸造铜合金 ZCuSn10Zn2，另一件为 45 钢，分别求出车削内螺纹前的孔径尺寸。

20. 试绘出车削矩形 48×12 螺纹的车刀几何形状，并注上尺寸及角度。

21. 车削矩形 48×8 的丝杠，试计算各基本要素的尺寸。

22. 试绘出车削 Tr52×9 螺纹高速钢精车刀的几何形状，并注上尺寸及角度。

23. 车削 Tr48×8 的丝杠和螺母，试计算内、外螺纹各基本要素的尺寸和螺纹升角。

24. 车削梯形螺纹有哪几种方法？当螺距较大时应采用哪种方法？

25. 已知单头蜗杆（α=20°）的分度圆直径 d_1=50 mm，轴向模数 m_x=5，试计算导程 P_z、齿顶高 h_a、全齿高 h、齿顶圆直径 d_a、轴向齿顶宽 s_a、轴向齿根槽宽 e_f、法向齿厚 s_n 和导程角 γ。

26. 如何计算多头蜗杆的导程角？

27. 常用的蜗杆齿形有哪两种？如何根据蜗杆的齿形选用适当的装刀方法？

28. 什么是多线螺纹？多线螺纹导程与螺距的关系是怎样的？

29. 为什么必须重视多线螺纹的分线精度？

30. 多线螺纹的分线方法有哪两种？各有哪些具体方法？

31. 车床小滑板刻度盘每转一格移动 0.05 mm，在车削螺距 P=6 mm 的双线锯齿形螺纹时，若采用小滑板刻度分线法分线，试计算分线时小滑板刻度盘应摇进的格数。

32. 用百分表和量块进行分线时应注意哪些问题？

33. 利用交换齿轮齿数分线有哪些优缺点？

34. 成批车削多线螺纹时，用哪种分线方法最理想？

35. 车削 M60Ph12P4—6g 的普通螺纹，如果用多孔插盘分线法分线时，多孔插盘应转过多少度？

36. 怎样测量螺纹的螺距和中径？

37. 用三针测量 M64×4 普通螺纹，求最佳量针直径 d_D 和千分尺读数值 M。

38. 用三针测量 Tr36×6—8e 丝杠，已知螺纹中径的基本尺寸和极限偏差为 $\phi33^{-0.118}_{-0.543}$ mm，求最佳量针直径 d_D 和千分尺读数 M 值的范围。

39. 用单针测量 Tr60×9 梯形螺纹，量得梯形螺纹实际外径 d_0=59.93 mm，求单针测量值 A。

40. 已知轴向模数 m_x=4 mm，头数 z_1=1，分度圆直径 d_1=40 mm，导程角 γ=11° 18′ 36″，求蜗杆分度圆直径处的法向齿厚 s_n。

41. 用游标齿厚卡尺测量蜗杆的法向齿厚时，齿高卡尺应调整到什么尺寸？法向齿厚应如何计算？在测量时应注意什么？

42. 车削的螺纹局部螺距不正确、牙型不正确的原因有哪些？

43. 图 5-29 所示的蜗杆轴，工件材料为热轧圆钢，材料牌号为 45 钢，毛坯尺寸为 ϕ43 mm×200 mm，数量为 15 件。试写出该工件的车削工艺步骤。

第六章

车床工艺装备

车床工艺装备是车削过程中所使用的各种工具的总称，包括车床夹具、刀具、量具和辅具等。本章重点介绍车床夹具和硬质合金可转位车刀。

§6–1 夹具的基本概念

车削时，工件必须在车床夹具中定位并夹紧，使它在整个车削过程中始终保持正确的位置。工件装夹得是否正确、可靠，将直接影响加工质量和生产效率，应十分重视。

一、夹具的定义和分类

用以装夹工件（和引导刀具）的装置称为夹具。在车床上用以装夹工件的装置称为车床夹具。车床夹具的种类、定义和应用见表6–1。本章重点介绍专用夹具。

表6–1　车床夹具的种类、定义和应用

种类	定义	应用
通用夹具	已标准化，可装夹多种工件的夹具	它一般由专业企业生产，作为车床附件供应，如车床上常用的三爪自定心卡盘、四爪单动卡盘、顶尖、中心架和跟刀架等
专用夹具	为某一工件某道工序的加工而专门设计和制造的夹具	在产品相对稳定、批量较大的生产中，使用各种专用夹具可获得较高的加工精度和生产效率
组合夹具	按某一工件某道工序的加工要求，由一套事先制造好的标准元件和部件组装而成的夹具	适用于小批量生产或新产品试制

二、夹具的组成

图6–1所示为支架，该工件的毛坯为压铸件，4个ϕ6.5 mm孔在压铸后就达到图样要求，底面经加工后也达到图样要求。现要求加工两端ϕ26K7轴承孔、ϕ22 mm通孔及两个端面，两个ϕ26K7孔之间的同轴度公差为ϕ0.04 mm。

图6–2所示为加工该支架的锥柄连接式车床专用夹具。装夹工件时，将工件放在夹

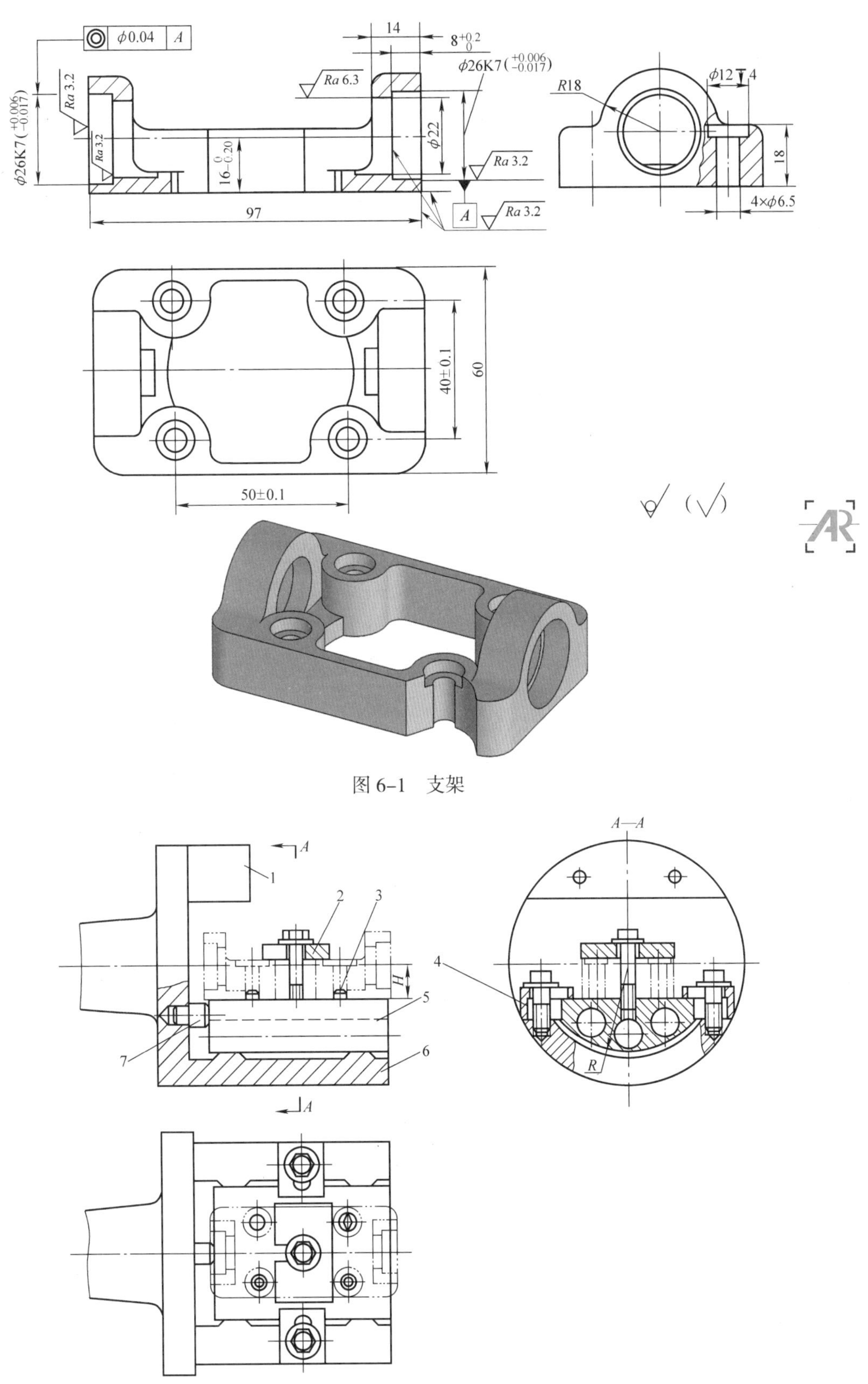
φ0.04 A
14
8 +0.2 0
φ26K7(+0.006 −0.017)
Ra 6.3
Ra 3.2
φ22
16 0 −0.20
97
A
R18
φ12 ↧4
18
4×φ6.5
40±0.1
60
50±0.1
A—A
1
2
3
4
5
6
7
H
R

图 6-1　支架

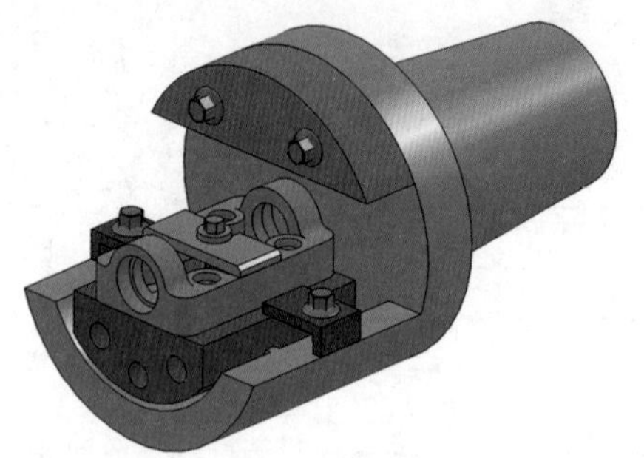

图 6–2　加工支架用车床夹具

1—平衡铁　2、4—压板　3—定位销　5—圆弧定位体　6—夹具体　7—止推钉

具圆弧定位体上，使工件已加工的底面紧贴在圆弧定位体的上平面上，并使两个定位销插入工件上两个 ϕ6.5 mm 的孔中，以确定工件在圆弧定位体上的位置，然后用压板将工件夹紧。圆弧定位体与夹具体之间的圆弧面（半径为 R）紧密接触，并且圆弧定位体可在夹具体上摆动。将圆弧定位体的端面紧靠在止推钉上，再用两块压板将圆弧定位体压紧在夹具体上。

夹具用锥柄与车床主轴连接。制造夹具时，使配合圆弧面的轴线与主轴的回转轴线之间达到较高的同轴度要求，同时，保证半径为 R 的圆弧的中心线与定位面之间的距离为 H，即可控制工件上孔的轴线与底面之间的高度尺寸。一端切削完毕，松开两块压板，把圆弧定位体调转 180°，压紧后加工另一端。由于中心高度和几何中心都不变，因此两端孔的同轴度也就得到了保证。

由上面的实例不难看出，夹具一般由定位装置、夹紧装置和夹具体等组成。

1. 定位装置

定位装置是保证工件在夹具中具有确定位置的装置。图 6–2 中的圆弧定位体、定位销等组成了加工支架用车床夹具的定位装置。

2. 夹紧装置

夹紧装置是指在工件定位后将其固定的装置，用以保持工件在加工过程中定位位置不变。图 6–2 中的螺栓、螺母和压板等组成了夹紧装置。

3. 夹具体

夹具体是夹具的基座与骨架，其作用是将定位装置与夹紧装置连成一个整体，并使夹具与机床的有关部位相连接，确定夹具相对于机床的位置，如图 6–2 中的 6 为夹具体。

4. 辅助装置

辅助装置是根据夹具的实际需要而设置的一些附属装置，如图 6–2 中的平衡铁。

三、夹具的作用

1. 保证加工精度

采用夹具后，工件上各有关表面的相互位置精度就由夹具来保证，这比划线找正所达到的精度高，能较容易地达到图样所要求的精度。

2. 提高劳动生产率

采用夹具后，可省去划线工序，减少找正时间，因而提高了劳动生产率。同时，由于工件装夹稳固，可加大切削用量，减少切削时间。有的夹具可同时装夹几个工件，劳动生产率显著提高。若再采用气动或液压传动来驱动夹紧装置，则效果更为明显，同时可以减轻工人的劳动强度。

3. 解决车床加工及装夹中的特殊困难

图 6–1 所示的支架，如果不采用夹具

进行加工，则很难达到图样要求。有些工件，不论数量多少，不用夹具甚至无法加工。

4. 扩大车床的加工范围

在单件、小批量生产时，工件的种类很多，且工艺过程较复杂，当机床的种类不齐全时，可对某种车床进行适当的改造，并采用适当的夹具，使车床“一机多用”。例如，在车床的中滑板上装上镗模，就可实现“以车代镗”。

§6-2 工件的定位

一、定位和基准的基本概念

1. 工件的定位

使用夹具对工件进行加工时，必须按照加工工艺的要求先把工件放在夹具中，使工件在夹紧之前相对于机床和刀具有一个正确的确定位置，这个过程称为工件的定位。工件的定位是通过工件上的某些表面与夹具定位元件的接触来实现的。

图 6-3 所示为支架在车床夹具上的定位实例，其定位方法如下：工件的底面 A 与夹具圆弧定位体的平面接触。工件上两个 ϕ6.5 mm 的孔分别套在削边销和圆柱销（此两销按要求装在圆弧定位体上）上，使工件既不能移动，也不能转动，从而保证了工件在夹具中有一个正确的确定位置。

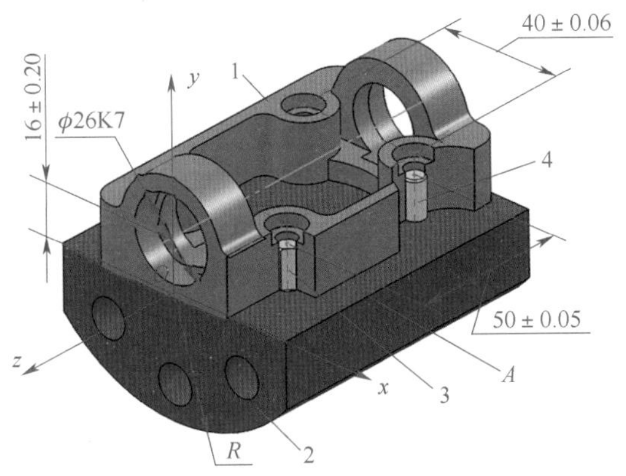

图 6-3 车床夹具定位实例

1—工件 2—圆弧定位体 3—削边销 4—圆柱销

2. 定位基准

定位基准体现的是工件与夹具定位元件工作表面相接触的表面。由图 6-3 不难看出，加工支架上两端 ϕ26K7 孔、ϕ22 mm 通孔及两个端面的定位基准是支架的底面和两个 ϕ6.5 mm 孔的轴线。

当工件的定位基准确定后，工件上其他部分的位置也随之确定。在图 6-3 中，当支架的底面和两个 ϕ6.5 mm 孔的位置确定后，两端 ϕ26K7 孔和 ϕ22 mm 通孔的轴线位置也就确定了。

工件定位时，作为基准的点和线往往由某些具体表面体现出来，这种表面称为定位基面。例如，用两顶尖装夹车轴时，轴的两中心孔就是定位基面，它体现的定位基准是轴的轴线。

二、工件的定位原理

1. 六点定位规则

任何工件在空间直角坐标系中，都可以沿 x、y、z 这三个坐标轴移动，也可绕着这三个坐标轴转动。习惯上把沿 x、y、z 坐标轴移动的自由度分别用 $\vec{x}$、$\vec{y}$、$\vec{z}$ 表示，把绕着这三个坐标轴转动的自由度分别用 $\overset{\frown}{x}$、$\overset{\frown}{y}$、$\overset{\frown}{z}$ 表示，如图 6-4 所示。

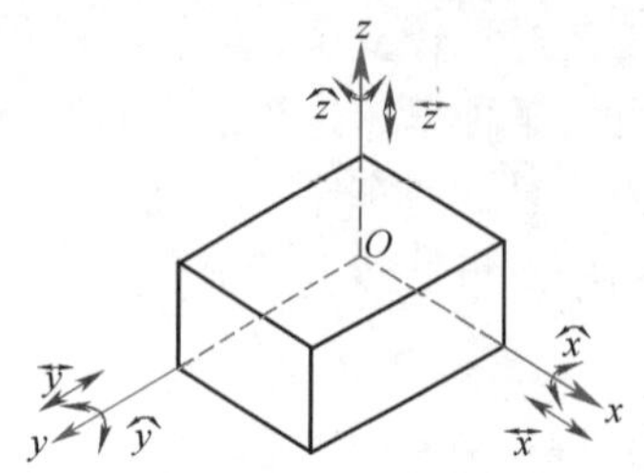

图 6–4　工件在空间的 6 个自由度

为使工件在夹具中有一个完全确定的位置，必须靠在夹具中适当分布的 6 个支撑点来限制工件的 6 个自由度，这就是六点定位规则。

图 6–5 所示的长方体工件，被夹具中的 6 个按一定要求布置的支撑点限制了其 6 个自由度。其中底面 A 支撑在 3 个支撑点上，限制了工件$\widehat{x}$、$\widehat{y}$、$\vec{z}$ 3 个自由度；左侧面靠在 2 个支撑点上，限制了工件$\vec{x}$和$\widehat{z}$ 2 个自由度；端面与 1 个支撑点 C 接触，限制了工件$\vec{y}$ 1 个自由度。这样工件的 6 个自由度全部被限制，工件在夹具中只有唯一的位置。

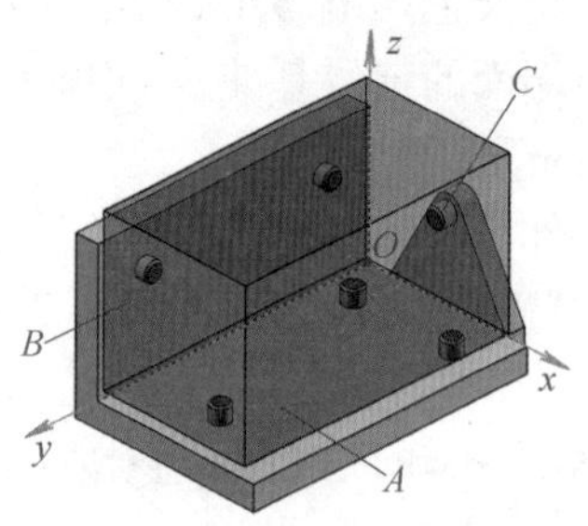

图 6–5　长方体工件的定位

2. 工件定位的类型

在加工过程中，并非所有的工件都必须限制 6 个自由度。工件所需限制自由度的个数主要取决于工件在该工序中的加工要求。工件在夹具中的定位主要有完全定位、不完全定位、重复定位和欠定位等。

（1）完全定位　工件的 6 个自由度全部被限制，在夹具中只有唯一位置的定位称为完全定位。图 6–2 和图 6–5 所示的工件定位即完全定位。

（2）不完全定位　不完全定位又称部分定位，指根据加工要求，并不需要限制工件的全部自由度，而工件应当限制的自由度都受到了限制。

图 6–6 所示的车削轴承座上 ϕ20H7 孔的车床夹具即采用了不完全定位，其被限制的自由度包括：底面 N 与角铁定位板的水平面相接触，角铁定位板的水平面相当于 3 个支撑点，限制了工件的 3 个自由度；侧面 K 与侧定位板 4 接触，侧定位板为窄长平面，相当于 2 个支撑点，限制了工件的 2 个自由度。因此，该夹具共限制了 5 个自由度，剩下一个沿车床主轴轴线方向移动的自由度没有限制。不难看出，这对加工不会产生影响。

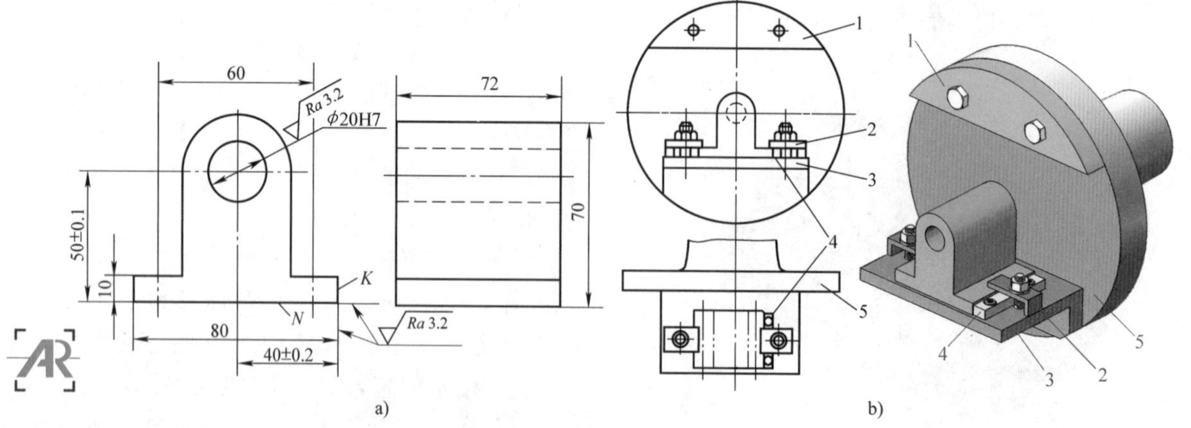

图 6–6　车削轴承座的不完全定位

a）轴承座　b）夹具图

1—平衡铁　2—压板　3—角铁定位板　4—侧定位板　5—锥柄夹具体

由此可见，只要满足加工要求，不完全定位是允许的。

（3）重复定位　工件的同一自由度同时被几个支撑点重复限制的定位称为重复定位。

图 6–7a 所示的一夹一顶装夹工件即采用了重复定位。当卡盘夹持的部分较长时，相当于 4 个定位支撑点，限制了$\overset{\frown}{y}$、$\overleftrightarrow{y}$、$\overset{\frown}{z}$、$\overleftrightarrow{z}$ 4 个自由度。后顶尖因能沿 x 方向移动，所以限制了$\overset{\frown}{y}$、$\overset{\frown}{z}$ 2 个自由度。因此，$\overset{\frown}{y}$、$\overset{\frown}{z}$各有两个支撑点来限制，是重复定位。当卡爪夹紧后，后顶尖往往顶不到中心处；如果强制夹持，则工件容易变形。因此，采用一夹一顶装夹工件时，卡爪夹持部分应短一些，使其相当于 2 个支撑点，只限制 $\overleftrightarrow{y}$、$\overleftrightarrow{z}$ 2 个自由度，如图 6–7b 所示。

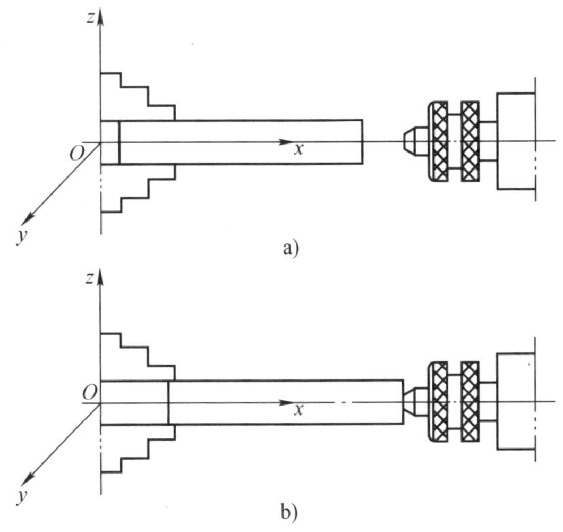

图 6–7　一夹一顶时的重复定位及改善措施

a）重复定位　b）改善措施

图 6–8a 所示为用心轴定位一个套类工件，心轴的外圆相当于 4 个支撑点，限制了$\overset{\frown}{y}$、$\overleftrightarrow{y}$、$\overset{\frown}{z}$、$\overleftrightarrow{z}$ 4 个自由度。如果按图 6–8b 所示定位，由于增加了一个平面（台阶），限制了$\overleftrightarrow{x}$、$\overset{\frown}{y}$、$\overset{\frown}{z}$ 3 个自由度，因此对$\overset{\frown}{y}$、$\overset{\frown}{z}$是重复定位。由于工件的端面与孔的轴线有垂直度误差，夹紧时，心轴发生变形，影响了加工精度。

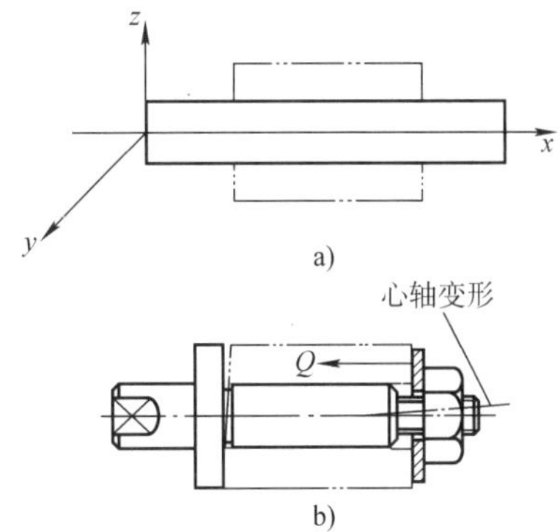

图 6–8　圆柱孔用心轴定位

a）无平面（无台阶）　b）有平面（有台阶）

为了改善这种情况，可采用以下几种措施：

1）如果主要以孔定位，则平面与工件的接触面较小，使平面只限制 $\overleftrightarrow{x}$ 1 个自由度，如图 6–9a 所示。

2）如果心轴台阶面因装夹等原因不能减小，可使用球面垫圈作定位支撑。球面垫圈能自动定心，起浮动作用，相当于 1 个支撑点，限制工件的 $\overleftrightarrow{x}$ 1 个自由度，如图 6–9b 所示。

3）如果工件主要以端面定位，则应把心轴的定位圆柱做得相对短些，使其只限制工件的 $\overleftrightarrow{y}$ 和 $\overleftrightarrow{z}$ 2 个自由度，如图 6–9c 所示。

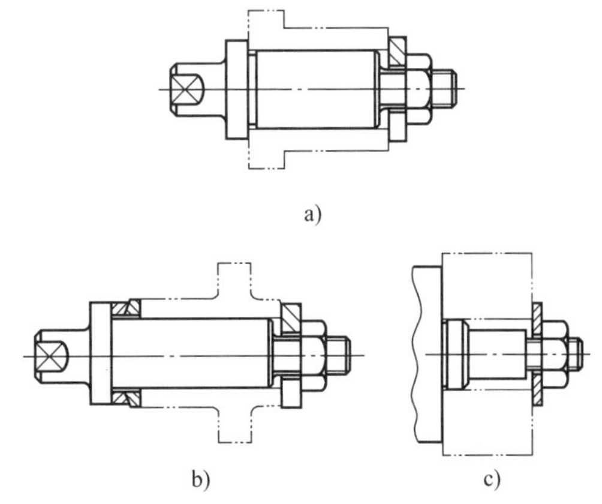

图 6–9　圆柱孔用心轴定位时防止重复定位的方法

a）减小平面　b）增加球面垫圈　c）缩短心轴

（4）欠定位　工件定位时，定位元件实际所限制的自由度数目少于按加工要求所需要限制的自由度数目，使工件不能正确定位，称为欠定位。

图 6–10 所示为用卡盘装夹小轴的情况，图 6–10a 所示的工件被夹持部分较短，相当于两个支撑点，只限制了工件 $\vec{y}$ 和 $\vec{z}$ 2 个自由度，而其他自由度都没有限制。加工时，在切削力的作用下，工件易从卡盘上飞出，导致事故的发生。

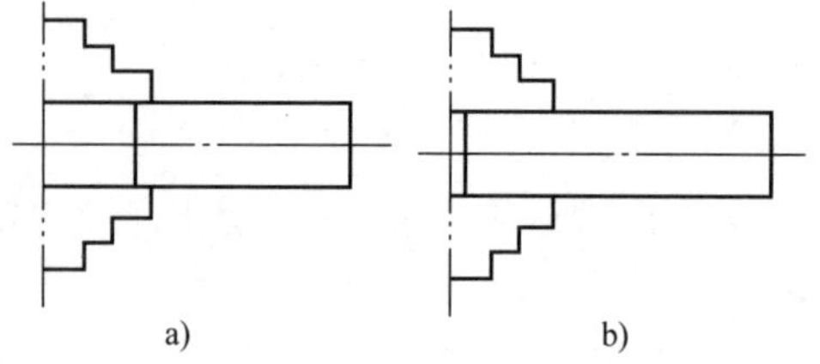

图 6–10　用卡盘装夹小轴

a）夹持部分短　b）夹持部分长

由此可见，欠定位不能保证加工要求，往往会产生废品，也不能保证生产的安全性，因此绝对不允许欠定位。要改变图 6–10a 所示的欠定位，可用图 6–10b 所示的方法夹持，使卡爪夹持的部分长些，限制工件的 4 个自由度，使工件的定位成为不完全定位。

三、工件的定位方法和定位元件

1. 工件以平面定位

当工件以平面为定位基准时，由于工件的定位平面和定位元件支撑面不可能是绝对的理想平面，因此相互接触的只能是最突出的三个点，并且在一批工件中这三个点的位置无法预定。如果这三个点之间的距离很近，就会使工件定位不稳定。为了保证定位稳定、可靠，一般应采用三点定位的方法，并尽量增大支撑点之间的距离。

如果工件定位基面经过精加工，平面度误差很小，也可适当增大定位元件的接触面积，以增加定位的刚度和稳定性。在用大平面定位时，应把定位平面的中间部分做成凹的，使工件定位基面的中间部分不与定位元件接触，这样既可减少定位基准的加工量，又可提高工件定位的稳定性。

工件以平面定位时的定位元件主要有支撑钉、支撑板、可调支撑和辅助支撑等。

（1）支撑钉　支撑钉的结构、接触性质、特点和用途见表 6–2。

（2）支撑板　支撑板的结构、接触性质、特点和用途见表 6–3。

表 6–2　　支　撑　钉

标准结构形式	平头型	球面型	网纹顶面型
图示			I　90°　I放大　0.2~0.5　P
接触性质	面接触	点接触	面接触
特点	可以减小支撑钉头部的磨损，避免压伤基准面	可以减小接触面积，但头部容易磨损	可以增大摩擦力，但容易积屑
用途	主要用于已加工平面的定位	适用于未加工平面的定位	常用于未加工的侧平面定位

表 6–3　　　　支　撑　板

结构	A 型	B 型
图示		
接触性质	面接触	面接触
特点	支撑板的沉头螺钉凹坑处容易积屑，影响定位	支撑板在螺钉孔处开有斜槽，容易清除切屑，且支撑板与工件定位基面的接触面积小，定位较精确
用途	只适用于精加工过的大、中型工件的侧平面定位	适用于精加工过的大、中型工件的底平面定位

装配后位置固定不变的定位元件称为固定支撑。支撑钉和支撑板都是固定支撑。

（3）可调支撑　由于支撑钉和支撑板的高度不可调整，在实际定位中会遇到一些困难，此时可采用可调支撑。可调支撑的结构如图 6–11 所示，主要用于毛坯面的定位，尤其适用于尺寸变化较大的毛坯。

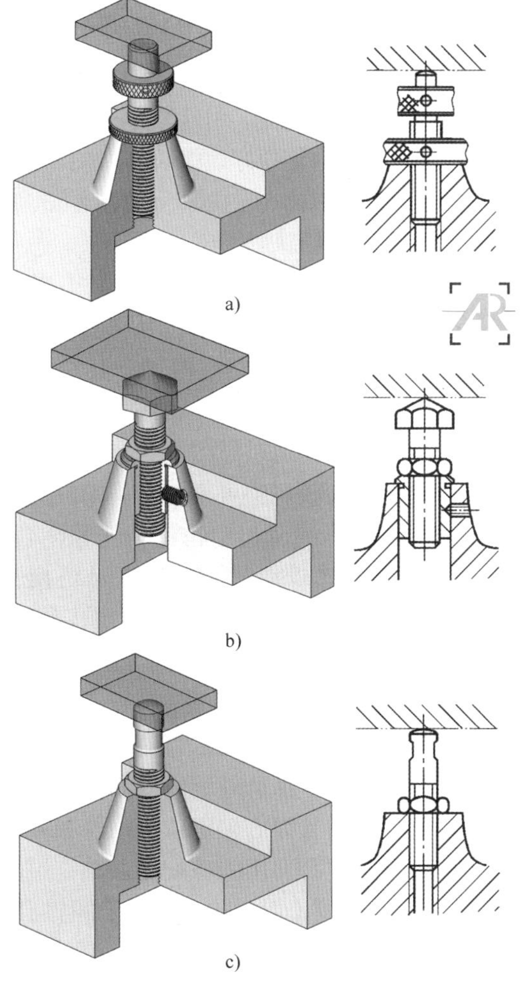

图 6–11　可调支撑

（4）辅助支撑　由于工件结构特点，使工件定位不稳定或工件局部刚度较低而容易变形，这时可在工件的适当部位设置辅助支撑。这种支撑在定位支撑对工件定位后才参与支撑，仅与工件适当接触，不起任何限制自由度的作用。

图 6–12 所示为在滑动轴承座上车孔的夹具。由于工件以底面定位，其右端悬空，工件在加工时不稳定，因此采用辅助支撑。

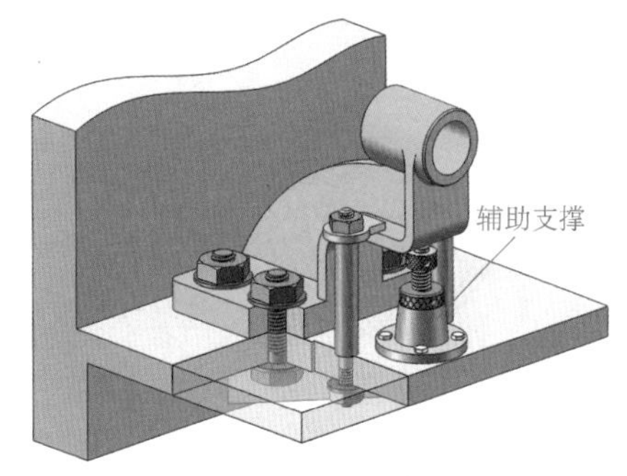

图 6–12　辅助支撑的使用

2. 工件以外圆定位

车削时，工件以外圆定位的情况很多，如台阶轴、曲轴及套类工件等的加工常以外圆定位。除通用夹具外，常用的定位元件有 V 形架、定位套和半圆弧定位套等。

（1）在 V 形架中定位　V 形架是应用很广泛的定位元件，工件在 V 形架上定位的情况如图 6–13 所示。不难看出，它限制了 $\overset{\frown}{x}$、$\overset{\frown}{z}$、$\vec{x}$、$\vec{z}$ 4 个自由度。V 形架定位可用于粗基准和精基准的定位。

（2）在定位套中定位　定位套常用于

小型形状简单的轴类工件的精基准定位，图 6–14 所示为定位套的几种常见结构。定位套内孔轴线是定位基准，内孔面是定位面。为了限制工件沿轴向的自由度，常与端面联合定位。以端面作为主要定位面时，应控制套的定位长度，以免夹紧时工件产生变形。

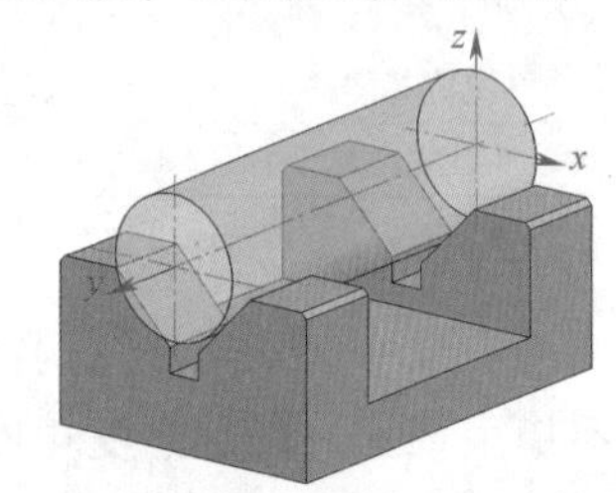

图 6–13　工件在 V 形架上定位

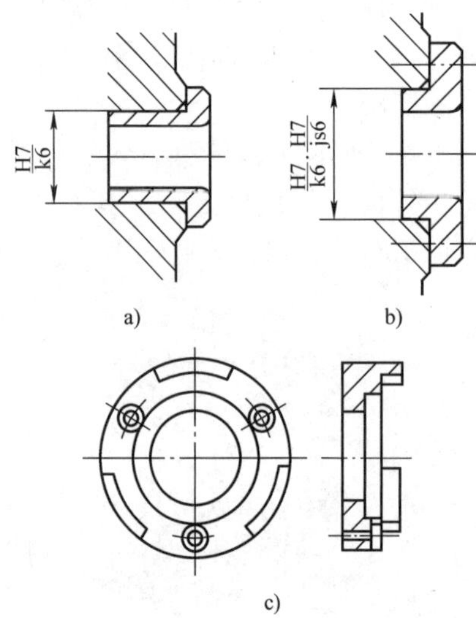

图 6–14　常用定位套

（3）在半圆弧定位套上定位　半圆弧定位套的结构如图 6–15 所示，其下面的半圆弧定位套是定位元件，上面的半圆弧定位套起夹紧作用。它主要用于大型轴类工件及不便于轴向装夹的工件。

（4）圆锥定位套　其结构如图 6–16 所示，由顶尖体、螺钉和圆锥套组成。工件以圆柱面的端部在圆锥套的锥孔中定位，锥孔中有齿纹，以便带动工件旋转。顶尖体的锥柄部分插入车床主轴孔中，螺钉用以传递转矩。

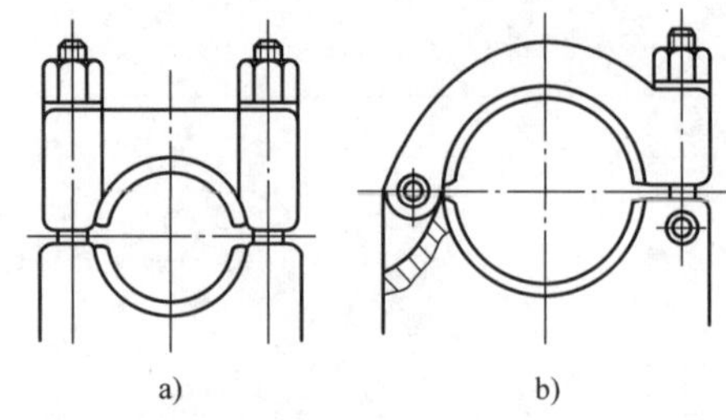

图 6–15　工件在半圆弧定位套上定位

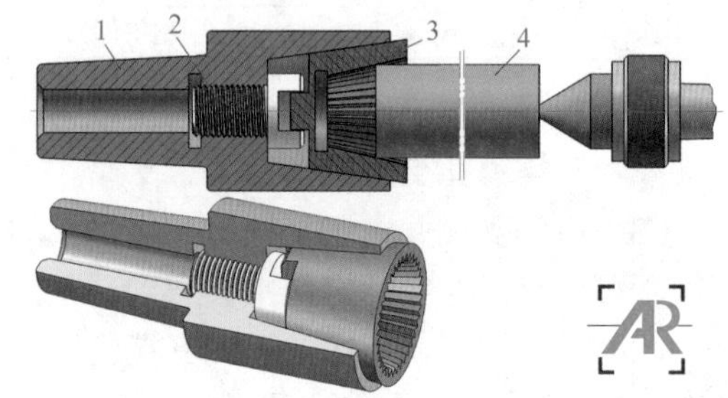

图 6–16　工件在圆锥定位套中定位

1—顶尖体　2—螺钉　3—圆锥套　4—工件

3. 工件以内孔定位

工件以内孔定位在车削中应用广泛，如连杆、套筒、齿轮和盘盖等工件，常以加工好的内孔作为定位基准定位。用这种方法定位，不仅装夹方便，而且能很好地保证内、外圆表面的同轴度。工件以内孔定位时，其定位元件主要有定位销、定位心轴及定心夹紧装置。

（1）定位销　定位销常用于圆柱孔的定位，是组合定位中常用的定位元件之一。定位销分为固定式和可换式两种，其结构如图 6–17 所示。定位销能限制工件的两个自由度。

固定式定位销通过过盈配合与夹具体连接，其定位精度较高。可换式定位销的夹具体中压有衬套，衬套与定位销为间隙配合，定位销下端用螺母锁紧，其优点是更换方便，但由于存在装配间隙，因而影响定位销的位置精度。定位销的头部有 15° 的倒角，以方便工件的顺利装入。

（2）定位心轴　在加工齿轮、轴套、轮盘等工件时，为了保证外圆轴线和内孔轴线的同轴度要求，常以心轴定位加工外圆和端面。工件的圆柱孔常用间隙配合心轴、过盈配合心轴等定位（图 6–18）。对于圆锥孔、螺纹孔、花键孔则分别用圆锥心轴、螺纹心轴和花键心轴定位，如图 6–19 ~ 图 6–21 所示。

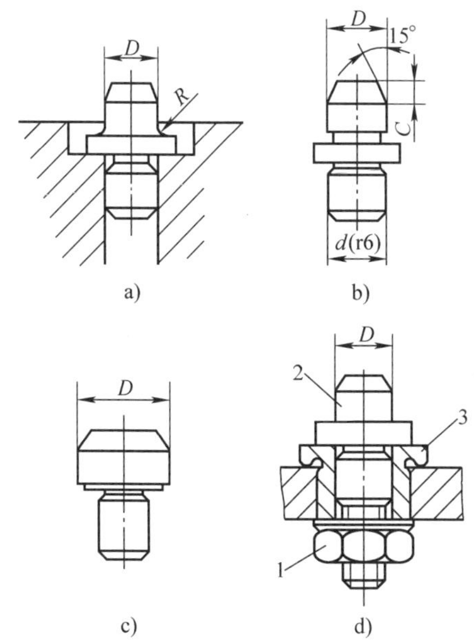

图 6-17　定位销

a）固定式（D 为 3 ～ 10 mm）

b）固定式（D 为 10 ～ 18 mm）

c）固定式（D 为 18 mm）　d）可换式

1—螺母　2—可换式定位销　3—衬套

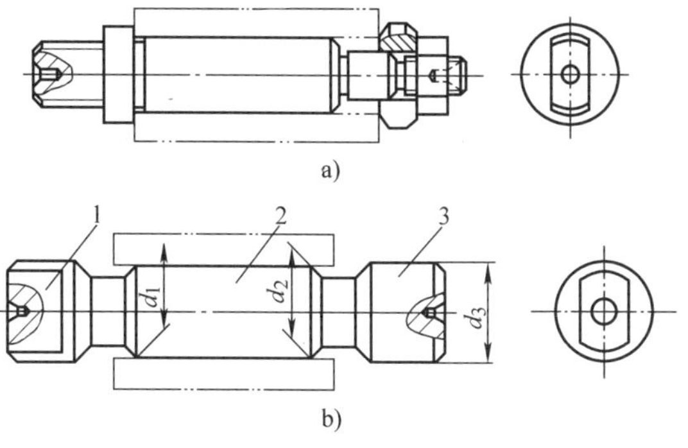

图 6-18　圆柱心轴

a）间隙配合心轴　b）过盈配合心轴

1—传动部分　2—工作部分　3—引导部分

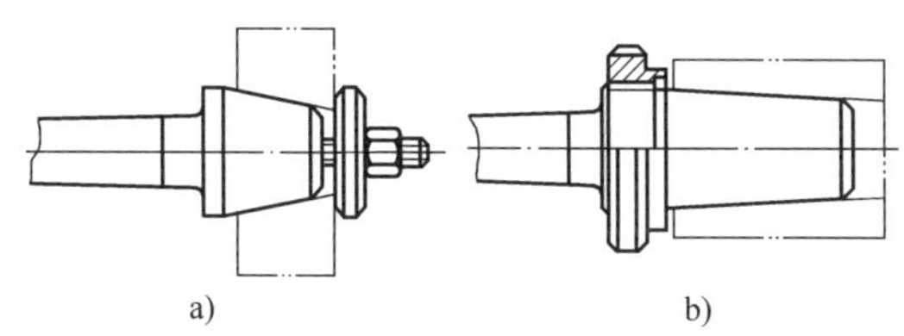

图 6-19　圆锥心轴

a）普通圆锥心轴　b）带螺母的圆锥心轴

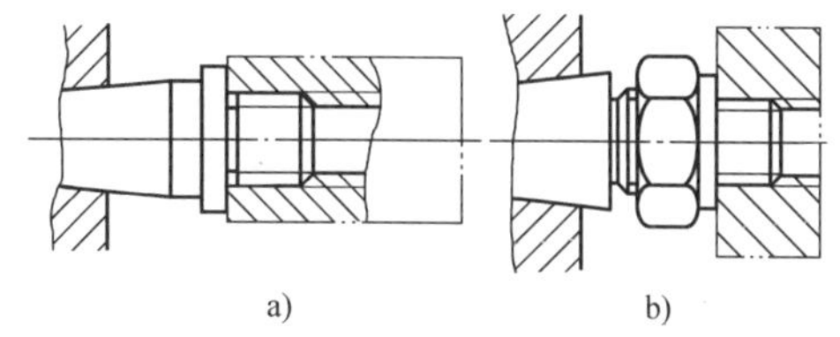

图 6-20　螺纹心轴

a）简易螺纹心轴　b）带螺母的螺纹心轴

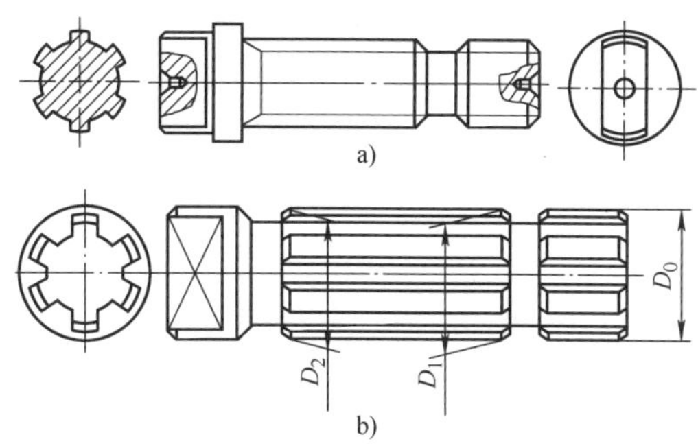

图 6-21　花键心轴

a）普通花键心轴　b）带锥度花键心轴

4. 工件以两孔一面定位

当工件以两个轴线互相平行的孔和与其相垂直的平面定位时，可用一个圆柱销、一个削边销和一个平面作为定位基准，如图 6-22 所示。这种定位方式在加工轴承座或箱体类工件时经常采用。

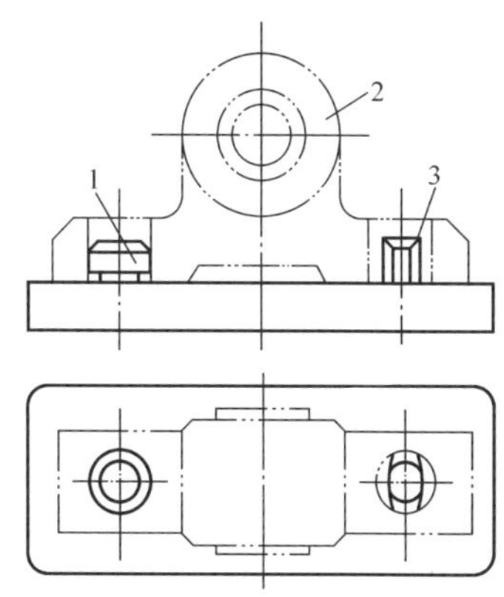

图 6-22　两孔一面定位

1—圆柱销　2—轴承座　3—削边销

使用削边销时应注意，要使它的横截面长轴垂直于两销的轴心连线；否则，削边销不但起不到其应有的作用，还可能使工件无法装夹。

§6-3 工件的夹紧

工件的装夹包括定位和夹紧两个既有本质区别又有密切联系的工作过程。在加工过程中，工件会受到切削力、惯性力和重力等外力的作用。为了保证工件在这些外力的作用下不产生振动或位移，仍能在夹具中保持正确的加工位置，一般在夹具中都设置一定的夹紧装置，将工件可靠地夹紧。

一、对夹紧装置的基本要求

夹紧装置对保证加工质量，提高生产效率等都起着非常重要的作用。夹紧装置应满足下列要求：

（1）牢　夹紧后，应保证工件在加工过程中的位置不发生变化。

（2）正　夹紧后，应不破坏工件的正确位置。

（3）快　操作方便，安全省力，夹紧迅速。

（4）简　结构简单紧凑，有足够的刚度和强度，且便于制造。

二、常见的夹紧装置

夹紧装置的种类很多，按其结构可分为斜楔夹紧装置、螺旋夹紧装置和螺旋压板夹紧装置等。

1. 斜楔夹紧装置

应用斜楔夹紧装置的夹具如图 6–23 所示，它主要利用斜楔斜面移动时所产生的压力夹紧工件。图 6–23 所示夹紧机构的工作原理：转动螺杆推动楔块前移，使铰链压板转动，从而夹紧工件。

因为斜楔夹紧机构产生的夹紧力小，且夹紧费时、费力，所以单独的斜楔夹紧机构只在要求夹紧力不大、生产批量较小的情况下使用，多数情况下是斜楔与其他元件或机构组合起来使用。

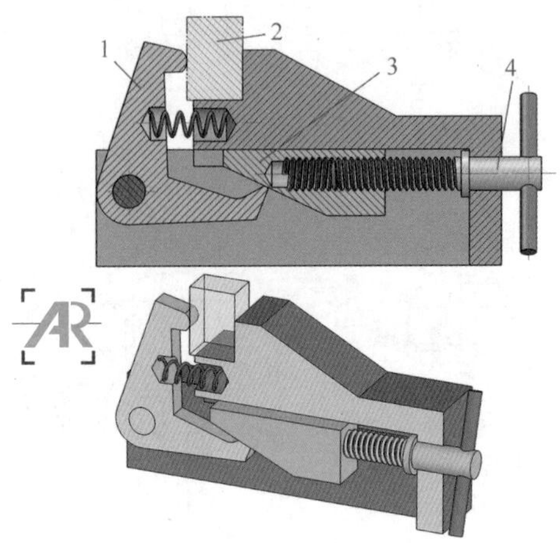

图 6–23　斜楔夹紧装置

1—铰链压板　2—工件　3—楔块　4—螺杆

2. 螺旋夹紧装置

螺旋夹紧装置在机械加工中应用非常普遍，特别适合手动夹紧。螺旋夹紧装置的优点是结构简单，夹紧可靠，夹紧行程大；特别便于增大夹紧力，自锁性能好。但是夹紧和松开工件时比较费时、费力。

（1）螺钉夹紧装置　在简单的夹紧机构中，螺钉夹紧机构的使用最为广泛。图 6–24 所示为常用的螺钉夹紧装置，其工作原理是通过旋转螺钉使其直接压在工件上。为了防止螺钉头部被挤压变形后拧不出，通常使螺钉前端的圆柱部分直径变小并淬

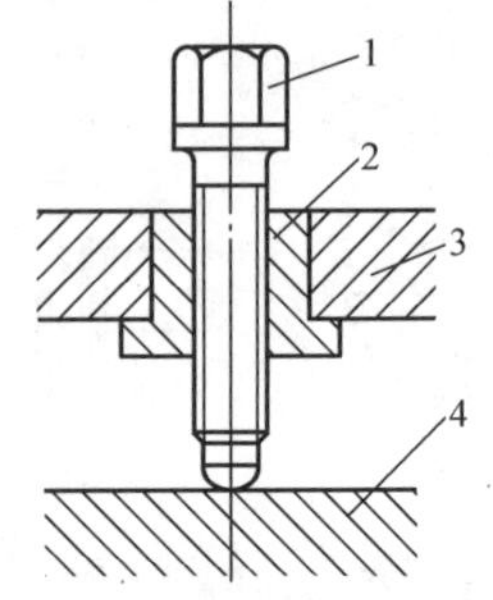

图 6–24　螺钉夹紧装置

1—螺钉　2—钢质螺母套　3—夹具体　4—工件

硬。钢质螺母套可保护夹具体不被过快磨损。

为防止螺钉拧紧时损伤工件表面或带动工件旋转，可在螺钉头部装上摆动压块，如图 6-25 所示。摆动压块只随螺钉移动而不跟螺钉一起转动，所以能防止螺钉拧紧时损伤工件表面，而且可以增大接触面积，使夹紧更加可靠。

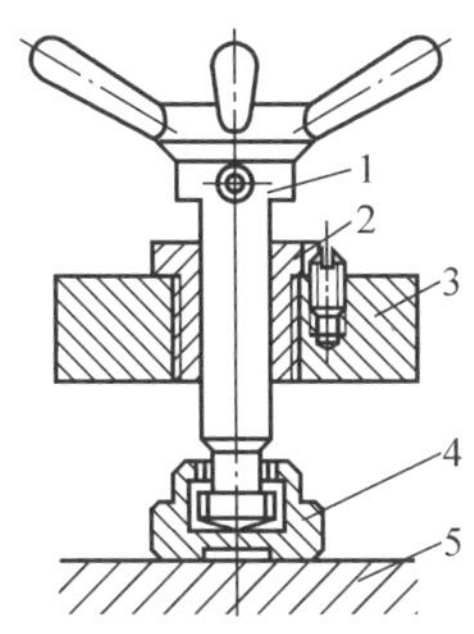

图 6-25　带摆动压块的螺钉夹紧装置

1—螺钉　2—钢质螺母套　3—夹具体

4—摆动压块　5—工件

（2）螺母夹紧装置　当工件以孔定位时，常采用螺母夹紧装置，其结构如图 6-26 所示。螺母夹紧装置的夹紧力大，自锁性能好，适用于手动夹紧。其缺点是装卸工件时必须把螺母从螺杆上卸下，如采用开口垫圈可解决这一问题。采用开口垫圈时，垫圈应做厚些，并在淬硬后把两端面磨平，使螺母外径明显小于定位孔内径，以使工件方便地从夹具上卸下。

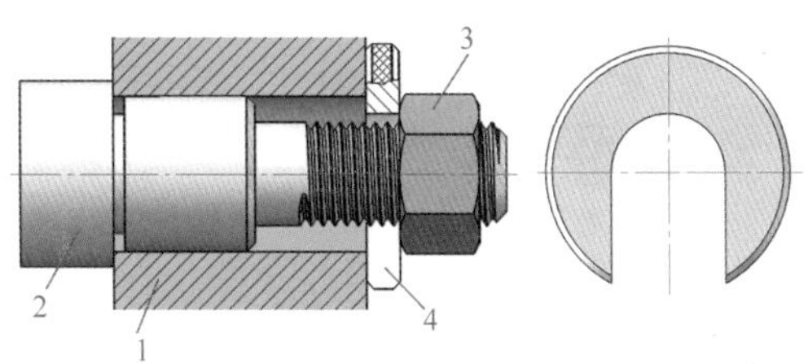

图 6-26　螺母夹紧装置

1—工件　2—圆柱心轴　3—螺母　4—开口垫圈

3. 螺旋压板夹紧装置

螺旋压板夹紧装置也是一种应用很广泛的夹紧装置，其结构形式变化较多，图 6-27 所示为其中三种典型结构。

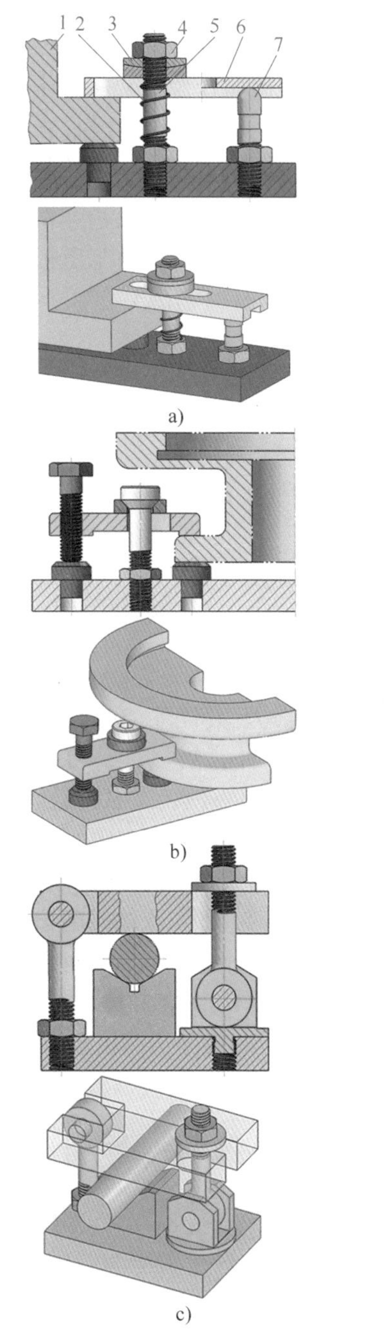

图 6-27　螺旋压板夹紧装置

a）结构完善的夹紧装置

b）旁边压紧的夹紧装置　c）中间压紧的夹紧装置

1—工件　2—弹簧　3—球面垫圈　4—螺母

5—螺杆　6—压板　7—支柱

图 6-27a 所示的螺旋压板夹紧装置由螺旋机构、压板及支柱等组成，夹紧时螺杆连接在夹具体上，通过旋转螺母使压板夹紧工

件。支柱可调整高度，压板底面有放置支柱的纵向槽，以便在旋紧螺母时压板不随其转动。在压板的中间有一长腰形孔，装卸工件时，只要旋松螺母并把压板右移，即可装卸工件。当松开螺母后，由于弹簧的作用，压板自动抬起。为了避免由于压板倾斜而使螺杆弯曲，采用了自动定心的球面垫圈。

当工件由于结构原因无法采用中间压紧压板时，可采用图 6–27b 所示旁边压紧的螺旋压板夹紧装置。图 6–27c 所示为采用铰链压板的中间压紧的夹紧装置，该装置操作快捷，夹紧可靠。

§6–4 常见车床夹具

一、特殊顶尖

1. 内、外拨动顶尖

为了缩短装夹时间，可采用内、外拨动顶尖。图 6–28a 所示为外拨动顶尖，用于装夹套类工件，它能在一次装夹中加工套类工件的整个外圆。图 6–28b 所示为内拨动顶尖，用于装夹轴类工件。内、外拨动顶尖的圆锥角一般为 60°，在其锥面上加工有淬硬的齿，在夹紧工件时该齿嵌入工件，并拨动工件旋转。

2. 端面拨动顶尖

端面拨动顶尖的结构如图 6–29 所示。在用这种前顶尖装夹工件时，利用端面上的拨爪带动工件旋转，此时工件以中心孔定位。

使用这种顶尖的优点如下：能快速装夹工件，并在一次装夹中能加工出全部外表面。它适用于装夹外径为 50 ~ 150 mm 的工件。

二、定心夹紧装置

定心夹紧装置是一种在装夹过程中同时实现定位和夹紧作用的机构，在这种机构中，与工件定位基准接触的元件既是定位元件又是夹紧元件。

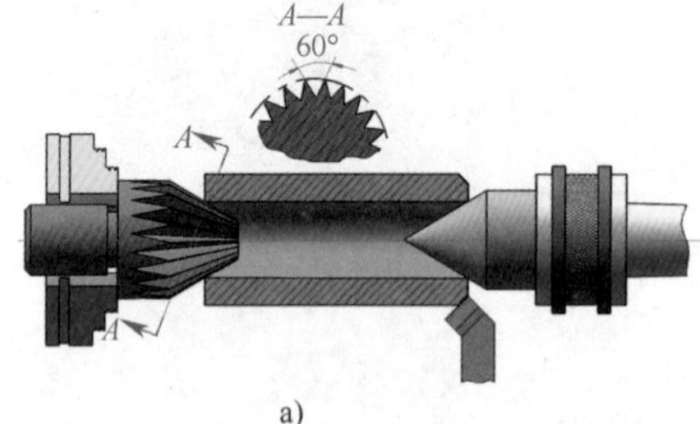

a)

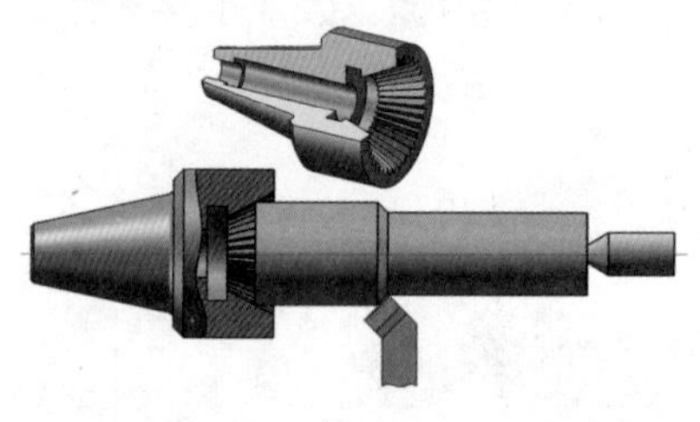
b)

图 6–28 内、外拨动顶尖
a）外拨动顶尖 b）内拨动顶尖

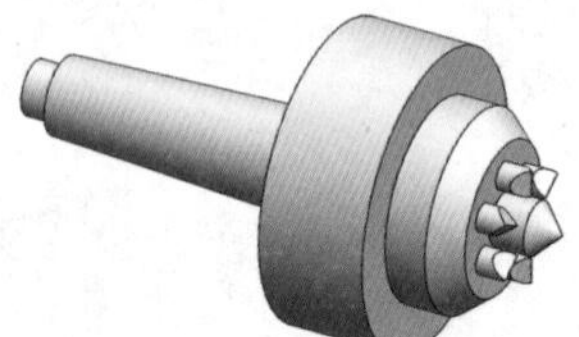

图 6–29 端面拨动顶尖

车床上常用的定心夹紧装置是弹簧套筒定心夹紧装置。根据其用途分为弹簧夹头、弹簧心轴和顶尖式心轴等。

1. 弹簧夹头

弹簧夹头主要用于装夹以外圆柱面为定位基准的工件，图 6–30a 所示为一种常用的弹簧夹头，其弹簧套筒的形状如图 6–30b 所示，它的右端制有簧瓣和外圆锥面。该弹簧夹头的工作原理如下：旋转大螺母 1，使螺母上的锥孔产生轴向位移，从而迫使弹簧套筒 2 产生弹性变形，以使工件 4 定心，并夹紧工件。圆锥销 5 的作用是防止弹簧套筒旋转。

图 6–31a 所示为另一种弹簧夹头，其弹簧套筒的结构如图 6–31b 所示，它的两端都有簧瓣和外圆锥面。当拧紧螺母 1 时，可推动弹簧套筒 2 向左移动，并与夹具体 4 上的锥面一起使弹簧套筒收缩，从而对工件 3 实现定心夹紧。由于两端都能产生弹性变形，弹簧套筒与工件的接触和夹紧都优于图 6–30 所示的弹簧夹头。

2. 弹簧心轴

弹簧心轴主要用于以内孔定位时工件的装夹，其结构如图 6–32a 所示；弹簧套筒的形状如图 6–32b 所示，当它的长度与直径之比 $L/D>1$ 时，弹簧套筒的两端各制有簧瓣。夹紧工件时，旋转螺母 5，使锥套 4 向左移动。由于锥套和心轴 1 上圆锥面的作用，迫使弹簧套筒 3 的直径胀大，从而将工件 2 定心夹紧。

3. 顶尖式心轴

图 6–33 所示为顶尖式心轴，它适用于加工内、外圆无同轴度要求，或只需加工外圆柱面的套筒类工件。使用时，旋转螺母 6，使活动顶尖套 4 左移，从而使工件 3 定心夹紧。

三、车床夹具实例

图 6–34 所示为半螺母工件。为了便于车削梯形螺纹，毛坯采用两件合并加工后，在铣床上用锯片铣刀切开的加工工艺。车削梯形螺纹前，上、下两底面及 4 个 M12 螺孔已加工好，2 个 $\phi10$ m 锥销孔铰至 $2\times\phi10H7$，以作定位孔用。

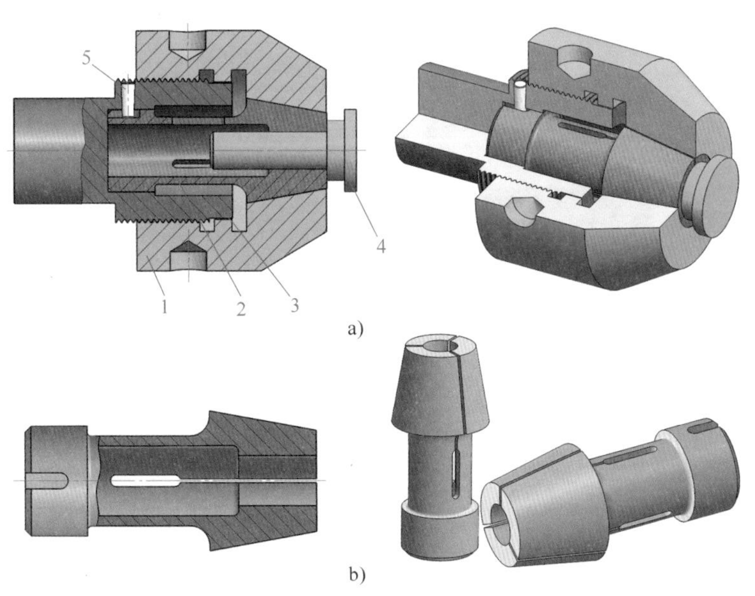

图 6–30 弹簧夹头装置（一）

a）弹簧夹头 b）弹簧套筒

1—大螺母 2—弹簧套筒 3—夹具体 4—工件 5—圆锥销

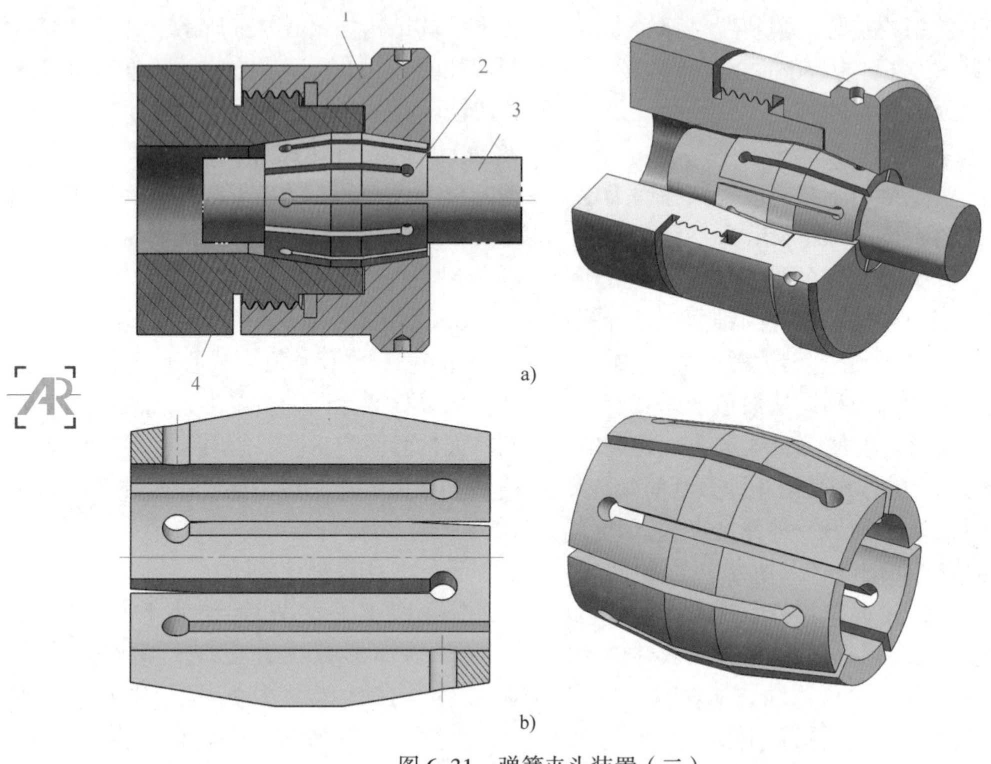

图 6–31　弹簧夹头装置（二）

a）弹簧夹头　b）弹簧套筒

1—螺母　2—弹簧套筒　3—工件　4—夹具体

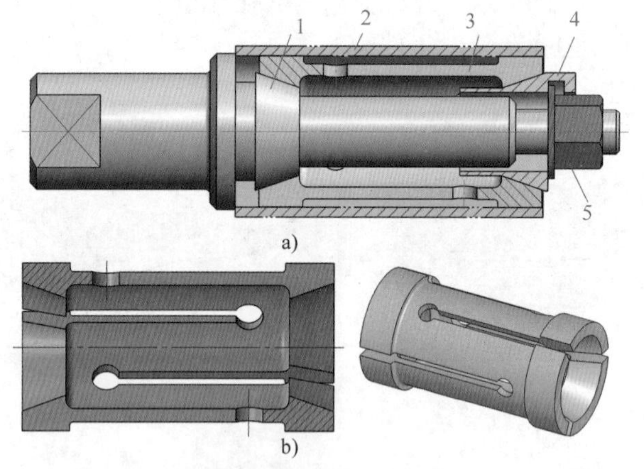

图 6–32　弹簧心轴装置

a）弹簧心轴　b）弹簧套筒

1—心轴　2—工件　3—弹簧套筒　4—锥套　5—螺母

图 6–35 所示为车削半螺母上梯形螺纹时的夹具。工件以两孔一面定位形式装夹在夹具的角铁上，构成完全定位，并借助于工件上 2 个 M12 螺孔用 2 个螺钉 1 紧固工件。为了提高工件的装夹刚度，在上端增加了一个辅助支撑。使用时，先松开螺钉 5，将支撑套 4 向上转动，装上工件并旋紧螺钉 1，然后转下支撑套，旋紧螺钉 6，再锁紧螺钉 5 后便可加工工件。由于辅助支撑夹紧处是毛坯面，误差较大，因此将其制造成可移动式。

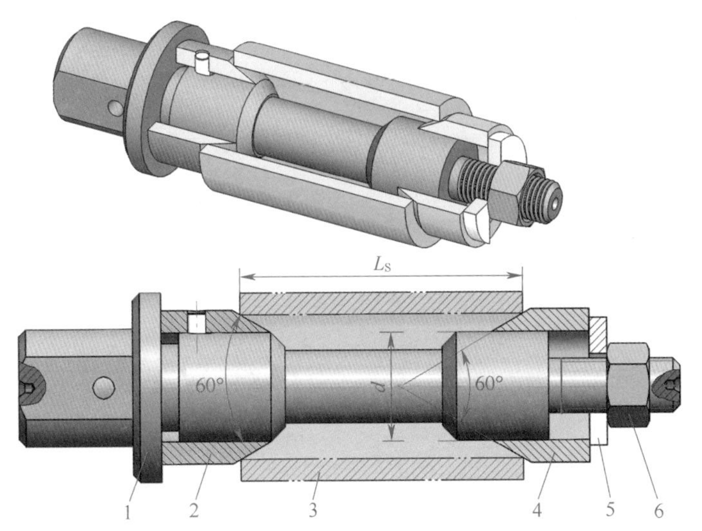

图 6-33　顶尖式心轴

1—心轴　2—固定顶尖套　3—工件　4—活动顶尖套　5—快换垫圈　6—螺母

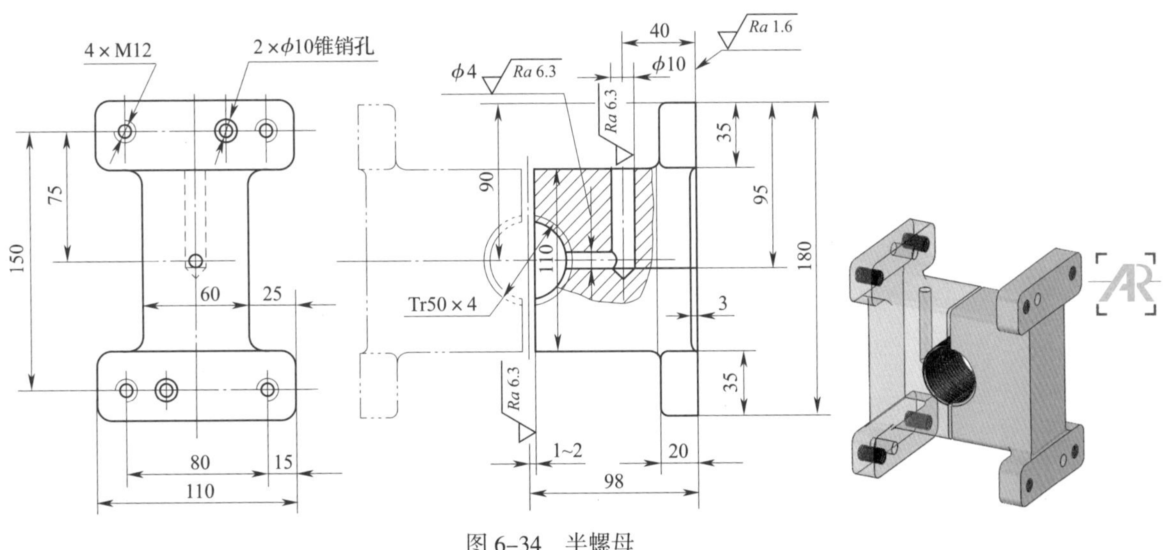

图 6-34　半螺母

夹具用 4 个螺钉装夹在车床的花盘（或特制的连接盘）上，找正夹具上的外圆基准 *C*，并用螺钉紧固后即可使用。夹具上下质量相差不大，车螺纹时转速较低，可以不用平衡铁。

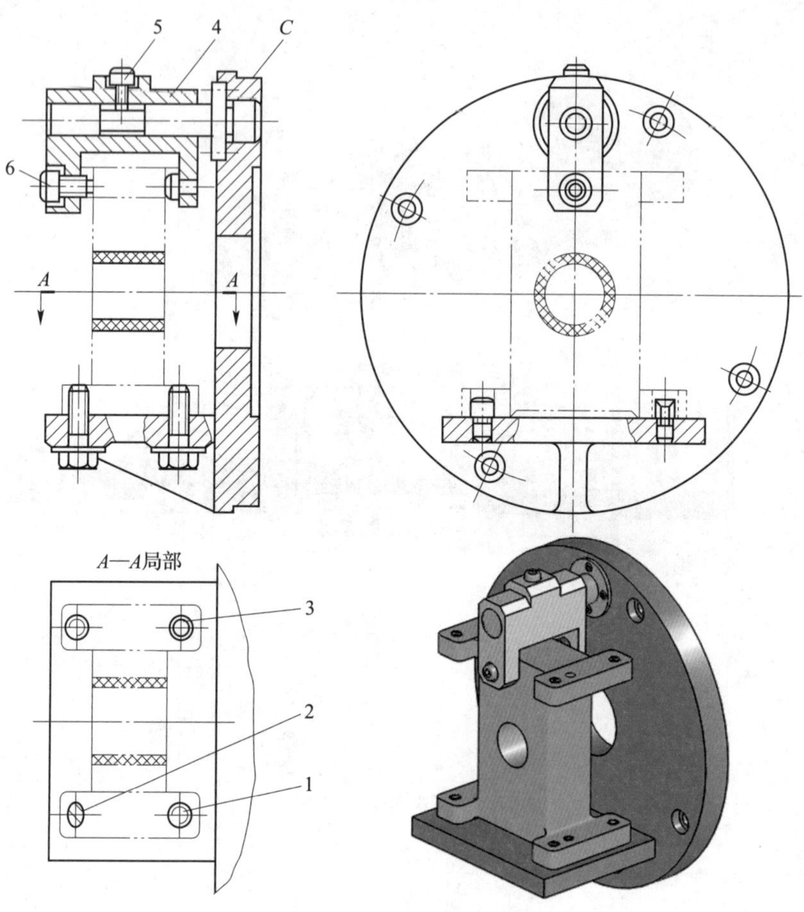

图 6–35 半螺母车床夹具
1、5、6—螺钉 2—削边销 3—圆柱销 4—支撑套

§6–5 组合夹具简介

组合夹具是由可循环使用的标准夹具零部件（或专用零部件）组装而成的易于连接、拆卸和重组的夹具。其零部件具有各种不同的几何形状、尺寸和规格，并且它们的精度高，硬度高，耐磨性好，具有良好的互换性。利用这些零部件，可根据被加工工件的工艺要求，快速组装成专用夹具。夹具使用完毕，可以非常方便地将其拆开，便于重复使用。

一、组合夹具元件

组合夹具元件按用途不同分为 8 大类，即基础件、支撑件、定位件、导向件、压紧件、紧固件、辅助件和组合件等，如图 6–36 所示。

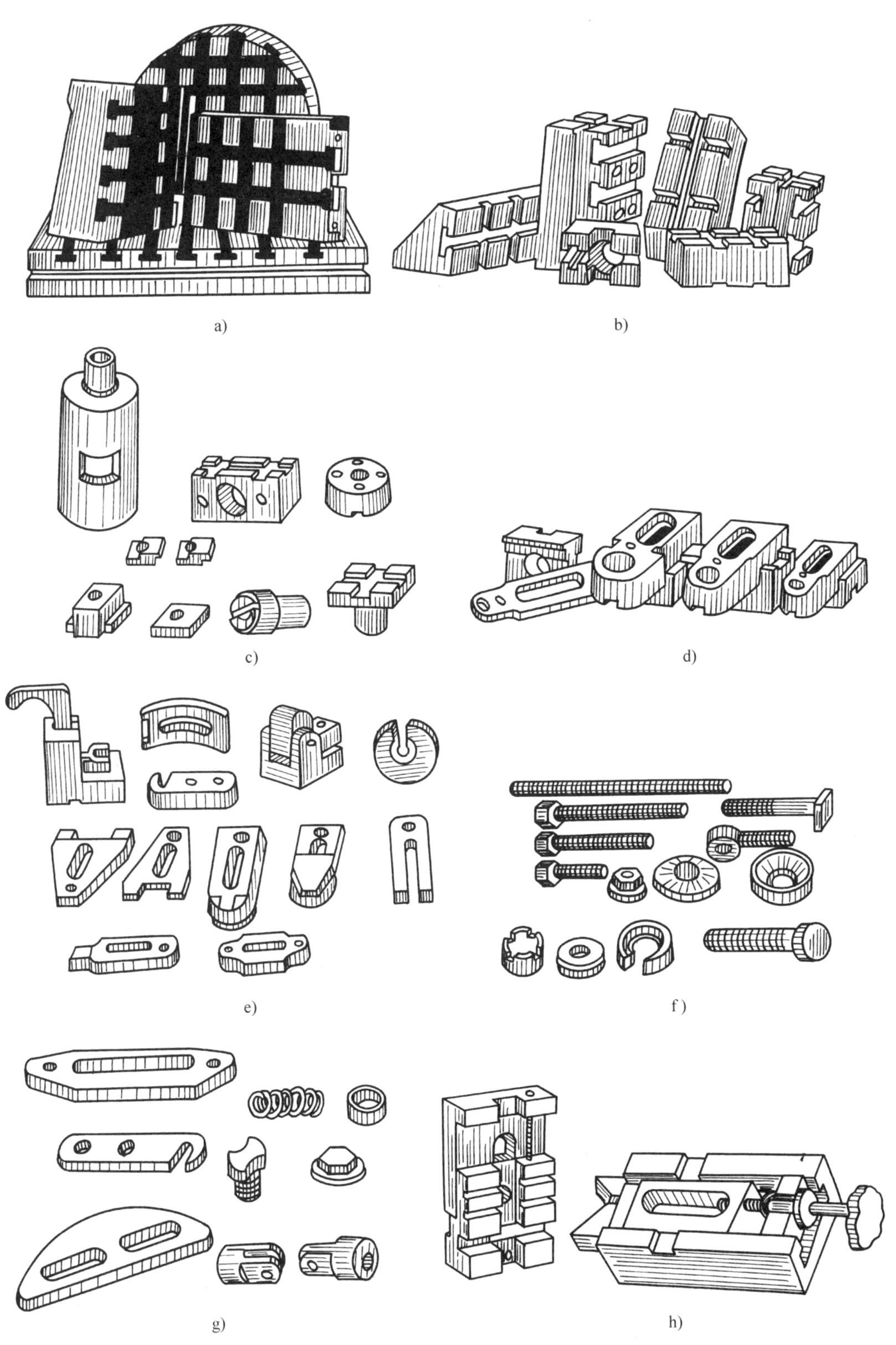

图 6-36　组合夹具元件

a）基础件　b）支撑件　c）定位件　d）导向件　e）压紧件　f）紧固件　g）辅助件　h）组合件

1. 基础件

基础件主要作夹具体用，上面有V形槽、键槽、光孔和螺孔等，用于其他元件的定位及紧固。基础件包括各种规格的方形基础板、矩形基础板、圆形基础板和基础角铁4种结构，如图6-36a所示。

2. 支撑件

支撑件主要包括各种规格的方形支撑、长方形支撑、伸长板、角铁、角铁支撑、垫片、垫板、菱形板和V形架等，如图6-36b所示。支撑件上一般有T形槽、键槽、光孔和螺孔等，可以将支撑件与基础件、其他元件连成整体，用于不同高度的支撑和各种定位支撑平面，因此，支撑件是夹具体的骨架。

3. 定位件

定位件主要包括各种定位销、定位键、定位轴、定位支座、定位支撑和顶尖等，如图6-36c所示。定位件主要用于工件的定位和确定元件与元件之间的相对位置。

4. 导向件

导向件包括各种规格的钻套、快换钻套和导向支撑等，如图6-36d所示。导向件用来确定刀具与工件间的相对位置。

5. 压紧件

压紧件包括各种形状的压板，如图6-36e所示。压紧件主要用来压紧工件。

6. 紧固件

紧固件用于连接组合夹具元件和紧固工件，包括各种螺钉、螺栓、螺母和垫圈等，如图6-36f所示。

7. 辅助件

辅助件是指除上述6类元件以外的各种用途的单一件，如连接板、回转压板、浮动块、各种支撑钉、支撑帽、二爪支撑、三爪支撑、弹簧和平衡铁等，如图6-36g所示。

8. 组合件

组合件是指在组装过程中不拆开使用的独立部件，按其用途可以分为定位组合件、导向组合件、夹紧组合件、分度组合件等，图6-36h所示为其中的一部分。

二、组合夹具的组装实例

按照一定的步骤和要求，把组合夹具的元件组装成加工所需要的夹具的过程，称为组合夹具的组装。

图6-37所示为加工缸体用车床组合夹具。组合夹具可按下列步骤组装：

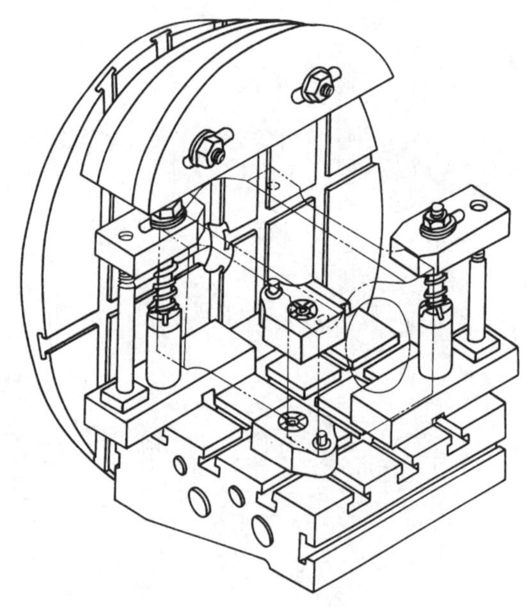

图6-37　车床组合夹具

1. 准备阶段

准备阶段是指根据工件加工图样或工件实物及有关资料，了解工件的形状、结构、尺寸及几何公差等技术要求，了解工件的加工工艺及所使用的车床、刀具等情况，以便确定工件的定位、夹紧和装卸等方法。

2. 确定组装方案

在熟悉资料的同时，根据工件定位基准的特点和夹紧要求，确定工件的定位基面和夹紧部位。选择所需的定位元件、夹紧元件以及相适应的支撑件、基础件和辅助件等，初步设想夹具的结构形式。

装在基础件上的元件都不能超出基础件的最大外径，必要时应增设防护罩。

3. 试装

按照初步设想的夹具结构方案先对夹具进行试装，注意各元件之间暂不紧固，以便对主要元件的精度进行测量。试装的目的是检验夹具的组装方案是否正确，并对初步设想的组装方案进行修改和补充，确保组合后的夹具正确、合理，避免正式组装时造成大的返工。

4. 各元件的连接、调整和固定

经试装确定夹具的组装方案后，即可进行元件的连接和调整，调整好的元件应及时紧固，以防旋转时甩出。

5. 检验

夹具元件全部紧固后，要进行仔细而全面的检验，主要检验夹具的总体精度、尺寸精度和相互位置精度。检验合格后方可交付使用。

§6-6 硬质合金可转位车刀

硬质合金可转位车刀是随着切削加工的发展而出现的一种新型高效刀具。它是把压制有几个切削刃并具有合理参数的刀片，用机械夹固方式装夹在刀柄上的一种刀具。硬质合金可转位车刀的结构如图 6-38 所示，它由刀片、刀柄、刀垫和夹紧机构等组成。

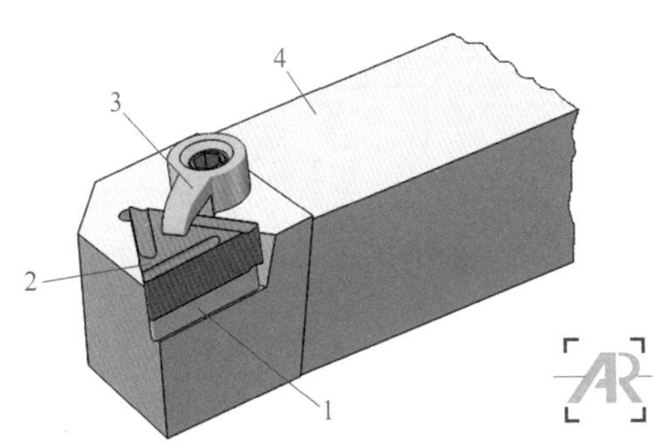

图 6-38　硬质合金可转位车刀的结构
1—刀垫　2—刀片　3—夹紧机构　4—刀柄

一、可转位车刀的特点

与焊接式车刀相比，可转位车刀的特点如下：

1. 可转位车刀的优点

（1）刀片是呈一定形状的多边形，当切削刃磨钝后，不必重磨刀片，只需将刀片转过一个角度，就可使用另一新的切削刃。因此，缩短了换刀、磨刀的辅助时间，生产效率高，并可适应数控车削的发展需要。

（2）刀片不用焊接，从而避免了焊接所造成的刀片内应力和裂纹，可充分发挥刀片应有的切削性能，延长刀具的使用寿命。

（3）卷屑槽在刀片制造时压制成型，槽型尺寸稳定，断屑性能可靠。

（4）刀片在使用过程中不需刃磨，有利于涂层材料的推广应用，可进一步提高切削效率及刀具寿命。

（5）刀柄能多次使用，节约刀柄材料，便于刀具标准化，简化刀具的管理工作。

（6）对操作者车刀的刃磨技术要求低。

2. 可转位车刀的缺点

（1）结构复杂，装卸费时。

（2）刀片的几何参数不能完全达到最佳值。

（3）一次性投资较大。

二、硬质合金可转位车刀刀片

国家标准规定，可转位刀片的型号由代表给定意义的字母和数字代号按一定顺序位置排列而成，共有 10 个号位。如：

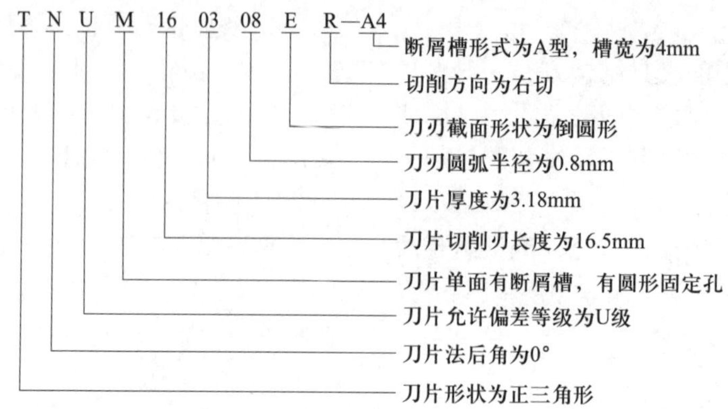

1. 可转位刀片的形状

第一位表示刀片形状，用一个字母表示，见表6–4。刀片的形状应根据刀具用途、刀具寿命和刀片利用率来选择。

表 6–4　　刀片形状的符号及其适用的车刀

刀片型式	字母符号	刀片形状	刀尖角（均指较小的角度）	示意图	适用的车刀
等边等角	H	正六边形	120°	120°	应用少
	O	正八边形	135°	135°	应用少
	P	正五边形	108°	108°	加工直径比较小的盘形工件
	S	正方形	90°	90°	可装成30°、45°、75°等各种主偏角 κ_r<90°的车刀，车外圆、端面、孔和倒角 刀尖角大小适中，通用性较好
	T	正三角形	60°	60°	可装成 κ_r=90°的车刀，车外圆、端面、孔 粗车螺纹以及当工件—机床—夹具刚度较差时用，可减小背向力

续表

刀片型式	字母符号	刀片形状	刀尖角（均指较小的角度）	示意图	适用的车刀
等边不等角	C	菱形	80°	80°	数控车削
	D	菱形	55°	55°	
	E	菱形	75°	75°	
	M	菱形	86°	86°	
	V	菱形	35°	35°	
	W	等边不等角六边形	80°	80°	可装成 κ_r=90°的车刀，分别形成10°及8°的副偏角，能降低工件的表面粗糙度值，应用较广泛，主要用来车外圆、端面和孔 刀尖强度较好，刀具寿命较高
等角不等边	L	矩形	90°	90°	应用一般
不等边不等角	A	平行四边形	85°	85°	可装成 κ_r=90°的重型车刀，刀片立放于刀柄刀片槽中
	B	平行四边形	82°	82°	
	K	平行四边形	55°	55°	数控车削以及牙型角为55°的螺纹粗车

续表

刀片型式	字母符号	刀片形状	刀尖角（均指较小的角度）	示意图	适用的车刀
不等边不等角	F	不等边不等角六边形	82°	82°	可装成 κ_r=90°的车刀，车外圆、端面和孔
圆形	R	圆形刀片	—		仿形法车特形面，也可用于一般车刀

总的说来，刀片刃口数越多，刀片的利用率越高；刀尖角越大，刀具耐用度越高，工件表面粗糙度也越好。但也受到工件形状、工艺系统的刚度和吃刀深度的限制（刃口越多，刃口长度越短）。

2. 可转位刀片的法后角 α_n

第二位表示刀片法后角，用一个字母表示，共有 10 种，见表 6–5。如果是不等边刀片，符号用于表示较长边的法后角。刀片法后角靠刀片安装倾斜形成。

3. 可转位刀片允许的偏差等级

第三位表示刀片允许偏差等级，用一个字母表示。刀片主要尺寸包括刀片的内切圆直径 ϕ、刀片厚度 s 和刀尖位置尺寸 m。刀片允许偏差等级共 12 级，其中 J、K、L、M、N、U 为普通级，A、F、C、H、E、G 为精密级。

表 6–5　可转位刀片法后角

字母符号	刀片法后角 α_n	字母符号	刀片法后角 α_n
A	3°	F	25°
B	5°	G	30°
C	7°	N（使用最广）	0°
D	15°	P	11°
E	20°	O	其余法后角需专门说明

4. 可转位刀片的断屑槽与中心固定孔

第四位表示刀片有无断屑槽与中心固定孔，用一个字母表示，共有 15 种，见表 6–6。如 M 表示有圆形固定孔和单面有断屑槽。

表 6–6　可转位刀片的固定方式和断屑槽

代号	固定方式	断屑槽	代号	固定方式	断屑槽	代号	固定方式	断屑槽
N	无固定孔	无断屑槽	A	有圆形固定孔	无断屑槽	B	单面 70° ~ 90° 固定沉孔	无断屑槽
R		单面有断屑槽	M		单面有断屑槽	H		单面有断屑槽
F		双面有断屑槽	G		双面有断屑槽	C	双面有 70° ~ 90° 固定沉孔	无断屑槽
W	单面有 40° ~ 60° 固定沉孔	无断屑槽	Q	双面有 40° ~ 60° 固定沉孔	无断屑槽	J		双面有断屑槽
T		单面有断屑槽	U		双面有断屑槽	X	其他尺寸和详情需附图加以说明	

5. 可转位刀片的切削刃长度

第五位表示刀片切削刃长度，用两位阿拉伯数字表示，取刀片理论边长的整数部分作为代号，如边长为 16.5 mm 的刀片代号为 16。若舍去小数后只剩一位数，则在该数字前加 0，如边长为 8.325 mm 的刀片代号为 08。

6. 可转位刀片的厚度

第六位表示刀片厚度，用两位阿拉伯数字表示，取刀片厚度的整数部分作为代号。若去掉小数后只剩一位数，则在该数字前加 0；当整数值相同、小数部分值不同时，则将小数部分值大的刀片代号用 T 表示，如刀片厚度分别为 3.18 mm 和 3.97 mm 时，则前者代号为 03，后者代号为 T3。

7. 可转位刀片的转角形状或刀尖圆弧半径

第七位表示刀片转角形状或刀尖圆弧半径，用两位阿拉伯数字表示。

8. 可转位刀片切削刃的截面形状

第八位表示切削刃截面形状，用一个字母表示，共 4 种。其中 F 表示尖锐切削刃，E 表示倒圆切削刃，T 表示倒棱切削刃，S 表示既倒棱又倒圆的切削刃。

9. 可转位刀片的切削方向

第九位表示切削方向，用一个字母表示。其中 R 表示右切，L 表示左切，N 表示既能用于左切，也可用于右切。

10. 可转位刀片断屑槽的形式与宽度

第十位表示断屑槽形式与宽度，用一个字母和一个数字表示，共 13 种。断屑槽宽度用舍去小数位部分的槽宽毫米数表示，见表 6–7。

表 6–7　　可转位刀片断屑槽的形式与宽度

代号	断屑槽形式举例	代号	断屑槽形式举例
A	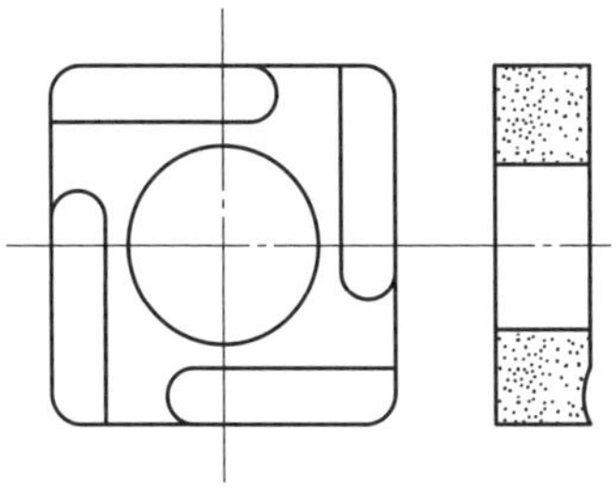	D	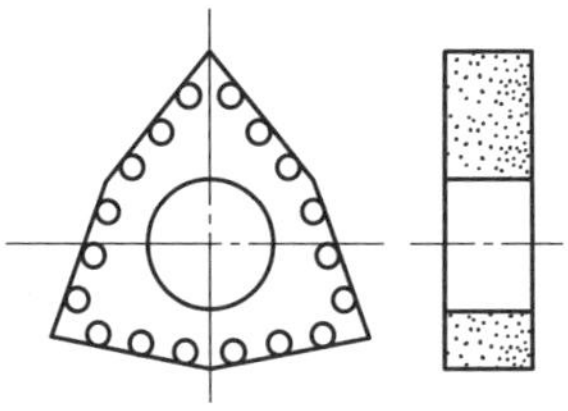
B	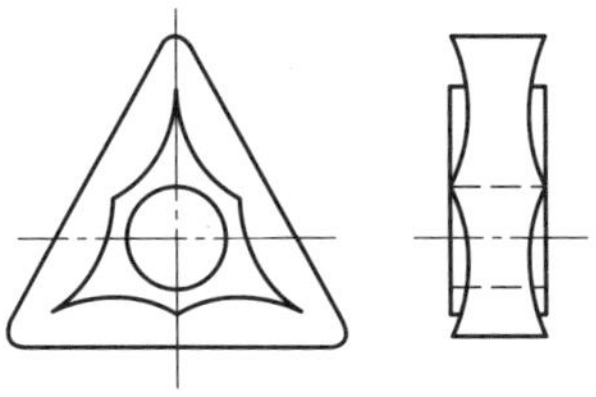	G	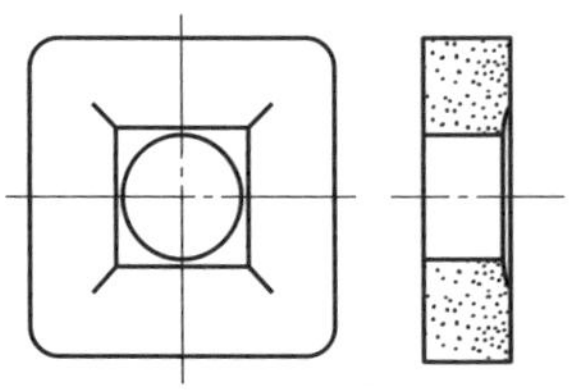
C	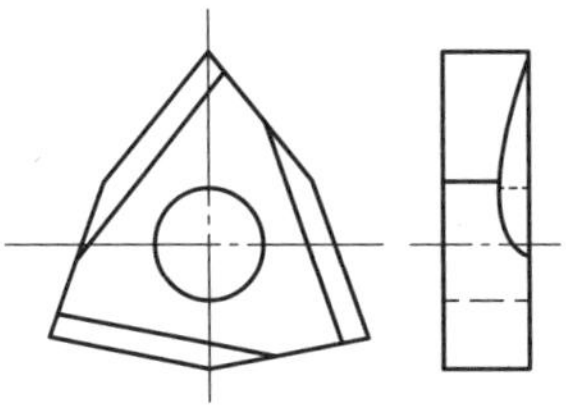	H	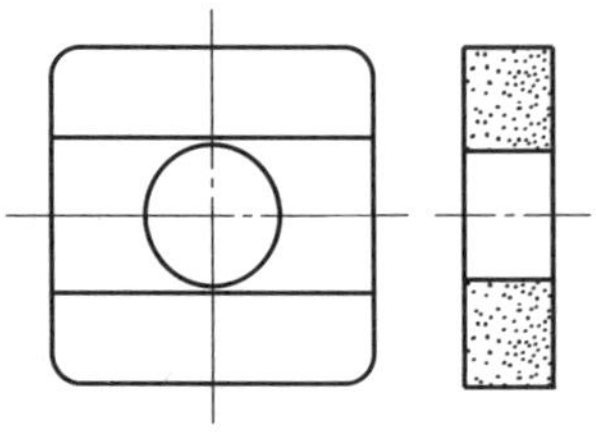

续表

代号	断屑槽形式举例	代号	断屑槽形式举例
J	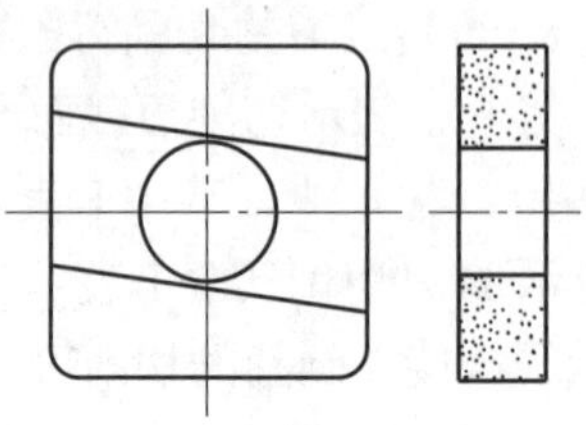	V	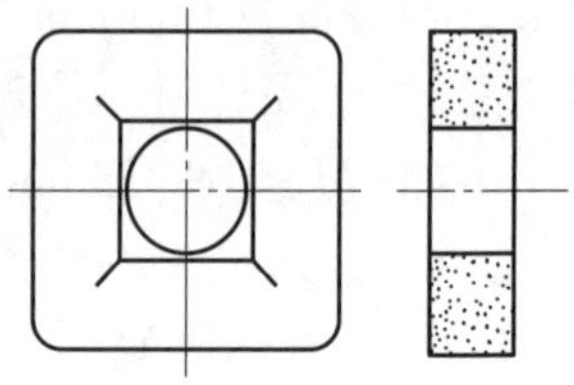
K	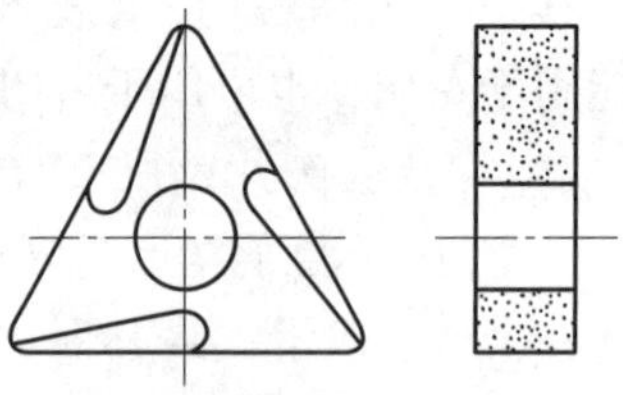	W	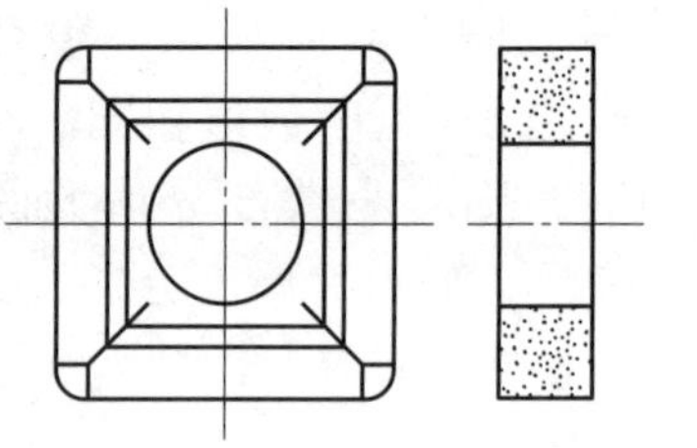
P	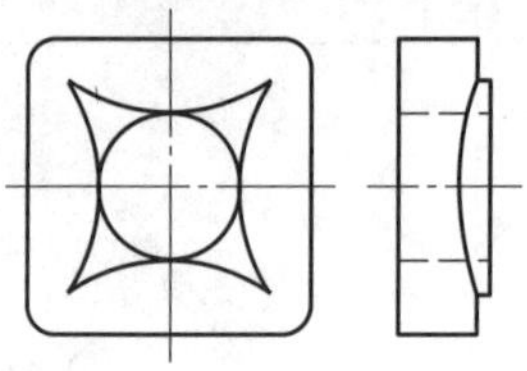	Y	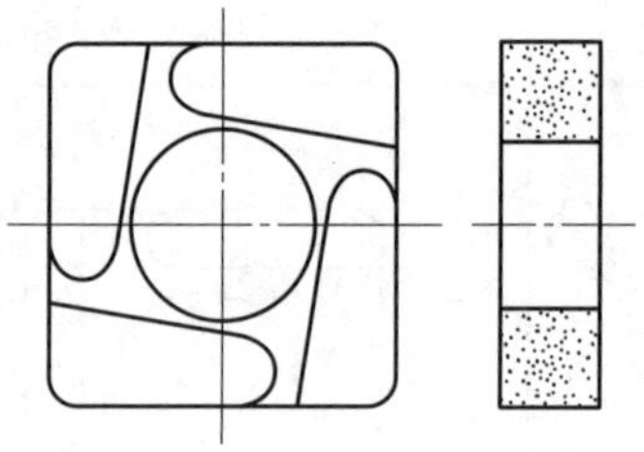
T	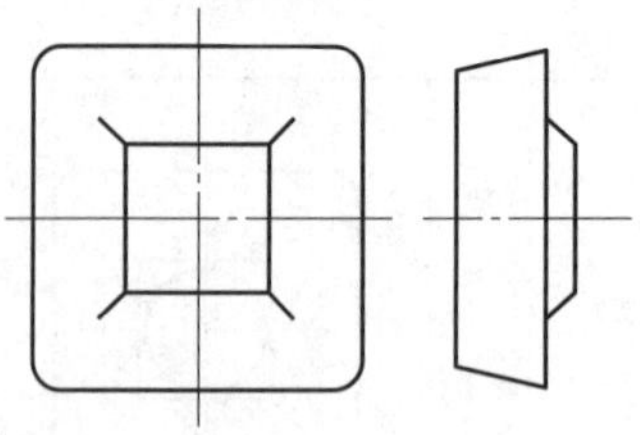		

三、硬质合金可转位车刀刀柄及刀垫

1. 刀柄

刀柄用以装夹刀片并便于在刀架上夹持。刀柄上的刀片槽用来放置并保证刀片的定位。

硬质合金可转位车刀的各个主要角度是由刀片角度和刀片装夹在具有一定角度刀槽的刀柄上综合形成的。刀柄上刀槽的角度根据所选刀片参数来设计和制造。刀柄材料一般选用45钢，硬度一般为40 ~ 50HRC。

GB/T 5343.1—2007规定，可转位车刀刀柄或刀夹的代号由代表给定意义的字母或数字符合按一定的规则排列所组成，共有10位符号。例如，可转位车刀刀柄代号的含义为：

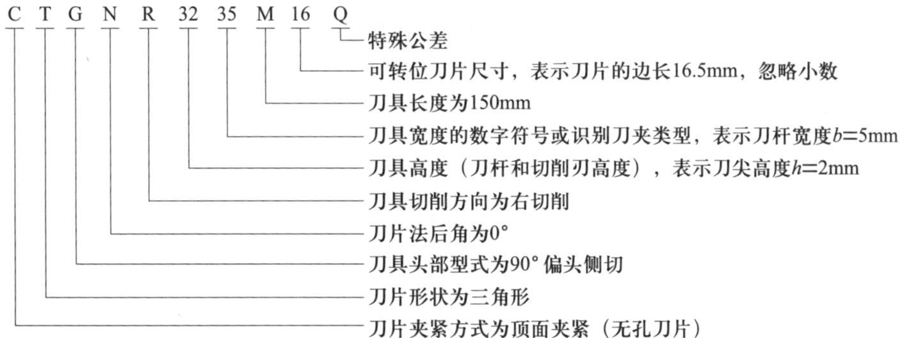

任何一种车刀刀柄或刀夹都应使用前9位符号，最后一位符号在必要时才使用。

2. 刀垫

刀垫的作用是在正常切削时防止切屑擦伤刀柄，并能防止刀片崩坏时损伤刀柄，从而延长刀柄的使用寿命。刀垫的主要尺寸按相应的刀片尺寸设计，材料选用GGr15、K20或W18Gr4V。刀垫的硬度不低于55HRC。

四、硬质合金可转位车刀刀片的夹紧形式

1. 可转位车刀定位夹紧结构的要求

（1）定位精度高。刀片转位或调换后，刀尖及切削刃的位置变化应尽量小。定位精度高可使刀片夹紧更稳定。夹紧力的方向应使刀片靠紧定位面，保持定位精度不易被破坏。

（2）刀片转位和调换方便。

（3）夹紧牢固、可靠，保证刀片、刀垫、刀柄接触紧密，在受到冲击振动和热变形时各元件不致松动。

（4）刀片前面上最好无障碍，保证排屑顺利、观察方便。

（5）结构紧凑，工艺性好。

2. 硬质合金可转位车刀的夹紧形式

可转位车刀的夹紧形式有上压式、螺钉压孔式、弹性刀槽式、楔块式、杠销式、偏心式和杠杆式等几种，其中上压式、螺钉压孔式和弹性刀槽夹紧式是使用最普遍的形式。

（1）上压式

它是利用压板向下的压力将刀片压紧。这种夹紧形式夹紧力大，通过两定位侧面能获得稳定可靠的定位，耐冲击。但刀片上的压板使排屑受到一定影响。

上压式中以螺销上压式夹紧（图6-39）较常用，综合性能好，夹紧力大，但结构复杂。

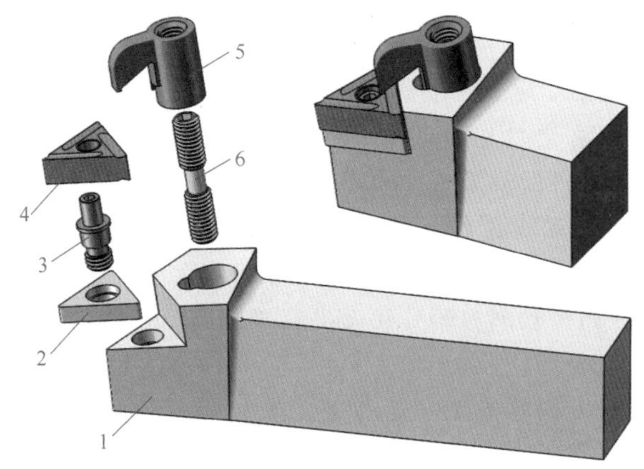

图6-39 螺销上压式夹紧

1—刀杆 2—合金刀垫 3—刀垫螺钉 4—合金刀片 5—固定压板 6—压板螺钉

（2）螺钉压孔式

一般常用锥头螺钉压孔式夹紧，如图 6–40 所示。

（3）弹性刀槽夹紧式（图 6–41）

当螺钉向下旋入时，开缝的弹性压板产生弹性变形，将刀片夹紧在刀槽中，适用于切断刀等片状车刀的夹紧。

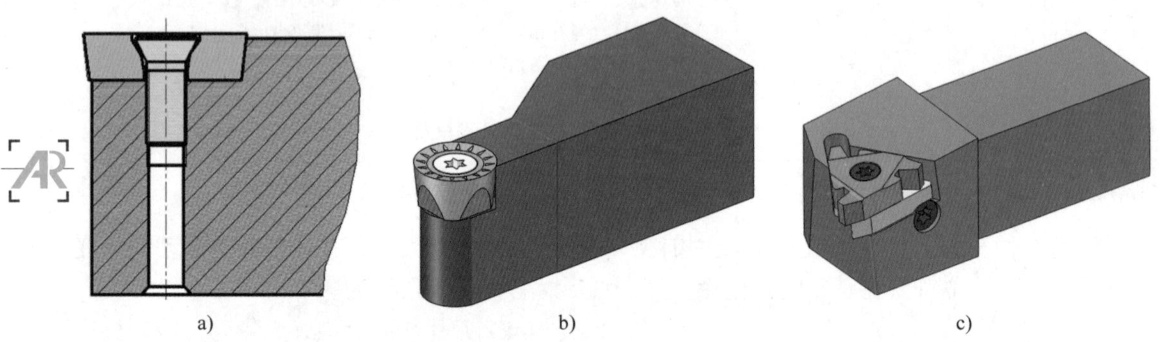

图 6–40　锥头螺钉压孔式夹紧

a）锥头螺钉压孔式夹紧的结构　b）、c）锥头螺钉压孔式夹紧的应用

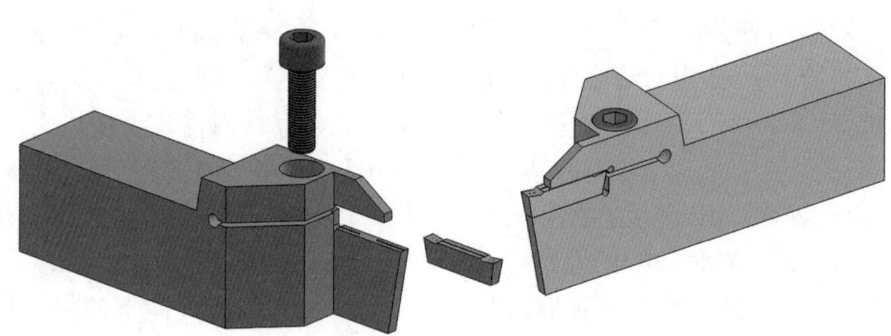

图 6–41　弹性刀槽夹紧式

使用硬质合金可转位车刀刀片时的注意事项

1. 刀片的定位和夹紧

装夹刀片时，要注意使刀片的定位面和刀柄上刀槽的定位支撑面接触良好，否则，在切削力的作用下，刀片可能会因为受力不均而碎裂。

硬质合金可转位刀具的夹紧特点是：多数夹紧结构产生的夹紧力和切削力方向基本一致，而且指向刀柄定位支撑面。因此，切削力有助于夹紧。在利用机械夹紧时，用力不需很大，否则刀片会因为切削力的作用而发生碎裂。

2. 合理选择切削用量

硬质合金可转位车刀的特点之一是刀片上有较合理的断屑槽，卷屑和断屑性能好，但切削用量的选择范围受到限定。因此，使用时必须根据加工条件、刀片型号和工件材料查阅有关手册；或进行试切削，选用断屑效果较好的切削用量。

思考与练习

1. 专用夹具的作用有哪些？
2. 举一个使用过的车床夹具的例子，说明专用夹具主要由哪几部分组成。
3. 一个空间物体有哪 6 个自由度？一个平面能限制几个自由度？
4. 什么是工件的定位？什么是定位基准？工件在夹具中是如何实现定位的？
5. 定位的任务是什么？
6. 什么是工件的六点定位规则？
7. 举例分析比较不完全定位和欠定位的异同点。不完全定位和欠定位是否允许出现？
8. 举例分析比较重复定位和欠定位的异同点。重复定位和欠定位是否允许出现？
9. 工件以平面定位时常用哪几种定位元件？各适用于什么场合？
10. 工件以外圆定位时常用哪几种定位方式？各有什么特点？
11. 图 6–42 所示的工件装夹在心轴上，试分析：

（1）长圆柱心轴限制哪几个自由度？
（2）台阶端面 B 限制哪几个自由度？
（3）工件的这种定位方法属于哪种定位？
（4）这种定位方法有什么缺陷？应如何解决？

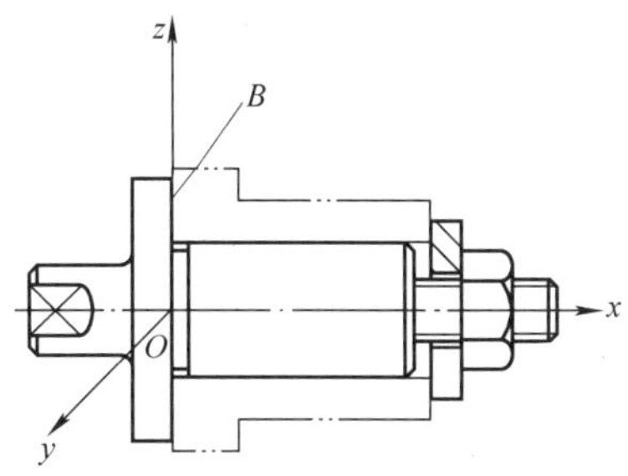

图 6–42　台阶式心轴定位

12. 工件以内孔定位时常用哪几种心轴？各适用于什么场合？
13. 分析图 6–26 所示心轴上应用开口垫圈的好处。
14. 工件以两孔一面定位时，定位元件为什么要采用一个圆柱销和一个削边销？
15. 对夹具的夹紧装置有哪些基本要求？
16. 常用的螺旋夹紧装置有哪几种？
17. 组合夹具有哪些优点？
18. 硬质合金可转位车刀常用哪几种夹紧形式？
19. 使用硬质合金可转位车刀时应注意哪些问题？

第七章

车复杂工件

车床加工中会遇到一些外形复杂和不规则的工件，如十字孔工件、对开轴承座、齿轮油泵泵体、偏心工件、曲轴和环首螺钉等，常见复杂工件的形状如图 7–1 所示。这些工件不能用三爪自定心卡盘或四爪单动卡盘直接装夹，必须借助于车床附件或装夹在专用夹具上加工。细长轴、薄壁和深孔工件等，虽然形状并不复杂，但采用普通方法加工非常困难，往往要配备一些专用工艺装备，因此，这几类工件的加工也安排在本章中介绍。

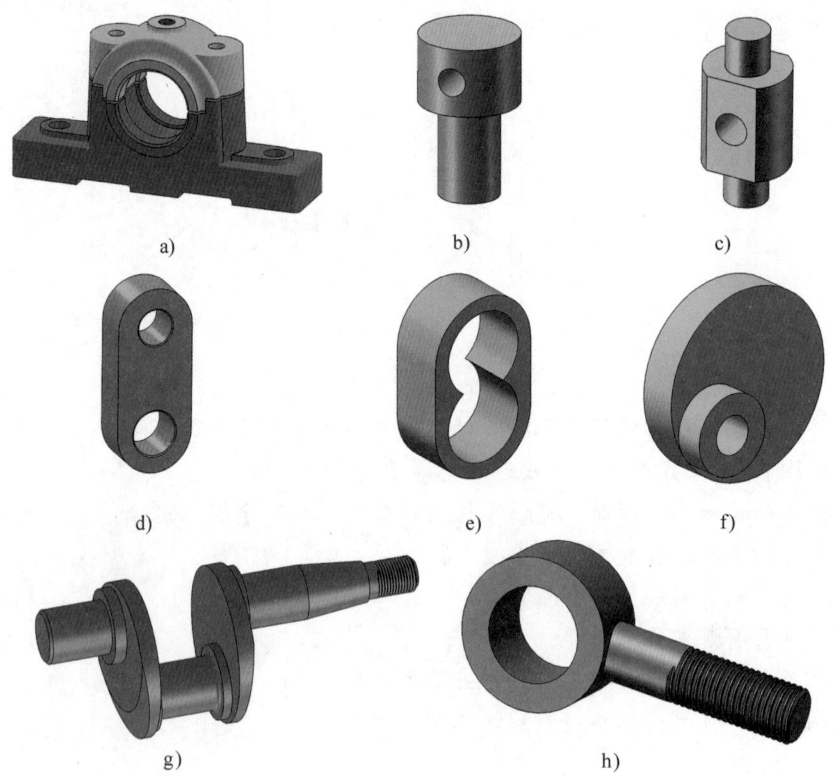

图 7–1　常见的复杂工件

a）对开轴承座　b）、c）十字孔工件　d）双孔连杆　e）齿轮泵泵体　f）偏心凸轮　g）曲轴　h）环首螺钉

§7-1 在花盘上装夹工件

当复杂工件的数量较少时，一般不设计专用夹具，而使用花盘、角铁等一些车床附件来装夹工件。

一、常用的车床附件

常用的车床附件有花盘、角铁、V 形架、方头螺栓、压板、平垫铁、平衡铁等，如图 7–2 所示。

1. 花盘

花盘（图 7–2a）是一个铸铁大圆盘，盘面上有很多长短不等、呈辐射状分布的 T 形槽，用于安装方头螺栓，把工件紧固在花盘盘面上。花盘可以直接安装在车床主轴上，其盘面必须与车床主轴轴线垂直，且盘面平整，表面粗糙度值 $Ra \leqslant 1.6\ \mu m$。

2. 角铁

角铁（图 7–2b）又称弯板，是用铸铁制成的车床附件，通常有两个互相垂直的表面。角铁上有长短不同的通孔，用以安装连接螺钉。角铁的工作表面和定位基面必须经过磨削或精刮削，以确保角度准确且接触性能良好。通常角铁与花盘一起配合使用。

3. 方箱

方箱（图 7–2c）又称方筒，是用铸铁制成的具有 6 个工作面的空腔正方体或长方体，其中一个工作面上有 V 形槽。可根据需要制作各种规格的等高方箱及长方筒。方箱用于复杂工件平行度和垂直度误差的检验及划线时支撑工件。方箱各工作面不能有锈迹、划痕、裂纹、凹陷等缺陷；非工作面应清砂、涂漆，棱边倒角。

4. V 形架

V 形架（图 7–2d）的工作面是一条 V 形槽。可根据需要在 V 形架上加工出几个螺孔或圆柱孔，以便用螺钉把 V 形架固定在花盘上或把工件固定在 V 形架上。

5. 方头螺栓

方头螺栓（图 7–2e）的头部做成方形，使其在花盘背面的 T 形槽中不能转动，其长度也可以根据装夹要求做成长短不同的尺寸。

6. 压板

压板可根据需要做成单头（图 7–2f）、双头及高低、长度不同的各种规格。它的

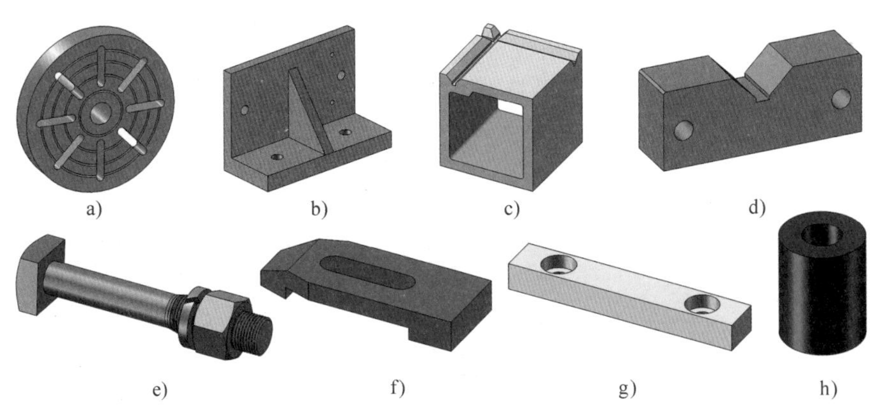

图 7–2 常用的车床附件

a）花盘 b）角铁 c）方箱 d）V 形架 e）方头螺栓 f）压板 g）平垫铁 h）平衡铁

上面铣有腰形长槽，用来安插螺栓，并使螺栓在长槽中移动，以调整夹紧力的位置。

7. 平垫铁

平垫铁（图 7–2g）安装在花盘或角铁上，可作为工件的定位基面或导向平面。

8. 平衡铁

在花盘或角铁上装夹的工件大部分是质量偏于一侧的，这样不但影响工件的加工精度，还会引起振动而损坏车床的主轴和轴承。因此，必须在花盘偏重的对面装上适当的平衡铁（图 7–2h）。平衡铁可以用铸铁或钢制成，但为了减小体积，也可用密度较大的铅做成。

二、在花盘上装夹工件

被加工表面回转轴线与基准面互相垂直的复杂工件，如双孔连杆和齿轮油泵泵体等，可以装夹在花盘上车削。

1. 双孔连杆的装夹

图 7–3 所示为双孔连杆，它的两个平面经过了铣削和平面磨床精加工，现需加工 ϕ40H7 和 ϕ50H7 两个孔。车削的技术要求如下：两孔本身达到一定的尺寸精度要求（ϕ40H7、ϕ50H7），两孔中心距有一定的公差［（120 ± 0.05）mm］，两孔轴线要求平行（平行度公差为 0.04 mm）并与基准面 *A* 垂直（垂直度公差为 0.04 mm）。要达到以上三个要求，关键要把握两点：第一，花盘本身的几何精度比工件要高一倍以上（即垂直度公差 <0.02 mm）；第二，要用一定的测量手段来保证两孔的中心距公差。

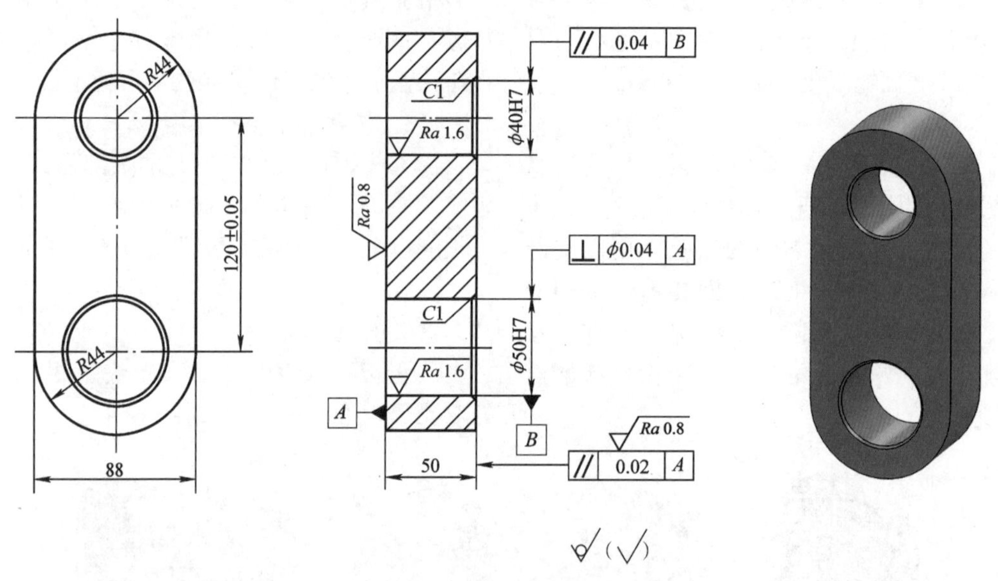

图 7–3　双孔连杆

操作提示

在花盘上平衡工件时，可以调整平衡铁的质量和位置。平衡铁装好后，先将主轴箱外的变速手柄置于空挡位置，再用手转动花盘，看花盘能否在任意位置停下来。如果花盘能在任意位置停下来，就说明工件已平衡好；否则要重新调整平衡铁的质量和位置。

（1）加工双孔连杆的第一孔　其装夹方法如图 7–4 所示，因为双孔连杆两端都是圆弧形表面，所以可以利用 V 形架作为定位基准。先按划线找正双孔连杆的第一孔，并把圆弧面靠在 V 形架上，再用两块压板和方头螺栓压紧工件，并用方头螺栓穿过双孔连杆的毛坯孔压紧工件的另一端。用手转动花盘，如果不碰撞导轨等机床部件，平衡恰当，即可车第一个孔 ϕ40H7 达到要求。第一个工件找正后，其余工件即可按 V 形架定位加工，不必再进行找正。

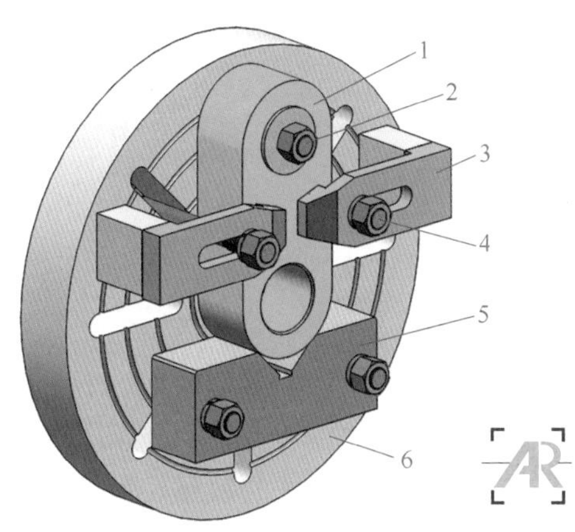

图 7–4　在花盘上装夹双孔连杆的方法

1—双孔连杆　2、4—方头螺栓　3—压板　5—V 形架　6—花盘

（2）加工双孔连杆的第二孔　加工第二孔时，可用图 7–5 所示的方法找正工件的中心距。找正时先在花盘上安装一个定位圆柱，它的直径 d_1 与第一孔 ϕ40H7 采用较小的间隙配合。再在车床主轴锥孔中安装一个预先制好的心轴，然后用千分尺测量出它与定位圆柱之间的尺寸 M，再用下式计算中心距 L：

$$L = M - \frac{d_1 + d_2}{2} \tag{7-1}$$

式中　L——两孔中心距，mm；

M——千分尺的读数值，mm；

d_1——定位圆柱直径，mm；

d_2——主轴锥孔中心轴的直径，mm。

如果测量出的中心距 L 与计算要求不同，可稍微旋松定位圆柱上的紧固螺母，用铜棒轻轻敲击，直至把中心距（120 ± 0.05）mm 调整正确为止。中心距找正以后，把主轴锥孔中的心轴取下，并使双孔连杆已加工好的第一孔与定位圆柱配合，找正外形，再夹紧工件，即可车削第二孔。

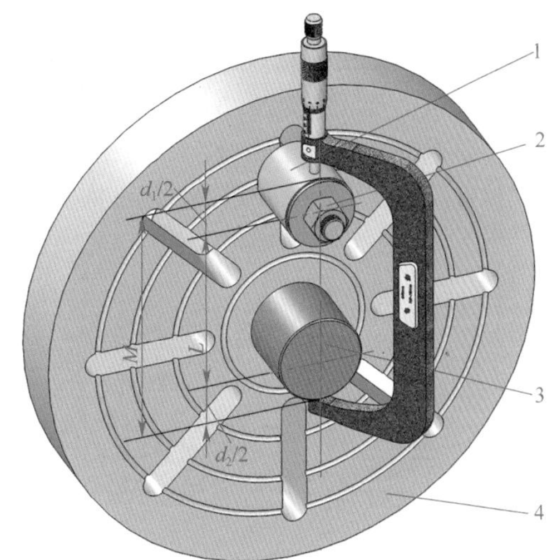

图 7–5　用定位圆柱找正中心距的方法

1—定位圆柱　2—紧固螺母　3—主轴锥孔中的定位心轴　4—花盘

2. 十字孔工件的装夹

图 7–6 所示为在花盘上装夹十字孔工件。工艺要求圆柱孔的轴线与两端轴的轴线相互垂直并相交。加工这类工件可选用两块等高的 V 形架，先把 V 形架中心找正，并用螺钉固定在花盘上。装夹时，把工件两端

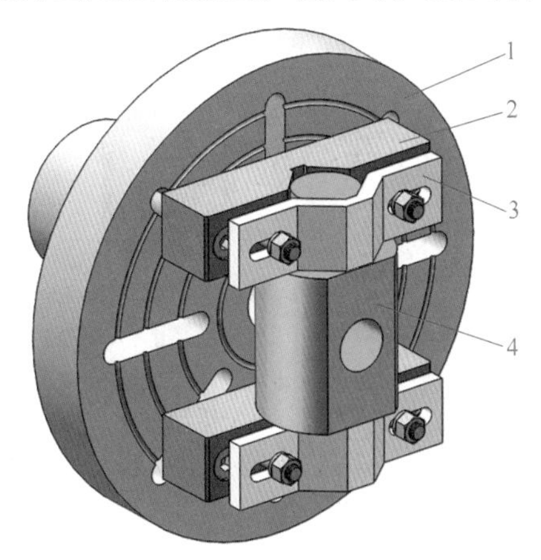

图 7–6　在花盘上装夹十字孔工件的方法

1—花盘　2—V 形架　3—V 形压板　4—工件

的外圆置于V形架的槽内，利用工件的轴肩做轴向定位，找正工件平面，用V形压板固定工件，即可进行车削。

用这种方法车削成批工件时，当第一个工件找正后，其余各工件只需找正平面即可进行车削。

三、在花盘上保证几何公差要求的方法

在花盘上加工复杂工件时，保证工件几何公差要求的方法如下：

1. 对于几何精度要求高的工件，其定位基面必须经过平面磨削或精刮削，工件的定位基面要求平直，从而保证其与花盘的定位基面接触良好。

2. 花盘定位基面的几何公差要小于工件几何公差的1/2。因此，花盘平面最好在本身车床上精车出来。

3. 要防止工件因夹紧力过大而变形。

4. 在花盘上装上工件后必须经过平衡。

5. 车床主轴间隙不得过大，导轨必须平直，以保证工件的几何公差。

§7-2 车偏心工件

在机械传动中，回转运动变为往复直线运动或直线运动变为回转运动，一般都用偏心轴或曲轴来完成，如车床主轴箱中的偏心轴、汽车发动机中的曲轴等。外圆与外圆、内孔与外圆的轴线平行但不重合的工件，称为偏心工件（图7–7）。其中，外圆与外圆偏心的工件称为偏心轴（图7–7a）；内孔与外圆偏心的工件称为偏心套（图7–7b），两轴线之间的距离称为偏心距 e。

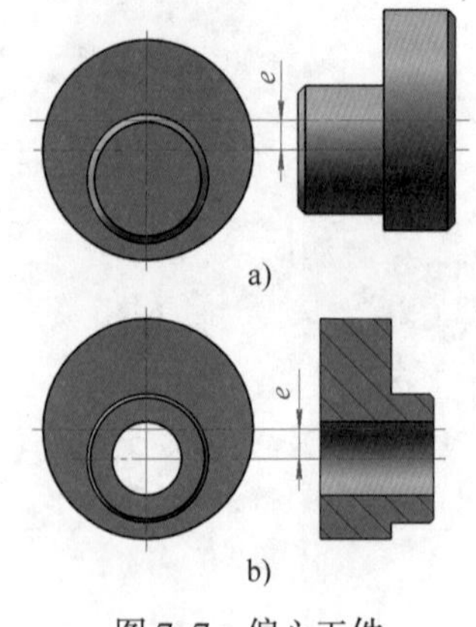

图7–7 偏心工件
a）偏心轴 b）偏心套

车削偏心工件的基本原理如下：把所要加工偏心部分的轴线找正到与车床主轴轴线重合，但应根据工件的数量、形状、偏心距的大小和精度要求相应地采用不同的装夹方法。

一、车削偏心工件的方法

1. 在两顶尖间车偏心轴

一般的偏心轴，只要两端面能钻中心孔，有鸡心夹头的装夹位置，都可以用在两顶尖间车偏心的方法，如图7–8所示。因为在两顶尖间车偏心轴与车一般外圆没有很大区别，仅仅是两顶尖顶在偏心中心孔中加工而已。这种方法的优点是偏心中心孔已钻好，不需要花费时间去找正偏心；定位精度较高。

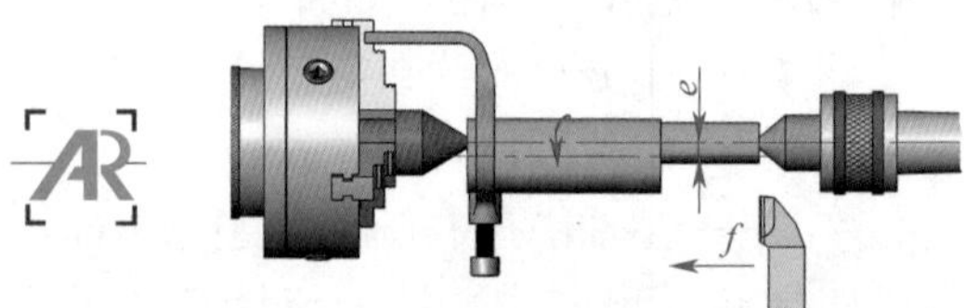

图7–8 在两顶尖间车偏心轴

2. 在四爪单动卡盘上车偏心工件

对长度较短、外形复杂、加工数量较少且不便于在两顶尖间装夹的偏心工件，可装夹在四爪单动卡盘上车削。

在四爪单动卡盘上车削偏心工件时，必须将已划好的偏心轴线和侧母线找正。先使偏心轴线与车床主轴轴线重合（图 7–9），再找正侧母线，工件装夹后即可车削。

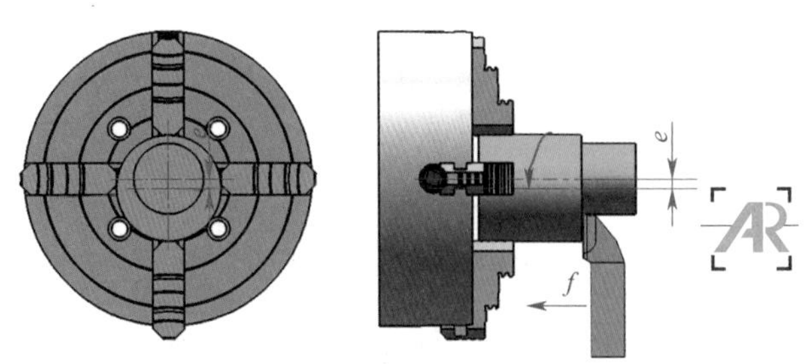

图 7–9 在四爪单动卡盘上车偏心工件

开始车偏心时，由于两边的切削余量相差很大，车刀应先远离工件后再启动主轴，然后车刀刀尖从偏心的最外一点逐步切入工件进行车削，这样可有效地防止事故的发生。

3. 在三爪自定心卡盘上车偏心工件

对长度较短且偏心距较小（$e \leqslant 6$ mm）的偏心工件，也可以在三爪自定心卡盘的一个卡爪上增加一块垫片，使工件产生偏心来车削，如图 7–10 所示。垫片厚度可用以下近似公式计算：

$$x=1.5e+k \quad (7\text{–}2)$$

$$k\approx 1.5\Delta e \quad (7\text{–}3)$$

$$\Delta e=e-e_{测} \quad (7\text{–}4)$$

式中 x——垫片厚度，mm；

e——工件偏心距，mm；

k——偏心距修正值，其正负值按实测结果确定，mm；

Δe——试切后的实测偏心距误差，mm；

$e_{测}$——试切后的实测偏心距，mm。

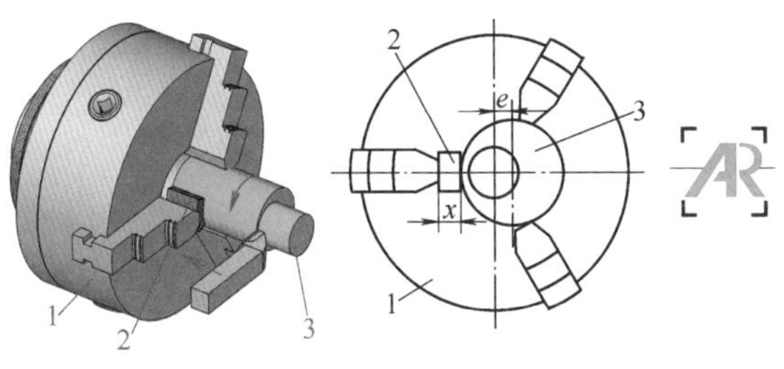

图 7–10 在三爪自定心卡盘上车偏心工件

1—三爪自定心卡盘 2—垫片 3—偏心工件

例 7–1 车削偏心距 e=2 mm 的工件，试用近似公式计算垫片厚度 x。

解：先不考虑修正值，按式（7–2）计算垫片厚度：

$$x=1.5e=1.5\times 2\text{ mm}=3\text{ mm}$$

先垫入 3 mm 厚的垫片进行试车削，试车后检查其实际偏心距。如实测偏心距为 2.04 mm，则偏心距误差为：

$$\Delta e=e-e_{测}=2\text{ mm}-2.04\text{ mm}=-0.04\text{ mm}$$

$$k\approx 1.5\Delta e=1.5\times(-0.04\text{ mm})=-0.06\text{ mm}$$

则垫片厚度的正确值为：

$$x=1.5e+k=1.5\times 2\text{ mm}+(-0.06\text{ mm})$$

$$=2.94\text{ mm}$$

4. 在双重卡盘上车偏心工件

将三爪自定心卡盘装夹在四爪单动卡盘上，并移动一个偏心距 e。加工偏心工件时，只需把工件装夹在三爪自定心卡盘上即可车削，如图 7–11 所示。这种方法第一次在四爪单动卡盘上找正比较困难，但是，在加工一批工件的其余工件时，则不需找正偏心距，因此适用于加工成批工件。由于两个卡盘重叠在一起，刚度不足且离心力较大，切削用量只能选得较低。此外，车削时尽量用后顶尖支顶，工件找正后还需加平衡铁，以防发生意外事故。

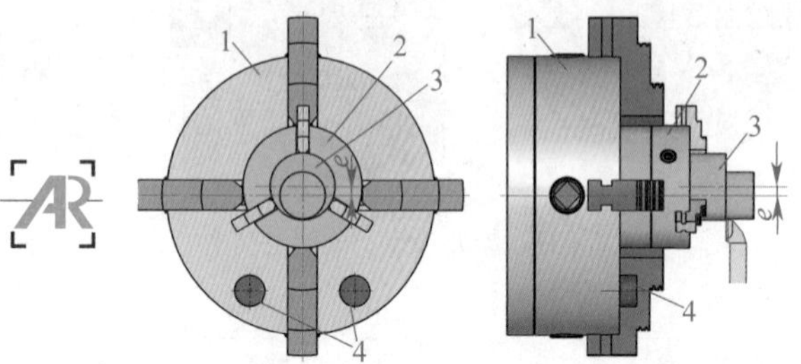

图 7–11　在双重卡盘上车偏心工件

1—四爪单动卡盘　2—三爪自定心卡盘　3—偏心工件　4—平衡铁

这种方法只适宜车削偏心距不大（$e \leqslant 5$ mm）且精度要求不高、批量较小的偏心工件。

5. 在花盘上车偏心工件

加工长度较短、偏心距较大（$e \geqslant 6$ mm）的偏心套时，可以装夹在花盘上车削。

在加工偏心孔前，先将工件外圆和两端面加工至要求后，在一端面上划好偏心孔的位置，然后用三块压板均匀地把工件装夹在花盘上，并在花盘靠近工件外圆处装上两块成 90°位置分布的定位块，以保证偏心套的定位要求，如图 7–12 所示。

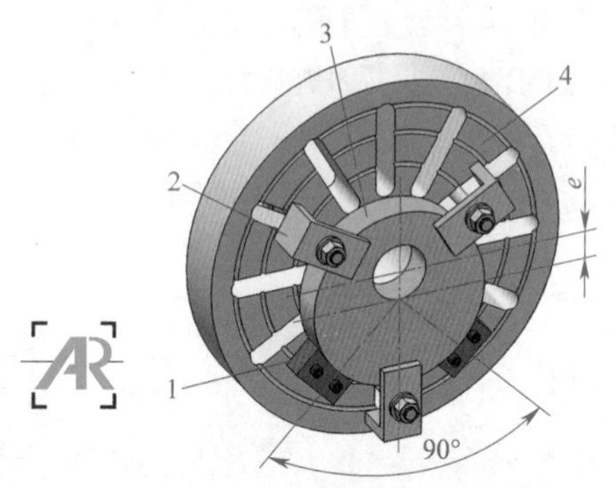

图 7–12　在花盘上车偏心套

1—定位块　2—压板　3—偏心套　4—花盘

6. 在偏心卡盘上车偏心工件

车削精度较高、批量较大的偏心工件时，可以用偏心卡盘（图 7–13）来车削。偏心卡盘分两层，底盘用螺钉固定在车床主轴的连接盘上，偏心体与底盘燕尾槽相互配合。偏心体上装有三爪自定心卡盘。利用丝杆来调整卡盘的中心距，偏心距 e 的大

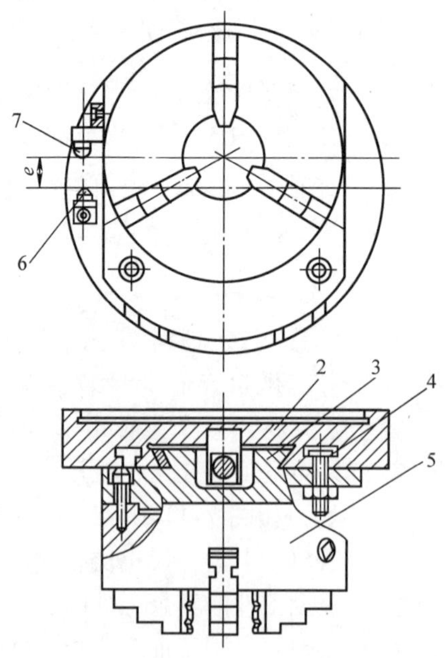

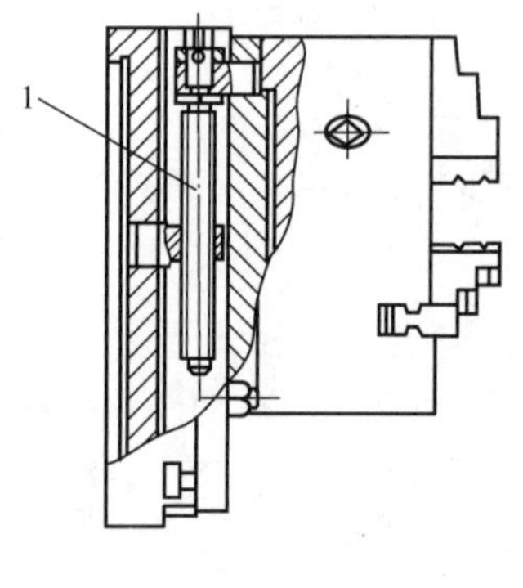

图 7–13　偏心卡盘

1—丝杠　2—底盘　3—偏心体　4—方头螺栓　5—三爪自定心卡盘　6、7—测头

小可在两个测头之间测得。当偏心距为零时，两测头正好相碰。转动丝杆时，测头逐渐离开，离开的尺寸即为偏心距。两测头之间的距离可用百分表或量块测量。当偏心距调整好后，用4个方头螺栓紧固，把工件装夹在三爪自定心卡盘上，即可进行车削。

由于偏心卡盘的偏心距可用量块或百分表测得，因此可以获得很高的精度。其次，偏心卡盘调整方便，通用性强，是一种较理想的车偏心工件的夹具。

7. 在专用偏心夹具上车偏心工件

（1）用偏心夹具车偏心工件　加工数量较多、偏心距精度要求较高的工件时，可以制造专用偏心夹具来装夹。如图7–14所示，偏心夹具2或6分别装夹在三爪自定心卡盘1或5上。夹具中预先加工一个偏心孔，其偏心距等于偏心工件4或7的偏心距 e，工件就插在夹具的偏心孔中。可以用铜头螺钉紧固，如图7–14a所示；也可以将偏心夹具的较薄处铣开一条狭槽，依靠夹具变形来夹紧工件，如图7–14b所示。

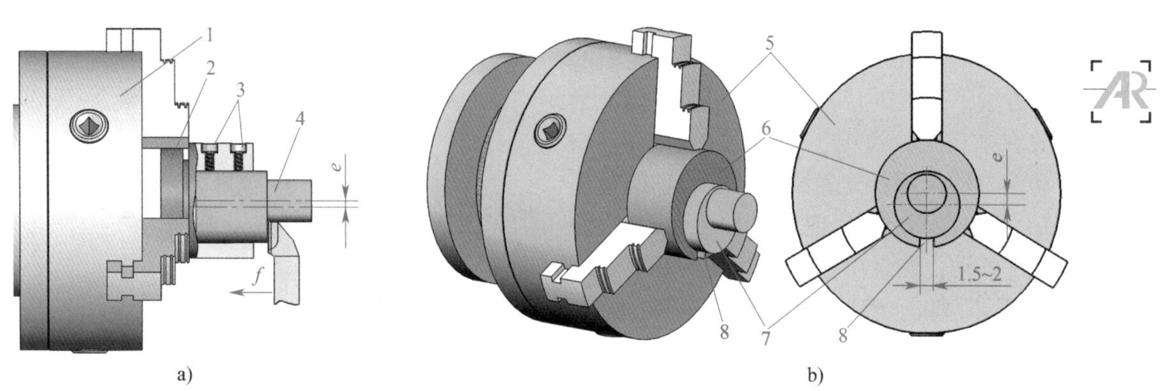

图7–14　用专用偏心夹具车偏心工件

a）用螺钉紧固工件　b）用夹具变形紧固工件

1、5—三爪自定心卡盘　2、6—偏心夹具　3—铜头螺钉　4、7—偏心工件　8—狭槽

（2）用偏心夹具钻偏心中心孔　当加工数量较多的偏心轴时，若用划线的方法找正中心来钻中心孔，生产效率低，偏心距精度不易保证。这时可将偏心轴用紧定螺钉装夹在偏心夹具中，用中心钻钻中心孔，如图7–15所示。工件掉头钻偏心中心孔时，只把夹具掉头，工件不能卸下，再装夹在软卡爪上。偏心中心孔钻好后，再在两顶尖间车偏心轴。

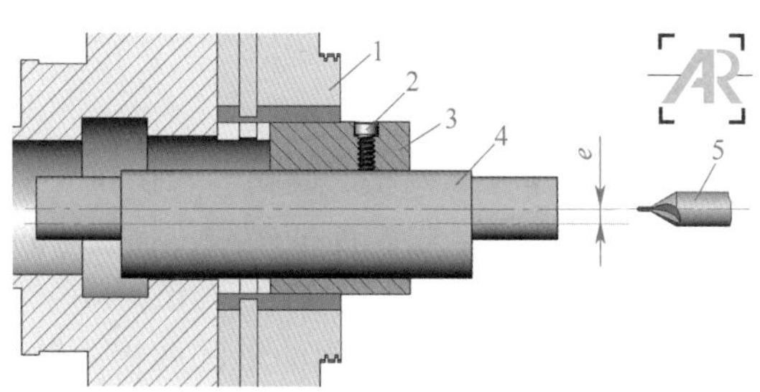

图7–15　用偏心夹具钻偏心中心孔

1—软卡爪　2—紧定螺钉　3—偏心夹具

4—偏心轴　5—中心钻

二、偏心距的测量

1. 在两顶尖间用百分表测量

对于两端有中心孔、偏心距较小（$e<5$ mm）、不易放在V形架上测量的偏心工件，可放在两顶尖间测量偏心距，如图7–16所示。测量时，使百分表的测头接触在偏心部位，用手均匀、缓慢地转动偏心轴，百分表上指示出的最大值与最小值之差的一半即为偏心距。

偏心套的偏心距也可以用上述方法来测量，但必须先将偏心套套在心轴上，再在两顶尖间测量。

图 7-16　在两顶尖间测量偏心距

2. 在V形架上用百分表间接测量

对于偏心距较大（$e \geqslant 5$ mm）的工件或无中心孔的偏心工件，可采用间接测量偏心距的方法，如图 7-17 所示。测量时，把V形架放在平板上，再把工件安放在V形架中，转动偏心轴，用百分表测量出偏心轴的最高点 h，找出最高点后，把工件固定。再将百分表水平移动，测量出偏心轴外圆到基准轴外圆之间的距离 a，然后用下式计算出偏心距 e：

$$e=\frac{D}{2}-\frac{d}{2}-a \tag{7-5}$$

式中　D——基准轴直径，mm；

d——偏心轴直径，mm；

a——基准轴外圆到偏心轴外圆之间的最小距离，mm。

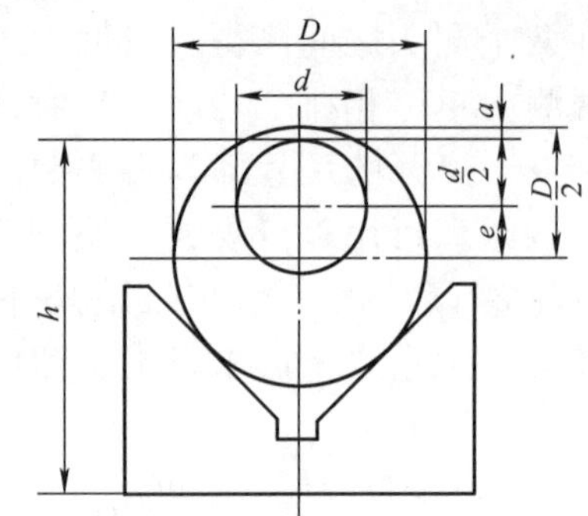

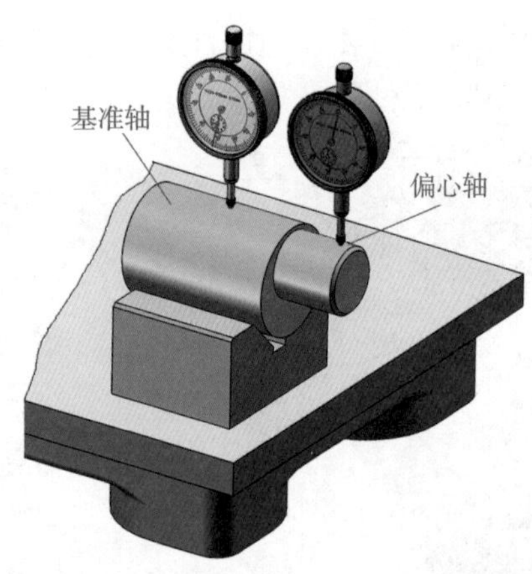

图 7-17　在V形架上间接测量偏心距

用上述方法，必须用千分尺准确测量出基准轴直径 D 和偏心轴直径 d 的实际值，否则计算时会产生误差。

§7-3　车曲轴

曲轴实质上是形状比较复杂的偏心轴，也是一种偏心工件，如图 7-18a 所示。主轴颈轴线与曲柄颈轴线间的距离即为偏心距。

曲轴广泛应用于压力机、压缩机和内燃机等机械中，如图 7-18b 所示。

根据曲轴曲柄颈（又称连杆轴颈）的多少，曲轴有单拐、两拐、四拐、六拐和八拐等多种结构形式。根据曲柄颈数（拐数）的不同，曲柄颈可以互成 90°、120、180° 等夹角。简单曲轴包括单拐曲轴和两拐曲轴，两拐以上的曲轴称为多拐曲轴。

曲轴的毛坯一般由锻造得到，也有采用球墨铸铁铸造而成的。

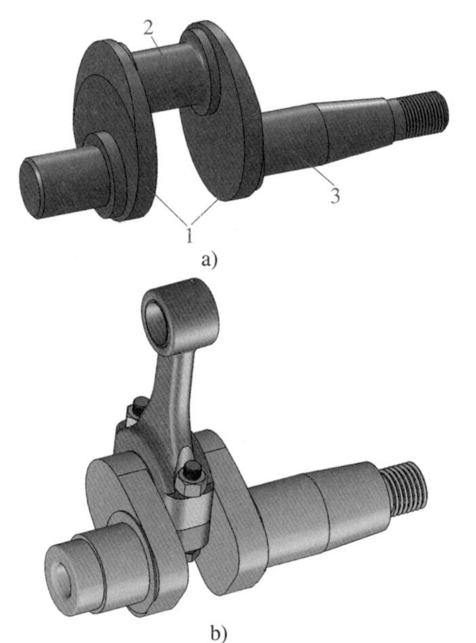

图 7-18　单拐曲轴

a）单拐曲轴的结构 b）曲轴的应用

1—曲柄臂　2—曲柄颈　3—主轴颈

一、曲轴的技术要求

1. 曲轴的相互位置精度要求

曲轴除应有较高的尺寸精度、形状精度和较小的表面粗糙度值外，还应具有下列相互位置精度要求：

（1）曲柄颈轴线与主轴颈轴线之间的平行度。

（2）曲柄颈在圆周上的等分精度。

（3）曲柄颈的偏心距精度。

2. 曲轴的基本技术要求

由于曲轴长时间高速回转，受周期性的弯曲力矩作用，工作条件较恶劣，要求曲轴具有高的强度、刚度、耐磨性、耐疲劳及冲击韧度等性能，因此，对曲轴还有以下基本技术要求：

（1）加工钢质曲轴毛坯需经锻制，以使金属组织致密，强度提高。

（2）锻造毛坯应进行热处理（正火或调质处理），球墨铸铁铸造毛坯也应进行正火。

（3）不允许有裂纹、气孔、砂眼、分层和夹渣等铸造、锻造缺陷。

（4）曲轴的轴颈及其与轴肩的连接圆角须光洁、圆滑，不允许有压缩、凹坑、磕碰、拉毛、划伤等现象，以防产生应力集中而留下隐患。

（5）曲轴精加工后应进行超声波或磁粉探伤以及动平衡试验。

二、曲轴的加工特点

曲轴可在专用机床上加工，也可以在车床上加工。在车床上车削曲轴主要进行曲轴主轴颈和曲柄颈的粗加工与半精加工，而精加工则通常采用磨削方法进行。曲轴的加工特点如下：

1. 由于曲轴结构复杂，不仅细长，又有多个曲拐，刚度较低，而且曲柄颈和主轴颈的尺寸精度、形状精度要求较高，彼此间的几何精度要求也较高，因此，曲轴的加工难度较大，工艺过程较复杂。

2. 加工曲轴的原理与加工偏心轴、偏心套相同，都是在工件的装夹上采取适当的措施，使被加工部位的轴线和车床主轴轴线重合。

3. 单拐曲轴的车削与较长偏心轴的车削方法基本相同，采用中心孔定位，在两顶尖间装夹。

4. 对于偏心距较大的曲轴，应选择刚度高、抗振性好、重心低的车床，而且车床各部分间隙应该调整得较小，以提高其刚度。

5. 曲轴两端的主轴颈尺寸一般较小，不能直接在轴端直接钻出曲柄颈中心孔；曲轴刚度较低，车削中应采取适当的工艺措施。

三、车削曲轴的工艺措施

1. 预留工艺轴颈

在工件主轴颈长度上预留出工艺轴颈，并使两端工艺轴颈端面足够大，划线后能钻出主轴颈中心孔 A 和曲柄颈中心孔 B，如图 7-19 所示。

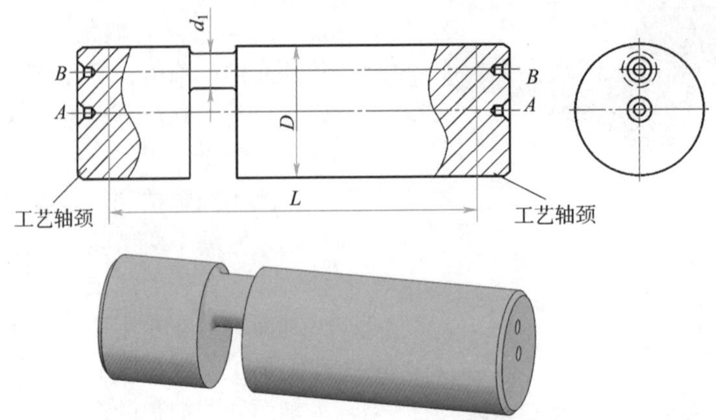

图 7–19　预留工艺轴颈

A—主轴颈中心孔　B—曲柄颈中心孔

先用两顶尖支顶在中心孔 A 上，粗车主轴颈外圆 D；再用两顶尖支顶在偏心中心孔 B 上，便可车削曲柄颈 d_1；最后两顶尖支顶在中心孔 A 上，精车主轴颈。若工件两端面不允许保留偏心中心孔，可将偏心中心孔 B 车去。

2. 使用偏心夹板装夹

若曲轴两端不能留出足够的工艺轴颈，可以根据工件偏心距的要求，先在偏心夹板上钻好偏心中心孔，使用时将偏心夹板用螺栓固定在主轴颈上（偏心夹板内孔与主轴颈采用过渡配合），并用紧定螺钉或定位键防止偏心夹板转动，如图 7–20 所示。将工件用两顶尖支顶在相应的偏心中心孔上，便可车削曲柄颈。

曲轴拐数不同，偏心夹板形式也不同，具体如图 7–21 所示。

3. 提高曲轴刚度

车削时，为了提高曲轴刚度，防止曲轴变形，可采取以下措施：如果两曲柄臂间的距离较小，应在曲柄颈对面的空当处用支撑螺杆支撑，如图 7–22a 所示；如果两曲柄臂间的距离较大，在曲柄颈对面的空当处可用材质较硬的木块或木棒支撑，如图 7–22b 所示。

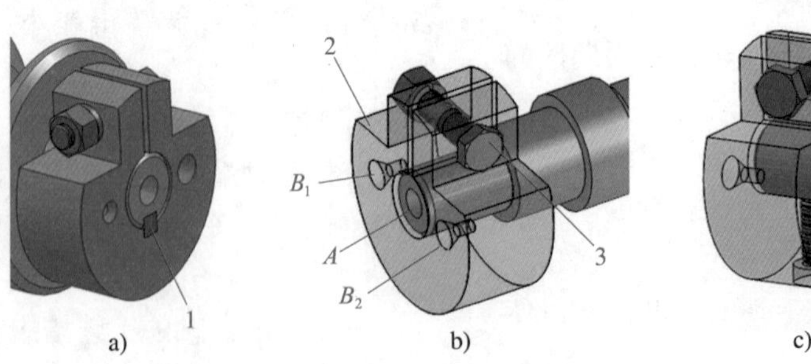

图 7–20　用偏心夹板装夹

a）用定位键定位　b）将偏心夹板固定在主轴颈上　c）用螺钉定位

1—定位键　2—偏心夹板　3—螺栓　4—紧定螺钉

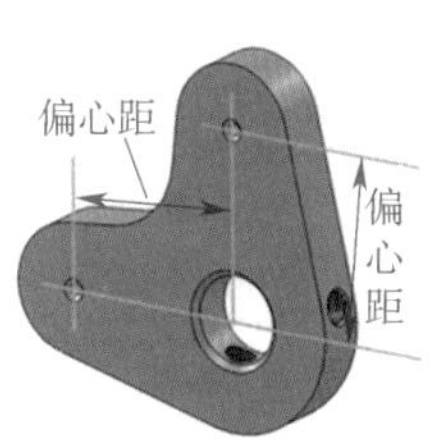

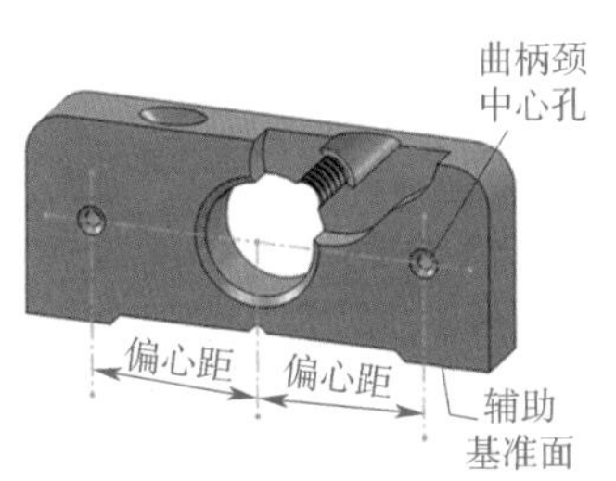

曲柄颈
中心孔
30°
120°
120°
辅助基准面

图 7–21　偏心夹板的形式

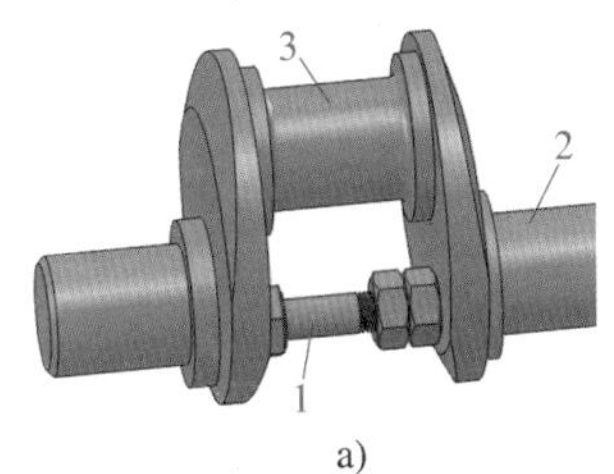

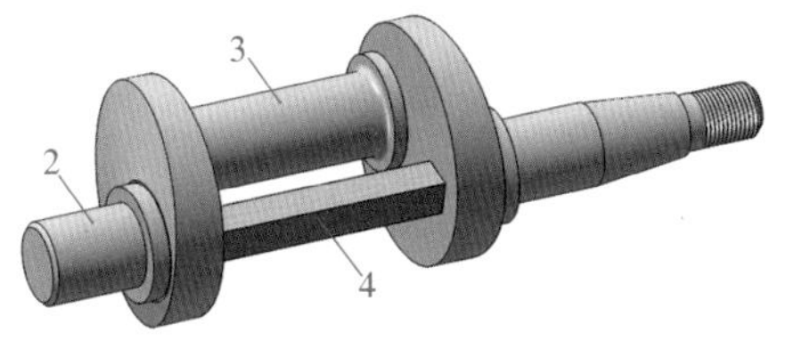

a)　　b)

图 7–22　在曲柄臂间增加支撑的方法

a）增加支撑螺杆支撑　b）增加木块支撑

1—支撑螺杆　2—曲轴　3—曲柄颈　4—硬木块

四、曲轴偏心距的测量

把曲轴装夹在两顶尖之间，用百分表和高度游标卡尺测出主轴颈表面最高点至平板表面间的距离 h、曲柄颈表面至平板表面间的距离 H，同时用千分尺测量出主轴颈的半径 r、曲柄颈的半径 r_1，然后用下式计算：

$$e = H - r_1 - h + r \qquad (7\text{–}6)$$

即可计算出曲柄颈的偏心距 e，如图 7–23 所示。

五、偏心工件和曲轴的车削质量分析

偏心工件和曲轴的车削难度大，容易出现废品，其中提高曲轴车削质量的关键是控制加工变形。因此，应对偏心工件和曲轴加工进行质量分析，以避免废品的产生。车偏心工件和曲轴时废品的产生原因和预防方法见表 7–1。

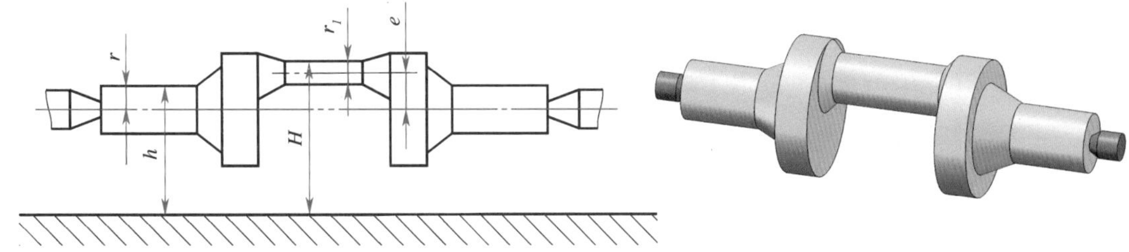

图 7–23　曲轴偏心距的测量

表 7–1　　车偏心工件和曲轴时废品的产生原因和预防方法

废品种类	产生原因	预防方法
偏心工件和曲轴的尺寸和几何公差超差	1. 工件的装夹与找正不规范 2. 车刀的刚度不够 3. 加工步骤安排不合理 4. 切削用量选用过大 5. 车床精度较低或间隙不适当 6. 没有提高偏心工件和曲轴加工刚度的必要措施 7. 未能熟练掌握进刀尺寸的控制方法	1. 工件的装夹与找正应规范、准确 2. 提高车刀刚度 3. 应使加工步骤最优化 4. 选择合适的切削用量 5. 调整车床主轴、滑板，使其间隙适当 6. 采取有力措施提高偏心工件和曲轴的加工刚度 7. 熟练掌握进刀尺寸的控制方法
偏心工件和曲轴的偏心距不符合要求	1. 装夹方法不恰当 2. 工件未经仔细找正 3. 中心孔位置不正确 4. 可调式偏心夹板调整有误差	1. 根据其结构形式，选择适当的装夹方法 2. 偏心工件和曲轴必须仔细找正 3. 对加工好的中心孔要通过检查及时修正 4. 可调式偏心夹板调整后，应经校验无误再投入使用
偏心工件和曲轴的表面粗糙度达不到要求	1. 与“车削轴类工件时表面粗糙度达不到要求”的原因相同，具体见表 2–5 2. 工件刚度低，容易产生振动 3. 接刀方法不正确而留下接刀痕 4. 工件转动不平稳 5. 因切削余量太多和切削用量选择较大，使切削力大小不均衡	1. 与“车削轴类工件时表面粗糙度达不到要求”的预防方法相同，具体见表 2–5 2. 车削时使用夹板、各种支撑和中心架支承工件 3. 熟练掌握用百分表控制进刀深度的方法并进行试切削 4. 选用相应质量的平衡铁并调整至适当位置 5. 合理安排工艺步骤，确定切削用量及工序间余量，以尽量保证精加工时切削力的均衡，加工中注意切削液的使用
曲轴产生变形	1. 车床间隙大 2. 曲轴静平衡差，产生离心力，造成曲轴旋转时轴线弯曲 3. 中心孔不正确，使曲轴旋转时产生摆动 4. 顶尖及支撑螺杆顶得过紧 5. 由于切削力的影响，使工件弯曲变形	1. 调整车床间隙，特别是主轴间隙 2. 加工前、粗车后都应检查曲轴在车床上的静平衡状态 3. 认真钻好中心孔，随时检查中心孔使用情况；必要时研磨中心孔 4. 顶尖和支撑螺杆松紧适当，不宜过紧；若条件许可，可改变中心孔定位为外圆定位 5. 分粗车、精车；切削用量不宜过大，变化范围不宜过大；选择合适的车刀几何参数

§7-4 车细长轴

工件的长度 L 与直径 d 之比大于 25（即长径比 $L/d>25$）的轴类工件称为细长轴。细长轴的外形并不复杂，但由于其本身的刚度低，车削时又受切削力、重力、切削热等因素的影响，容易产生弯曲变形以及振动、锥度、腰鼓形、竹节形等缺陷，难以保证加工精度。长径比越大，加工就越困难。

虽然车细长轴的难度较大，但只要抓住中心架和跟刀架的使用、解决工件热变形伸长以及合理选择车刀的几何参数三个关键技术，问题就迎刃而解了。

一、使用中心架支撑车细长轴

车削细长轴时，可使用中心架来提高工件的刚度。车削细长轴时使用中心架的方法如下：

1. 中心架直接支撑在工件中间

当细长轴可以分段车削时，中心架的架体通过压板支撑在工件中间，如图 7-24 所示。这时，L/d 的值减小了一半，车削时工件的刚度可提高许多倍。在工件装上中心架之前，必须在毛坯中部车出一段支撑中心架支撑爪的槽，槽的表面粗糙度值及圆柱度误差要小；否则会影响工件精度。调整中心时，必须先通过调整螺钉调整好下面两个支撑爪，再用紧定螺钉紧固，然后把上盖盖好固定，最后调整上面的一个支撑爪，并用紧固螺钉紧固。

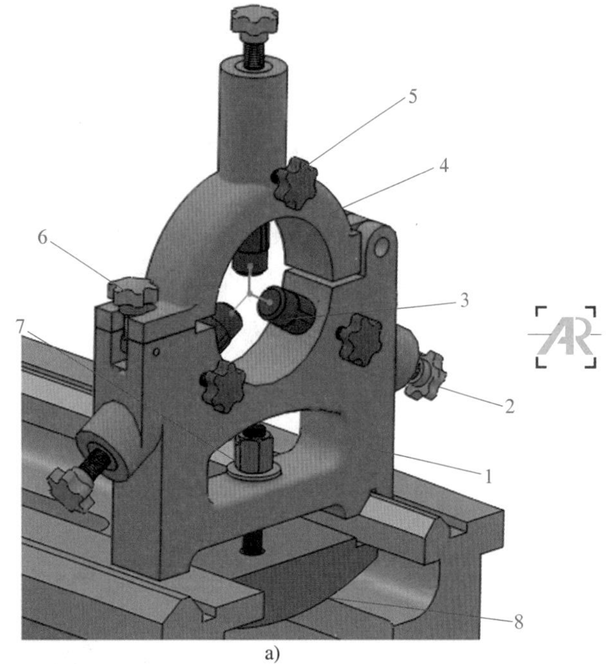

a)

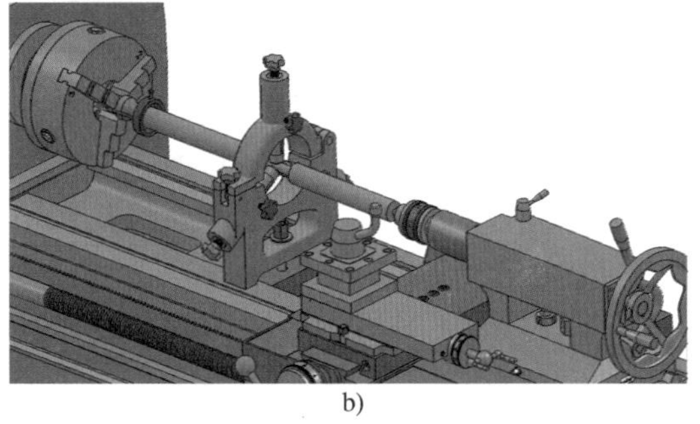
b)

图 7-24　用中心架支撑车细长轴
a）中心架的结构　b）中心架的应用
1—架体　2—调整螺钉　3—支撑爪
4—上盖　5—紧固螺钉　6—螺钉
7—螺母　8—压板

在细长轴中间车削这样一条槽是比较困难的。当被车削的细长轴中间无槽或安置中心架处有键槽或花键等不规则表面时，可采用中心架和过渡套筒支撑车细长轴的方法。

2. 用过渡套筒支撑车细长轴

应用过渡套筒支撑车细长轴的方法如图 7-25 所示，中心架的支撑爪与过渡套筒的外表面接触。过渡套筒的两端各装有 3 个调整螺钉，用这些螺钉夹住工件毛坯，并调整套筒外圆的轴线与车床主轴轴线重合，即可进行车削。

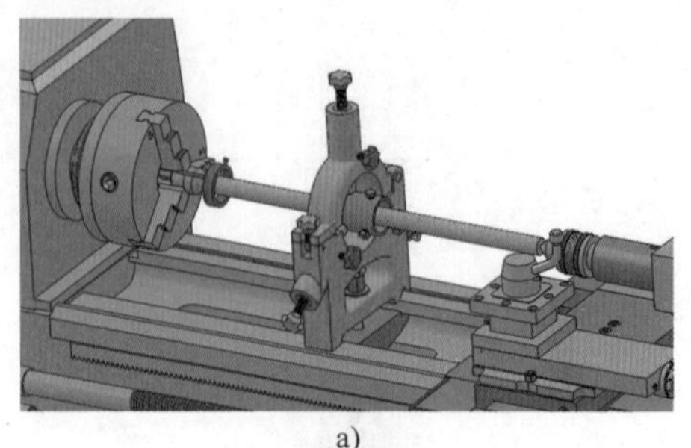

a)

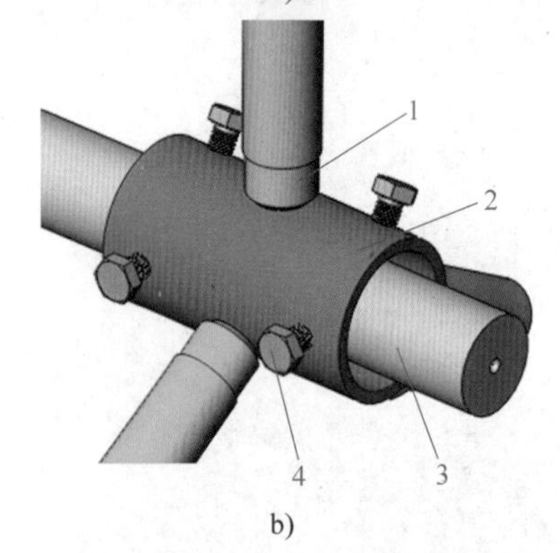

b)

图 7–25　用过渡套筒支撑车细长轴

a）示意图　b）过渡套筒

1—中心架支撑爪　2—过渡套筒

3—工件　4—调整螺钉

二、使用跟刀架支撑车细长轴

使用跟刀架支撑车细长轴时，跟刀架固定在床鞍上，跟在车刀的后面，随车刀的进给移动，抵消背向力，并可以提高工件的刚度，减小变形，从而提高细长轴的形状精度并减小表面粗糙度值，如图 7–26 所示。跟刀架主要用来车削细长轴和长丝杠。

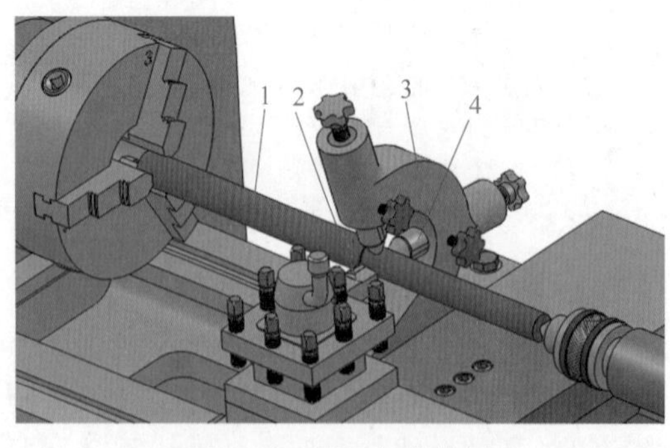

图 7–26　跟刀架的使用

1—细长轴　2—车刀　3—跟刀架　4—支撑爪

从跟刀架的设计原理来看，只需要 2 个支撑爪（图 7–27a），因为车刀给工件的切削抗力 F 使工件贴在跟刀架的两个支撑爪上。但是，在实际使用时，工件本身有一个向下的重力以及工件不可避免的弯曲，车削时工件往往因离心力的作用瞬时离开支撑爪，又瞬时接触支撑爪而产生振动。如果采用 3 个支撑爪的跟刀架支撑工件（图 7–27b），一面由车刀抵住，使工件上下、左右都不能移动，车削时非常稳定，不易产生振动。因此，车细长轴时要应用 3 个支撑爪的跟刀架。

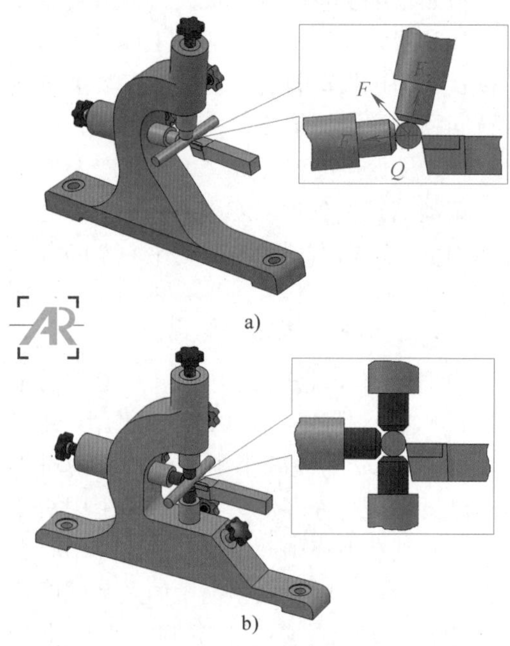

图 7–27　2 个和 3 个支撑爪跟刀架的比较

a）2 个支撑爪的跟刀架　b）3 个支撑爪的跟刀架

三、减小工件的热变形伸长

车削时，由于切削热的影响，使工件随温度升高而逐渐伸长变形，称为热变形。在车削一般轴类工件时，可不考虑热变形伸长问题。但是，车削细长轴时，因为工件长，热变形伸长量大，所以一定要考虑到热变形的影响。工件热变形伸长量可按下式计算：

$$\Delta L=\alpha_{L} L \Delta t \tag{7–7}$$

式中 ΔL——工件热变形伸长量，mm；

α_L——材料的线膨胀系数，1/℃，见表 7–2；

L——工件全长，mm；

Δt——工件升高的温度，℃。

表 7–2 常用材料的线膨胀系数 α_L

材料名称	温度范围 /℃	$\alpha_L\times10^{-6}$/℃
灰铸铁	0~100	10.4
45 钢	20~100	11.59
40Cr 钢	25~100	11.0
黄铜	20~100	17.8
锡青铜	20~100	18.0
铝	0~100	23.8

例 7–2 车削直径为 25 mm、长度为 1 200 mm 的细长轴，材料为 45 钢，车削时因受切削热的影响，使工件温度由原来的 21 ℃上升到 61 ℃，求这根细长轴的热变形伸长量。

解： 已知 L=1 200 mm，Δt=61 ℃ –21 ℃ = 40 ℃；查表 7–2，45 钢的线膨胀系数 $\alpha_L=11.59\times10^{-6}$（1/℃）。

根据式（7–7）得：

$$\Delta L=\alpha_L L\Delta t$$
$$=11.59\times10^{-6}\times1\,200\text{ mm}\times40$$
$$\approx0.556\text{ mm}$$

操作提示

使用中心架和跟刀架时应注意的问题如下：

（1）尾座套筒伸出部分应尽可能短些，后顶尖的顶紧力要适当。如果顶得太紧，工件容易出现弯曲变形；顶得太松则容易引起振动。

（2）车削时，支撑爪与工件接触处应当经常加润滑油。为了使支撑爪与工件保持良好的接触，也可以在支撑爪与工件之间加一层砂布或研磨剂，进行研磨抱合。

（3）支撑爪与工件的接触压力要调整适当。

（4）支撑爪通常选用青铜、球墨铸铁、胶木、尼龙 1010 等耐磨性好、不易研伤工件的材料。

从计算可知，细长轴热变形伸长量是很大的。由于工件一端夹紧，一端顶住，工件无法伸长，因此只能使本身弯曲。细长轴一旦弯曲，车削就很难继续进行，因此，必须采取措施减小工件的热变形。

减小工件的热变形可采取以下措施：

1. 使用弹性回转顶尖

弹性回转顶尖的结构如图 7–28 所示。顶尖用圆柱滚子轴承、滚针轴承承受背向力，用推力球轴承承受进给力。在短圆柱滚子轴承和推力球轴承之间放置若干片碟形弹簧。当工件热变形伸长时，工件推动顶尖通过圆柱滚子轴承，使碟形弹簧压缩变形。生产实践证明，用弹性回转顶尖加工细长轴时，可有效地补偿工件的热变形伸长，工件不易弯曲，车削可顺利进行。

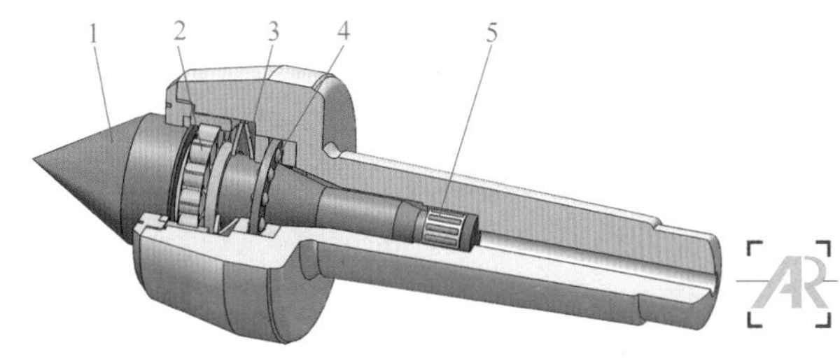

图 7–28 弹性回转顶尖

1—顶尖 2—圆柱滚子轴承 3—碟形弹簧 4—推力球轴承 5—滚针轴承

2. 浮动夹紧和反向进给车削

如图 7–29 所示，细长轴采用一夹一顶装夹方式，其卡爪夹持的部分不宜过长，一般为 15 mm 左右，最好用 ϕ3 mm×200 mm 的钢丝垫在卡爪的凹槽中。这样细长轴左端的夹持就形成线接触的浮动状态，使细长轴在卡盘内能自由调节，切削过程中热变形伸长的细长轴不会因卡盘夹死而产生弯曲变形。

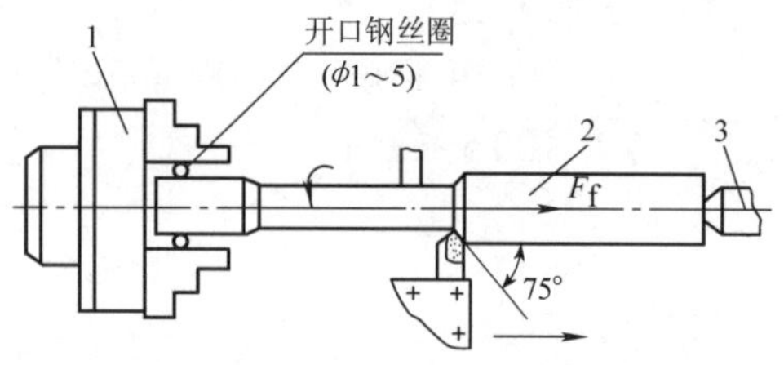

图 7–29　浮动夹紧和反向进给车削

1—卡盘　2—细长轴　3—弹性回转顶尖

采用反向进给时，进给力 F_f 拉直工件已切削部分，并推进工件待切削部分由右端的弹性回转顶尖支撑并补偿，细长轴不易产生弯曲变形。

浮动夹紧和反向进给车削能使工件达到较高的加工精度和较小的表面粗糙度值。

3. 加注充分的切削液

车削细长轴时，无论是低速切削还是高速切削，加注充分的切削液能有效地降低切削区域的温度，从而减小工件的热变形伸长，延长车刀的使用寿命。

4. 保持刀具锋利

保持刀具锋利可以减少车刀与工件之间的摩擦发热。

四、合理选择车刀的几何参数

车削细长轴时，由于工件刚度低，车刀的几何参数对切削力、切削热、振动和工件弯曲变形等均有明显的影响。选择车刀几何参数时主要考虑以下几点：

1. 车刀的主偏角是影响背向力的主要因素，在不影响刀具强度的前提下，应尽量增大车刀主偏角，以减小背向力，从而减小细长轴的弯曲变形。一般细长轴车刀的主偏角 κ_r 取 80°~93°。

2. 为了减小切削力和切削热，应选择较大的前角，以使刀具锋利，切削轻快，一般 γ_o 取 15°~30°。

3. 车刀前面应磨有 R1.5~3 mm 的圆弧形断屑槽，使切屑顺利卷曲折断。

4. 选择正值刃倾角，通常 λ_s 取 +3°~+10°，使切屑流向待加工表面。此外，车刀也容易切入工件。

5. 为了减小背向力，应选择较小的刀尖圆弧半径（r_ε<0.3 mm）。倒棱的宽度也应选得较小，一般选取倒棱宽度 $b_{\gamma1}=0.5f$。

6. 要求切削刃表面粗糙度值 $Ra \leq$ 0.4 μm，并保持切削刃锋利。

图 7–30 为典型的 90° 细长轴精车刀。

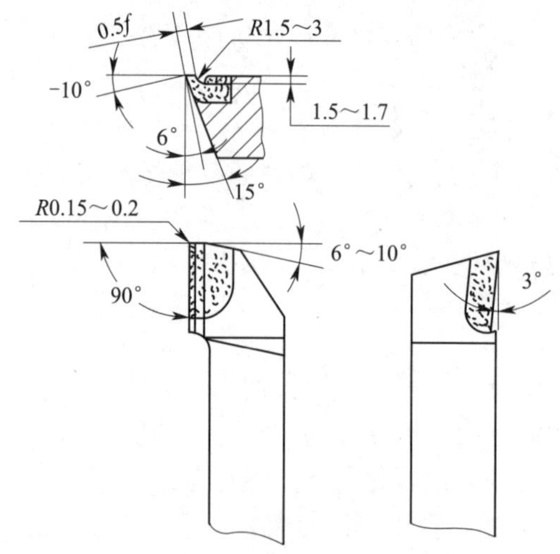

图 7–30　90°细长轴精车刀

五、合理选择切削用量

车削细长轴时，应使用冷却性能较好的乳化液进行充分冷却。由于工件刚度低，切削用量应适当减小。切削用量的选择见表 7–3。

六、细长轴的车削质量分析

细长轴的车削难度大，极易出现废品。

表 7–3　车削细长轴时的切削用量

加工性质	切削速度 v_c /（m·min^{-1}）	进给量 f /（mm·r^{-1}）	背吃刀量 a_p/mm
粗车	50~60	0.3~0.4	1.5~2
精车	60~100	0.08~0.12	0.5~1

因此应对细长轴进行加工质量分析，以避免产生废品，车细长轴时废品的产生原因和预防方法见表 7–4。车细长轴时若已出现了弯曲、竹节形、多棱形和振纹等质量问题，必须先进行修整，消除缺陷后才能继续车削。

表 7–4　车细长轴时废品的产生原因和预防方法

废品种类	产生原因	预防方法
弯曲	1. 与细长轴的热变形伸长的原因基本相同，具体见本节“三、减小工件的热变形伸长”的内容 2. 毛坯本身弯曲或加工中出现弯曲现象	1. 与减小细长轴的热变形伸长的措施基本相同，具体见本节“三、减小工件的热变形伸长”的内容 2. 选择热锻、冷压、反击、撬打、使用简便工具、淬火、抗扭槽等适当的校直方法
锥度	1. 与“车削轴类工件时产生锥度”的原因相同，具体见表 2–5 2. 尾座、中心架没有调整到细长轴中心线与车床主轴轴线同轴 3. 车削行程长，车刀切削过程中磨损 4. 床身导轨面严重磨损等原因使床身导轨与车床主轴轴线不平行	1. 与“车削轴类工件时产生锥度”的预防方法相同，具体见表 2–5 2. 仔细调整尾座和中心架，使细长轴中心线与车床主轴轴线同轴 3. 选择耐磨性能好的刀具材料，并采用合理的几何参数，改善润滑状况 4. 大修车床
腰鼓形（加工的细长轴两端直径小，中间大）	1. 细长轴的刚度低，车削中出现“让刀”现象 2. 跟刀架的调整、使用不当，未真正起到作用	1. 增大车刀主偏角，保持切削刃锋利，以减小切削中的背向力 2. 车削中途随时检查及调整支承爪，保持支承爪圆弧面中心线与车床主轴轴线重合
中凹形（与腰鼓形相反，细长轴两端直径大而中间小，直线度误差大）	半精车、精车细长轴时跟刀架一般都支承于细长轴已加工表面，其外侧支承爪压紧力太大，迫使细长轴偏向车刀一边，增大了背吃刀量	将跟刀架支承爪与细长轴表面的接触状况调整适当
竹节形（细长轴表面直径不等，呈一段粗、一段细有规律的变化，或表面出现等距不平的现象）	1. 车削细长轴时若较早出现竹节形，可能的原因是回转顶尖的精度不高 2. 车削细长轴时若较早出现竹节形，可能的原因是溜板间隙较大 3. 细长轴若在车削一段时间后出现竹节形，是由于跟刀架支承爪过紧造成的 4. 粗车时接刀不均匀，出现“跳刀”现象	1. 选用精度较高的回转顶尖 2. 调整溜板楔铁，使间隙合适 3. 在溜板行进过程中调整跟刀架支承爪，可较好控制支承爪与细长轴的接触情况 4. 粗车时接刀均匀，防止出现“跳刀”现象
多棱形（细长轴的径向剖面呈多角形）	1. 细长轴弯曲度过大 2. 细长轴中心孔粗糙且不圆 3. 尾座顶尖顶得过紧 4. 跟刀架的安装不够牢固；支承爪圆弧面与细长轴接触不良（过紧、过松或接触面积过小）	1. 控制毛坯弯曲度在 2 mm 范围内 2. 采用 B 型中心孔且要修磨 3. 顶尖顶紧力不宜过大，并随时检查、调整其支顶的松紧程度 4. 可靠固定跟刀架；调整支承爪圆弧面与细长轴接触合适

续表

废品种类	产生原因	预防方法
多棱形（细长轴的径向剖面呈多角形）	5. 细长轴受热伸长以及装夹部分太长都可能引起振动，从而出现多棱形 6. 进给量太小，切削速度太高以及背吃刀量太大，都容易因振动而出现多棱形	5. 降低切削热以及装夹部分不能太长，以减少细长轴的热膨胀 6. 工艺系统刚度不足时适当减小切削用量，能有效遏制多棱形的出现
麻花形	支承爪的压力使细长轴受过大的扭矩，导致细长轴扭曲而出现麻花形	支承爪圆弧面与细长轴接触合适，不能过紧、过松或接触面积过小
振纹	1. 与多棱形的产生原因相似，但程度不同 2. 回转顶尖的轴承松动及其圆度超差 3. 若跟刀架外侧支承爪压得太紧，会使外侧支承爪的接触部位发生变化 4. 原有振纹复映	1. 与多棱形相似，可参考多棱形的预防方法 2. 调整、维护或更换回转顶尖轴承 3. 调整跟刀架外侧支承爪，不能压得太紧 4. 变换进给量

§7–5 车薄壁工件

一、薄壁工件的加工特点

车薄壁工件时，由于工件的刚度低，在车削过程中可能产生以下现象：

1. 因工件壁薄，在夹紧力的作用下容易产生变形，从而影响工件的尺寸精度和形状精度。

2. 因工件壁较薄，切削热会使工件产生热变形，使工件尺寸难以控制。

3. 在切削力尤其是背向力的作用下，容易产生振动和变形，影响工件的尺寸精度、表面粗糙度、形状精度和位置精度。

针对以上车薄壁工件时可能产生的问题，下面介绍防止和减小薄壁工件变形的方法。

二、防止和减小薄壁工件变形的方法

1. 把薄壁工件的加工分为粗车和精车两个阶段

粗车时夹紧力稍大些，变形虽然也相应增大，但是由于切削余量较大，不会影响工件的最终精度；精车时夹紧力可稍小些，一方面夹紧变形小，另一方面精车时还可以消除粗车时因切削力过大而产生的变形。

2. 合理选择刀具的几何参数

精车薄壁工件时，要求刀柄的刚度高，车刀的修光刃不宜过长（一般取 0.2~0.3 mm），刃口要锋利。

3. 增大装夹接触面积

使用开缝套筒或特制的软卡爪，增大装夹时的接触面积，使夹紧力均布在薄壁工件上，因而夹紧时工件不易产生变形。

4. 应用轴向夹紧夹具

车削薄壁工件时，尽量不使用径向夹紧，而优先选用轴向夹紧的方法。薄壁工件装夹在图 7–31 所示的车床夹具体内，用螺母的端面来压紧工件，使夹紧力 F 沿工件轴向分布，这样可防止薄壁工件内孔产生夹紧变形。

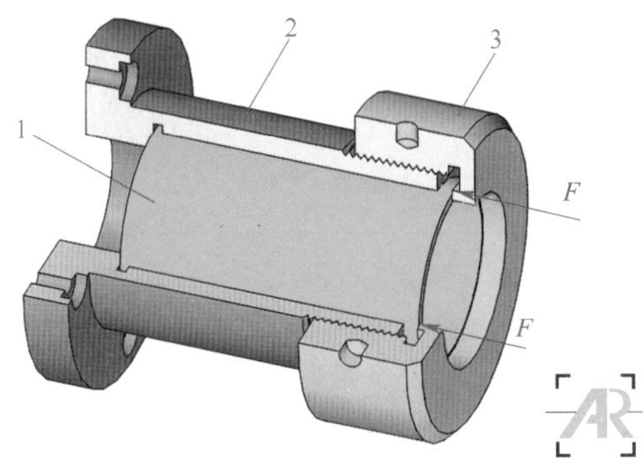

图 7–31　轴向夹紧夹具
1—薄壁工件　2—夹具体　3—螺母

5. 增加工艺肋

有些薄壁工件可以在其装夹部位特制几根工艺肋，以提高刚度，使夹紧力更多地作用在工艺肋上，以减小工件的变形。加工完毕再去掉工艺肋，如图 7–32 所示。

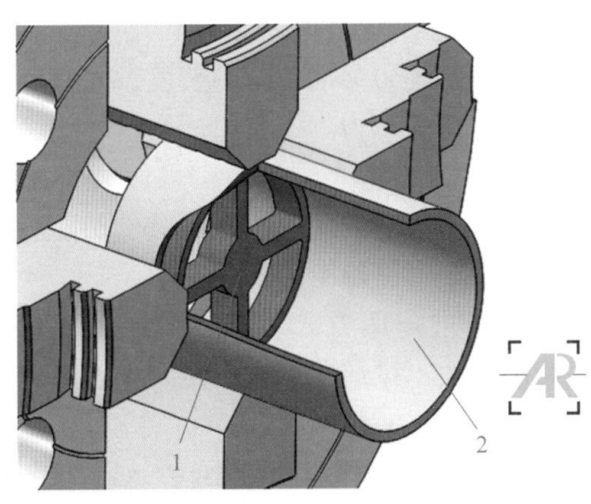

图 7–32　增加工艺肋，防止薄壁工件变形
1—工艺肋　2—薄壁工件

6. 浇注充分的切削液

浇注充分的切削液可降低切削温度，减小工件热变形，是防止和减小薄壁工件变形的有效方法。

三、车薄壁工件时切削用量的选择

针对薄壁工件刚度低、易变形的特点，车薄壁工件时应适当降低切削用量。实践中，一般按照中速、小吃刀和快进给的原则来选择，具体数据可参考表 7–5。

表 7–5　车削薄壁工件时的切削用量

加工性质	切削速度 v_c /（m · min^{-1}）	进给量 f /（mm · r^{-1}）	背吃刀量 a_p /mm
粗车	70~80	0.6~0.8	1
精车	100~120	0.15~0.25	0.3~0.5

四、车削脆性金属材料的薄壁工件

车削脆性金属材料的薄壁工件时主要完成内孔、内槽、外圆的加工和测量。薄壁工件一般采用铸铁或有色金属等脆性金属材料，铸铁还属于黑色金属材料。铸铁的薄壁工件容易产生铸造缺陷，结构不紧密，都对加工带来一定的困难。而铜、铝等有色金属材料的薄壁工件硬度低，加工易变形，加工更加困难。

1. 脆性金属材料薄壁工件的变形原因及消除措施（表 7–6）

车削脆性金属材料薄壁工件时，应经常注意观察工件变形的情况。在加工中如果出现铸造缺陷，应将工件重新找正，借量加工，车掉毛坯的缺陷。

2. 车削脆性金属材料薄壁工件时车刀材料的选择

如果是有色金属薄壁件，其加工工艺与黑色金属有着较大的区别，在刀具的使用上采用与加工黑色金属不同的刀具材料，在切削用量上也要区别于黑色金属。

刀具材料为 K 类（钨钴类）硬质合金时，切削刃耐冲击，适用于加工铸铁、有色金属等脆性材料或冲击性较大的工件。

3. 车削脆性金属材料薄壁工件时车刀的刃磨

由于脆性金属材料切屑呈崩碎状，可将刀头的前面磨成搓板式的槽状，使碎屑弯曲、打卷落下，K30（YG8）硬质合金卷屑车刀如图 7–33 所示。

表 7–6　　脆性金属材料薄壁工件的变形原因及消除措施

变形因素	变形原因	消除措施
工件热变形	在薄壁工件的机械加工中，工艺系统受切削热、摩擦热、环境温度、辐射热等的影响将产生变形，使工件和刀具正确的相对位置被破坏，容易产生尺寸及形状不准的误差，尤其有色金属薄壁工件的热变形更大	在测量时应将工件与量具置于同一温度下，使两者与室温相同后再进行测量
工件残余应力变形	铸件内部组织的平衡状态不稳定，结构疏松，加工后，受残余应力的影响将产生应力变形	为减小残余应力变形，应分粗车、精车，还要消除复映现象，使变形趋于最小
工件装夹变形	工件装夹后受力的作用产生变形，对工件形状产生影响	车削有色金属薄壁件时应尽量采取工序集中原则，在一次装夹中完成加工后切断，被夹持部分不车或少车，使其能承受较大的夹紧力，减小装夹变形 粗车薄壁件的内孔时，卡盘卡爪的夹持长度够用即可，保持夹紧部分有足够的材料实体，降低夹紧变形

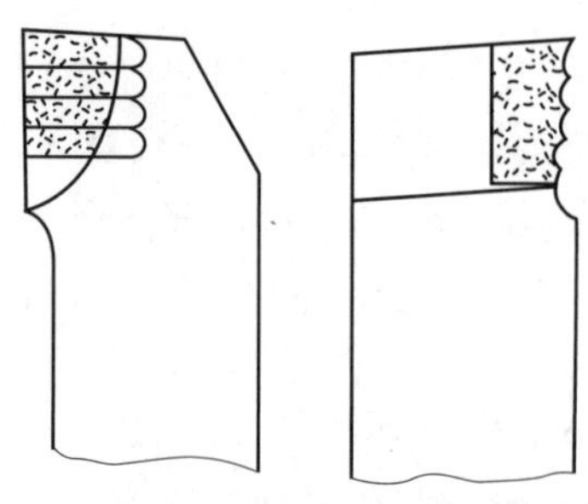

图 7–33　K30 硬质合金卷屑车刀

五、合理选择精车薄壁工件车刀的几何参数

精车薄壁工件时应合理选择车刀的几何参数，同时车刀刀柄的刚度要高，车刀的修光刃不能过长（一般取 0.2 ~ 0.3 mm），刃口要锋利。

1. 选用较大的主偏角，增大主偏角可减小主切削刃参加工作的长度，并有利于减小径向切削分力。

2. 适当增大副偏角，可以减小副切削刃与工件之间的摩擦，从而减少切削热，有利于减小工件热变形。

3. 前角适当增大，应尽量使车刀锋利，切削轻快，排屑顺畅，促使减小切削力和减少切削热。

4. 刀尖圆弧半径要小。

思考与练习

1. 举例说明什么情况下需要在花盘上加工工件。

2. 车偏心工件有哪几种方法？各适用于什么情况？

3. 在三爪自定心卡盘上车削偏心距 e=3 mm 的工件，用近似法计算出垫片厚度 x。试车削后，其实际偏心距为 2.97 mm，求垫片厚度的正确值。

4. 车细长轴有哪些关键技术问题？应怎样解决？

5. 使用中心架和跟刀架的目的都是提高工件的装夹刚度，简述两者使用目的的差异。

6. 车削直径为 20 mm，长度为 1 600 mm，材料牌号为 40Cr 的细长轴，车削中工件温度由 25 ℃上升到 65 ℃，求这根轴的热变形伸长量。

7. 加工细长轴时，解决工件热变形伸长问题的方法有哪些?

8. 使用浮动夹紧和反向进给车削细长轴有什么好处?

9. 防止和减小薄壁工件变形的方法有哪几种?

第八章

车　床

金属切削机床简称机床，是机械制造业的主要加工设备，常用的有车床、钻床、镗床、磨床、铣床、刨插床等，其中车床是机械制造中使用最广泛的一类机床。车床按照结构和用途可划分为卧式车床、立式车床、转塔车床、仿形及多刀车床、单轴自动车床、多轴自动和半自动车床以及各种专用车床。近年来数控车床的应用越来越广泛。

为了正确地使用和保养车床，必须了解车床的规格，熟悉其性能、结构以及使用和调整方法。

§8-1　机床型号及卧式车床的技术参数

一、机床型号

机床型号是机床产品的代号，用以简明地表示机床的类型、通用特性和结构特性、主要技术参数等。我国现行的机床型号是按国家标准《金属切削机床　型号编制方法》（GB/T 15375—2008）编制的。它由汉语拼音字母及阿拉伯数字组成。例如，CA6140 型车床型号中各代号的含义为：

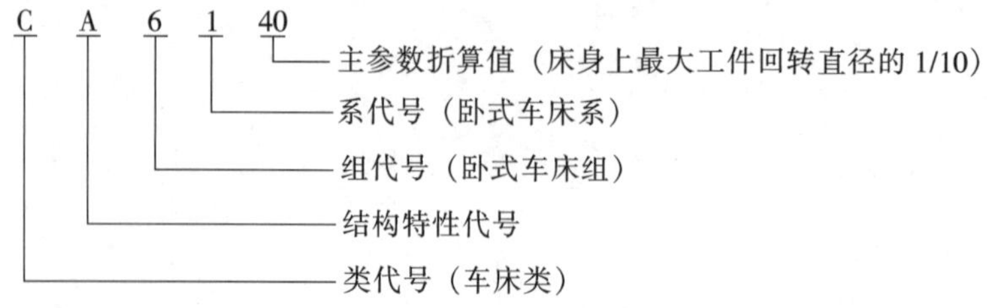

1. 机床的类代号

按照机床的工作原理、结构性能及使用范围，一般可将其分为 11 类。机床的类代号用大写的汉语拼音字母表示，见表 8-1。

表 8–1　　机床的类代号

类别	车床	钻床	镗床	磨床			齿轮加工机床	螺纹加工机床	铣床	刨插床	拉床	锯床	其他机床
代号	C	Z	T	M	2M	3M	Y	S	X	B	L	G	Q
读音	车	钻	镗	磨	二磨	三磨	牙	丝	铣	刨	拉	割	其

2. 机床的特性代号

机床的特性代号包括通用特性代号和结构特性代号，它们位于类代号之后，均用大写的汉语拼音字母表示。

（1）通用特性代号　当某些类型的机床除有普通型外，还有某种通用特性时，则在类代号之后加通用特性代号予以区分。机床的通用特性代号及读音见表 8–2。

（2）结构特性代号　对主参数值相同而结构、性能不同的机床，在型号中用结构特性代号予以区分。结构特性代号在型号中没有统一的含义，只在同类机床中起区分机床结构、性能不同的作用。

当型号中有通用特性代号时，结构特性代号应排在通用特性代号之后。结构特性代号用汉语拼音字母表示，但是，通用特性代号已用的字母和“I”“O”两字母不能用。当单个字母不够用时，可将两个字母组合起来使用，如 AD、AE、DA、EA 等。

3. 机床的组、系代号

国家标准规定，每类机床划分为 10 个组，每个组又划分为 10 个系。机床的组代号用一位阿拉伯数字表示，位于类代号或特性代号之后。机床的系代号用一位阿拉伯数字表示，位于组代号之后，见附表 8。

4. 机床的主参数和主轴数

机床的主参数代表机床规格的大小，常用折算值（主参数乘以折算系数）表示，位于系代号之后。常用车床主参数及折算系数见表 8–3。

对于多轴车床等机床，其主轴数应以实际数值列入型号，置于主参数之后，用“×”分开。

5. 机床重大改进顺序号

当对机床的结构、性能有更高的要求，

表 8–2　　机床的通用特性代号

通用特性	高精度	精密	自动	半自动	数控	加工中心（自动换刀）	仿形	轻型	加重型	简式或经济型	柔性加工单元	数显	高速
代号	G	M	Z	B	K	H	F	Q	C	J	R	X	S
读音	高	密	自	半	控	换	仿	轻	重	简	柔	显	速

表 8–3　　常用车床主参数及折算系数

车床	主参数和折算系数		第二主参数
	主参数	折算系数	
多轴自动车床	最大棒料直径	1	轴数
回轮车床	最大棒料直径	1	
转塔车床	最大车削直径	1/10	
单柱及双柱立式车床	最大车削直径	1/100	
卧式车床	床身上最大工件回转直径	1/10	最大工件长度
铲齿车床	最大工件直径	1/10	最大模数

并需按新产品重新设计、试制和检定时，可按改进的先后顺序选用 A、B、C 等字母，加在型号基本部分的尾部，以区别原机床型号。如 CX5112A 型车床是最大车削直径为 1 250 mm，经过第一次重大改进的数显单柱立式车床。

二、CA6140 型卧式车床的主要技术参数

CA6140 型卧式车床的主要技术参数见表 8–4。

表 8–4　CA6140 型卧式车床的主要技术参数

主要技术参数	种类	主要技术参数值
床身上最大工件回转直径 D	—	D=400 mm
刀架上最大工件回转直径 D_1	—	D_1=210 mm
中心高（主轴中心至床身平面导轨距离）	—	H=205 mm
最大工件长度	4 种	750 mm、1 000 mm、1 500 mm、2 000 mm
最大车削长度	4 种	650 mm、900 mm、1 400 mm、1 900 mm
小滑板最大车削长度	1 种	140 mm
尾座套筒的最大移动长度	1 种	150 mm
尾座套筒锥孔	1 种	莫氏 5 号（Morse No.5）
主轴前端锥度	1 种	莫氏 6 号（Morse No.6）
主轴内孔直径（最大棒料直径）	1 种	ϕ 52 mm
主轴转速	正转（24 级）	10~1 400 r/min
	反转（12 级）	14~1 580 r/min
车削螺纹的范围	米制螺纹（44 种）	1~192 mm
	英制螺纹（20 种）	2~24 牙 /in
车削蜗杆的范围	米制蜗杆（39 种）	0.25~48 mm
	英制蜗杆（37 种）	1~96 牙 /in
机动进给量	纵向进给量 $f_{纵}$（64 种）	$f_{纵}$=0.028~6.33 mm/r
	横向进给量 $f_{横}$（64 种）	$f_{横}$=0.5$f_{纵}$=0.014~3.16 mm/r
快速移动速度	纵向快移速度	4 m/min
	横向快移速度	2 m/min
主电动机	主电动机功率	7.5 kW
	主电动机转速	1 450 r/min
冷却电泵流量	—	25 L/min
刀柄截面尺寸	—	25 mm × 25 mm
长丝杠螺距	—	12 mm
车床主机净重	对应最大工件长度	1.99 t、2.07 t、2.22 t、2.57 t

§8-2 卧式车床的主要部件和机构

一、离合器

离合器用来使同轴线的两轴或轴与轴上的空套传动件随时接合或脱开，以实现车床运动的启动、停止、变速和变向等。

离合器的种类很多，CA6140 型车床上的离合器有啮合式离合器、摩擦式离合器和超越离合器等，其图形符号如图 8-1 所示。

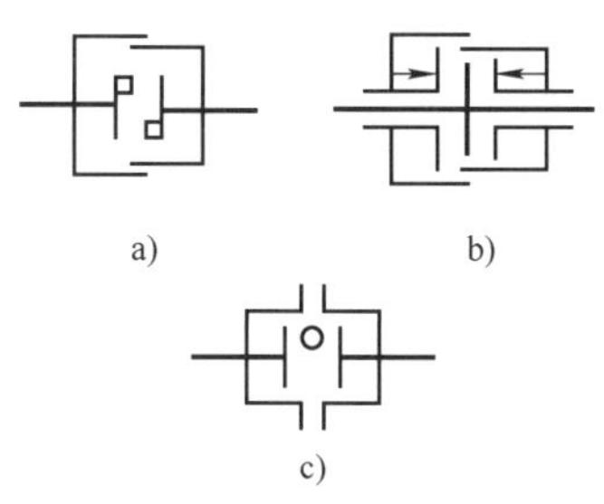

图 8-1 离合器的图形符号
a）啮合式 b）摩擦式 c）超越式

1. 摩擦离合器的结构原理

CA6140 型车床上的摩擦离合器是主轴箱内的双向多片式摩擦离合器，其作用是接通或停止主轴的正转或反转运动，如图 8-2a、b 所示。该摩擦离合器有左、右两组摩擦片，每一组的若干内、外摩擦片（图 8-2c）相间排列，利用摩擦片在相互压紧时接触面之间产生的摩擦力传递运动和转矩。带花键孔的内摩擦片 3 与轴 Ⅰ 上的花键相连接；外摩擦片 2 的内孔是光滑圆孔，空套在轴 Ⅰ 的花键外圆上，摩擦片外圆上有 4 个凸齿，卡在双联齿轮 1 右端套筒部分的缺口内。双联齿轮 1 和齿轮 12 空套在轴 Ⅰ 上。

当操纵机构 11 拨动滑环 8 至右边位置时，通过羊角形摆块 10 绕轴销 9 摆动，使拉杆 7 左移，拉杆 7 左端有一圆柱销 6，使螺圈 4a 及加压套 5 向左压紧左边的一组摩擦片，通过摩擦片间的摩擦力，将转矩由轴 Ⅰ 传给双联齿轮 1，这时可使主轴正转。相反，当操纵机构 11 拨动滑环 8 至左边位置时，可使螺圈 4b 及加压套 5 向右压紧右边的一组摩擦片，将转矩由轴 Ⅰ 传给齿轮 12，这时主轴反转。当滑环 8 在中间位置时，左、右两组摩擦片都处于放松状态，轴 Ⅰ 的运动不能传给齿轮 1 或 12，主轴即停止转动。

2. 摩擦离合器的间隙

多片式摩擦离合器内、外摩擦片的间隙要适当。若间隙过大，会减小摩擦力，影响车床功率的正常传递，车削时易产生“闷车”，并易使摩擦片磨损；若间隙过小，在高速切削时会因发热而将摩擦片烧坏。

二、制动装置

1. 功用

制动装置的功用是在车床停车的过程中，克服主轴箱内各运动件的旋转惯性，使主轴迅速停止转动，以缩短辅助时间。

CA6140 型车床上采用的制动装置是闸带式制动器，如图 8-3a 所示。

2. 制动带的调整方法

（1）首先松开螺母 6。

（2）旋转调节螺钉 5，调整制动带的松紧程度。

（3）在松紧程度调整合适的情况下，若主轴旋转，制动带能完全松开；而在停车时，主轴能迅速停转。调整好后，用螺母 6 锁紧。

3. 图形符号

制动器的图形符号如图 8-3b 所示。

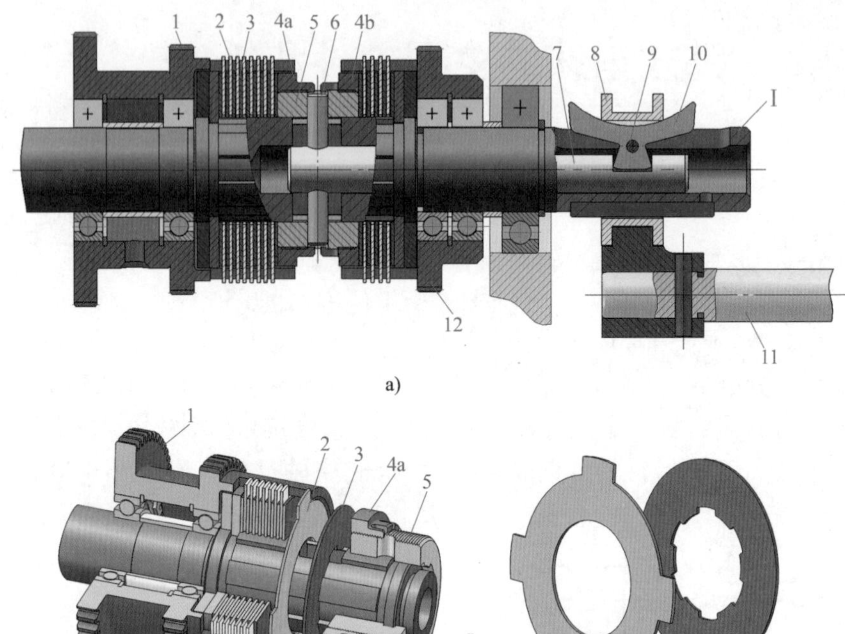

图 8-2　多片式摩擦离合器

a）原理图　b）结构图　c）内、外摩擦片

1—双联齿轮　2—外摩擦片　3—内摩擦片　4a、4b—螺圈　5—加压套　6—圆柱销　7—拉杆　8—滑环　9—轴销　10—羊角形摆块　11—操纵机构　12—齿轮　Ⅰ—轴

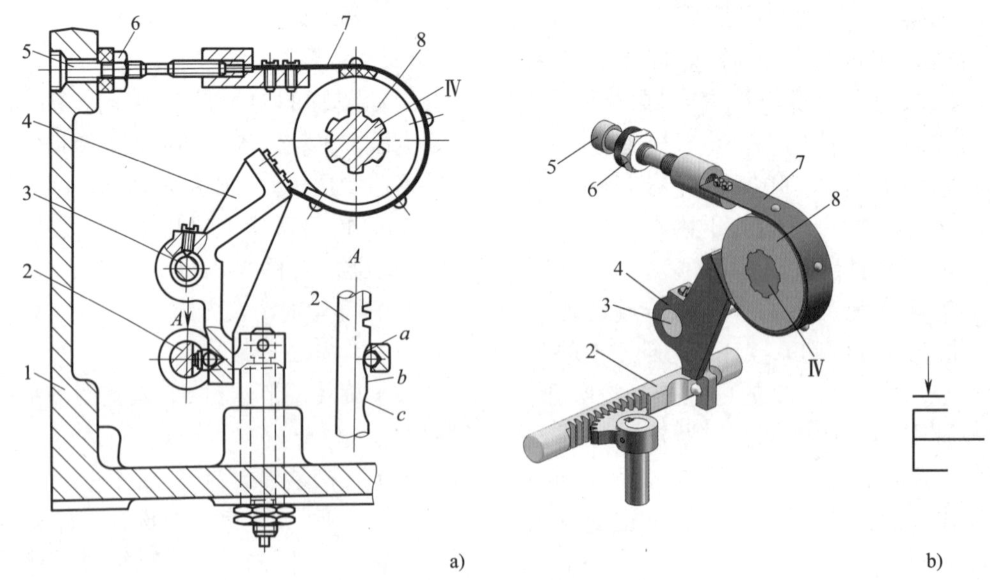

图 8-3　闸带式制动器

a）结构图　b）图形符号

1—箱体　2—齿条轴　3—杠杆支撑轴　4—杠杆　5—调节螺钉　6—螺母　7—制动带　8—制动轮　Ⅳ—传动轴

三、摩擦离合器和制动装置联动结构的操纵装置

车床双向多片式摩擦离合器和制动装置采用联动结构的操纵装置操纵，如图 8-4 所示。

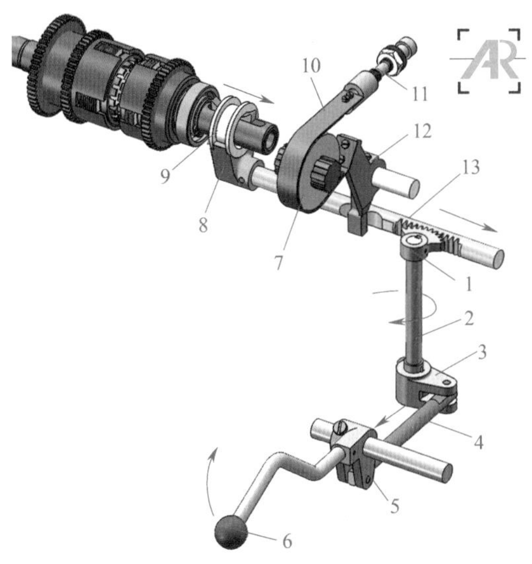

图 8-4　摩擦离合器和制动装置联动结构的操纵装置
1—扇形齿轮　2—轴　3、5—曲柄　4—连杆　6—手柄　7—制动轮　8—拨叉　9—滑环　10—制动钢带　11—调整螺钉　12—杠杆　13—齿条轴

摩擦离合器的压紧和松开通过联动结构的操纵装置来实现。向上提起手柄 6 时，通过曲柄 5、连杆 4、曲柄 3 使轴 2 和扇形齿轮 1 顺时针转动，传动齿条轴 13 右移，便可压紧左边一组摩擦片，使主轴正转。

向下扳动手柄 6 时，右边一组摩擦片被压紧，主轴反转。当手柄在中间位置时，左、右两组摩擦片都松开，主轴停止转动。

四、变速机构

变速机构用来改变主动轴与从动轴之间的传动比，在主动轴转速固定不变的条件下，使从动轴获得多种不同的转速。车床上常用的变速机构有滑移齿轮变速机构和离合器变速机构等。

1. 滑移齿轮变速机构

图 8-5 所示为滑移齿轮变速机构。齿轮 z_1、z_2 和 z_3 固定在主动轴 I 上，齿轮 z_4、z_5 和 z_6 组成的三联齿轮与从动轴 Ⅱ 用花键连接，可移换左、中、右三个位置使传动比不同的齿轮副 z_1/z_4、z_2/z_5 和 z_3/z_6 依次啮合，在主动轴 I 转速不变的条件下，从动轴 Ⅱ 可得到三级不同的转速。

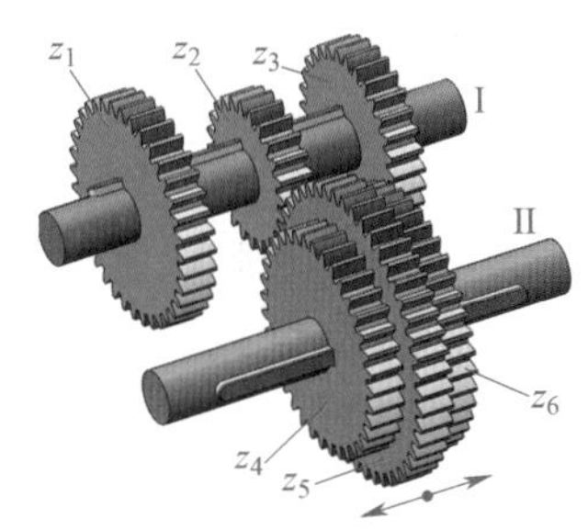

图 8-5　滑移齿轮变速机构

2. 离合器变速机构

图 8-6 所示为一种离合器变速机构。固定在轴 I 上的齿轮 z_1 和 z_2 分别与空套在轴 Ⅱ 上的齿轮 z_3 和 z_4 保持啮合。由于两对齿轮的传动比不同，当轴 I 的转速一定时，z_3 和 z_4 将以不同的转速旋转。当双向牙嵌式离合器 M 分别与 z_3 和 z_4 接合时，轴 Ⅱ 就获得两级不同的转速。

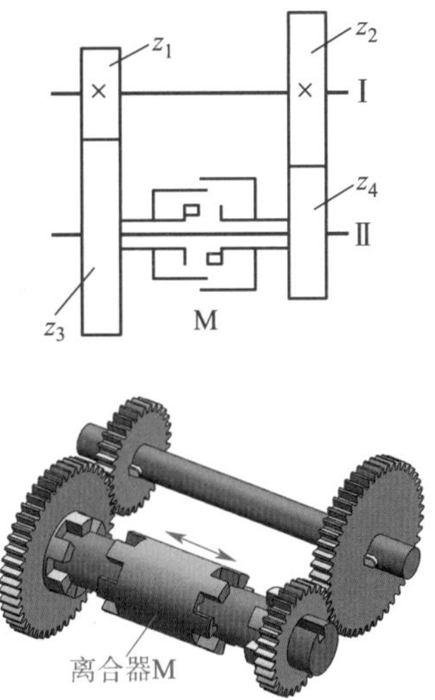

图 8-6　离合器变速机构

五、变向机构

变向机构用来改变车床运动部件的运动方向，如主轴的旋转方向、床鞍和中滑板的

进给方向等。车床上常用的变向机构有滑移齿轮变向机构、圆柱齿轮和摩擦离合器组成的变向机构等。

1. 滑移齿轮变向机构

图 8–7 所示为滑移齿轮变向机构。当滑移齿轮 z_2 在图示位置时，运动由 z_3 经中间齿轮 z_0 传至 z_2，轴Ⅺ与轴Ⅸ的转向相同；当 z_2 左移至轴Ⅺ左端位置时，轴Ⅸ上的 z_1 与 z_2 直接啮合，轴Ⅺ与轴Ⅸ的转向相反。在 CA6140 型卧式车床的主轴箱中就用了这种滑移齿轮变向机构，以改变丝杠的旋转方向，实现左旋或右旋螺纹的车削。

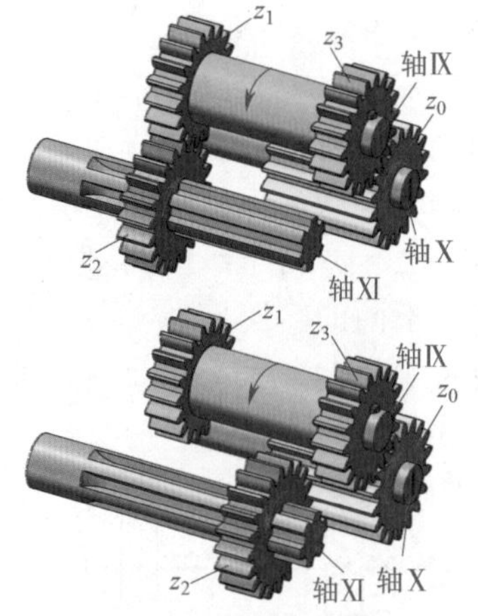

图 8–7　滑移齿轮变向机构

2. 圆柱齿轮和摩擦离合器组成的变向机构

圆柱齿轮和摩擦离合器组成的变向机构如图 8–8 所示。当离合器 M 向左接合时，轴Ⅱ与轴Ⅰ的转向相反；离合器向右接合时，轴Ⅱ与轴Ⅰ的转向相同。

六、操纵机构

车床操纵机构的作用是改变离合器的工作状态和滑移齿轮的啮合位置，实现主运动和进给运动的启动、停止、变速、变向等动作。

在车床上，除一些较简单的拨叉操纵外，常采用集中操纵的方式，即用一个手柄操纵几个滑移齿轮或离合器等传动件。这样

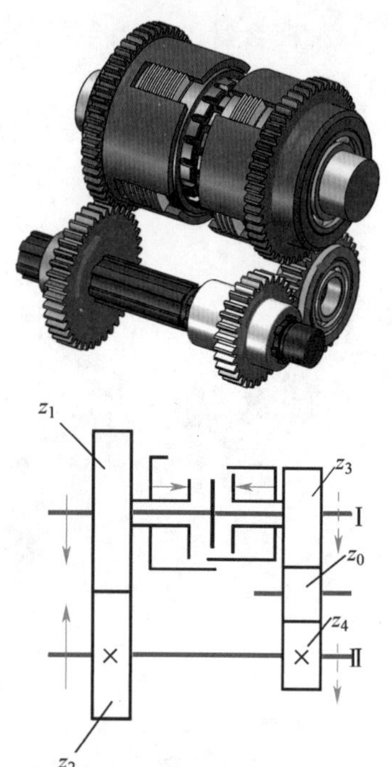

图 8–8　圆柱齿轮和摩擦离合器组成的变向机构

可减少手柄的数量，便于操作。CA6140 型车床上有主轴变速操纵机构和纵向、横向机动进给操纵机构。

七、主轴变速操纵机构链条的调整

主轴变速操纵机构的链条松动时，变速位置就不准确，应进行调整，如图 8–9 所示。

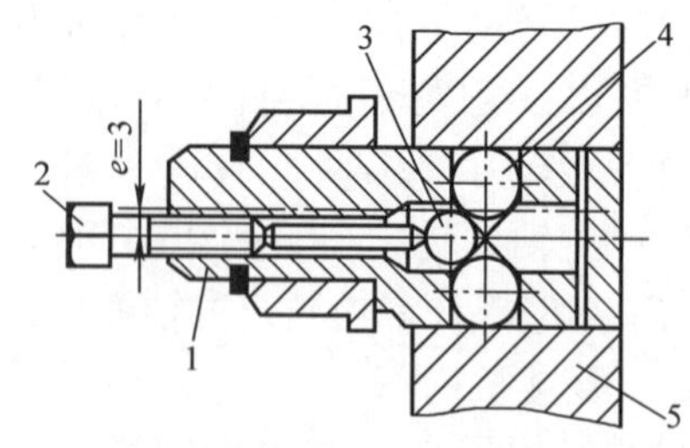

图 8–9　主轴变速操纵机构链条的调整

1—偏心轴　2—螺钉　3、4—钢球　5—主轴箱箱体

调整方法如下：

1. 首先松开螺钉 2。

2. 转动偏心轴 1 调整链条松紧程度，使主轴箱外的转速手柄指向转速数字中央。

3. 拧紧螺钉 2，使钢球 3 压紧钢球 4，

将偏心轴 1 紧固在主轴箱箱体 5 上。

八、开合螺母机构

1. 功用

开合螺母机构的功用是接通和断开从丝杠传来的运动。车削螺纹和蜗杆时，将开合螺母合上，丝杠通过开合螺母带动溜板箱及刀架运动。开合螺母的结构如图 8-10a 所示。

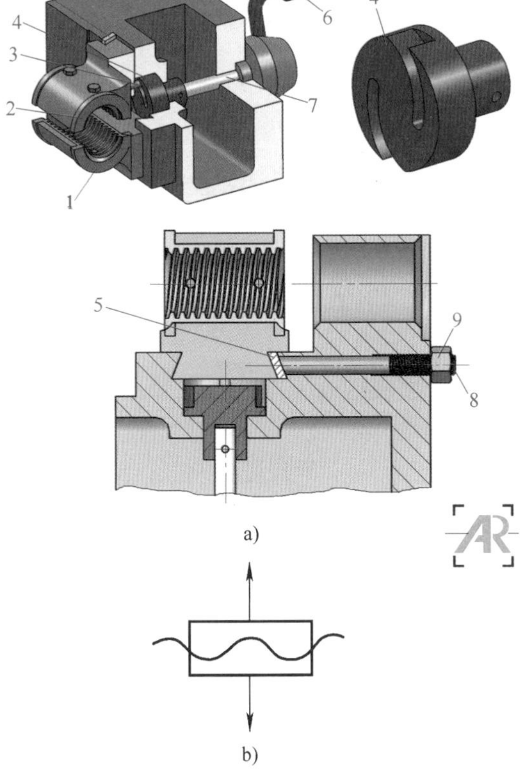

图 8-10 开合螺母的结构

a）结构图 b）图形符号

1、2—半螺母 3—圆柱销 4—槽盘 5—楔铁 6—手柄 7—轴 8—螺钉 9—螺母

2. 间隙调整方法

（1）首先松开螺母 9。

（2）可用一字旋具通过螺钉 8 顶紧或放松楔铁 5 进行调整。

（3）开合螺母与燕尾形导轨配合的松紧程度调整好后，用螺母 9 锁紧。

3. 图形符号

开合螺母机构的图形符号如图 8-10b 所示。

九、安全离合器

1. 功用

安全离合器的功用是在机动进给过程中，当进给抗力过大或刀架运动受到阻碍时，能自动停止进给运动，避免传动机件损坏，因此又称为进给过载保护机构。

CA6140 型车床的安全离合器安装在溜板箱中轴 XX 上，其结构由端面带有螺旋形齿爪的左右两部分组成，如图 8-11a 所示。安全离合器左半部 1 空套在轴 XX 上，右半部 2 用键连接在轴 XX 上。正常机动进给

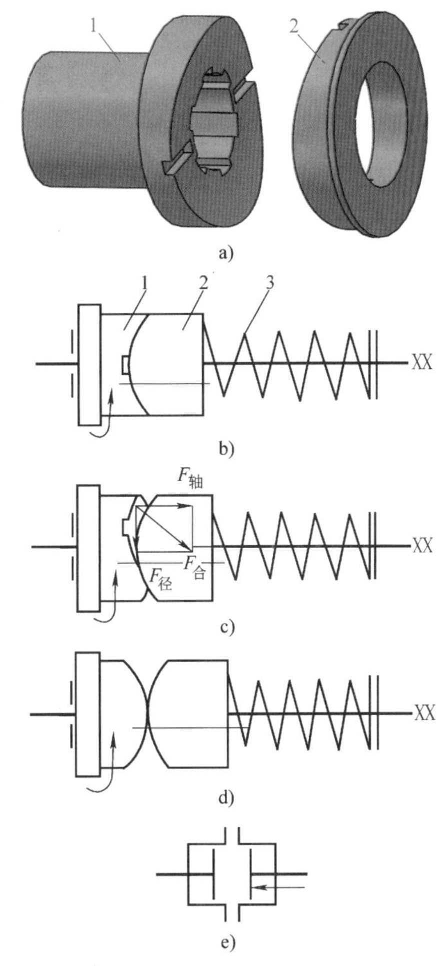

图 8-11 安全离合器

a）结构图 b）正常传动

c）过载 d）传动断开 e）图形符号

1—离合器左半部 2—离合器右半部 3—弹簧

时，在弹簧3的压力作用下，左、右半部相互啮合，把光杠的运动传递给轴XX，如图8–11b所示。

当进给运动出现过载时，轴XX的转矩增大，通过离合器齿爪传递的转矩也随之增加，当离合器螺旋形齿面上的轴向推力$F_{推}$超过弹簧3的弹力时，离合器右半部被推开，将传动链断开，如图8–11c、d所示。因此，该机构可保证在出现过载时传动机件不会损坏。改变弹簧3的压缩量，从而调整安全离合器能传递转矩的大小。

2. 图形符号

安全离合器的图形符号如图8–11e所示。

十、床鞍间隙的调整

床鞍装在床身导轨上，下部固定着外侧压板、内侧压板，床鞍移动时，压板与导轨下部有一定的间隙，如图8–12所示。床鞍间隙的调整方法如下：

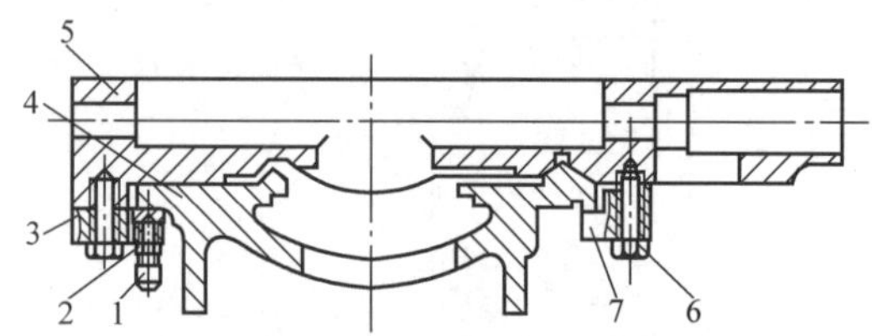

图8–12 床鞍间隙的调整

1—调节螺钉 2—紧固螺母 3—外侧压板
4—床身导轨 5—床鞍 6—紧固螺钉 7—内侧压板

1. 外侧压板间隙的调整

（1）拧松紧固螺母2。

（2）适当调整紧固螺钉，减小楔铁与导轨底面的间隙，要求床鞍移动平稳、轻便，间隙小于0.04 mm。

（3）调整后应将紧固螺母2拧紧。

2. 内侧压板间隙的调整

（1）先拧松紧固螺钉6。

（2）将溜板箱的内侧压板7拆下，磨压板顶面，减小间隙。

（3）适当拧紧紧固螺钉6，然后用与外侧压板同样的方法检查。

十一、中滑板

1. 结构

中滑板丝杠螺母的结构如图8–13所示，其前螺母1和后螺母6分别由螺钉2和螺钉4紧固在中滑板5的底部，中间由楔块8隔开。

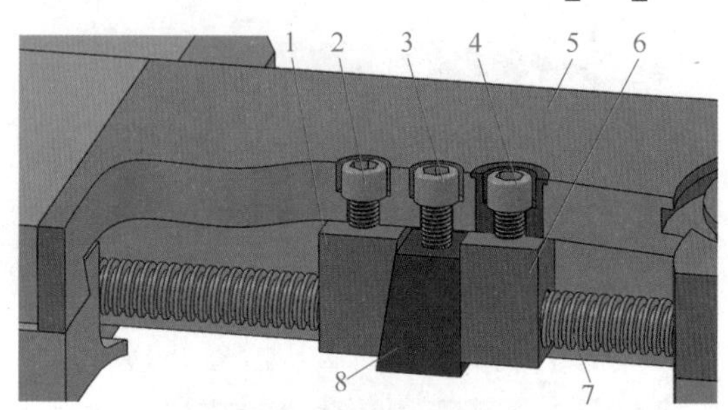

图8–13 中滑板丝杠与螺母

1—前螺母 2、3、4—螺钉
5—中滑板 6—后螺母 7—丝杠 8—楔块

2. 间隙调整方法

因磨损使丝杠7与螺母牙侧之间的间隙过大时，按以下步骤进行调整：

（1）可将前螺母上的紧固螺钉2旋松。

（2）拧紧螺钉3，将楔块向上拉，依靠斜楔的作用使前螺母向左边推，从而减小丝杠与螺母牙侧之间的间隙。

（3）调整后，要求中滑板丝杠手柄摇动灵活，正、反转时的空行程在1/20 r以内。调整好后注意将螺钉2拧紧。

十二、小滑板

1. 结构

小滑板的结构如图8–14所示，刀架2装在小滑板1的上面，小滑板通过前、后螺母4和螺栓5紧固在转盘6上。

2. 间隙调整方法

一般卧式车床的小滑板丝杠与螺母的间隙由制造精度保障，不做调整。

小滑板间隙按以下步骤进行调整：

（1）松开右侧的顶紧螺栓。

（2）松开调整左侧的限位螺栓。

（3）调整合适后，紧固右侧的顶紧螺栓。

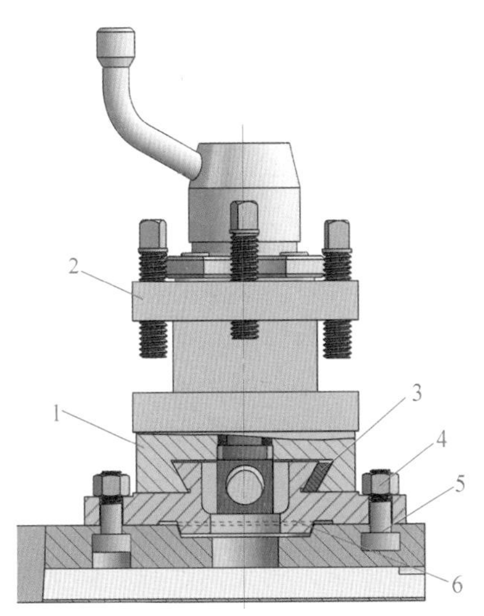

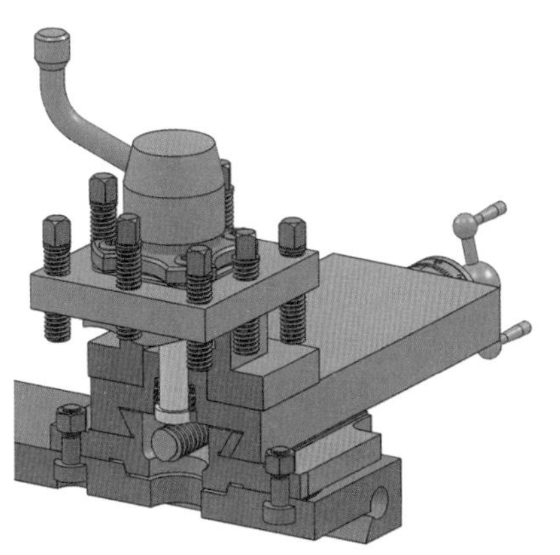

图 8-14　小滑板的结构

1—小滑板　2—刀架　3—楔铁　4—螺母　5—螺栓　6—转盘

十三、尾座

尾座（图 8-15）在车削中起到支撑工件、安装钻头钻孔等作用。尾座由尾座体、底座和套筒等组成。后顶尖安装在尾座套筒中，用来支顶较长的工件。尾座套筒的锥孔由于锥度较小，后顶尖安装后有自锁作用。

摇动手轮时，丝杠也随着旋转，如把套筒锁紧手柄扳紧，就能使套筒锁住不动。尾座沿床身导轨方向移动时，先松开尾座紧固手柄，尾座移到所需要的位置后，再通过手柄靠压块压紧在床身上。调节螺钉用来调整尾座中心。

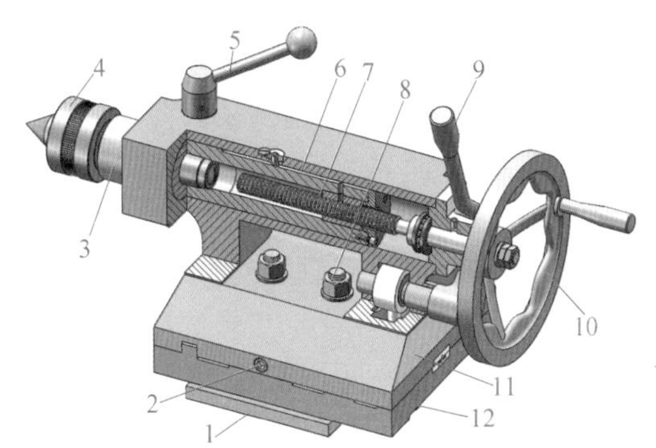

图 8-15　CA6140 型卧式车床尾座

1—压块　2—调节螺钉　3、6—套筒
4—后顶尖　5—套筒锁紧手柄　7—丝杠
8—螺母　9—尾座紧固手柄　10—手轮
11—尾座体　12—底座

§8-3　卧式车床精度对加工质量的影响

车床的切削运动由主轴、床身、床鞍、中（小）滑板等部件完成。如果这些部件本身的精度和运动有误差，则必然会反映到工件上。卧式车床的精度主要分为几何精度和工作精度两种。

一、卧式车床的几何精度

卧式车床的几何精度是指卧式车床某些基础零部件本身的几何形状精度、相互位置的几何精度和相对运动的几何精度。车床的几何精度是保证加工质量最基本的条件。根据国家标准《卧式车床　精度检验》（GB/T 4020—1997），卧式车床几何精度要求的项目如下：

1. 床身导轨调平。

（1）导轨在垂直平面内的直线度（纵向）。

（2）导轨应在同一平面内（横向）。

2. 床鞍移动在水平面内的直线度。

3. 尾座移动对床鞍移动的平行度。

4. 主轴的轴向窜动和主轴轴肩支撑面的轴向圆跳动。

5. 主轴定心轴颈的径向圆跳动。

6. 主轴轴线的径向圆跳动。

7. 主轴轴线对床鞍纵向移动的平行度。

8. 主轴顶尖的径向圆跳动。

9. 尾座套筒轴线对床鞍移动的平行度。

10. 尾座套筒锥孔轴线对床鞍移动的平行度。

11. 主轴和尾座两顶尖的等高度。

12. 小滑板纵向移动对主轴轴线的平行度。

13. 中滑板横向移动对主轴轴线的垂直度。

14. 丝杠的轴向窜动。

15. 由丝杠所产生的螺距累积误差。

二、卧式车床的工作精度

卧式车床的工作精度是指车床在运动状态和切削力作用下的精度，可以在车床处于热平衡状态下，用车床加工出工件的精度来评定。它综合反映了切削力和夹紧力等各种因素对加工精度的影响。卧式车床工作精度要求的项目及数值见表 8–5。

三、卧式车床精度对加工质量的影响

在车床上加工工件时，影响加工质量的因素很多，如车床本身的精度、工件的装夹方法、车刀的几何参数、切削用量等。其中，车床的精度是影响工件加工质量的关键因素。卧式车床精度对加工质量的影响见表 8–6。

四、卧式车床的常见故障

车床在使用过程中，会产生各种各样的故障。故障一方面严重影响工件的加工质量，甚至使加工无法继续进行下去；另一方面将使车床有关部件磨损加剧，甚至导致部件损坏。因此，当车床出现故障时，应能尽快地分析判断出故障的发生部位和产生原因，进一步分析并找出与故障相关的部件，提出排除故障的建议和方法，同时对一般性的故障自行排除。表 8–7 所列为一些常见故障和产生故障的主要原因。

表 8–5　　卧式车床工作精度要求的项目及数值

卧式车床工作精度要求的项目（GB/T 4020—1997）		CA6140 型卧式车床工作精度要求的项目	CA6140 型卧式车床工作精度的数值
1. 精车外圆	（1）圆度	精车外圆的圆度	0.009 mm
	（2）在纵截面内直径的一致性	精车外圆的圆柱度	0.027 mm/300 mm
2. 精车端面的平面度		精车端面的平面度	0.019 mm/ϕ 300 mm
3. 精车 300 mm 长度螺纹的螺距累积误差		精车螺纹的螺距精度	0.04 mm/100 mm 0.06 mm/300 mm
1 和 2 项中，还必须达到一定的表面粗糙度要求		精车表面粗糙度	Ra1.6~0.8 μm

表 8–6　　卧式车床几何误差和工作误差对加工质量的影响

序号	工件产生的缺陷	与机床有关的因素
1	车削工件时圆度超差	1. 主轴前、后轴承间隙过大 2. 主轴轴颈的圆度超差
2	车圆柱形工件时产生锥度	1. 主轴轴线对床鞍移动的平行度超差 2. 床身导轨面严重磨损 3. 一夹一顶或两顶尖装夹工件时由于尾座轴线与主轴轴线不重合 4. 地脚螺栓松动，车床水平变动
3	精车后工件端面平面度超差	1. 中滑板移动对主轴轴线的垂直度超差 2. 主轴轴向窜动量超差
4	精车后工件轴向圆跳动超差	主轴轴向窜动量超差
5	车削外圆时，工件素线的直线度超差	1. 两顶尖装夹工件时，床头和尾座两顶尖的等高度超差 2. 床鞍移动的直线度超差 3. 利用小滑板车削时，小滑板移动对主轴轴线的平行度超差
6	钻、扩、铰孔时，工件孔径扩大或孔变为喇叭形	1. 尾座套筒锥孔轴线对床鞍移动的平行度超差 2. 尾座套筒轴线对床鞍移动的平行度超差 3. 前、后顶尖的等高度超差
7	车削螺纹时螺距精度超差	1. 丝杠的轴向窜动量超差 2. 从主轴至丝杠间的传动链传动误差过大 3. 开合螺母磨损造成啮合不良或间隙过大
8	车外圆时表面上有混乱的波纹（振动）	1. 主轴滚动轴承滚道磨损，间隙过大 2. 主轴的轴向窜动量超差 3. 床鞍及中、小滑板滑动表面间隙过大
9	精车外圆时表面上轴向出现有规律的波纹	1. 溜板箱纵向进给小齿轮与齿条啮合不良 2. 光杠弯曲，或光杠、丝杠的三孔轴线不同轴，并与车床导轨不平行 3. 溜板箱内某一传动齿轮（或蜗轮）损坏 4. 主轴箱、进给箱中的轴弯曲或齿轮损坏
10	精车外圆时圆周表面上出现有规律的波纹	1. 主轴上的传动齿轮齿形不良，齿部损坏或啮合不良 2. 电动机旋转不平衡而引起振动 3. 带轮等旋转零件振幅过大而引起振动 4. 主轴轴承间隙过大或过小

表 8–7　　卧式车床常见故障分析

序号	常见故障	故障现象	主要原因
1	刹车不灵	在车床停车过程中，主轴不能迅速停止，影响工作效率，易发生事故	1. 主轴箱内的多片式摩擦离合器中摩擦片间隙过小，造成停车后摩擦片未完全脱开 2. 制动装置中制动钢带过松
2	闷车	闷车即在车削过程中，背吃刀量较大时造成主轴停转	主轴箱内的多片式摩擦离合器中摩擦片间隙过大，摩擦片之间的摩擦力较小，因传递动力不足而造成闷车现象
3	强力车削时机动进给停止	强力车削时机动进给停止	1.CA6140 型车床溜板箱内安全离合器的弹簧压力过低 2. 机动进给手柄的定位弹簧过松

续表

序号	常见故障	故障现象	主要原因
4	卡盘圆跳动误差大	当卡盘本身的精度较高时，装在主轴上圆跳动误差大的原因主要是主轴间隙过大	造成主轴间隙过大的原因如下： 1. 主轴轴承磨损 2. 主轴调整后未锁紧，在切削力和振动的影响下，使主轴轴承松动而造成主轴间隙过大
5	主轴温度过高	主轴温度过高	1. 主轴轴承间隙过小，使摩擦力增大，摩擦热过多，造成主轴温度过高 2. 主轴箱内油泵循环供油不足，不仅使主轴轴承润滑不良，而且使主轴轴承产生的热量不能传散而造成主轴轴承温度过高。如果供油过多，也会使主轴轴承发热 3. 主轴长时间满负荷工作

§8–4 立式车床

一、立式车床的结构

立式车床有单柱式和双柱式两种。单柱立式车床加工直径一般小于 1 600 mm；双柱立式车床加工直径超过 25 000 mm。

1. 单柱立式车床的结构原理

如图 8–16 所示，单柱立式车床有一个箱形立柱，与底座固定连接成一体，构成机床的支撑骨架。工作台装在底座的环形导轨上，工件装在它的台面上，由它带动绕垂直轴线旋转，完成主运动。

图 8–16　单柱立式车床

1—底座　2—工作台　3—立柱　4—垂直刀架　5—横梁　6—垂直刀架进给箱　7—侧刀架　8—侧刀架进给箱

在立柱的垂直导轨上装有横梁和侧刀架，侧刀架可在立柱的导轨上做垂直进给，还可沿刀架滑座的导轨做横向进给。在横梁的水平导轨上装有一个垂直刀架。垂直刀架可沿横梁导轨移动做横向进给，以及沿刀架滑座的导轨移动做垂直进给。刀架滑座可左右回转一定的角度，以使刀架做斜向进给。

2. 立式车床的结构特点

主轴竖直布置，一个直径很大的圆形工作台呈水平布置，供装夹工件用，从而使笨重工件的装夹和找正较方便。由于工件及工作台的重力由床身导轨或推力轴承承受，大大减轻了主轴及其轴承的载荷，因此较易保证加工精度。

二、立式车床加工工件的类型

立式车床主要用于加工径向尺寸大而轴向尺寸相对较小且形状复杂的大型或重型工件。加工工件的类型包括：

1. 大直径的盘类、套类和环形工件及薄壁工件，如图 8–17 所示。

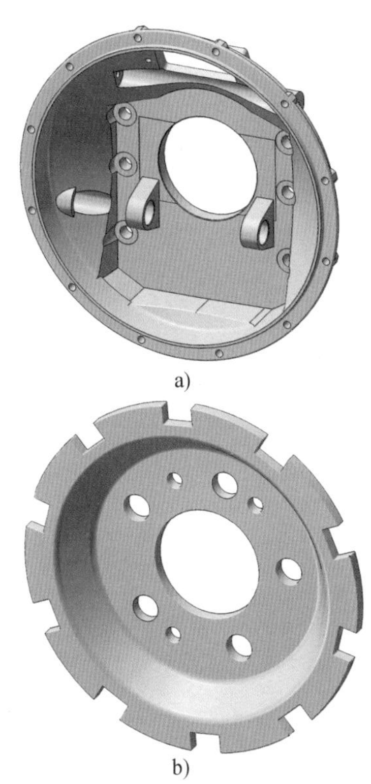

a）

b）

图 8–17　薄壁工件

a）飞轮壳　b）盖板

2. 组合件、焊接件及带有各种复杂型面的工件，如图 8–18 所示的蜗轮壳等。

3. 大直径圆锥工件等，如图 8–19 所示。

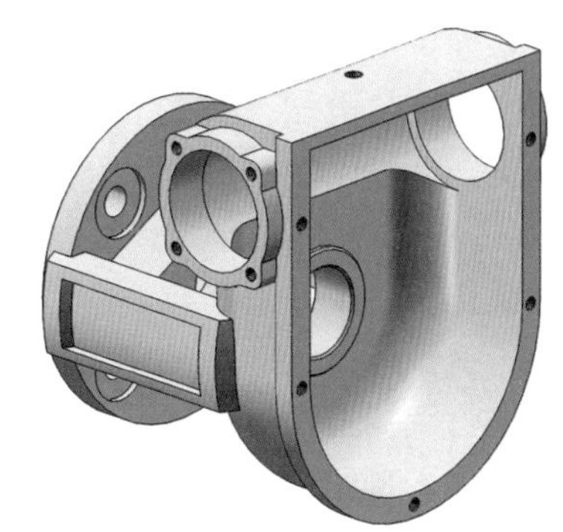

图 8–18　蜗轮壳

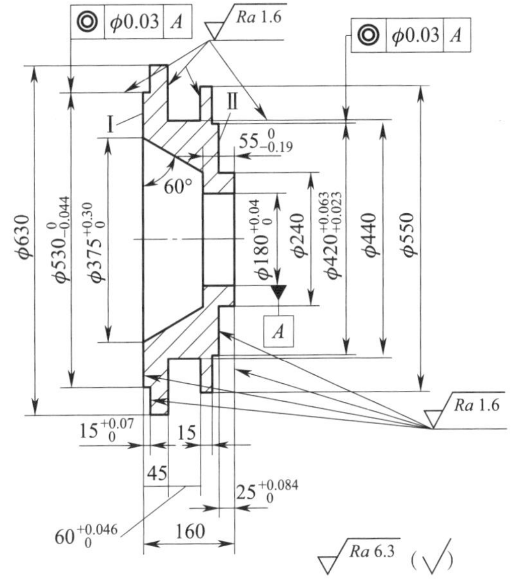

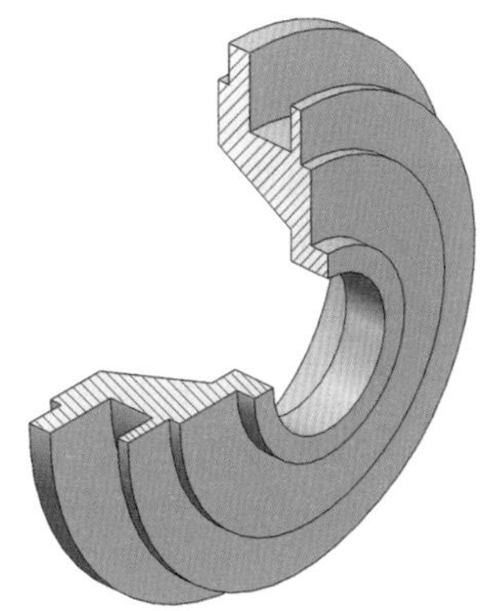

图 8–19　大直径圆锥工件

三、工件的定位和找正

在立式车床上，工件的定位就是确定工

件的定位基面。所选定的定位基准必须能保证定位精度和定位可靠，减小工件变形并保证操作安全。一般以端面及内、外圆的轴线定位。

工件找正是使工件中心与工作台旋转中心相重合。找正应在工件尚未完全夹紧和定位状态下进行，找正时应同时调整夹紧机构夹紧力的大小，直到找正后工件完全符合工艺要求，则夹紧、定位和找正同时完成。

四、在立式车床上车削圆锥、球面和曲面的方法

在立式车床上车削圆锥、球面和曲面的原理与卧式车床相同，工件直接装夹在工作台（或中间垫入垫铁）上车削。

1. 在立式车床上车削圆锥

（1）首先应确定垂直刀架的转动角度。在立式车床上车削精度较高的圆锥角度，主要是依靠正弦规来找正垂直刀架转动角度的误差，通常能保证角度误差在 ±（30″ ~1′）。

（2）其次保证圆锥的尺寸。精度较高的最大、最小圆锥直径是在保证角度正确的前提下，用圆柱量棒、钢球、百分尺和量块等经过换算间接测量的。这种测量精度可达 ±0.01~±0.05 mm。

（3）车削圆锥时，车刀刀尖与工作台旋转轴线必须重合，尤其最后精加工圆锥时，换刀或磨刀后必须重新对准；否则，所车的圆锥母线不平直，并造成角度误差。

（4）圆锥还可以用磨头磨削，达到所要求的精度和表面粗糙度。

2. 在立式车床上车削球面和曲面

车刀的运动为垂直运动和水平运动的合成运动。当用垂直刀架或侧刀架车削曲面或球面时，不能采用机动进给，只能采用手动控制方法，使车刀同时做纵向、横向运动，此时车刀做曲线运动，将曲面或球面车削成形。

§8-5 其他常用车床简介

一、回轮、转塔车床

回轮、转塔车床是在卧式车床的基础上发展起来的一种车床，它与卧式车床的主要区别是：没有尾座和丝杠，而是在尾座的位置上有一个可以纵向移动的多工位刀架，其上可装夹多把刀具。加工过程中，多工位刀架可周期性地转位，将不同刀具依次转到加工位置，对工件进行加工。回轮、转塔车床的优点是：在成批生产中，特别是在加工形状复杂的工件时，生产效率比卧式车床高。但是，由于调整此类机床需要较多时间，故在单件、小批量生产中受到一定限制；由于没有丝杠，只能用丝锥和板牙加工内、外螺纹。

1. 转塔车床

图 8-20 所示为转塔车床的外形，它除了一个前刀架外，还有一个转塔刀架。前刀架与卧式车床的刀架相似，既可做纵向进给，切削大直径的外圆柱面，也可做横向进给，加工端面和外圆槽。转塔刀架可做纵向进给和绕垂直轴线转位，但不能做横向进给。转塔刀架一般为六角形，可在六个面上各装夹一把或一组刀具。转塔刀架用于车削内外圆柱面、钻孔、扩孔、铰孔和镗孔、攻

图 8-20　转塔车床

螺纹和套螺纹等。转塔车床的前刀架和转塔刀架各有一个独立的溜板箱来控制它们的运动。转塔刀架设有定程装置，加工过程中当刀架到达预先调定位置时，可自动停止进给或快速返回原位。

在转塔车床上加工工件时，需根据工件的加工工艺过程，预先将所用的全部刀具装在刀架上，根据工件的加工尺寸调整好每把刀具的位置；同时，根据需要调整定程装置，以便控制刀具的终点位置。每完成一个工步，刀架手动转位一次，将下一组所需使用的刀具转到加工位置。

2. 回轮车床

图 8-21a 所示为回轮车床的外形，在回轮车床上没有前刀架，只有一个可绕水平轴线转位的圆盘形回轮刀架，其回转轴线与主轴轴线平行。回轮刀架上沿圆周均匀地分布着许多轴向孔（通常为 12~16 个，见图 8-21b），供装夹刀具用。当装刀孔转到最高位置时，其刀具轴线与主轴轴线在同一轴线上。回轮刀架随纵向滑板一起，可沿床身导轨做纵向进给运动，完成车内外圆、钻孔、扩孔、铰孔和加工螺纹等工序。

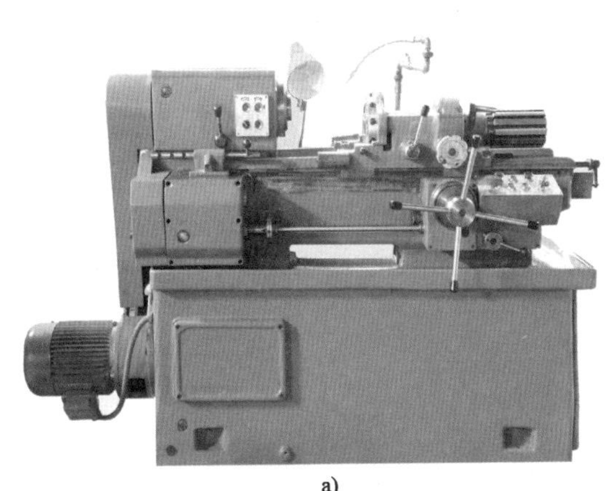

a)

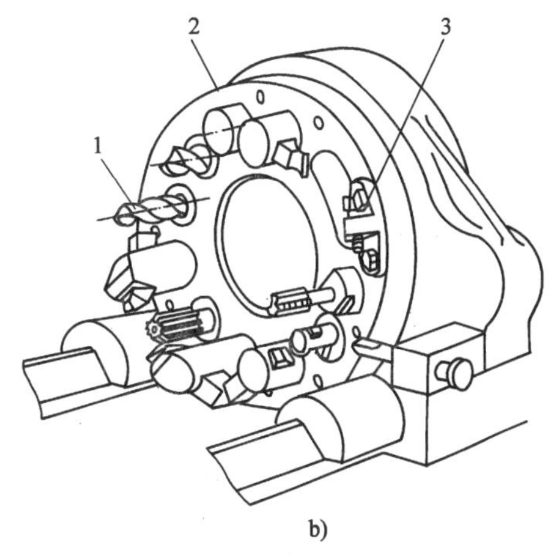

b)

图 8-21　回轮车床

a）外形图　b）回轮刀架

1—刀具　2—回轮刀架　3—横向定程机构

二、自动车床和多刀车床

一台车床无须操作者参与，能自动完成一切切削运动和辅助运动，一个工件加工完成后，还能自动重复进行，这样的车床称为自动车床。能自动地完成一个工作循环，但必须由操作者卸下加工完毕的工件，装上待加工的坯料并重新启动车床，才能开始下一个新的工作循环的车床，称为半自动车床。

自动和半自动车床能减轻操作者的劳动强度，并能提高加工精度和劳动生产率。自动车床的分类方法很多，按主轴的数目可分为单轴和多轴，按结构形式可分为立式和卧式，按自动控制方式可分为机械控制、液压控制、电气控制、数字控制等。

1. 单轴转塔自动车床

单轴转塔自动车床的结构如图 8–22 所示，其自动循环由凸轮控制。床身固定在底座上，床身左上方固定有主轴箱，在主轴箱的右侧分别装有前刀架、后刀架和上刀架，它们可以做横向进给运动，用于车特形面、车槽和切断等。在床身的右上方装有可做纵向进给运动的转塔刀架，在转塔刀架的圆柱面上有 6 个装夹刀具的安装孔，装上各种刀具后用于完成车外圆、钻孔、扩孔、铰孔、攻螺纹和套螺纹等工作。在床身的侧面装有分配轴，其上装有凸轮和定时轮，用于控制机床各部分的协同动作，完成自动工作循环。

图 8–22 单轴转塔自动车床

2. 多刀车床

多刀车床的车削原理如图 8–23 所示，前刀架用于完成纵向车削，后刀架只能横向进给。前、后刀架上都可以同时装夹多把车刀，在一次工作行程中对几个表面进行加工。因此，多刀车床具有较高的生产效率，可用于批量生产台阶轴及盘类、轮类工件。

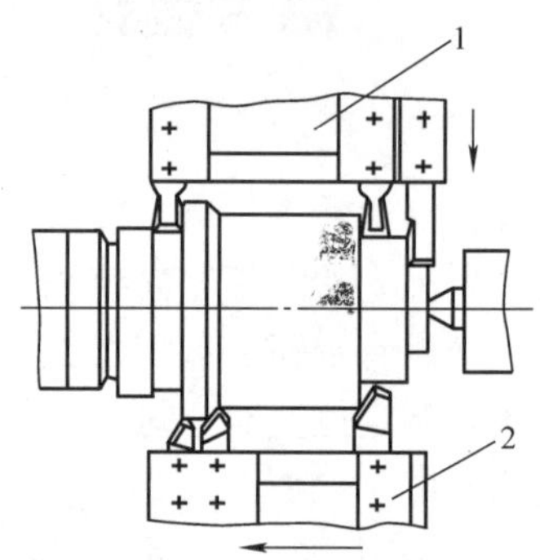

图 8–23 多刀车床的车削原理
1—后刀架 2—前刀架

三、数控车床

数控车床又称 CNC（Computer Numerical Control）车床，即用计算机数字控制的车床。它是当今国内外使用量最大、覆盖面最广的一种数控机床，主要用于旋转体工件的加工。数控车床一般能自动完成内外圆柱面、内外圆锥面、复杂内外曲面、圆柱螺纹和圆锥螺纹等工件的车削，并能进行车槽、钻孔、车孔、扩孔、铰孔、攻螺纹等工作。

数控车床由输入装置、数控装置、伺服系统、检测反馈装置及机床本体等部分组成，如图 8–24 所示。

数控车床具有高柔性、高精度、高效率、劳动强度低、工作条件优良等优点，适合加工结构和形状比较复杂、多品种、小批量生产的工件。

目前较先进的车削中心也已出现在机械制造企业，如图 8–25 所示。

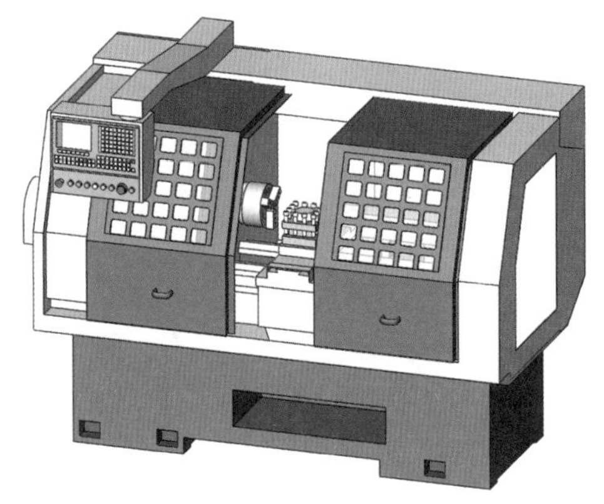

图 8-24　数控车床

图 8-25　车削中心

思考与练习

1. 机床型号能表示哪些内容？其中的特性代号包括哪两种？应如何表示？

2. 解释 CQ6132 型、CY6140 型和 C5250 型等机床型号的含义。

3. 主轴箱内制动器的作用是什么？按图 8-3 讲述其调整方法。

4. 按图 8-9 说明主轴变速操纵机构链条的调整方法。

5. 按图 8-10 说明 CA6140 型车床开合螺母机构的调整方法。

6. 车床安全离合器的作用是什么？按图 8-11 说明该机构的工作原理。

7. 按图 8-12、图 8-13 分别说明车床床鞍和中滑板丝杠与螺母间隙的调整方法。

8. 什么是车床的几何精度和工作精度？

9. 车削工件时圆度超差，与机床有关的因素有哪些？

10. 车削圆柱形工件时产生锥度，与机床有关的因素有哪些？

11. 精车外圆时，表面轴向上出现有规律的波纹，与机床有关的因素有哪些？

12. 讨论：车削螺纹时，开始几牙螺距不均匀，从机床方面考虑，可能是哪些原因造成的？

13. 车削时，车床出现主轴温度过高的故障，其主要原因有哪些？

14. 立式车床在结构布局上有什么特点？一般适用于加工哪些类型的工件？

15. 图 8-19 所示为大直径圆锥面工件，工件材料为灰铸铁，材料牌号为 HT200，数量为 15 件。试写出该工件在立式车床上的车削工艺步骤。

第九章 典型工件的车削工艺分析

采用机械加工的方法，直接用来改变原材料或毛坯的形状、尺寸和表面质量等，使之成为半成品或成品的过程称为机械加工工艺过程，简称工艺过程。

在生产过程中，为了进行科学管理，常把合理的工艺过程中的各项内容编写成文件来指导生产。这类规定工件制造工艺过程和操作方法等的工艺文件称为机械加工工艺规程，简称工艺规程。工艺规程制定得是否合理，直接影响工件的质量、劳动生产率和经济效益。一个工件可以用几种不同的加工方法制造，但在一定的条件下，只有某一种方法是比较合理的。因此，在制定工艺规程时，必须从实际出发，根据设备条件、生产类型等具体情况，尽量采用先进的加工方法，制定出合理的工艺规程。工艺规程包括工艺过程卡片、工序卡片、检验卡片等。

§9-1 机械加工工艺过程的组成

机械加工工艺过程往往是比较复杂的，是由一个或若干个按顺序排列的工序组成的，而工序又可分为安装、工位、工步和行程（图 9-1）。毛坯依次通过这些工序就成为成品。

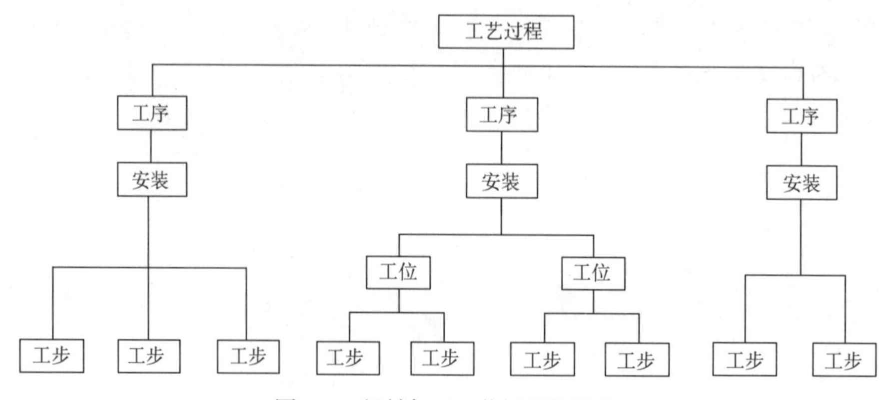

图 9-1 机械加工工艺过程的组成

一、工序

一个或一组工人，在一个工作地对同一个（或同时对几个）工件所连续完成的那部分加工过程称为工序。车削图 9–2 所示的轴套，它的工艺方案很多，现介绍两种：

1. 分两道工序（图 9–3、表 9–1）

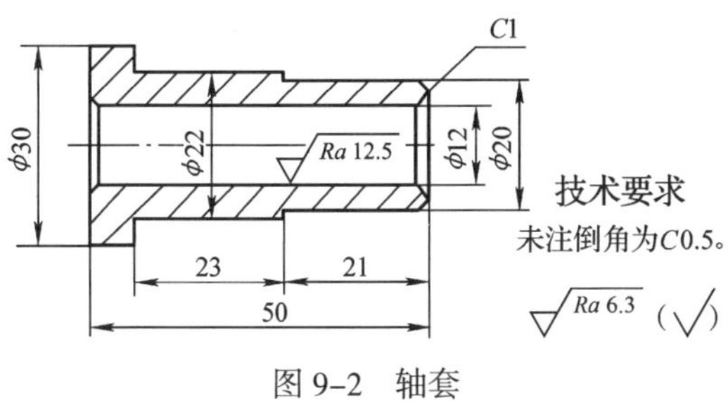

图 9–2　轴套

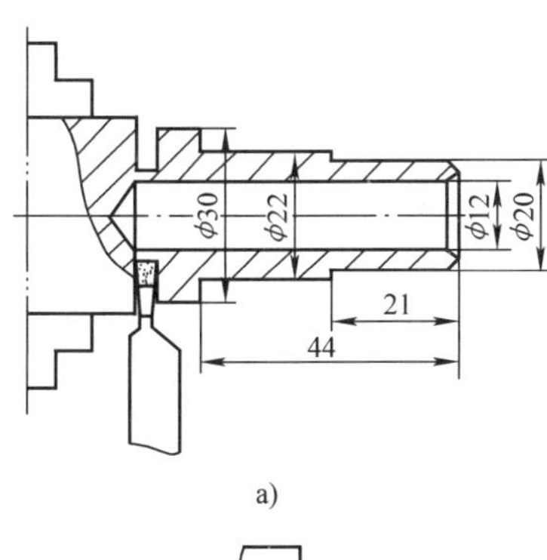

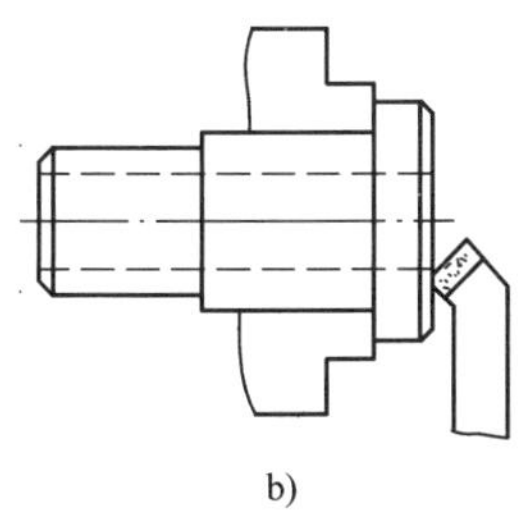

b)

图 9–3　分两道工序车削轴套

a）工序 1　b）工序 2

表 9–1　　分两道工序车削轴套

工序序号	工种	工序内容
1	车	车端面、车外圆及台阶、倒角、钻孔、倒角、切断
2	车	掉头，车端面、倒角

2. 分四道工序（图 9–4、表 9–2）

从上面的例子中可以看出，同样的加工必须连续进行，才能算一道工序，如中间有中断，就作为两道工序。

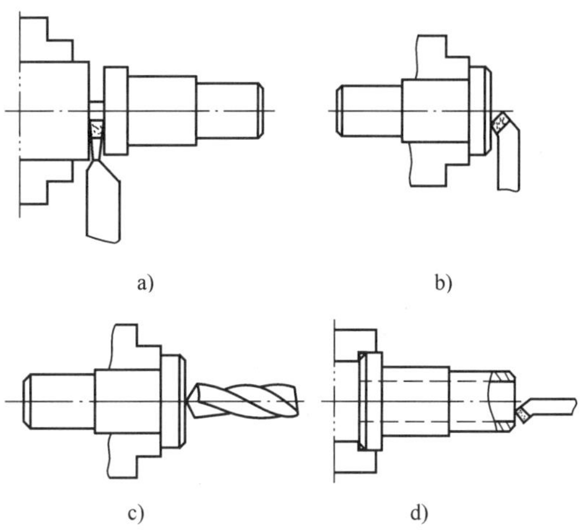

图 9–4　分四道工序车削轴套

a）工序 1　b）工序 2　c）工序 3　d）工序 4

表 9–2　　分四道工序车削轴套

工序序号	工种	工序内容
1	车	车端面、车外圆及台阶、倒角、切断
2	车	掉头，车端面、倒角
3	车	钻孔、倒角
4	车	掉头，倒角

二、安装

在一道工序中，工件在加工位置上，可以只装夹一次，也可装夹几次。工件经一次装夹后所完成的那部分工序称为安装。从上述例子中可以看出，第一方案和第二方案中每道工序都只有一次安装。每道工序中应尽量减少安装次数。因为多安装一次，就多产生一次误差，并且增加装卸工件的辅助时间。

三、工位

为了完成一定的工序部分，一次装夹工件后，工件与夹具或设备的可动部分一起相对于刀具或设备的固定部分所占据的每个位置，称为工位。如在车床上加工图 9–5 所示的齿轮泵体，工件装夹在夹具中，车削 *A* 孔时为一个工位；车削 *B* 孔时，必须把工件移动一个中心距

L并夹紧，这时就是第二个工位。

四、工步

在加工表面和加工工具不变的情况下所连续完成的那部分工序称为工步。如其中一个（或两个）因素变化，则为另一个工步。如图 9–3a 所示工序 1 中包括下列 8 个工步：

（1）车端面。

（2）车 ϕ30 mm 外圆。

（3）车 ϕ22 mm × 44 mm 外圆。

（4）车 ϕ20 mm × 21 mm 外圆。

（5）钻 ϕ12 mm × 52 mm 孔。

（6）外圆倒角 C0.5 mm。

（7）孔口倒角 C1 mm。

（8）切断。

五、行程

行程分为工作行程和空行程。工作行程是指刀具以加工进给速度相对于工件所完成一次进给运动的工步部分。一个工步可包括一个或几个工作行程。如将 ϕ65 mm 的外圆车至 ϕ45 mm，需在直径方向车去 20 mm 的余量，车床及车刀等工艺系统的刚度低，不允许一次切除，必须分几次进给，则每次进给运动就是一个工作行程。

空行程是指刀具以非加工进给速度相对于工件所完成一次进给运动的工步部分。

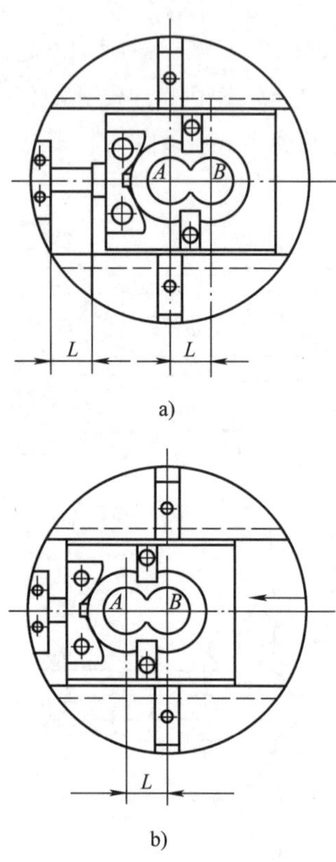

图 9–5　两个工位车削齿轮泵体

a）工位 1　b）工位 2

§ 9–2　车削工件的基准和定位基准的选择

一、基准

基准就是用来确定生产对象上几何要素间的几何关系所依据的那些点、线、面。基准可分为设计基准、工艺基准两大类。工艺基准又分为定位基准、测量基准和装配基准等，如图 9–6 所示。

1. 设计基准

设计图样上所采用的基准称为设计基准。图 9–7 所示的机床主轴，各级外圆的设计基准为主轴的轴线。长度尺寸是以端面 B 为依据的，因此轴向设计基准是端面 B。而图 9–8 所示的轴承座，ϕ40H7 孔中心高的设计基准为底平面 A。

2. 工艺基准

（1）定位基准　在加工中用作定位的基准称为定位基准。图 9–7 所示的机床主轴用

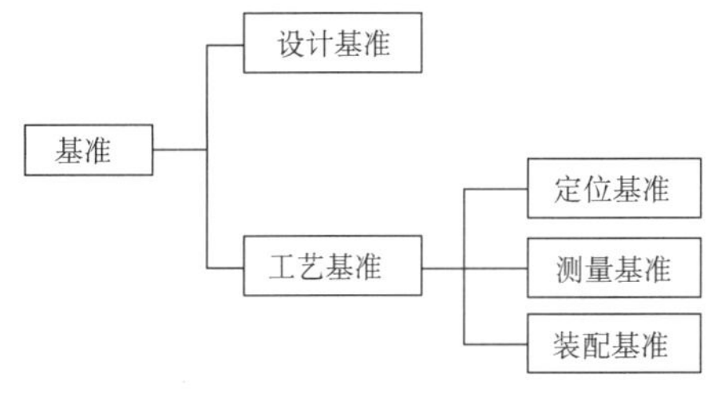

图 9-6 基准的种类

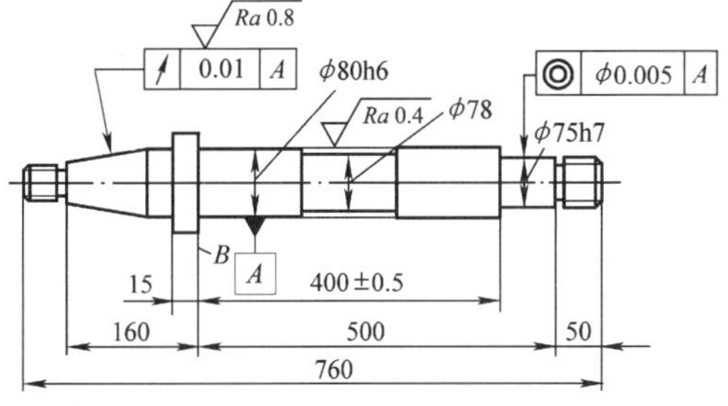

图 9-7 机床主轴

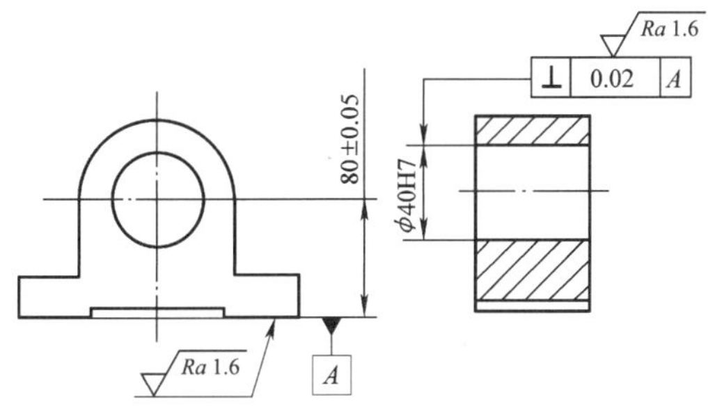

图 9-8 轴承座

两顶尖装夹车削和磨削时，其定位基准是两端中心孔。而图 9-8 所示的轴承座用花盘角铁装夹车削轴承孔时，底面装夹在角铁上，底面 *A* 即为定位基准。

图 9-9 所示的锥齿轮，在车削齿轮坯时，以 ϕ25H7 孔和端面 *B* 装夹在心轴上，以保证齿坯圆锥面与孔的同轴度以及长度尺寸 $18.53_{-0.07}^{\ 0}$ mm。内孔就是径向定位基准，端面 *B* 为轴向定位基准。

（2）测量基准　测量时所采用的基准称为测量基准。

检验图 9-7 所示机床主轴的圆锥面对 *A* 的径向圆跳动，可把 ϕ80h6 外圆安放在 V 形架中，并采用轴向定位，用百分表测量圆锥面的径向圆跳动误差，ϕ80h6 外圆就是测量基准。

图 9-8 所示的轴承座，测量时把工件放在平板上，孔中插入一根心轴，以底平面为依据，用百分表根据量块的高度，用比较测量法来测量中心高（80±0.05）mm；再用百分表在心轴的两端测量轴承孔与底平面的平行度误差（图 9-10），轴承座的底平面就是测量基准。

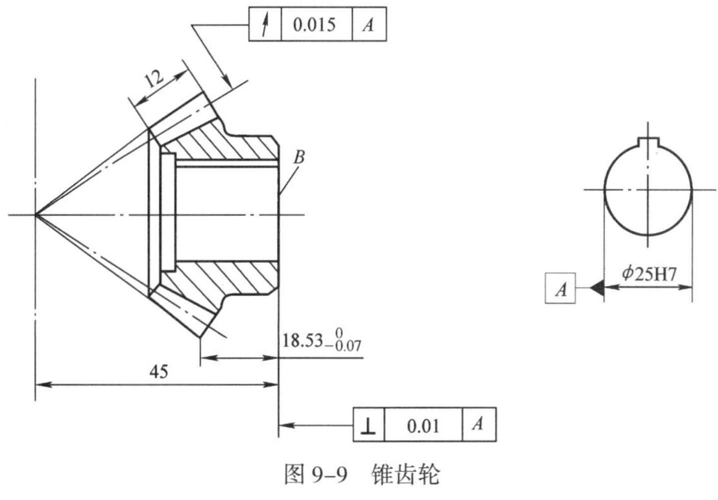

图 9-9 锥齿轮

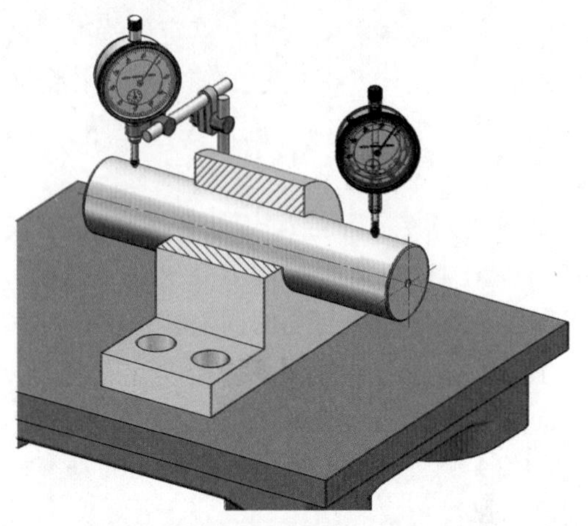

图 9–10　测量轴承座的平行度误差

（3）装配基准　装配时用来确定零件或部件在产品中的相对位置所采用的基准称为装配基准。

在图 9–11 所示的锥齿轮装配图中，ϕ25H7 为径向装配基准，端面 *B* 为轴向装配基准。加工此锥齿轮的齿形时，应装夹在心轴上以孔和端面作为测量基准。因此，齿轮轴线和端面 *B* 既是设计基准，又是定位基准、测量基准和装配基准，这称为基准重合。基准重合是保证工件和产品质量最理想的工艺手段。

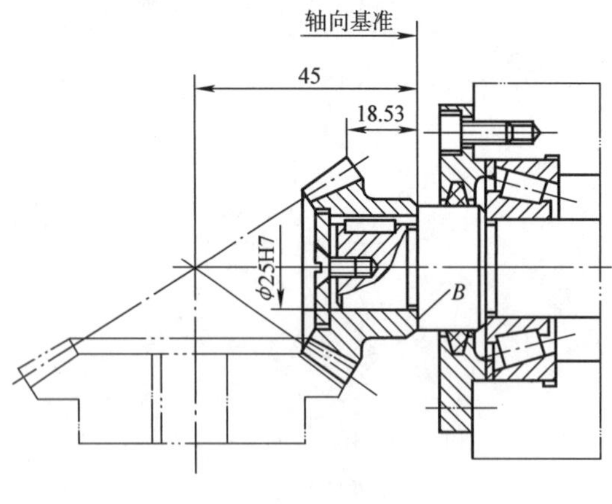

图 9–11　锥齿轮装配图

必须指出，作为工艺基准的点和线总是以具体表面来体现的，这个表面就称为定位基面。图 9–11 所示的锥齿轮轴线并不具体存在，而是由内孔表面来体现的，因而内孔和端面就是锥齿轮定位、测量和装配的定位基面。

二、定位基准的选择

在机械加工工艺过程中，合理选择定位基准对保证工件的尺寸精度和相互位置精度起决定性的作用。

定位基准有粗基准和精基准两种。毛坯在开始加工时，其表面都是未经加工的毛坯表面。因此，在最初的工序中，用未经加工的毛坯表面定位（或根据某毛坯表面找正），这种基准称为粗基准。在以后的工序中，用加工过的表面作为定位基准，这种基准称为精基准。

1. 粗基准的选择原则

选择粗基准时，必须满足以下两个基本要求：其一，应保证所有加工表面都有足够的加工余量；其二，应保证工件加工表面和不加工表面之间具有一定的位置精度。

粗基准的选择原则如下：

（1）应选择不加工表面作为粗基准。车削图 9–12 所示的手轮，因为铸造时有一定的几何误差，在第一次装夹车削时，应选择手轮内缘的不加工表面作为粗基准，加工后就能保证轮缘厚度 *a* 基本相等（图 9–12a）。

如果选择手轮外缘（加工表面）作为粗基准，加工后因铸造误差不能消除，使轮缘厚薄明显不一致（图 9–12b）。也就是说，在车削前应该找正手轮内缘，或用三爪自定心卡盘反撑在手轮的内缘上进行车削。

（2）对所有表面都需要加工的工件，应该根据加工余量最小的表面找正，这样不会因位置的偏移而造成余量太小的部位车不出来。

图 9–13 所示的台阶轴是锻件毛坯，*A* 段余量较小，*B* 段余量较大，粗车时应找正 *A* 段，再适当考虑 *B* 段的加工余量。

（3）应选用比较牢固、可靠的表面作为粗基准，否则会夹坏工件或使工件松动。

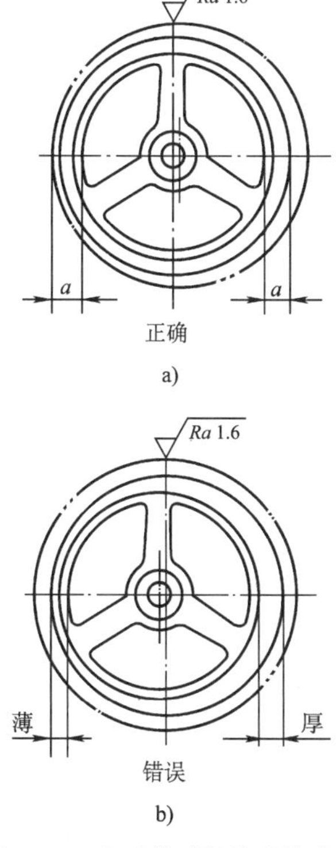

图 9-12　车手轮时粗基准的选择
a）以内缘作基准　b）以外缘作基准

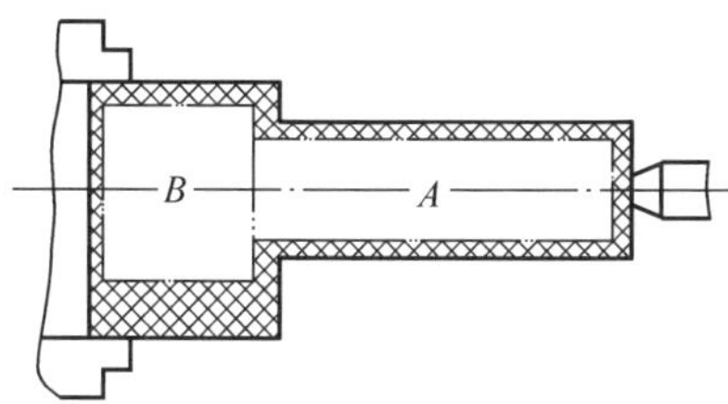

图 9-13　根据余量最小的表面找正

（4）粗基准应尽量平整、光滑，没有飞边、浇口、冒口、毛刺或其他缺陷，以使工件定位准确，夹紧可靠。

（5）粗基准不能重复使用。车削图 9-14 所示的小轴，如重复使用毛坯面 *B* 定位去加工表面 *A* 和 *C*，则必然会使表面 *A* 与 *C* 的轴线产生较大的同轴度误差。因此，加工中粗基准应避免重复使用。

当然，若毛坯制造精度较高，而工件加工精度要求较低，则粗基准也可重复使用。

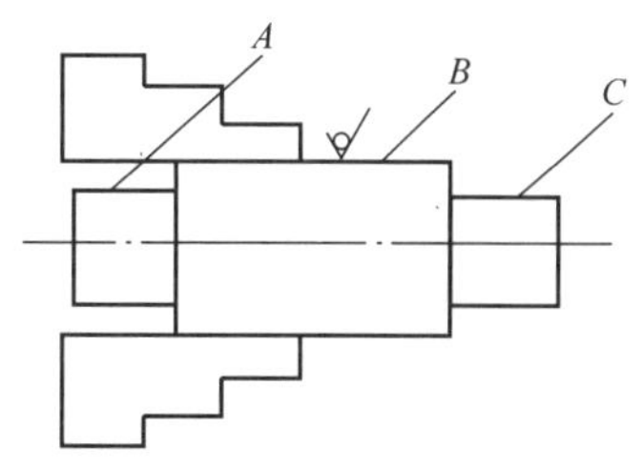

图 9-14　粗基准重复使用实例

2. 精基准的选择原则

（1）尽可能采用设计基准（或装配基准）作为定位基准。一般的套、齿轮和带轮在精加工时，多数利用心轴以内孔作为定位基准来加工外圆及其他表面（图 9-15a、b、c）。这样，定位基准与装配基准重合，装配时较容易达到设计所要求的精度。在车配卡盘的连接盘时（图 9-15d），一般先车好内孔和螺纹，然后把它旋在主轴上再车配安装卡盘

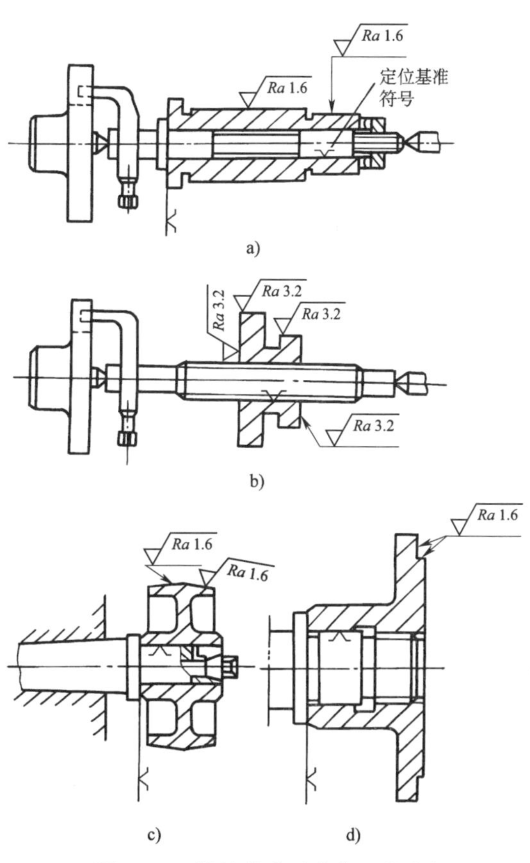

图 9-15　设计基准（或装配基准）和定位基准重合

的凸肩和端面，这样容易保证卡盘与主轴的同轴度。

（2）尽可能使定位基准和测量基准重合。图 9–16a 所示的套，长度尺寸及公差要求是端面 *A* 和 *B* 之间的距离 $42_{-0.02}^{\ 0}$ mm，测量基准为 *A*。用图 9–16b 所示的心轴加工时，因为轴向定位基准是 *A* 面，这样定位基准与测量基准重合，使工件容易达到长度

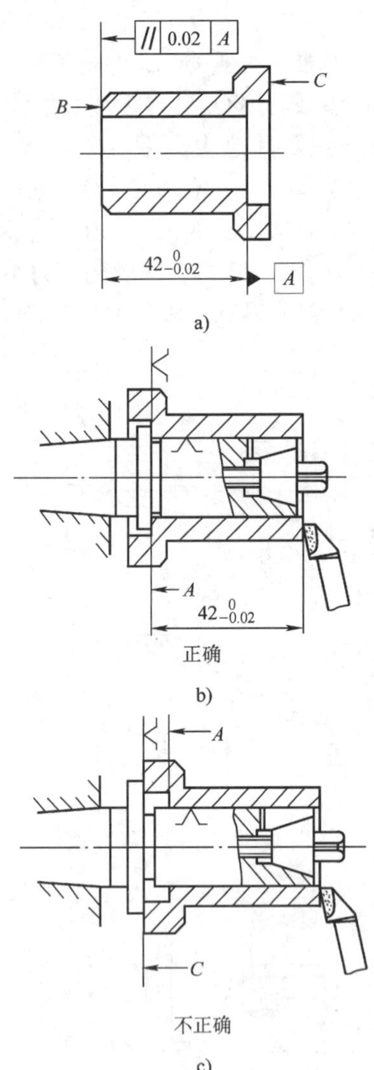

图 9–16　测量基准和定位基准重合
a）工件　b）直接定位　c）间接定位

公差要求。如果用 *C* 面作为长度定位基准（图 9–16c），由于 *C* 面和 *A* 面之间也有一定误差，则很难保证长度要求。

（3）尽可能使基准统一。除第一道工序外，其余工序尽量采用同一个精基准。因为基准统一后，可以减小定位误差，提高加工精度，使装夹方便。例如，在车削、铣削、磨削等工序中，始终用轴类的中心孔作为精基准。又如齿轮加工时，先把内孔加工好，然后始终以孔作为精基准。

必须指出，当本原则与上述原则（2）相抵触而不能保证加工精度时，就必须放弃这个原则。

（4）选择精度较高、装夹稳定可靠的表面作为精基准，并尽可能选用形状简单和尺寸较大的表面作为精基准，这样可以减小定位误差和使定位稳固。图 9–17a 所示的内圆磨具套筒，外圆长度较长，形状简单，而两端要加工的内孔长度较短，形状复杂。在车削和磨削内孔时，应以外圆作为精基准。

车削内孔和内螺纹时，应该一端用软卡爪夹住，一端搭中心架，以外圆作为精基准（图 9–17b）。磨削两端内孔时，把工件装夹在 V 形夹具（图 9–17c）中，同样以外圆作为精基准。

又如内孔较小、外径较大的 V 带轮，就不能以内孔为基准装夹在心轴上车削外缘上的 V 形槽。这是因为心轴刚度不够，容易引起振动（图 9–18a），并使切削用量无法提高。因此，车削直径较大的 V 带轮时，可采用反撑的方法（图 9–18b），使内孔和各条 V 形槽在一次装夹中加工完毕。或先把外圆、端面及 V 形槽车好后，装夹在软卡爪中以外圆为基准精车内孔（图 9–18c）。

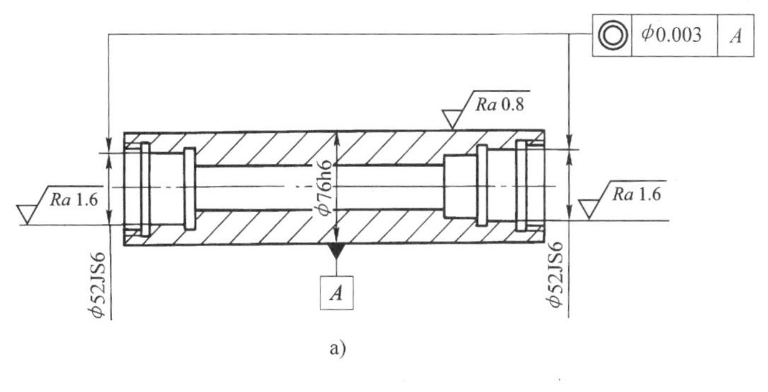

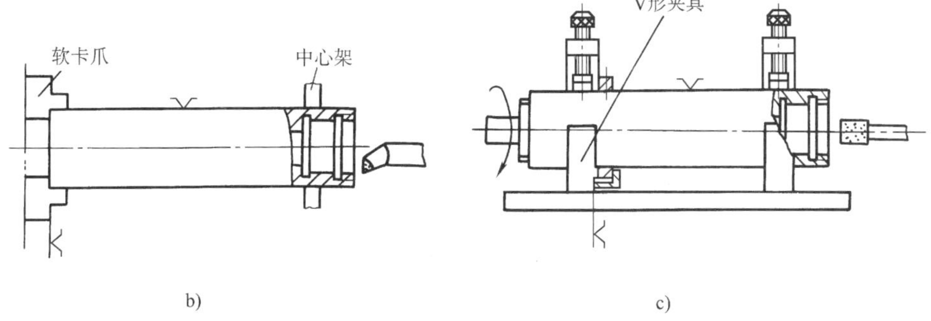

图 9-17　以外圆为精基准

a）工件　b）车内孔　c）磨内孔

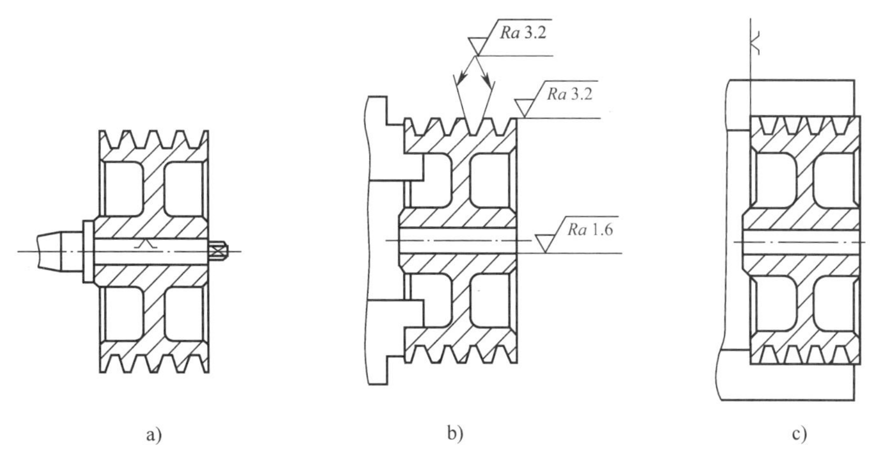

图 9-18　车 V 带轮时精基准的选择

a）不正确　b）、c）正确

§9-3 工艺路线的制订

一、工艺过程划分阶段

1. 工艺过程的四个阶段

（1）粗加工阶段　切除毛坯上大部分多余的金属，主要目标是提高生产效率。

（2）半精加工阶段　使主要表面达到一定的精度，留有一定的精加工余量，并可完成一些次要表面的加工，如扩孔等。

（3）精加工阶段　保证各主要表面达到规定的尺寸精度和表面粗糙度要求，主要目标是全面保证加工质量。

（4）光整加工阶段　对工件上精度和表面质量要求很高的表面需进行光整加工，主要目标是提高尺寸精度，减小表面粗糙度值。此阶段一般不能用来提高位置精度。

2. 划分加工阶段的目的

（1）保证加工质量　按加工阶段加工，粗加工造成的加工误差可以通过半精加工和精加工来纠正。

（2）合理使用机床　粗加工可采用功率大、刚度高、效率高而精度低的机床。精加工可采用高精度机床。这样发挥了设备各自的特点，既能提高生产效率，又能延长精密设备的使用寿命。

（3）便于及时发现毛坯缺陷　对毛坯的各种缺陷，如铸件的气孔、夹砂和余量不足等，在粗加工后即可发现，便于及时修补或决定报废。

（4）便于安排热处理工序　粗加工后一般要安排去应力热处理，以消除内应力。精加工前要安排淬火等最终热处理。

加工阶段的划分也不应绝对化，应根据工件的质量要求、结构特点和生产批量灵活掌握。

二、切削加工工序的安排

切削加工工序通常按下列原则安排：

（1）基面先行原则　用作精基准的表面应优先加工出来，因为定位基准的表面越精确，装夹误差就越小。如加工轴类工件时，总是先加工中心孔，再以中心孔为基准加工外圆表面和台阶。

（2）先粗后精原则　各表面的加工按照粗加工→半精加工→精加工→光整加工的顺序依次进行，逐步提高表面的加工精度并减小表面粗糙度值。

（3）先主后次原则　工件的主要表面、装配基面应先加工，从而及早发现毛坯中主要表面可能存在的缺陷。次要表面的加工可穿插进行，放在主要加工表面加工到一定程度后，精加工之前进行。

（4）先面后孔原则　对复杂工件，一般先加工平面再加工孔。一方面以平面定位稳定可靠；另一方面在加工过的平面上加工孔比较容易，并能提高孔的加工精度，特别是钻出的孔轴线不易偏斜。

三、热处理工序的安排

根据不同的热处理目的，一般将热处理工序分为预备热处理和最终热处理，具体内容见表 9-3。

四、辅助工序的安排

辅助工序主要包括检验、清洗、去毛刺、去磁、倒钝锐边、涂防锈油和平衡等。其中检验工序是主要的辅助工序，是保证产品质量的主要措施之一,一般安排在粗加工之后、精加工之前、重要工序之后、工件在不同车间之间转移前后和工件全部加工结束后进行。

表 9–3　　热处理工序简介

工序	工艺	工艺代号	应　用	工序位置安排	目的
预备热处理	退火	511	用于铸铁或锻件毛坯，以改善其切削性能	毛坯制造后，粗加工之前进行	改善材料的力学性能，消除毛坯制造时的内应力，细化晶粒，均匀组织，并为最终热处理准备良好的金相组织
	正火	512			
	低温时效		用于各种精密工件，消除切削加工的内应力，保持尺寸的稳定性，对于特别重要的高精度的工件要经过几次低温时效。有些轴类工件在校直工序后也要安排低温时效	半精车后，或粗磨、半精磨后	
	调质	515	调质工件的综合力学性能良好，对某些硬度和耐磨性要求不高的工件，也可作最终热处理	粗加工后、半精加工之前	
最终热处理	淬火	513	适用于碳素结构钢。由于工件淬火后表面硬度高，除磨削和线切割等加工外，一般方法不能对其进行切削	半精加工后、磨削加工之前	提高工件材料的硬度、耐磨性和强度等力学性能
	渗碳淬火	531—13	适用于低碳钢和低合金钢（如 15、15Cr、20、20Cr 等），其目的是先使工件表层含碳量增加，然后经淬火使表层获得高的硬度和耐磨性，而心部仍保持一定的强度及较高的韧性和塑性。渗碳淬火还可以解决工件上部分表面不淬硬的工艺问题	半精加工与精加工之间	
	渗氮	533	渗氮是使氮原子渗入金属表面，从而获得一层含氮化合物的热处理方法。渗氮层较薄，一般不超过 0.6 mm。渗氮后的表面硬度很高，不需淬火	精磨或研磨之前	

五、普通机械加工工序与数控加工工序的衔接

数控加工工序前后一般都穿插有其他普通工序，如衔接不好就容易产生矛盾，因此，要解决好数控加工工序与非数控加工工序之间的衔接问题。最好的办法是建立相互状态要求，例如，要不要为后道工序留加工余量，留多少；定位面与孔的精度要求及几何公差等。其目的是相互能满足加工需要，且质量目标与技术要求明确，交接验收有依据。

有关手续问题，如果是在同一个车间，可由编程人员与主管该工件的工艺员协商确定，在制定工序工艺文件中互审会签，共同负责；如果不是在同一个车间，则应用交接状态表进行规定，共同会签，然后反映在工艺规程中。

六、典型工件工艺路线简介

1. 轴类工件工艺路线

加工轴类工件主要是加工外圆表面及相关端面，轴线为设计基准，两端中心孔为定位基面。

一般主轴的加工工艺路线如下：

下料→锻造→退火（正火）→粗加工→调质→半精加工→表面淬火→粗磨→低温时效→精磨。

2. 套类工件工艺路线

套类工件一般由孔、外圆、端面和槽组成，如图 9–19 所示。套类工件的主要表面是同轴度要求较高的内、外圆表面，而孔是套类工件中起支撑或导向作用的最主要表面。支撑孔或导向孔所表达的轴线是设计基准，而支撑孔或导向孔则是定位基面。

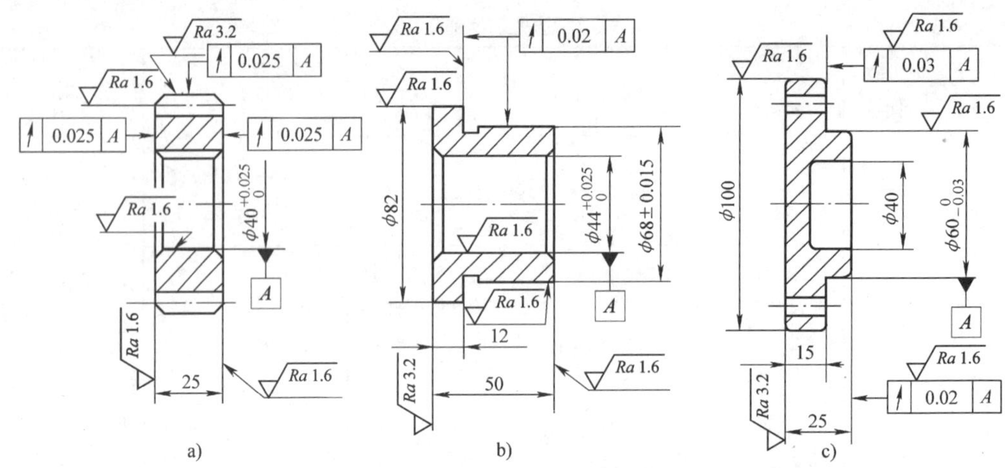

图 9-19　套类工件实例

具有花键孔的双联齿轮的加工工艺路线如下：

下料→锻造→粗车→调质→半精车→拉花键孔→套花键心轴车外圆→插齿（或滚齿）→齿部倒角→齿面淬火→珩齿或磨齿。

3. 支架、箱体类工件工艺路线

常见的支架和箱体类工件如图 9-20 所示。箱体的结构较复杂，箱壁上有相互平行或垂直的孔系。箱体的底平面（或侧平面、上平面）既是装配基准，也是加工过程中的定位基准。

一般先加工主要平面，后加工支撑孔。对于刚度较低、要求较高的支架类工件，为了减小加工后的变形，宜分粗、精加工工序。

单件、小批量生产，精度要求较高的支架、箱体类工件的加工工艺路线如下：铸造毛坯→退火→划线→粗加工主要平面→粗加工支撑孔→精加工主要平面→精加工支撑孔。其他次要表面的加工可根据情况穿插安排，螺钉孔的加工往往放在最后进行。

七、工序余量的确定

工件相邻两工序的工序尺寸之差称为工序余量（加工余量）。选择毛坯时表面应留的加工余量称为毛坯余量。又如粗车后，要在直径上留 1 mm 余量精车，1 mm 是精车余量；又如精车后要留 0.4 mm 磨削，0.4 mm 是磨削余量。

在制定工艺卡时，必须确定适当的工序余量。如淬火工件，磨削余量留得太多，磨削时容易使工件表面退火；余量太少，又往往因工件淬火后变形等原因，下道工序无法把上道工序的痕迹切除而使工件报废。

工序余量一般采用查表方法获得。轴类工件毛坯在长度上的工序余量不宜留得过大。

图 9-20　常见支架和箱体类工件

§9-4 轴类工件的车削工艺分析

台阶轴是轴类工件中用得最多、结构最典型的一种工件。

一、轴类工件的技术要求

1. 尺寸精度

轴颈是轴类工件的主要表面，轴颈的公差等级一般为 IT9~IT6，特别精密的可达 IT5。

2. 几何精度

轴颈的形状精度一般限制在直径公差范围内。

方向、位置、跳动精度主要是指配合轴颈相对于轴承支撑轴颈的同轴度，通常用配合轴颈对支撑轴颈的径向圆跳动来表示。根据使用要求，一般精度的轴径向圆跳动公差为 0.01~0.03 mm。此外还有内、外圆的同轴度以及轴向定位端面与轴线的垂直度要求等。

3. 表面粗糙度

工件不同工作部位的表面有不同的表面粗糙度要求。如常用机床主轴支撑轴颈的表面粗糙度值为 *Ra*0.63~0.16 μm，配合轴颈的表面粗糙度值为 *Ra*2.5~0.63 μm。

现以图 9-21 所示的传动轴为例分析轴类工件的车削工艺，生产件数为 5 件。

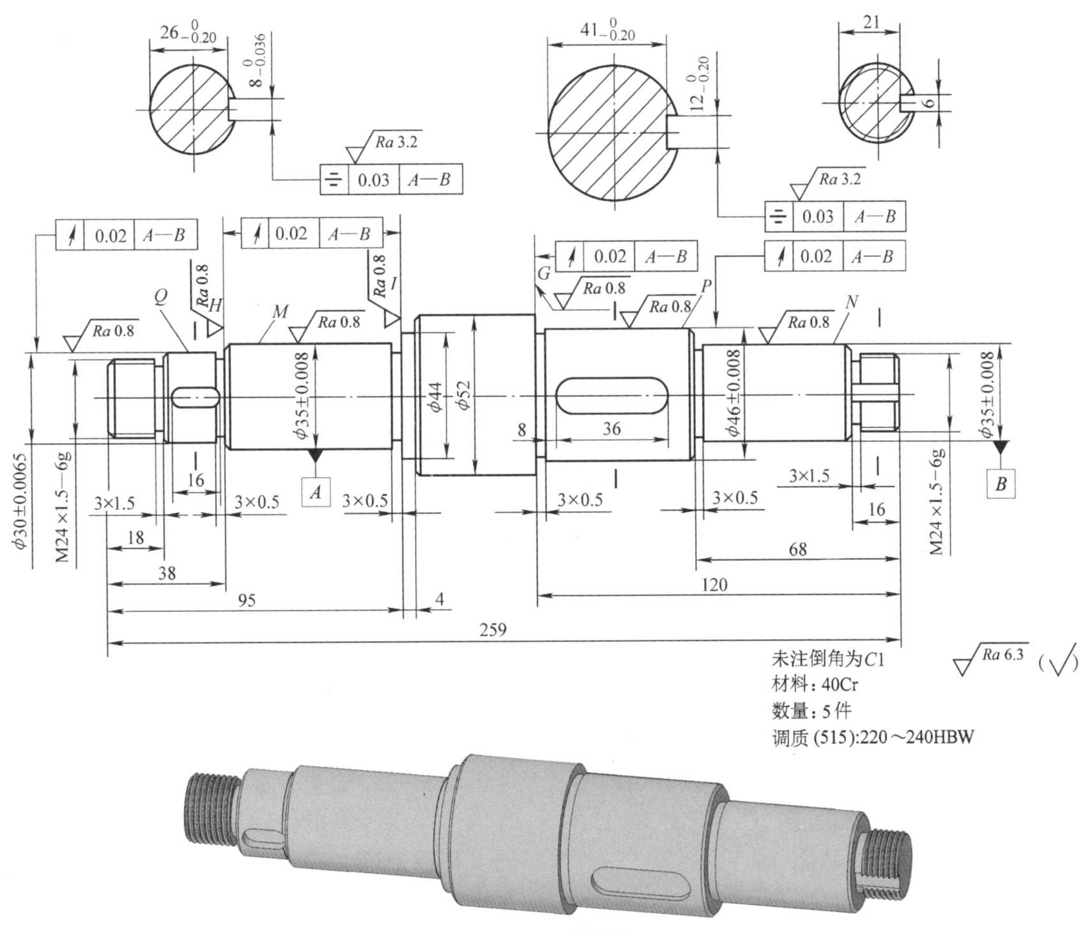

图 9-21　传动轴

二、传动轴的技术要求

由图 9–21 及其装配简图 9–22 可知，传动轴的技术要求见表 9–4。此外，为提高该轴的综合力学性能，安排了调质（515）。

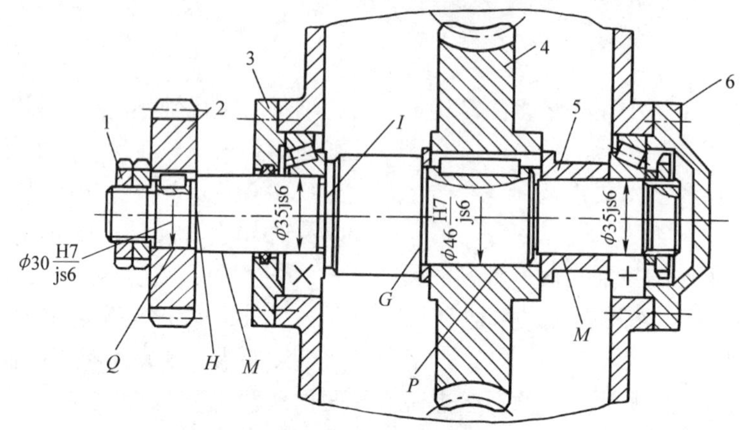

图 9–22　减速箱轴系装配简图

1—锁紧螺母　2—齿轮　3、6—端盖　4—蜗轮　5—隔套

表 9–4　　传动轴的技术要求分析

工作部位	作　用	技术要求
轴颈 *M* 轴颈 *N*	安装轴承的支撑轴颈，也是该传动轴装入箱体的装配基准	尺寸精度高，公差等级均为 IT6，表面粗糙度值为 *Ra*0.8 μm
轴中间的外圆 *P* 轴左端外圆 *Q*	外圆 *P* 装有蜗轮，运动可以由蜗杆通过蜗轮减速后输入传动轴，再通过外圆 *Q* 上的齿轮将运动输送出去	
轴肩 *G*、*H*、*I*	在使用中承受轴向载荷，在加工中作为轴向定位基准	端面对公共轴线 *A*—*B* 的轴向圆跳动公差为 0.02 mm，表面粗糙度值为 *Ra*0.8 μm

三、工艺分析

1. 主要表面的加工方法

从图样上可知，该轴的大部分表面应以车削为主。表面 *M*、*N*、*P* 和 *Q* 的尺寸精度要求很高，表面粗糙度值小，所以车削后还需要进行磨削。这些表面的加工顺序为粗车→调质→半精车→磨削。

2. 选择定位基准

由于该轴的几个主要配合表面和台阶面对基准轴线 *A*—*B* 均有径向圆跳动和轴向圆跳动的要求，因此，应在粗车之前加工 B 型中心孔作径向定位基面。

3. 选择毛坯类型

轴类工件的毛坯通常选用圆钢或锻件。对于直径相差较小、传递转矩不大的一般台阶轴，其毛坯多采用圆钢；而对于传递较大转矩的重要轴，无论其轴径相差多少、形状简单与否，均应选用锻件作毛坯。

图 9–21 所示的传动轴为一般用途的台阶轴，且批量仅 5 件，故选用圆钢坯料，材料为 40Cr 钢。

4. 拟定工艺路线

拟定该轴工艺路线时，在考虑主要表面加工的同时，还要考虑次要表面的加工和热处理。要求不高的外圆表面（如 ϕ52mm 外圆）和退刀槽、砂轮越程槽、倒角、螺纹应在半精车时加工。键槽在半精车后再划线、铣削。调质安排在粗车和调质后，一定要研修中心孔。在磨削前，一般还应研修一次中心孔，以提高定位精度。

四、传动轴机械加工工艺过程卡

传动轴机械加工工艺过程卡见表 9–5。

表 9–5　　传动轴机械加工工艺过程卡

工序号	工步	工序内容	加工简图	设备
1	下料	ϕ5 mm × 263 mm		
2		粗车各台阶 用三爪自定心卡盘夹持棒料毛坯	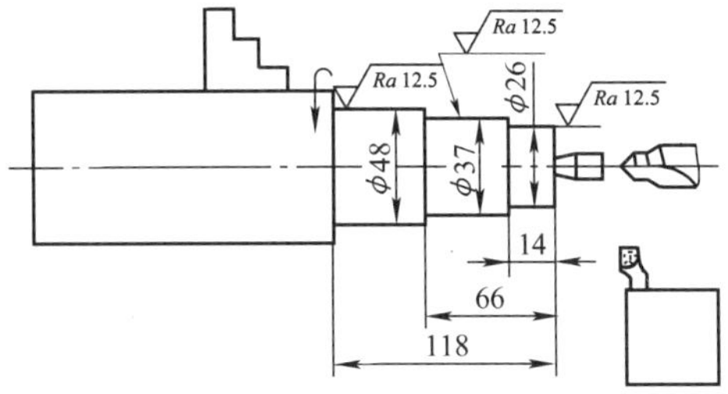	CA6140
	（1）	车平右端面		
	（2）	钻中心孔		
		一夹一顶装夹		
	（3）	粗车外圆 ϕ48 mm × 118 mm		
	（4）	粗车外圆 ϕ37 mm × 66 mm		
	（5）	粗车外圆 ϕ26 mm × 14 mm		
		掉头夹 ϕ48 mm 外圆处	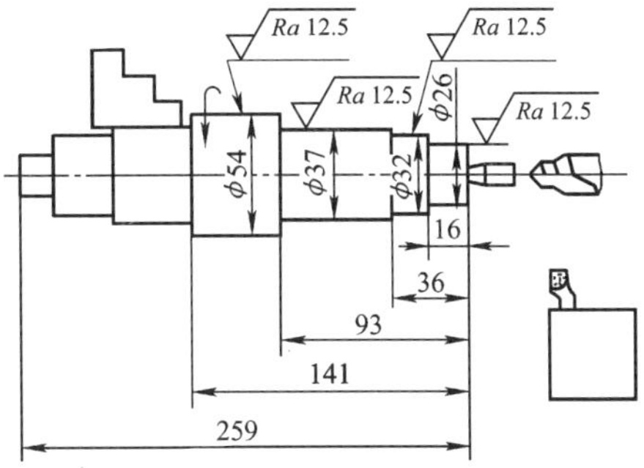	CA6140
	（6）	车端面，保证总长 259 mm		
	（7）	钻中心孔		
		一夹一顶装夹		
	（8）	粗车外圆 ϕ54 mm × 141 mm		
	（9）	粗车外圆 ϕ37 mm × 93 mm		
	（10）	粗车外圆 ϕ32 mm × 36 mm		
	（11）	粗车外圆 ϕ26 mm × 16 mm		
3	热	调质（515）220~240HBW		
4	钳	修研两端中心孔	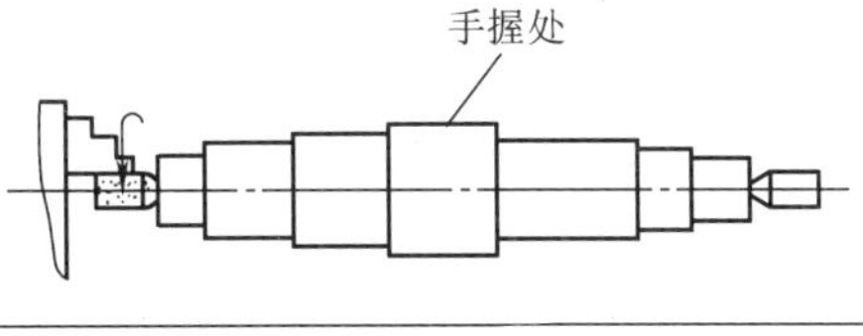	
5		半精车台阶 两顶尖装夹	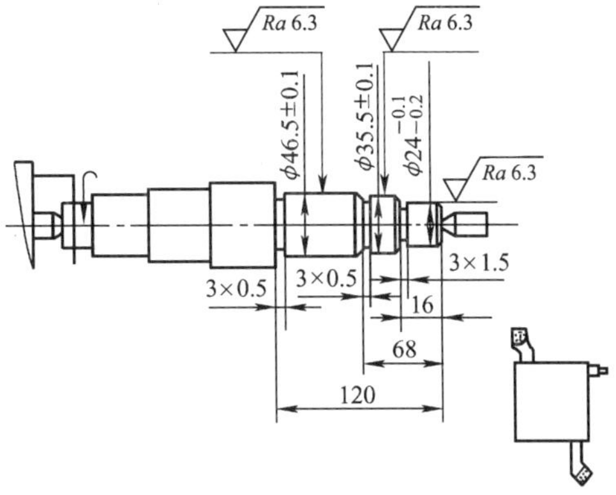	CA6140
	（1）	半精车外圆 ϕ（46.5±0.1）mm、左端距轴端 120 mm		
	（2）	半精车外圆 ϕ（35.5±0.1）mm、左端距轴端 68 mm		
	（3）	半精车外圆 $\phi 24^{-0.1}_{-0.2}$ mm × 16 mm		
	（4）	三处车槽		

续表

工序号	工步	工序内容	加工简图	设备
5	（5）	三处倒角 $C1$ mm	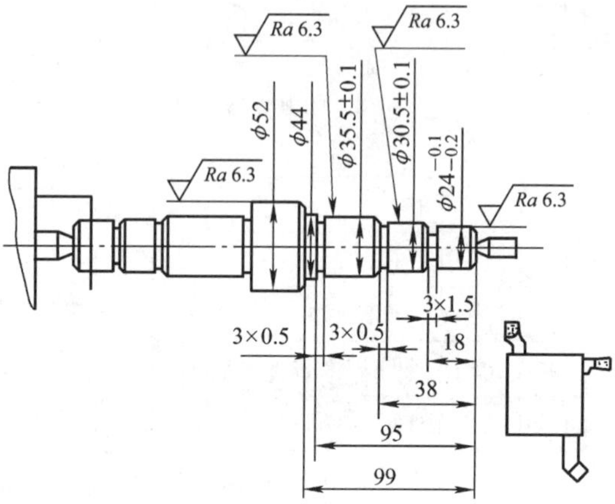	CA6140
		掉头，用两顶尖装夹		
	（6）	车外圆 ϕ52 mm 到尺寸		
	（7）	车外圆 ϕ44 mm 到尺寸，左端距轴端 99 mm		
	（8）	半精车外圆 ϕ（35.5±0.1）mm，左端距轴端 95 mm		
	（9）	半精车外圆 ϕ（30.5±0.1）mm，左端距轴端 38 mm		
	（10）	半精车外圆 $\phi 24_{-0.2}^{-0.1}$ mm × 18 mm		
	（11）	三处车槽		
	（12）	四处倒角 $C1$ mm		
6		车螺纹	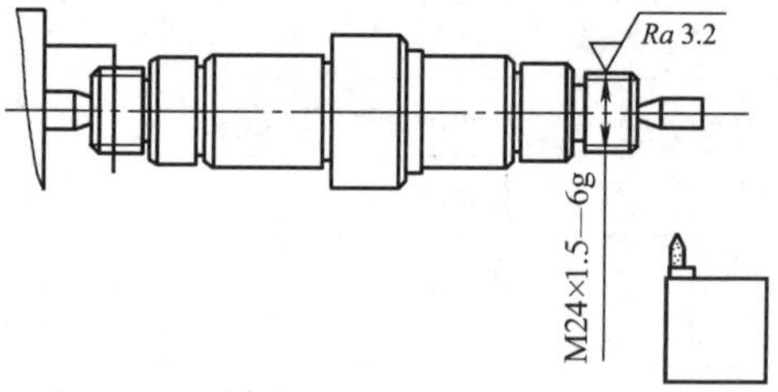	CA6140
	（1）	用两顶尖装夹 车一端螺纹 M24 × 1.5—6g		
	（2）	掉头，用两顶尖装夹 车另一端螺纹 M24 × 1.5—6g		
7	钳	划键槽和止动垫圈槽加工线		
8	铣	铣键槽和止动垫圈槽	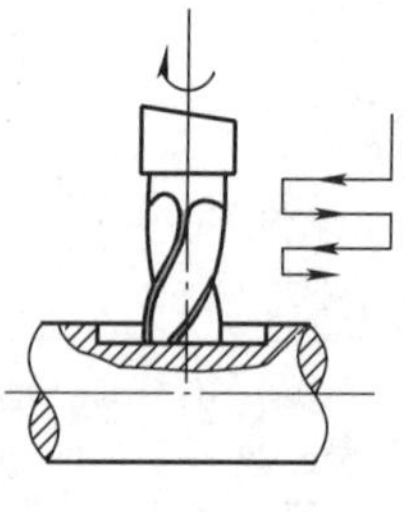	X6132
	（1）	铣键槽，宽 $12_{-0.20}^{0}$ mm，深 5.25 mm		
	（2）	铣键槽，宽 $8_{-0.036}^{0}$ mm，深 4.25 mm		
	（3）	铣右端止动垫圈槽，宽 6 mm，深 3 mm		
9	钳	修研两端中心孔	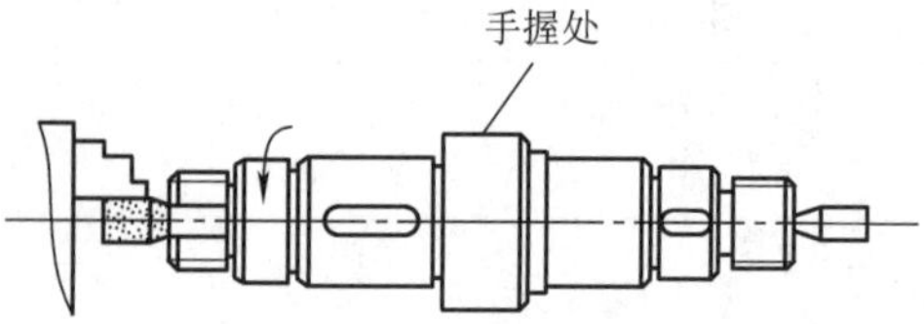	

续表

工序号	工步	工序内容	加工简图	设备
10		磨外圆，靠磨台阶 用两顶尖装夹工件		M1432A
	（1）	磨外圆 ϕ（30±0.006 5）mm，并靠磨台阶 *H*		
	（2）	磨外圆 ϕ（35±0.008）mm，并靠磨台阶 *I*		
		掉头，用两顶尖装夹		
	（3）	磨外圆 ϕ（35±0.008）mm		
	（4）	磨外圆 ϕ（46±0.008）mm，并靠磨台阶 *G*		
11	检	检验		

§9-5 套类工件的车削工艺分析

一、套类工件的技术要求

套类工件起支撑或导向作用的主要表面是孔和外圆，其主要技术要求如下：

（1）内孔　内孔是套类工件的最主要表面。孔径公差等级一般为 IT7 级。孔的形状精度应控制在孔径公差以内。对于长套筒，除了圆度要求外，还应注意孔的圆柱度和孔轴线的直线度要求。内孔的表面粗糙度控制在 *Ra*1.6~0.16 μm。

（2）外圆　外圆一般是套类工件的支撑表面，外径尺寸公差等级通常取 IT7~IT6；形状精度控制在外径公差以内，表面粗糙度值为 *Ra*3.2~0.4 μm。

（3）方向、位置和跳动精度　套类工件内、外圆之间的同轴度要求较高，一般为 0.01~0.05 mm；若套筒的端面在使用中承受轴向载荷或在加工中作为定位基准时，其内孔轴线与端面的垂直度公差一般为 0.01~0.05 mm。

二、套类工件的工艺分析

1. 主要表面的加工方法

外圆和端面的加工方法与轴类工件相似。

套类工件的内孔加工方法有钻孔、扩孔、车孔、铰孔、磨孔、研磨孔及滚压加工等。其中钻孔、扩孔和车孔作为粗加工和半精加工方法，而车孔、铰孔、磨孔、珩磨孔、研磨孔、拉孔和滚压加工则作为孔的精加工方法。

通常孔的加工方案如下：

（1）当孔径较小时（*D* ≤ 25 mm），大多数采用钻孔、扩孔、铰孔的方案，其精度和生产效率均很高。

（2）当孔径较大时（*D*>25 mm），大多采用钻孔后车孔或对已有铸造、锻造孔直接车孔，并增加进一步精加工的方案。

（3）箱体上的孔多采用粗车、精车和浮动车孔方案。

（4）淬硬套筒工件多采用磨孔方案。

2. 选择定位基面

套类工件在加工时的定位基面主要是内孔和外圆。其中多采用内孔定位，因为心轴结构简单，容易制造得很精确，同时心轴在机床上的装夹误差较小。

3. 保证套类工件几何公差的装夹方法

（1）加工数量较少、精度要求较高的工件，可在一次装夹中尽可能将内、外圆表面和端面全部加工完毕，这样可以获得较高的位置精度。

（2）工件以内孔定位时，采用心轴装夹，加工外圆和端面。这种方法得到了广泛的应用。

（3）工件以外圆定位时，用软卡爪或弹簧套筒装夹，加工内孔和端面。此法装夹迅速、可靠，且不易夹伤工件表面。

（4）加工薄壁工件时，防止变形是关键，常采用开缝套筒、软卡爪和专用夹具装夹。

4. 保证内孔表面质量要求

套类工件内孔的表面粗糙度值一般要求较小，保证内孔表面质量要求的具体内容见表 3–9。

5. 正确安排加工顺序

车削一般套类工件的加工顺序可参考以下方式：

粗车端面→粗车外圆→钻孔（扩孔）→粗车孔→
- 以外圆为定位基准半精车或精车外圆→半精车或精车内孔（精铰或磨孔）
- 以内孔为定位基准半精车或精车内孔（精铰或磨孔）→半精车或精车外圆

→精车端面→倒角

三、固定套的车削工艺分析

现以图 9–23 所示的固定套为例，具体分析其车削工艺。

1. 该工件主要表面的尺寸精度、形状精度、位置精度及表面质量等要求都比较高。端面 *P* 为固定套在机座上的轴向定位面，并依靠外圆 ϕ40k6 与机座孔过渡配合；内孔 ϕ22H7 与传动轴间隙配合。

2. 考虑该工件使用时要求耐磨，又由于其轴径相差不大，故选铸铁棒料作毛坯较合适。

3. 铸铁坯料应进行退火（511）。

4. 由于工件精度要求较高，故加工过程应划分为粗车→半精车→精车等阶段。

5. 为满足同轴度和垂直度等位置精度要求，应以内孔为定位基准，配以小锥度心轴，用两顶尖装夹方式，精车外圆和端面。

6. 精加工内孔时，以粗车后的 ϕ42 mm 外圆作定位基准，将 ϕ52 mm 外圆端面车平。由于有一定批量，为提高生产效率，内孔采用扩孔→铰削加工为好。

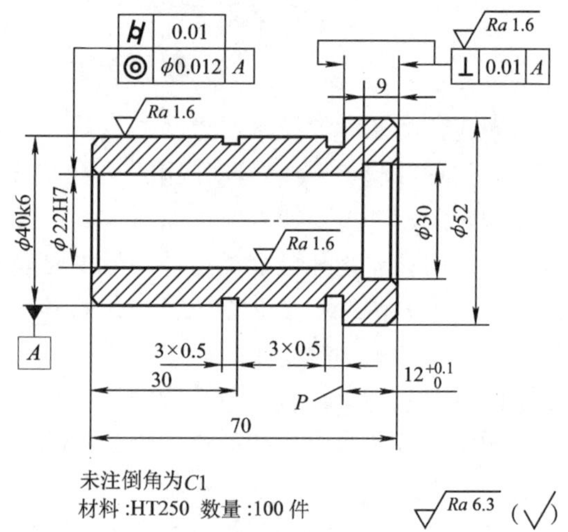

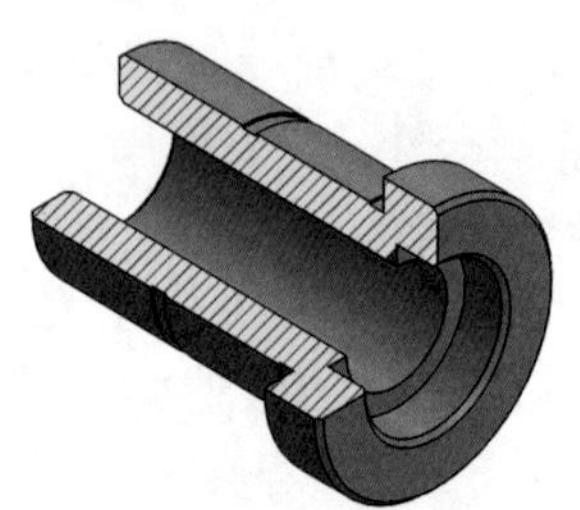

图 9–23　固定套

四、固定套的工艺过程

固定套的机械加工工艺过程卡见表 9–6。

表 9–6　　固定套的机械加工工艺过程卡

零件名称	材　料	毛　坯			
固定套	HT250	种类	铸棒	规格	ϕ58 mm × 320 mm（4 件）

工序	工种	工步	加工内容	工序简图
1	铸		铸铁棒料 ϕ58 mm × 320 mm，退火（511）后硬度达 196~229HBW	
2	车		四件同时粗车各外圆 用三爪自定心卡盘夹外圆	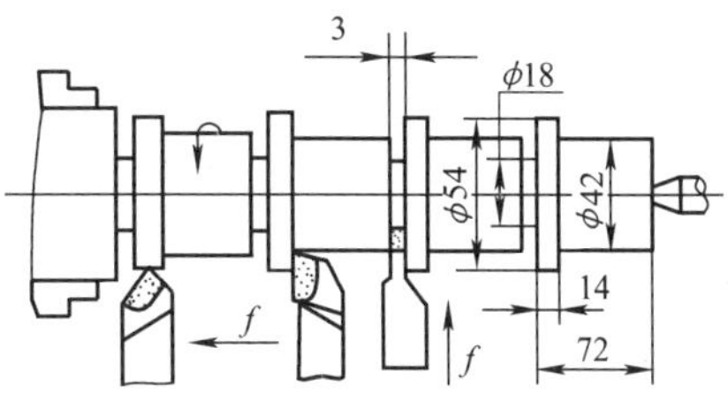
		（1）	车端面	
		（2）	钻中心孔后并以尾座顶尖支顶	
		（3）	车外圆 ϕ54 mm，长（72 mm+3 mm）× 4	
		（4）	分四段车外圆 ϕ42 mm ×（58+4）mm	
		（5）	四处车槽，深 12 mm	
3	车		用三爪自定心卡盘夹持找正，钻孔 ϕ19 mm 后成单件	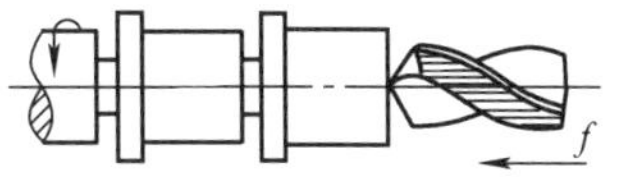
4	车		用三爪自定心卡盘夹持 ϕ42 mm 处，找正	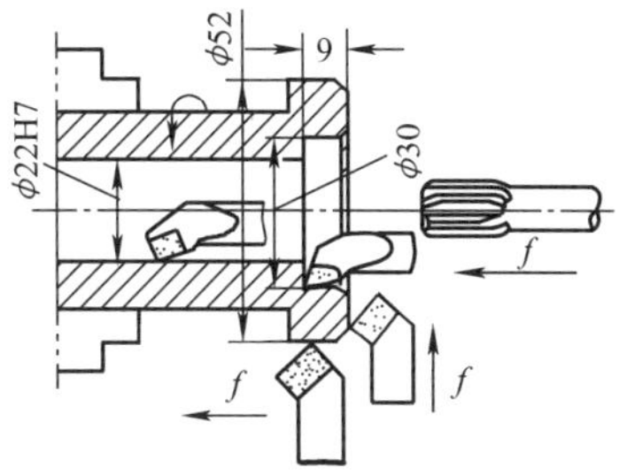
		（1）	车端面	
		（2）	半精车孔 $\phi 21.8^{+0.10}_{0}$ mm	
		（3）	车内台阶孔 ϕ30 mm × 9.5 mm	
		（4）	铰孔 ϕ22H7 至要求	
		（5）	车 ϕ52 mm 外圆至要求	
		（6）	精车 ϕ52 mm 端面，保证内台阶孔深 9 mm	
		（7）	孔口倒角 C1 mm	
		（8）	倒角 C1 mm	
5	车		用 ϕ22H7 孔装心轴，用两顶尖装夹	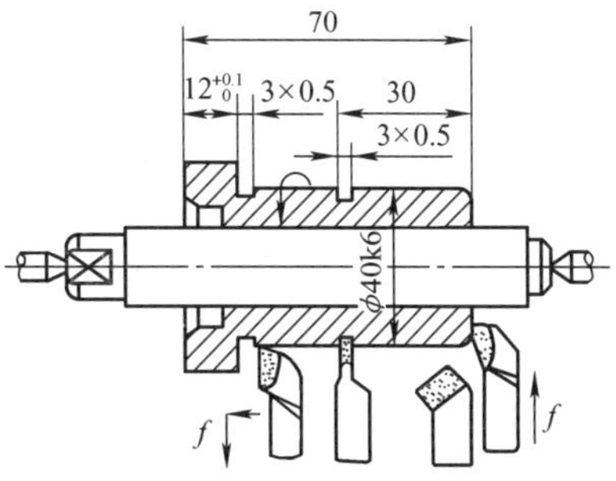
		（1）	精车 ϕ40k6（$^{+0.018}_{+0.002}$）mm 外圆至要求	
		（2）	精车台阶端面，保证 $12^{+0.1}_{0}$ mm 至要求	
		（3）	精车端面，取总长 70 mm	
		（4）	车中部处槽，保证 30 mm 的距离	
		（5）	车台阶处槽至要求	
		（6）	倒角 C1 mm	
6	车		用软卡爪夹持 ϕ52 mm 处，孔口倒角 C1 mm	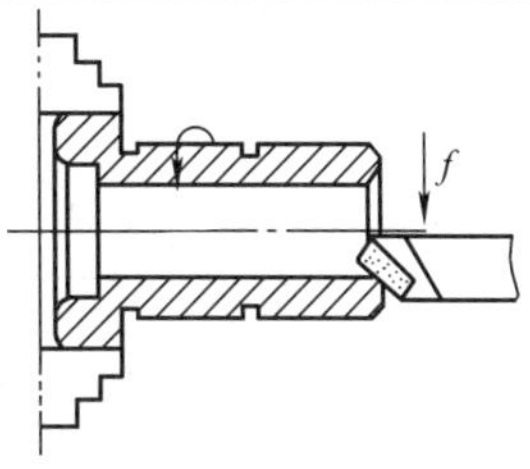

思考与练习

1. 解释以下概念：生产过程、工艺过程、机械加工工艺规程、工序、安装、工位、工步、工作行程、基准、定位基准、粗基准、精基准、测量基准。

2. 为什么要编制机械加工工艺规程？

3. 工艺规程由哪几部分组成？

4. 基准有哪些种类？试分别举例说明。

5. 试分析图 9–24、图 9–25 和图 9–26 中工件的粗基准。

6. 试分析图 9–27 所示的齿轮在加工过程中的定位基准。

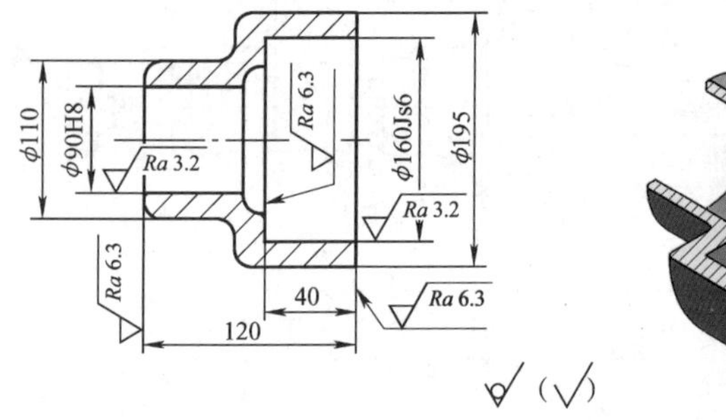

图 9–24　套

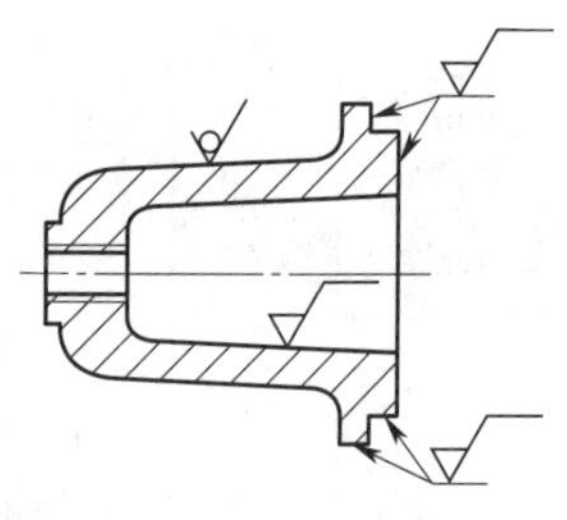

图 9–25　座体

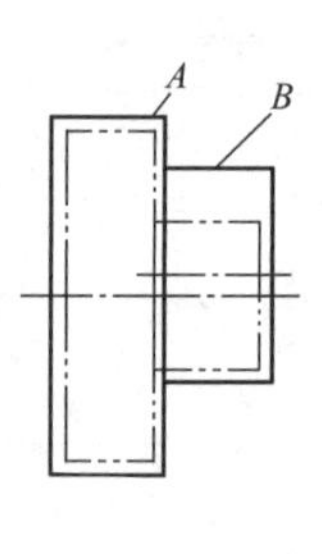

图 9–26　小轴

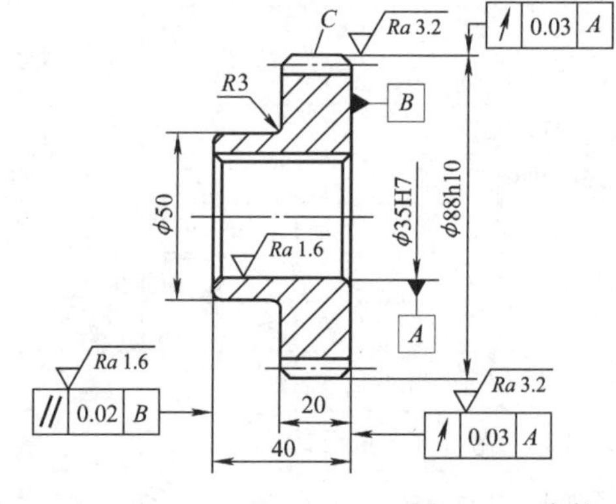

图 9–27　齿轮

7. 粗基准应根据哪些原则来选择？精基准应根据哪些原则来选择？

8. 工艺路线划分阶段的目的是什么？

9. 工件的热处理方法一般有哪几种？其工序位置安排的规律是怎样的？

10. 简述工件的渗碳、调质和淬火工序的位置安排。

11. 解决好数控加工工序与非数控加工工序之间衔接的最好办法是什么？

12. 一般主轴的加工工艺路线是怎样安排的？

13. 具有花键孔的双联齿轮的加工工艺路线一般应怎样安排？

14. 根据图 9–28 所示的花键轴，制定其机械加工工艺卡。

15. 根据图 9–29 所示的套，制定其机械加工工艺卡。

16. 根据图 9–30 所示的双联齿轮，制定其机械加工工艺卡。

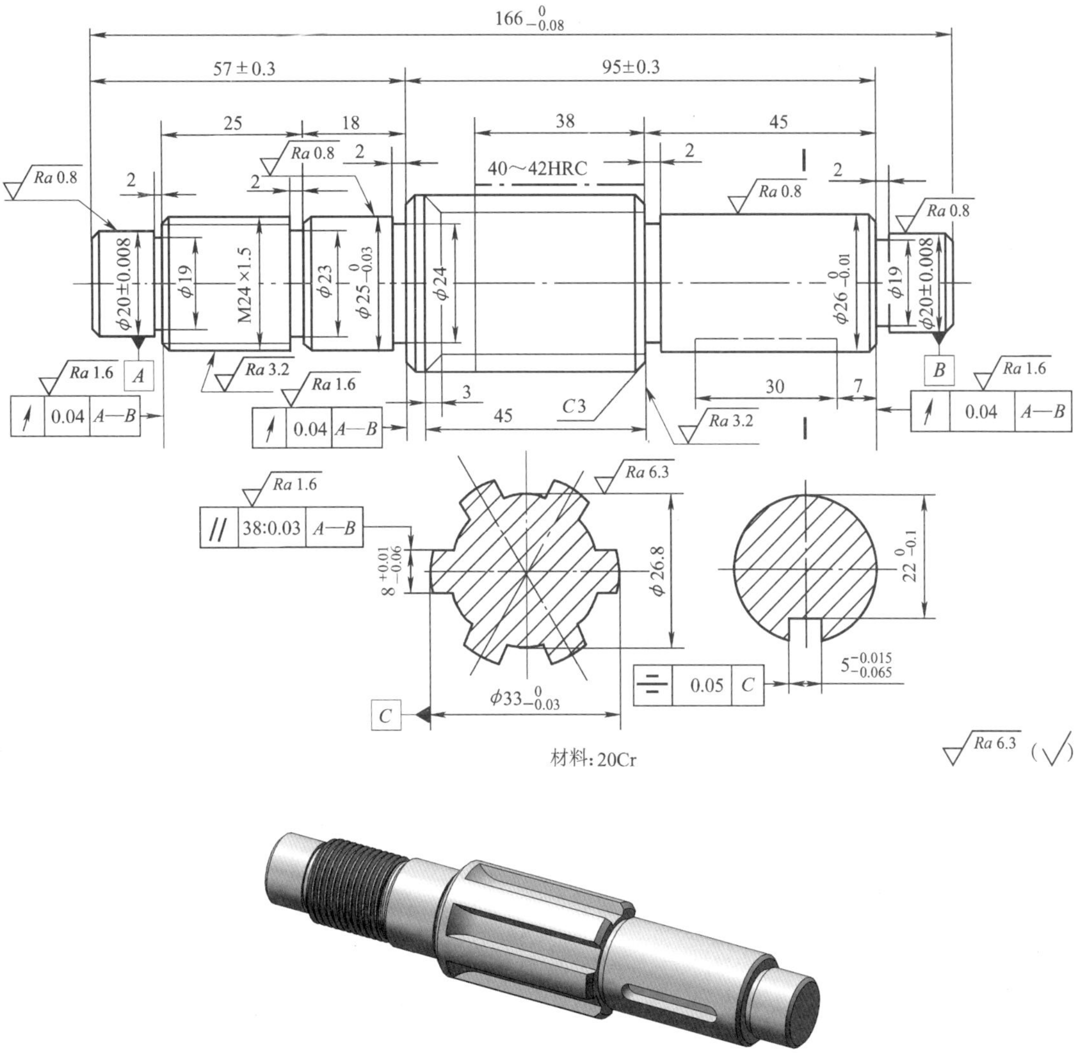

材料:20Cr

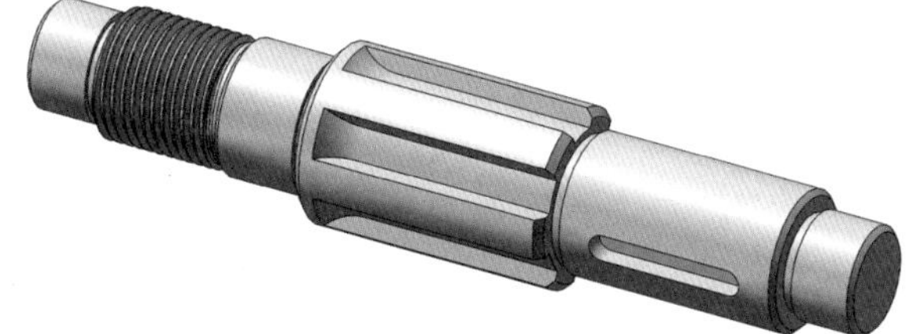

图 9-28　花键轴

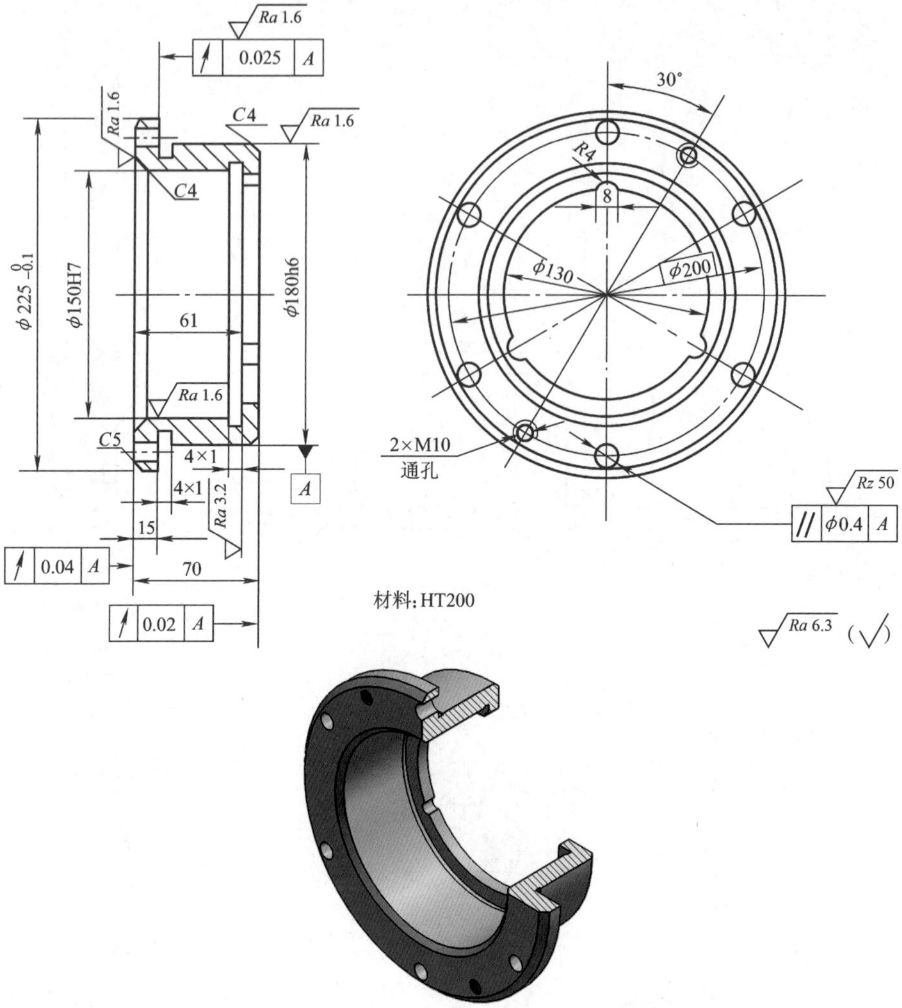

材料:HT200

$\sqrt{Ra\ 6.3}$ ($\sqrt{}$)

图 9-29　套

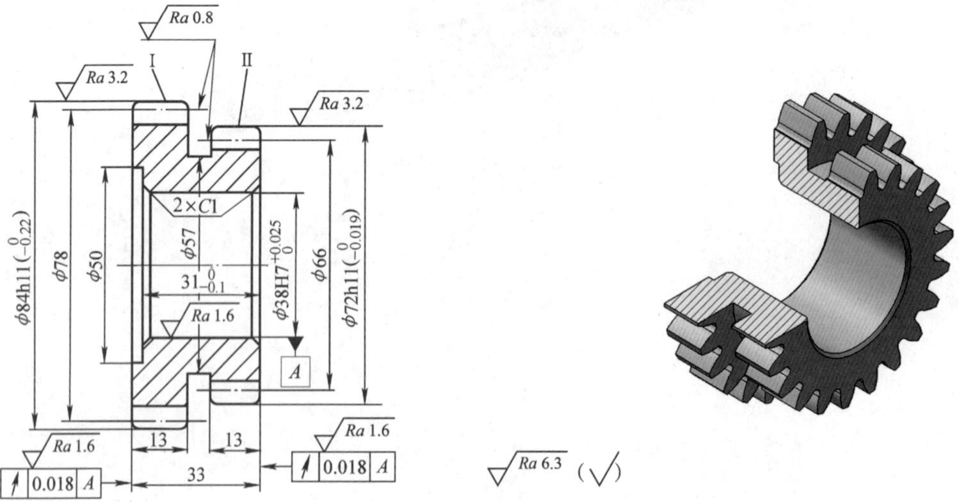

图 9-30　双联齿轮

附表

附表 1　　硬质合金车刀半精车、精车外圆和端面时的进给量参考值

工件材料	表面粗糙度 Ra/μm	切削速度范围 /（m · min^{-1}）	刀尖圆弧半径 $r_ε$/mm		
			0.5	1.0	2.0
			进给量 f/（mm · r^{-1}）		
铸铁、青铜、铝合金	6.3 3.2 1.6	不限	0.25~0.40 0.15~0.25 0.10~0.15	0.40~0.50 0.25~0.40 0.15~0.20	0.50~0.60 0.40~0.60 0.20~0.35
碳钢、合金钢	6.3	<50 >50	0.30~0.50 0.40~0.55	0.45~0.60 0.55~0.65	0.55~0.70 0.65~0.70
	3.2	<50 >50	0.18~0.25 0.25~0.30	0.25~0.30 0.30~0.35	0.30~0.40 0.35~0.50
	1.6	<50 50~100 >100	0.10 0.11~0.16 0.16~0.20	0.11~0.15 0.16~0.25 0.20~0.25	0.15~0.22 0.25~0.35 0.25~0.35

附表 2　　一般用途圆锥的锥度与锥角（GB/T 157—2001）

基本值		推算值				应用举例
系列 1	系列 2	圆锥角 α			锥度 C	
		（°）（′）（″）	（°）	rad		
120°		—	—	2.094 395 10	1∶0.288 675 1	螺纹的内倒角，中心孔的护锥
90°		—	—	1.570 796 33	1∶0.500 000 0	沉头螺钉、沉头铆钉、阀的锥度，重型工件的顶尖孔、重型机床顶尖，外螺纹、轴及孔的倒角
	75°	—	—	1.308 996 94	1∶0.651 612 7	直径小于（或等于）8 mm 的丝锥及铰刀的反顶尖
60°		—	—	1.047 398 16	1∶1.866 025 4	机床顶尖，工件中心孔
45°		—	—	0.785 398 16	1∶1.207 106 8	管路连接中，轻型螺旋管接口的锥形密合
30°		—	—	0.523 598 78	1∶1.866 025 4	传动用摩擦离合器，弹簧夹头
1∶3		18° 55′ 28.719 9″	18.924 644 42°	0.330 297 35	—	易于拆开的结合，具极限扭矩的摩擦离合器
	1∶4	14° 15′ 0.117 7″	14.250 032 70°	0.248 709 99	—	车床主轴法兰的定心锥面
1∶5		11° 25′ 16.270 6″	11.421 186 27°	0.199 337 30	—	锥形摩擦离合器，磨床砂轮主轴端部外锥
	1∶7	8° 10′ 16.440 8″	8.171 233 56°	0.142 614 93	—	管件的开关旋塞
	1∶8	7° 9′ 9.607 5″	7.152 668 75°	0.124 837 62	—	受径向力、轴向力的锥形零件的接合面
1∶10		5° 43 ′ 29.317 6″	5.724 810 45°	0.099 916 79	—	主轴滑动轴承的调整衬套，受轴向力、径向力及扭矩的接合面，弹性圆柱销联轴器的圆柱销接合面

续表

基本值		推算值				应用举例
		圆锥角 α			锥度 C	
系列 1	系列 2	(°)(′)(″)	(°)	rad		
	1∶12	4° 46′ 18.797 0″	4.771 888 06°	0.083 285 16	—	部分滚动轴承内环的锥孔
	1∶15	3° 49′ 5.897 5″	3.818 304 87 °	0.066 641 99	—	受轴向力的锥形零件的接合面，主轴与齿轮的配合面
1∶20		2° 51′ 51.092 5″	2.864 192 37°	0.049 989 59	—	米制工具圆锥、锥形主轴颈、圆锥螺栓
1∶30		1° 54′ 34.857 0″	1.909 982 51°	0.033 330 25	—	锥形主轴颈铰刀及扩孔钻锥柄的锥度
1∶50		1° 8′ 45.2″	1.145 877 40°	0.032 273 14	—	圆锥销、定位销、圆锥销孔的铰刀、楔铁

注：1. 应优先选用系列 1，其次选用系列 2。

2. GB/T 157—2001 不含“应用举例”项的内容。

附表 3　　机床和工具柄用自夹圆锥的尺寸和公差（GB/T 1443—2016）

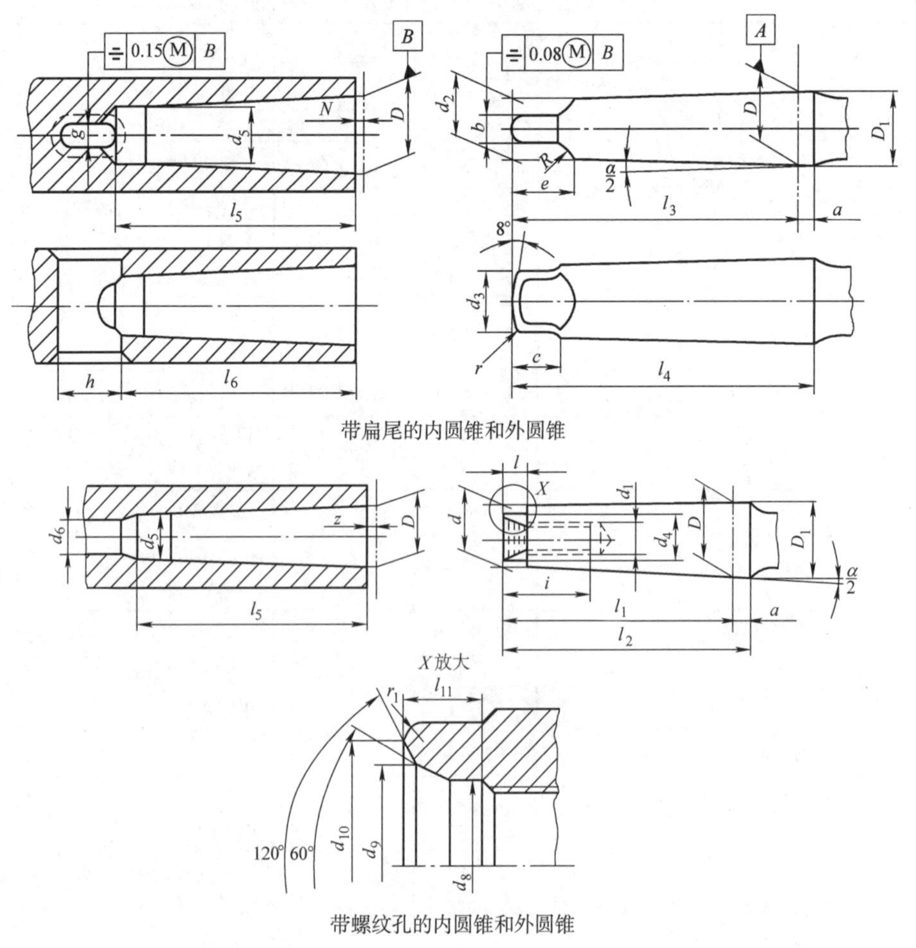

带螺纹孔的内圆锥和外圆锥

续表

莫氏圆锥的尺寸								mm
莫氏圆锥号		0	1	2	3	4	5	6
锥度		1 : 19.212= 0.052 05	1 : 20.047= 0.049 88	1 : 20.020= 0.049 95	1 : 19.922= 0.050 20	1 : 19.254= 0.051 94	1 : 19.002= 0.052 63	1 : 19.180= 0.052 14
外圆锥	D	9.045	12.065	17.780	23.825	31.267	44.399	63.348
	a	3	3.5	5	5	6.5	6.5	8
	$D_1 \approx$	9.2	12.2	18	24.1	31.6	44.7	63.8
	D_2	—	—	15	21	28	40	56
	$d \approx$	6.4	9.4	14.6	19.8	25.9	37.6	53.9
	d_1	—	M6	M10	M12	M16	M20	M24
	$d_2 \approx$	6.1	9	14	19.1	25.2	36.5	52.4
	$d_3 \leqslant$	6	8.7	13.5	18.5	24.5	35.7	51
	$d_4 \leqslant$	8	9	14	19	25	35.7	51
	d_8	—	6.4	10.5	13	17	21	26
	d_9	—	8	12.5	15	20	26	31
	$d_{10} \leqslant$	—	8.5	13.2	17	22	30	36
	$l_1 \leqslant$	50	53.5	64	81	102.5	129.5	182
	$l_2 \leqslant$	53	57	69	86	109	136	190
	$l_{3}{}_{-1}^{0}$	56.5	62	75	94	117.5	149.5	210
	$l_4 \leqslant$	59.5	65.5	80	99	124	156	218
	$l_{7}{}_{-1}^{0}$	—	—	20	29	39	51	81
	$l_{8}{}_{-1}^{0}$	—	—	34	43	55	69	99
	l_{11}	—	4	5	5.5	8.2	10	11.5
	l_{12}	—	—	27	36	47	60	90
	p	—	—	4.2	5	6.8	8.5	10.2
	bh13	3.9	5.2	6.3	7.9	11.9	15.9	19
	c	6.5	8.5	10	13	16	19	27
	$e \leqslant$	10.5	13.5	16	20	24	29	40
	$i \geqslant$	—	16	24	24	32	40	47
	$R \leqslant$	4	5	6	7	8	12	18
	r	1	1.2	1.6	2	2.5	3	4
	r_1		0.2		0.6	1	2.5	4
	$t \leqslant$	4	5		7	9	10	16

续表

莫氏圆锥的尺寸								mm
莫氏圆锥号		0	1	2	3	4	5	6
内圆锥	d_5 H11	6.7	9.7	14.9	20.2	26.5	38.2	54.8
	$d_6 \geqslant$	—	7	11.5	14	18	23	27
	d_7	—	—	19.5	24.5	32	44	63
	$l_5 \geqslant$	52	56	67	84	107	135	188
	l_6	49	52	62	78	98	125	177
	l_9	—	—	22	31	41	53	83
	l_{10}	—	—	32	41	53	67	97
	l_{13}	—	—	27	36	47	60	90
	g A13	3.9	5.2	6.3	7.9	11.9	15.9	19
	h	15	19	22	27	32	38	47
	P	—	—	4.2	5	6.8	8.5	10.2
	z	1	1	1	1	1	1	1

米制圆锥的尺寸								mm
米制圆锥		4	6	80	100	120	160	200
锥度		1 : 20=0.05						
外圆锥	D	4	6	80	100	120	160	200
	a	2	3	8	10	12	16	20
	$D_1 \approx$	4.1	6.2	80.4	100.5	120.6	160.8	201
	D_2	—	—	—	—	—	—	—
	$d \approx$	2.9	4.4	70.2	88.4	106.6	143	179.4
	d_1	—	—	M30	M36	M36	M48	M48
	$d_2 \approx$	—	—	69	87	105	141	177
	$d_3 \leqslant$	—	—	67	85	102	138	174
	$d_4 \leqslant$	2.5	6	67	85	102	138	174
	d_8	—	—	—	—	—	—	—
	d_9	—	—	—	—	—	—	—
	$d_{10} \leqslant$	—	—	—	—	—	—	—
	$l_1 \leqslant$	23	32	196	232	268	340	412
	$l_2 \leqslant$	25	35	204	242	280	356	432
	$l_{3\,-1}^{\ \ 0}$	—	—	220	260	300	380	460
	$l_4 \leqslant$	—	—	228	270	312	396	480
	$l_{7\,-1}^{\ \ 0}$	—	—	—	—	—	—	—

续表

米制圆锥的尺寸								mm
米制圆锥		4	6	80	100	120	160	200
外圆锥	l_{8-1}^{0}	—	—	—	—	—	—	—
	l_{11}	—	—	—	—	—	—	—
	l_{12}	—	—	—	—	—	—	—
	P	—	—	—	—	—	—	—
	bh13	—	—	26	32	38	50	62
	c	—	—	24	28	32	40	48
	$e\leqslant$	—	—	48	58	68	88	108
	$i\geqslant$	—	—	59	70	70	92	92
	$R\leqslant$	—	—	24	30	36	48	60
	r	—	—	5	5	6	8	10
	r_1	0.2		5	5	6	8	10
	$T\leqslant$	2	3	24	30	36	48	60
内圆锥	d_5 H11	3	4.6	71.5	90	108.5	145.5	182.5
	$d_6\geqslant$	—	—	33	39	39	52	52
	d_7	—	—	—	—	—	—	—
	$l_5\geqslant$	25	34	202	240	276	350	424
	l_6	21	29	186	220	254	321	388
	l_9	—	—	—	—	—	—	—
	l_{10}	—	—	—	—	—	—	—
	l_{13}	—	—	—	—	—	—	—
	g A13	2.2	3.2	26	32	38	50	62
	h	8	12	52	60	70	90	110
	P	—	—	—	—	—	—	—
	z	0.5	0.5	1.5	1.5	1.5	2	2

注：1. 机床和工具柄用自夹圆锥的形式有带扁尾的内圆锥和外圆锥以及带螺纹孔的内圆锥和外圆锥。

2. 机床和工具柄用自夹圆锥的尺寸含莫氏圆锥的尺寸和米制圆锥的尺寸。

3. 机床和工具柄用自夹圆锥的公差、圆锥的角度公差按 GB/T 11334 中 AT7 的规定，外圆锥为正偏差，内、圆锥为负偏差。内、外圆锥的基本尺寸 D 和公差用相应的量规检验。

附表 4　　普通螺纹基本尺寸　　mm

公称直径 D、d			螺距 P	中径 D_2 或 d_2	小径 D_1 或 d_1
第一系列	第二系列	第三系列			
1			**0.25**	0.838	0.729
			0.2	0.870	0.783
	1.1		**0.25**	0.938	0.829
			0.20	0.970	0.883

续表

公称直径 D、d			螺距 P	中径 D_2 或 d_2	小径 D_1 或 d_1
第一系列	第二系列	第三系列			
1.2			**0.25**	1.038	0.929
			0.20	1.070	0.983
	1.4		**0.30**	1.205	1.075
			0.20	1.270	1.183
1.6			**0.35**	1.373	1.221
			0.20	1.470	1.383
	1.8		**0.35**	1.573	1.421
			0.20	1.670	1.583
2			**0.40**	1.740	1.567
			0.25	1.838	1.729
	2.2		**0.45**	1.908	1.713
			0.25	2.038	1.929
2.5			**0.45**	2.208	2.013
			0.35	2.273	2.121
3.0			**0.50**	2.675	2.459
			0.35	2.773	2.621
	3.5		（**0.60**）	3.110	2.850
			0.35	3.273	3.121
4.0			**0.70**	3.545	3.242
			0.50	3.675	3.459
	4.5		（**0.75**）	4.013	3.688
			0.50	4.175	3.959
5.0			**0.80**	4.480	4.134
			0.50	4.675	4.459
		5.5	**0.50**	5.175	4.959
6.0			**1.00**	5.350	4.917
			0.75	5.513	5.188
			（0.50）	5.675	5.459
		7.0	**1.00**	6.350	5.917
			0.75	6.513	6.188
			0.50	6.675	6.459
8.0			**1.25**	7.188	6.647
			1.00	7.350	6.917
			0.75	7.513	7.188

续表

公称直径 D、d			螺距 P	中径 D_2 或 d_2	小径 D_1 或 d_1
第一系列	第二系列	第三系列			
			(0.50)	7.675	7.459
		9.0	(**1.25**)	8.188	7.647
			1.00	8.350	7.917
			0.75	8.513	8.188
			0.50	8.675	8.459
10			**1.50**	9.026	8.376
			1.25	9.188	8.647
			1.00	9.350	8.917
			0.75	9.513	9.188
			(0.50)	9.675	9.459
		11	(**1.50**)	10.026	9.376
			1.00	10.350	9.917
			0.75	10.513	10.188
			0.50	10.675	10.459
12			**1.75**	10.863	10.106
			1.50	11.026	10.376
			1.25	11.188	10.647
			1.00	11.350	10.917
			(0.75)	11.513	11.188
			(0.50)	11.675	11.459
	14		**2.00**	12.701	11.853
			1.50	13.026	12.376
			(1.25)①	13.188	12.647
			1.00	13.350	12.917
			(0.75)	13.513	13.188
			(0.50)	13.675	13.459
		15	**1.50**	14.026	13.376
			(1.00)	14.350	13.917
16			**2.00**	14.701	13.835
			1.50	15.026	14.376
			1.00	15.350	14.917
			(0.75)	15.513	15.188
			(0.50)	15.675	15.459

续表

公称直径 D、d			螺距 P	中径 D_2 或 d_2	小径 D_1 或 d_1
第一系列	第二系列	第三系列			
		17	**1.50**	16.026	15.376
			（1.00）	16.350	15.917
	18		**2.50**	16.376	15.294
			2.00	16.701	15.835
			1.50	17.026	16.376
			1.00	17.350	16.917
			（0.75）	17.513	17.188
			（0.50）	17.675	17.459
20			**2.5**	18.376	17.294
			2.00	18.701	17.835
			1.50	19.026	18.376
			1.00	19.350	18.917
			（0.75）	19.513	19.188
			（0.50）	19.675	19.459
	22		**2.50**	20.376	19.294
			2.00	20.701	19.835
			1.5	21.026	20.376
			1.00	21.350	20.917
			（0.75）	21.513	21.188
			（0.50）	21.675	21.459
24			**3.00**	22.051	20.752
			2.00	22.701	21.835
			1.50	23.026	22.376
			1.00	23.350	22.917
			（0.75）	23.513	23.188
		25	**2.00**	23.701	22.835
			1.50	24.026	23.376
			（1.00）	24.350	23.917
		26	**1.50**	25.026	24.376
	27		**3.00**	25.051	23.752
			2.00	25.701	24.835
			1.50	26.026	25.376
			1.00	26.350	25.917
			（0.75）	26.513	26.188

续表

公称直径 D、d			螺距 P	中径 D_2 或 d_2	小径 D_1 或 d_1
第一系列	第二系列	第三系列			
		28	**2.00**	26.701	25.835
			1.50	27.026	26.376
			1.00	27.350	26.917
30			**3.50**	27.727	26.211
			（3.00）	28.051	26.752
			2.00	28.701	26.835
			1.50	29.026	28.376
			1.00	29.350	28.917
			（0.75）	29.513	29.188
		32	**2.00**	30.701	29.835
			1.50	31.026	30.376
	33		**3.50**	30.727	29.211
			（3.00）	31.051	29.752
			2.00	31.701	30.835
			1.50	32.026	31.376
			（1.00）	32.350	31.917
			（0.75）	32.513	32.188
		35②	**1.50**	34.026	33.376
36			**4.00**	33.402	31.670
			3.00	34.051	32.752
			2.00	34.701	33.835
			1.50	35.026	34.376
			（1.00）	35.350	34.917
		38	**1.50**	37.026	36.376
	39		**4.00**	36.402	34.670
			3.00	37.051	35.752
			2.00	37.701	36.835
			1.50	38.026	37.376
			（1.00）	38.350	37.917
		40	（**3.00**）	38.051	36.752
			（2.00）	38.701	37.835
			1.50	39.026	38.376
			4.50	39.077	37.129

续表

公称直径 D、d			螺距 P	中径 D_2 或 d_2	小径 D_1 或 d_1
第一系列	第二系列	第三系列			
42			（4.00）	39.402	37.670
			3.00	40.051	38.752
			2.00	40.701	39.835
			1.50	41.026	40.376
			（1.00）	41.350	40.917
	45		**4.50**	42.077	40.129
			（4.00）	42.402	40.670
			3.00	43.051	41.752
			2.00	43.701	42.835
			1.50	44.026	43.376
			（1.00）	44.350	43.917
48			**5.00**	44.752	42.587
			（4.00）	45.402	43.670
			3.00	46.051	44.752
			2.00	46.701	45.835
			1.50	47.026	46.376
			（1.00）	47.350	46.917
		50	（**3.00**）	48.051	46.752
			（2.00）	48.701	47.835
			1.50	49.026	48.376
	52		**5.00**	48.752	46.587
			（4.00）	49.402	47.670
			3.00	50.051	48.752
			2.00	50.701	49.835
			1.50	51.026	50.376
			（1.00）	51.350	50.917
		55	（**4.00**）	52.402	50.670
			（3.00）	53.051	51.752
			2.00	53.701	52.835
			1.50	54.026	53.376

注：1. 直径优先选用第一系列，其次第二系列，第三系列尽量不用。

2. 括号内的螺距尽量不用。

3. 用黑体字表示的螺距为粗牙。

①M14 × 1.25 仅用于火花塞。

②M35 × 1.5 仅用于滚动轴承锁紧螺母。

附表 5 **55°非密封螺纹基本尺寸** mm

尺寸代号	每 25.4 mm 内的牙数 n	螺距 P /mm	牙高 h /mm	基本直径		
				大径 $D=d$ /mm	中径 $D_2=d_2$ /mm	小径 $D_1=d_1$ /mm
1/16	28	0.907	0.581	7.723	7.142	6.561
1/8	28	0.907	0.581	9.728	9.147	8.566
1/4	19	1.337	0.856	13.157	12.301	11.445
3/8	19	1.337	0.856	16.662	15.806	14.950
1/2	14	1.814	1.162	20.955	19.793	18.631
5/8	14	1.814	1.162	22.911	21.749	20.587
3/4	14	1.814	1.162	26.441	25.279	24.117
7/8	14	1.814	1.162	30.201	29.039	27.877
1	11	2.309	1.479	33.249	31.770	30.291
$1\frac{1}{8}$	11	2.309	1.479	37.897	36.418	34.939
$1\frac{1}{4}$	11	2.309	1.479	41.910	40.431	38.952
$1\frac{1}{2}$	11	2.309	1.479	47.803	46.324	44.845
$1\frac{3}{4}$	11	2.309	1.479	53.746	52.267	50.788
2	11	2.309	1.479	59.614	58.135	56.656
$2\frac{1}{4}$	11	2.309	1.479	65.710	64.231	62.752
$2\frac{1}{2}$	11	2.309	1.479	75.184	73.705	72.226
$2\frac{3}{4}$	11	2.309	1.479	81.534	80.055	78.576
3	11	2.309	1.479	87.884	86.405	84.926
$3\frac{1}{2}$	11	2.309	1.479	100.330	98.851	97.372
4	11	2.309	1.479	113.030	111.551	110.072
$4\frac{1}{2}$	11	2.309	1.479	125.730	124.251	122.772
5	11	2.309	1.479	138.430	136.951	135.472
$5\frac{1}{2}$	11	2.309	1.479	151.130	149.651	148.172
6	11	2.309	1.479	163.830	162.351	160.872

附表 6　　梯形螺纹基本尺寸　　mm

公称直径 d		螺距 P	中径 $D_2=d_2$	大径 D_4	小径	
第一系列	第二系列				d_3	D_1
16		2	15.000	16.500	13.500	14.000
		4	14.000	16.500	11.500	12.000
	18	2	17.000	18.500	15.500	16.000
		4	16.000	18.500	13.500	14.000
20		2	19.000	20.500	17.500	18.000
		4	18.000	20.500	15.500	16.000
	22	3	20.500	22.500	18.500	19.000
		5	19.500	22.500	16.500	17.000
		8	18.000	23.000	13.000	14.000
24		3	22.500	24.500	20.500	21.000
		5	21.500	24.500	18.500	19.000
		8	20.000	25.000	15.000	16.000
	26	3	24.500	26.500	22.500	23.000
		5	23.500	26.500	20.500	21.000
		8	22.000	27.000	17.000	18.000
28		3	26.500	28.500	24.500	25.000
		5	25.500	28.500	22.500	23.000
		8	24.000	29.000	19.000	20.000
	30	3	28.500	30.500	26.500	27.000
		6	27.000	31.000	23.000	24.000
		10	25.000	31.000	19.000	20.000
32		3	30.500	32.500	28.500	29.000
		6	29.000	33.000	25.000	26.000
		10	27.000	33.000	21.000	22.000
	34	3	32.500	34.500	30.500	31.000
		6	31.000	35.000	27.000	28.000
		10	29.000	35.000	23.000	24.000
36		3	34.500	36.500	32.500	33.000
		6	33.000	37.000	29.000	30.000
		10	31.000	37.000	25.000	26.000
	38	3	36.500	38.500	34.500	35.000
		7	34.500	39.000	30.000	31.000
		10	33.000	39.000	27.000	28.000
40		3	38.500	40.500	36.500	37.000
		7	36.500	41.000	32.000	33.000
		10	35.000	41.000	29.000	30.000
	42	3	40.500	42.500	38.500	39.000
		7	38.500	43.000	34.000	35.000
		10	37.000	43.000	31.000	32.000

续表

公称直径 d		螺距 P	中径 $D_2=d_2$	大径 D_4	小径	
第一系列	第二系列				d_3	D_1
44		3 7 12	42.500 40.500 38.000	44.500 45.000 45.000	40.500 36.000 31.000	41.000 37.000 32.000
	46	3 8 12	44.500 42.000 40.000	46.500 47.000 47.000	42.500 37.000 33.000	43.000 38.000 34.000
48		3 8 12	46.500 44.000 42.000	48.500 49.000 49.000	44.500 39.000 35.000	45.000 40.000 36.000
	50	3 8 12	48.500 46.000 44.000	50.500 51.000 51.000	46.500 41.000 37.000	47.000 42.000 38.000
52		3 8 12	50.500 48.000 46.000	52.500 53.000 53.000	48.500 43.000 39.000	49.000 44.000 40.000
	55	3 9 14	53.500 50.500 48.000	55.500 56.000 57.000	51.500 45.000 39.000	52.000 46.000 41.000
60		3 9 14	58.500 55.500 53.000	60.500 61.000 62.000	56.500 50.000 44.000	57.000 51.000 46.000
	65	4 10 16	63.000 60.000 57.000	65.500 66.000 67.000	60.500 54.000 47.000	61.000 55.000 49.000
70		4 10 16	68.000 65.000 62.000	70.500 71.000 72.000	65.500 59.000 62.000	66.000 60.000 54.000

附表 7　　圆柱蜗杆的基本尺寸和参数

模数 m /mm	轴向齿距 p_x/mm	分度圆直径 d_1/mm	头数 z_1	直径系数 q	齿顶圆直径 d_{a1}/mm	齿根圆直径 d_{f1}/mm	分度圆柱导程角 γ
1	3.141	18	1	18.000	20	15.6	3° 10′ 47″
1.25	3.927	20	1	16.000	22.5	17	3° 34′ 35″
		22.4	1	17.920	24.9	19.4	3° 11′ 38″
1.6	5.027	20	1	12.500	23.2	16.16	4° 34′ 26″
			2				9° 05′ 25″
			4				17° 44′ 41″
		28	1	17.500	31.2	24.16	3° 16′ 14″

续表

模数 m /mm	轴向齿距 p_x/mm	分度圆直径 d_1/mm	头数 z_1	直径系数 q	齿顶圆直径 d_{a1}/mm	齿根圆直径 d_{f1}/mm	分度圆柱导程角 γ
2	6.283	22.4	1	11.200	26.4	17.6	5° 06′ 08″
			2				10° 07′ 29″
			4				19° 39′ 14″
			6				28° 10′ 43″
		35.5	1	17.750	39.5	30.7	3° 13′ 28″
2.5	7.854	28	1	11.200	33	22	5° 06′ 08″
			2				10° 07′ 29″
			4				19° 39′ 14″
			6				28° 10′ 43″
		45	1	18.000	50	39	3° 10′ 47″
3.15	9.896	35.5	1	11.270	41.8	27.9	5° 04′ 15″
			2				10° 03′ 48″
			4				19° 32′ 29″
			6				28° 01′ 50″
		56	1	17.778	62.3	48.4	3° 13′ 10″
4	12.566	40	1	10.000	48	30.4	5° 42′ 38″
			2				11° 18′ 36″
			4				21° 48′ 05″
			6				30° 57′ 50″
		71	1	17.750	79	61.4	3° 13′ 28″
5	15.708	50	1	10.000	60	38	5° 42′ 38″
			2				11° 18′ 36″
			4				21° 48′ 05″
			6				30° 57′ 50″
		90	1	18.000	100	78	3° 10′ 47″
6.3	19.792	63	1	10.000	75.6	47.9	5° 42′ 38″
			2				11° 18′ 36″
			4				21° 48′ 05″
			6				30° 57′ 50″
		112	1	17.778	124.6	96.9	3° 13′ 10″

续表

模数 m /mm	轴向齿距 p_x/mm	分度圆直径 d_1/mm	头数 z_1	直径系数 q	齿顶圆直径 d_{a1}/mm	齿根圆直径 d_{f1}/mm	分度圆柱导程角 γ
8	25.133	80	1	10.000	96	60.08	5° 42′ 38″
			2				11° 18′ 36″
			4				21° 48′ 05″
			6				30° 57′ 50″
		140	1	17.500	156	120.8	3° 16′ 14″
10	31.416	90	1	9.000	110	66	6° 20′ 25″
			2				12° 31′ 44″
			4				23° 57′ 45″
			6				33° 41′ 24″
		160	1	16.000	180	136	3° 34′ 35″
12.5	39.270	112	1	8.960	137	82	6° 22′ 06″
			2				12° 34′ 59″
			4				24° 03′ 26″
		200	1	16.000	225	170	3° 34′ 35″
16	50.265	140	1	8.75	172	101.6	6° 31′ 11″
			2				12° 52′ 30″
			4				24° 34′ 02″
		250	1	15.625	282	211.6	3° 39′ 43″

附表 8　　车床组、系划分表（GB/T 15375—2008）

组		系		组		系	
代号	名称	代号	名称	代号	名称	代号	名称
0	仪表小型车床	0	仪表台式精整车床	1	单轴自动车床	0	主轴箱固定型自动车床
		1				1	单轴纵切自动车床
		2	小型排刀车床			2	单轴横切自动车床
		3	仪表转塔车床			3	单轴转塔自动车床
		4	仪表卡盘车床			4	单轴卡盘自动车床
		5	仪表精整车床			5	
		6	仪表卧式车床			6	正面操作自动车床
		7	仪表棒料车床			7	
		8	仪表轴车床			8	
		9	仪表卡盘精整车床			9	

续表

组		系		组		系	
代号	名称	代号	名称	代号	名称	代号	名称
2	多轴自动、半自动车床	0	多轴平行作业棒料自动车床	5	立式车床	0	
		1	多轴棒料自动车床			1	单柱立式车床
		2	多轴卡盘自动车床			2	双柱立式车床
		3				3	单柱移动立式车床
		4	多轴可调棒料自动车床			4	双柱移动立式车床
		5	多轴可调卡盘自动车床			5	工作台移动单柱立式车床
		6	立式多轴半自动车床			6	
		7	立式多轴平行作业半自动车床			7	定梁单柱立式车床
		8				8	定梁双柱立式车床
		9				9	
3	回轮、转塔车床	0	回轮车床	6	落地及卧式车床	0	落地车床
		1	滑鞍转塔车床			1	卧式车床
		2	棒料滑枕转塔车床			2	马鞍车床
		3	滑枕转塔车床			3	轴车床
		4	组合式转塔车床			4	卡盘车床
		5	横移转塔车床			5	球面车床
		6	立式双轴转塔车床			6	主轴箱移动型卡盘车床
		7	立式转塔车床			7	
		8	立式卡盘车床			8	
		9				9	
4	曲轴及凸轮轴车床	0	旋风切削曲轴车床	7	仿形及多刀车床	0	转塔仿形车床
		1	曲轴车床			1	仿形车床
		2	曲轴主轴颈车床			2	卡盘仿形车床
		3	曲轴连杆轴颈车床			3	立式仿形车床
		4				4	转塔卡盘多刀车床
		5	多刀凸轮轴车床			5	多刀车床
		6	凸轮轴车床			6	卡盘多刀车床
		7	凸轮轴中轴颈车床			7	立式多刀车床
		8	凸轮轴端轴颈车床			8	异形多刀车床
		9	凸轮轴凸轮车床			9	

续表

组		系		组		系	
代号	名称	代号	名称	代号	名称	代号	名称
8	轮、轴、辊、锭及铲齿车床	0	车轮车床	9	其他车床	0	落地镗车床
		1	车轴车床			1	
		2	动轮曲拐销车床			2	单能半自动车床
		3	轴颈车床			3	气缸套镗车床
		4	轧辊车床			4	
		5	钢锭车床			5	活塞车床
		6				6	轴承车床
		7	立式车轮车床			7	活塞环车床
		8				8	钢锭模车床
		9	铲齿车床			9